W0256927

Isochromaten im Modell eines Freilaufs.
Auf den Außenring wirkt ein Drehmoment im Uhrzeigersinn. Dadurch klemmen sich die Rollen zwischen die schrägen Flächen des Innenkranzes und den Außenring.
Modell aus VP 1527, 10 mm stark, Durchmesser 230 mm

L. Föppl · E. Mönch

Praktische Spannungsoptik

Dritte völlig neubearbeitete Auflage

Springer-Verlag Berlin · Heidelberg · New York 1972

Dr. phil. Ludwig Föppl
em. o. Professor an der Technischen Universität München

Dr.-Ing. Ernst Mönch
o. Professor an der Technischen Universität München

Mit 198 Abbildungen

ISBN 978-3-642-52169-0   ISBN 978-3-642-52168-3 (eBook)
DOI 10.1007/978-3-642-52168-3

Vorwort

Seitdem Ingenieure die Aufgabe haben, den Festigkeitsnachweis für Konstruktionen der Technik zu führen, mußten sie immer wieder feststellen, daß durch Rechnung allein, mit Hilfe der Festigkeitslehre und der Elastizitätstheorie, dieses Ziel oft nicht erreicht werden konnte. Aus diesem Grunde haben sie sich für die Ermittlung der mechanischen Spannungen in solchen Fällen die mannigfaltigen Methoden der „experimentellen Spannungsanalyse" geschaffen. Eine der wichtigsten Methoden davon ist die Spannungsoptik.

Nun hat es in jüngster Zeit den Anschein, als ob die experimentellen Methoden des Festigkeitsnachweises an Bedeutung verlieren könnten, weil der Theorie heute in den Rechenautomaten ein mächtiger Helfer erwachsen ist. In der sogenannten Methode der endlichen Elemente (finite elements) [w][1] zerlegt man das zu berechnende Objekt in eine große Anzahl von Elementen und läßt die Grundgleichungen der Mechanik für jedes Element durch die Rechenmaschine lösen. So scheint sich die Aussicht zu eröffnen, daß man in absehbarer Zeit vielleicht jedes Festigkeitsproblem wird rechnen können, wenn nur die zur Verfügung stehende Kapazität der Rechenmaschine eine genügend feine Unterteilung in Elemente zuläßt. Man muß sich daher heute die Frage vorlegen, ob die experimentelle Spannungsanalyse ihre bisherige Bedeutung behalten wird.

Für die Spannungsoptik kann man diese Frage wahrscheinlich bejahen, weil sie zwei entscheidende Vorzüge besitzt. In der Spannungsoptik wird, wie wir sehen werden, ein durchsichtiges Modell des zu untersuchenden Bauteils oder ein Schnitt daraus mit polarisiertem Licht durchstrahlt. Die dabei durch die mechanischen Spannungen hervorgerufenen optischen Effekte können unmittelbar mit dem Auge beobachtet werden. Der Spannungszustand ist daher im ganzen Objekt leicht überschaubar, was bei einem Rechenprogramm nicht der Fall ist. Dadurch, daß man in der Spannungsoptik den Spannungszustand gewissermaßen „sieht", können auch methodische Fehler, die eventuell unterlaufen sein können, leichter entdeckt werden als in einem Rechenprogramm.

Zu dem wichtigen Vorteil der Überschaubarkeit des Spannungszustandes kommt ein zweiter, nämlich der Umstand, daß beim span-

---

[1] Buchstaben und Zahlen in eckigen Klammern weisen auf das Literaturverzeichnis am Ende des Buches hin.

nungsoptischen Modellversuch der Spannungszustand überall in kleinsten Bezirken, nahezu infinitesimal, erfaßt wird. Dies ist besonders wichtig bei örtlich konzentrierten Spannungen. Mit endlichen Elementen kann eine Spannungskonzentration nur erfaßt werden, wenn sehr fein unterteilt wird. Um diese Unterteilung vorzusehen, muß man aber den Ort der Spannungskonzentration schon vorher kennen, was durchaus nicht immer der Fall ist. Dagegen ergibt sich in der Spannungsoptik der Ort der Maximalspannung von selbst durch bloße Inaugenscheinnahme, und die Auswertung kann dann, weil die modellmäßige Wiedergabe der Spannungen überall praktisch infinitesimal ist, zuverlässig und genau vorgenommen werden.

Wegen dieser Vorteile ist zu erwarten, daß die Spannungsoptik auch im Zeitalter der Rechenmaschinen ihre Bedeutung für den Festigkeitsingenieur nicht verlieren wird.

Was die Entwicklung der Spannungsoptik innerhalb der 12 Jahre betrifft, die seit Erscheinen der 2. Auflage dieses Buches verstrichen sind, so ist festzustellen, daß sich an den beiden grundsätzlichen Verfahren — ebene und räumliche Spannungsoptik — verhältnismäßig wenig geändert hat, aber bezüglich besonderer Verfahren für spezielle Zwecke eine Menge neuer Literatur hinzugekommen ist.

Dementsprechend konnten wir die in der 2. Auflage getroffene Einteilung beibehalten:

Der erste Teil gibt eine ausführliche Anleitung für die beiden Grundverfahren, so wie man sie meistens anwendet. Dieser Teil wurde in seinen Grundzügen gegenüber der 2. Auflage wenig verändert; es wurden nur zusätzliche Erfahrungen, die inzwischen im Münchener Laboratorium gesammelt worden sind, berücksichtigt.

Im zweiten Teil wird wieder eine Übersicht über besondere Verfahren der Spannungsoptik gebracht. Wegen der großen Flut neuer Literatur mußte diese Übersicht weitgehend umgearbeitet und erweitert werden. Bei der Auswahl des Stoffes haben wir uns wieder bemüht, hauptsächlich solche Verfahren zu behandeln, die sich in der technischen Praxis bewährt haben, und solche, die sich zwar noch in der Entwicklung befinden, von denen man aber vermuten kann, daß sie vielleicht einmal Bedeutung erlangen könnten. Wir haben die Auswahl auf die eigentliche Spannungsoptik, nämlich die polarisationsoptische, beschränkt und bringen andere Verfahren der experimentellen Spannungsanalyse nur, soweit sie in Kombination mit polarisationsoptischen Versuchen angewandt werden. Nicht gebracht wird z. B. das sogenannte „Moiré-Verfahren" oder „Verfahren der mechanischen Interferenzen", das an sich mit der Spannungsoptik verwandt ist und das in letzter Zeit große Verbreitung gefunden hat; siehe hierzu eine Bemerkung auf Seite 154. Ferner haben wir uns in unserem Überblick darauf beschränkt, die *Methoden* der Spannungsoptik zu bringen, nicht aber alle ihre *Anwendungen*. Nicht behandelt wird z. B. die spannungsoptische Untersuchung von Wärmespannungen, die in letzter Zeit von verschiedener Seite mit Erfolg angegangen wurde und für die sich die Bezeichnung „Photothermoelastizität" eingebürgert hat. Wir müssen hier auf die Literatur verweisen.

Die Verfasser hoffen auch bei dieser 3. Auflage auf das Verständnis des Lesers, wenn sie gelegentlich eigene Arbeiten und solche von Mitarbeitern etwas bevorzugt behandelt haben.

Im dritten Teil, der praktische Anwendungen bringt, wurde einiges gestrichen, es kamen jedoch vier Beispiele neu hinzu, welche Anwendungen von besonderen Methoden zeigen, wie sie in der 2. Auflage noch nicht gebracht worden waren.

Im Rahmen dieses Buches war es den Verfassern nicht möglich, die gesamte Literatur über Spannungsoptik zu erfassen. Neben den Zitaten, die als unmittelbare Quellennachweise erforderlich waren, haben wir uns bemüht, hauptsächlich solche Arbeiten zu zitieren, die didaktisch besonders geeignet für das Studium der Spannungsoptik sind, oder solche, die ihrerseits durch ausführliche Literaturangaben den Gesichtskreis erweitern. Darüber hinaus möchten wir aber noch dem Leser für weiteres Studium der Literatur einige Hinweise geben:

Umfangreiche systematische Literaturverzeichnisse findet man in den Büchern von COKER-FILON [a] (bis etwa 1930), [b] (bis etwa 1954) und von HEYWOOD [q] (bis 1968).

Die wichtigsten Zeitschriften, die spannungsoptische Arbeiten veröffentlichen, sind in den USA: „Experimental Mechanics, Journal of the Society of Experimental Stress Analysis", in Deutschland: „Beiträge zur Spannungs- und Dehnungsanalyse, Schriftenreihe der Institute für Mathematik bei der Deutschen Akademie der Wissenschaften zu Berlin", in England: „Strain, Quarterly Journal of the British Society for Strain Measurements". Ferner sei hingewiesen auf die Berichte der regelmäßig stattfindenden Tagungen. Es sind dies in den USA: Spring Meetings of the Society for Experimental Stress Analysis (SESA), alljährlich; in Europa: Conferences of the Permanent European Committee for Stress Analysis, alle 4 Jahre, letzte Konferenz in Cambridge, England 1970; in der Sowjetunion: Poljarisazionno-optitscheskij Metod issledowanija naprjaschenij (Polarisationsoptische Methode der Spannungsbestimmung), Gesamt-Unions-Konferenzen etwa alle 6 Jahre, letzte Konferenz Tallin 1971.

Die Hauptlast bei der Bearbeitung der 3. Auflage hat wieder der jüngere der beiden Verfasser übernommen.

Für seine Mitwirkung an der 3. Auflage dieses Buches haben die Verfasser in besonderem Maße dem langjährigen Betriebsleiter des Münchener spannungsoptischen Laboratoriums, Herrn Dr.-Ing. E. FICKER, zu danken. Sein Anteil daran, insbesondere an den meisten Versuchen und ihren Ergebnissen, über die berichtet wird, ist weit größer, als es in den Literaturhinweisen zum Ausdruck kommen konnte. Er hat auch alle Korrekturen mitgelesen.

Den Herren Prof. Dr. M. Nisida, Tokio, und Dr. W. N. Sacharow, Moskau, danken die Verfasser für die Überlassung von Originalbildern.

München, im Februar 1972

L. Föppl   E. Mönch

Inhaltsverzeichnis

Zweiter Teil: Besondere Verfahren

Dritter Teil: Anwendungen

Literatur

Erster Teil

Grundlagen

1 Die ebene Spannungsoptik

1.1 Der ebene Spannungszustand

Wir beschränken uns hier auf die für die ebene Spannungsoptik unbedingt erforderlichen Kenntnisse über den ebenen Spannungszustand.

In einem in die Ebene des Spannungszustandes gelegten x-y-Koordinatensystem denken wir uns ein Element von den Abmessungen dx, dy abgegrenzt, an dessen Seiten die Normalspannungen σ_x, σ_y und die Schubspannungen τ_{xy} bzw. τ_{yx} angreifen (Abb. 1.1.1). Bekanntlich sind die Schubspannungen in senkrecht aufeinander stehenden Schnitten einander gleich, so daß gilt

$$\tau_{yx} = \tau_{xy}. \tag{1.1.1}$$

Da wir uns die Abmessungen dx und dy unendlich klein denken müssen, bedeuten die Spannungen σ_x, σ_y und τ_{xy} die Normal- bzw. Schubspannungen in einem Punkt des ebenen Spannungszustandes für die Schnitte parallel zu den beiden Koordinatenachsen durch diesen Punkt.

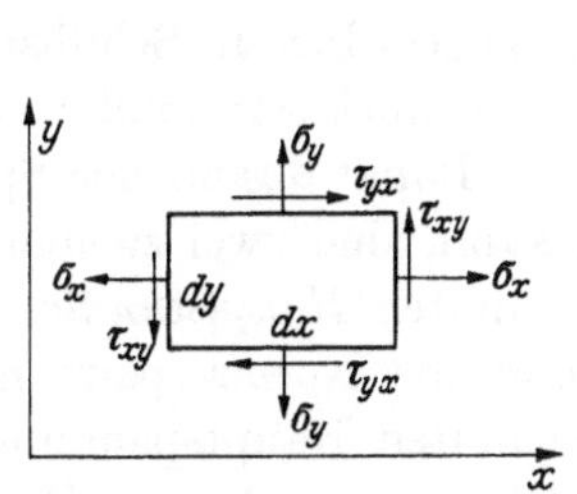

Abb. 1.1.1
Gleichgewicht am rechteckigen Element

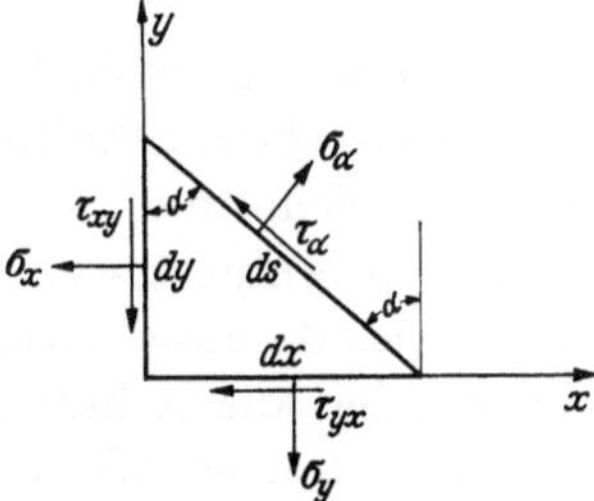

Abb. 1.1.2
Gleichgewicht am dreieckigen Element

Um die Spannungen für eine beliebige andere Schnittrichtung durch diesen Punkt zu erhalten, drücken wir das Gleichgewicht des in Abb. 1.1.2 abgegrenzten rechtwinkeligen Dreiecks in Richtung senkrecht und parallel zu der Hypotenuse ds aus. Für das Gleichgewicht in Richtung von σ_α folgt:

$$\sigma_\alpha\, ds = \sigma_x\, dy \cos \alpha + \sigma_y\, dx \sin \alpha + \tau_{xy}\, dy \sin \alpha + \tau_{yx}\, dx \cos \alpha.$$

Wegen

$$\frac{dx}{ds} = \sin \alpha \quad \text{und} \quad \frac{dy}{ds} = \cos \alpha$$

folgt hieraus

$$\sigma_\alpha = \sigma_x \cos^2 \alpha + \sigma_y \sin^2 \alpha + \tau_{xy} \sin 2\alpha. \tag{1.1.2}$$

Das Gleichgewicht in Richtung von τ_α verlangt

$$\tau_\alpha\, ds = -\sigma_x\, dy \sin \alpha + \sigma_y\, dx \cos \alpha + \tau_{xy}\, dy \cos \alpha - \tau_{yx}\, dx \sin \alpha$$

oder

$$\tau_\alpha = (\sigma_y - \sigma_x) \sin \alpha \cos \alpha + \tau_{xy}(\cos^2 \alpha - \sin^2 \alpha). \tag{1.1.3}$$

Aus den Transformationsgleichungen (1.1.2) und (1.1.3) erhält man für $\alpha = 0$ und $\alpha = 90°$ wieder die auf die Schnitte parallel den Koordinatenachsen bezogenen Spannungen. Aus Gl. (1.1.2) folgt

$$\sigma_\alpha + \sigma_{\alpha+90°} = \sigma_x + \sigma_y, \tag{1.1.4}$$

d. h. für 2 zueinander senkrecht stehende Schnitte durch einen Punkt des ebenen Spannungszustandes ist die Summe der beiden Normalspannungen eine Konstante. Ferner folgt aus Gl. (1.1.3)

$$\tau_{\alpha+90°} = -\tau_\alpha, \tag{1.1.5}$$

wie es wegen der Gleichheit der einander zugeordneten Schubspannungen in senkrechten Schnitten nach Gl. (1.1.1) auch sein muß.

Unter allen Schnitten, die man durch einen Punkt des ebenen Spannungszustandes senkrecht zur Ebene legen kann, sind zwei zueinander senkrecht stehende ausgezeichnet, die sogenannten *Hauptschnitte*. Für sie verschwinden die Schubspannungen, und die Normalspannungen nehmen ihre extremen Werte an, die sogenannten Hauptspannungen, die wir mit σ_1 und σ_2 bezeichnen wollen. Einer dieser beiden Hauptschnitte sei durch den Winkel $\alpha = \varphi$ charakterisiert; für ihn gilt wegen $\tau_{\alpha=\varphi} = 0$ nach Gl. (1.1.3)

$$0 = \frac{\sigma_y - \sigma_x}{2} \sin 2\varphi + \tau_{xy} \cos 2\varphi$$

oder

$$\operatorname{tg} 2\varphi = \frac{2\tau_{xy}}{\sigma_x - \sigma_y}\,.\qquad(1.1.6)$$

Angenommen, wir hätten das x-y-Koordinatensystem in die Hauptrichtungen gelegt, so wären für σ_x und σ_y die Hauptspannungen σ_1 und σ_2 zu setzen (Abb. 1.1.3) und es würden die Gln. (1.1.2) und (1.1.3) übergehen in

$$\sigma_\alpha = \sigma_1 \cos^2\alpha + \sigma_2 \sin^2\alpha = \frac{\sigma_1 + \sigma_2}{2} + \frac{\sigma_1 - \sigma_2}{2}\cos 2a,\qquad(1.1.7)$$

$$\tau_\alpha = \frac{\sigma_1 - \sigma_2}{2}\sin 2\alpha\,.\qquad(1.1.8)$$

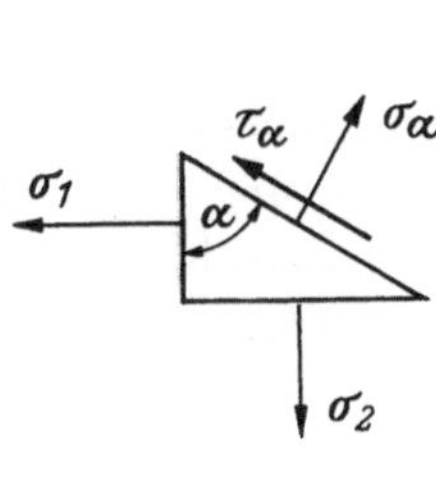

Abb. 1.1.3
Gleichgewicht an einem in Richtung der Hauptspannungen herausgeschnittenen Element

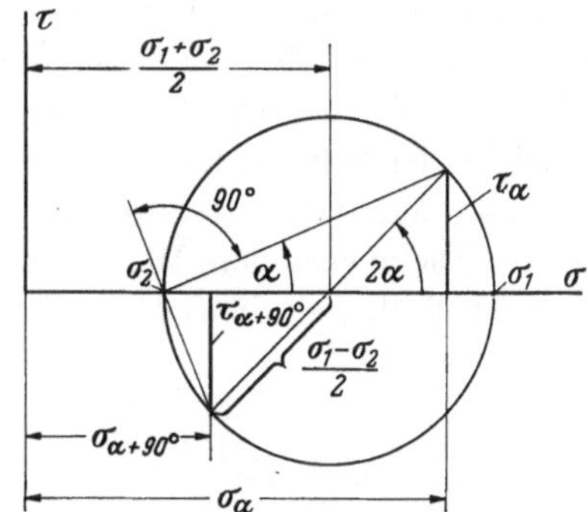

Abb. 1.1.4
Der Mohrsche Spannungskreis

Diese Spannungen lassen sich anschaulich mit Hilfe des Mohrschen *Spannungskreises* darstellen (s. Abb. 1.1.4). Man konstruiert ihn, indem man σ_1 und σ_2 unter Berücksichtigung ihrer Vorzeichen auf der Abszissenachse vom Nullpunkt aus in einem geeigneten Maßstab als Längen aufträgt und über der Strecke $\sigma_1 - \sigma_2$ als Durchmesser den Kreis schlägt. Abszisse und Ordinate eines Punktes dieses Kreises geben die Normalspannung σ_α bzw. Schubspannung τ_α für eine Schnittrichtung α, wie der Vergleich von Abb. 1.1.4 mit den Formeln der Gln. (1.1.7) und (1.1.8) beweist. Der Radius des Mohrschen Spannungskreises hat die Größe $(\sigma_1 - \sigma_2)/2$.

Man entnimmt sowohl aus Gl. (1.1.8) wie aus dem Mohrschen Spannungskreis, daß für $\alpha = 45°$ die Schubspannung ihren größten Wert annimmt:

$$\tau_{\max} = \frac{\sigma_1 - \sigma_2}{2}\,.\qquad(1.1.9)$$

1*

Man nennt diese für die Spannungsoptik besonders wichtige Größe die *Hauptschubspannung*, wofür man auch τ_H schreibt. Sie kann sowohl positive wie negative Werte annehmen, wie aus Gl. (1.1.9) hervorgeht. Mit diesen einfachen Grundlagen des ebenen Spannungszustandes kommen wir für das Verständnis der ebenen Spannungsoptik zunächst aus.

1.2 Der ebene Formänderungszustand

Der vorstehend beschriebene „ebene Spannungszustand" stellt sich in „Scheiben" ein — darunter versteht man Körper, die durch zwei Ebenen konstanten Abstandes eingeschlossen werden, sonst aber eine beliebige Begrenzung haben mögen — wenn sie nur durch Kräfte beansprucht werden, deren Wirkungslinien in der Mittelebene der Scheibe liegen. Ein Beispiel ist eine Kreisscheibe, die durch zwei entgegengesetzt gerichtete, gleich große Kräfte beansprucht wird, Abb. 1.2.1, links. Ist die Dicke der Scheibe klein gegen ihre sonstigen Abmessungen, so kann man erwarten, daß sich dann die Spannungen σ_x, σ_y und τ_{xy} gleichmäßig über die Dicke verteilen. Die Normalspannung σ_z senkrecht zur Scheibenebene ist Null, weil die Scheibe freie Oberflächen hat.

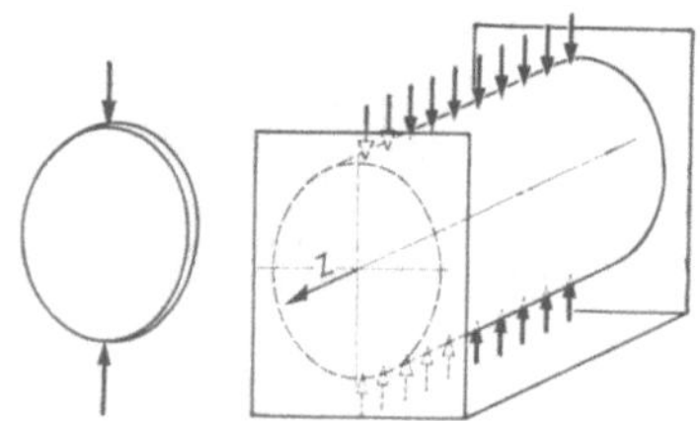

Abb. 1.2.1 Ebener Spannungszustand (links) und ebener Formänderungszustand (rechts)

Außer diesem ebenen Spannungszustand gibt es aber noch einen anderen, der ebenfalls zweidimensional, d. h. in der dritten Dimension z, senkrecht zur x- und y-Richtung, unveränderlich ist. Er ist dadurch charakterisiert, daß die Dehnung in der z-Richtung Null ist. Man nennt ihn „ebenen Formänderungszustand". Das der Kreisscheibe entsprechende Beispiel dafür ist eine kreiszylindrische Walze, die durch eine über die Walzenlänge konstante Linienlast (und ihre Reaktion auf der Unterseite) beansprucht ist (Abb. 1.2.1, rechts). Dabei wird angenommen, daß die Querdehnung in Walzenrichtung verhindert wird (im Bild ausgedrückt durch vertikale Ebenen an den Stirnflächen, die seitlich unverschieblich sein sollen).

Der Unterschied von ebenem Spannungs- und ebenem Formänderungszustand liegt also in den Dehnungen begründet. Beim elastischen ebenen Spannungszustand gilt für die Dehnungen ε_x, ε_y und ε_z in den

Koordinatenrichtungen in Abhängigkeit von den Normalspannungen σ_x und σ_y nach dem Hookeschen Gesetz:

$$\varepsilon_x = \frac{1}{E}\,(\sigma_x - \nu\,\sigma_y), \tag{1.2.1}$$

$$\varepsilon_y = \frac{1}{E}\,(\sigma_y - \nu\,\sigma_x), \tag{1.2.2}$$

$$\varepsilon_z = -\frac{\nu}{E}\,(\sigma_x + \sigma_y) \tag{1.2.3}$$

(E = Elastizitätsmodul, ν = Querkontraktionszahl). Eine Normalspannung σ_z tritt nicht auf. Hingegen sind beim ebenen Formänderungszustand die Dehnungen anzusetzen:

$$\varepsilon_x = \frac{1}{E}\,[\sigma_x - \nu(\sigma_y + \sigma_z)], \tag{1.2.4}$$

$$\varepsilon_y = \frac{1}{E}\,[\sigma_y - \nu(\sigma_z + \sigma_x)], \tag{1.2.5}$$

$$\varepsilon_z = \frac{1}{E}\,[\sigma_z - \nu(\sigma_x + \sigma_y)] = 0. \tag{1.2.6}$$

Aus der letzten Gleichung ergibt sich:

$$\sigma_z = \nu(\sigma_x + \sigma_y). \tag{1.2.7}$$

Damit kann man die Gln. (1.2.4 und 5) schreiben:

$$\varepsilon_x = \frac{1}{E^*}\,(\sigma_x - \nu^*\sigma_y), \tag{1.2.8}$$

$$\varepsilon_y = \frac{1}{E^*}\,(\sigma_y - \nu^*\sigma_x), \tag{1.2.9}$$

wobei die Abkürzungen eingeführt worden sind:

$$E^* = \frac{E}{1 - \nu^2}, \qquad \nu^* = \frac{\nu}{1 - \nu}. \tag{1.2.10}$$

Man sieht also, daß das Verformungsgesetz in Abhängigkeit von σ_x und σ_y beim ebenen Formänderungszustand, Gln. (1.2.8 und 9) dasselbe ist wie beim ebenen Spannungszustand, lediglich mit dem Unterschied, daß dabei scheinbar veränderte Elastizitätskonstanten E^* und ν^* anstatt E und ν auftreten. (Das Gesetz zwischen der Schubverzerrung γ und der Schubspannung τ:

$$\gamma = \frac{\tau}{G}, \quad \text{wobei} \quad G = \frac{E}{2(1 + \nu)}, \tag{1.2.11}$$

wird hiervon nicht berührt, denn man rechnet leicht nach, daß sowohl die Konstanten E und ν als auch die Konstanten E^* und ν^* nach Gl. (1.2.10) auf den gleichen Schubmodul G führen.) In der Elastizitätstheorie (vgl. z. B. A. u. L. Föppl [55] I, S. 254 oder Mesmer [e], S. 25) wird nun aber gezeigt, daß die Verteilung der Spannungen $\sigma_x\ \sigma_y,\ \tau_{xy}$ im ebenen Feld bei gegebenen Kräften vom Elastizitätsmodul nicht und von der Querkontraktionszahl praktisch auch nicht abhängt (von letzterer nur in seltenen Ausnahmefällen bei mehrfach zusammenhängenden Scheiben, vgl. S. 120). Daher ist eine Lösung für einen ebenen Spannungszustand im allgemeinen auch gleichzeitig eine Lösung für den entsprechenden ebenen Formänderungszustand mit gleicher Randkontur und gleicher Konfiguration der äußeren Kräfte. Für die Spannungsoptik ist dies insofern wichtig, weil daraus folgt, daß man auch Probleme des elastischen ebenen Formänderungszustands durch die spannungsoptische Ermittlung des entsprechenden ebenen Spannungs·zustandes lösen kann.

1.3 Die einfache spannungsoptische Apparatur (Das Diffuslicht-Polariskop)

Die spannungsoptische Apparatur, auch Polariskop genannt, hat die Aufgabe, den auf ein durchsichtiges Modell aus Kunststoff aufgebrachten ebenen Spannungszustand mittels polarisierten Lichts sichtbar zu machen.

Die ursprüngliche Form des in der Spannungsoptik verwendeten Polariskops ist die optische Bank. Sie bestand aus einer auf eine schwere Dreikantschiene montierten Projektionseinrichtung, die das spannungsoptische Bild des Modells auf einen Schirm warf, wobei zur Polarisation die bekannten Nicolschen Prismen verwendet wurden.

Heute wird für die meisten spannungsoptischen Versuche eine wesentlich einfachere Apparatur ohne Linsen verwendet, die ihre Entstehung dem Aufkommen der großflächigen Polarisationsfilter verdankt und erstmals von L. Föppl und R. Hiltscher [62] beschrieben worden ist.

Die einfache spannungsoptische Apparatur (Abb. 1.3.1) besteht lediglich aus einem Lampenkasten L und den beiden Filterträgern mit den Polarisationsfiltern P_1 und P_2 („Polarisator und Analysator"). Dank dem großen Durchmesser der Filter kann der vor der Apparatur stehende Beobachter das spannungsoptische Bild unmittelbar mit freiem Auge auf dem Modell (M) sehen. Soll es auch photographiert werden, so wird hierfür eine Kamera in einem Abstand von 3 bis 4 m vor der Apparatur aufgestellt.

Bei fast allen spannungsoptischen Arbeiten benötigt man in ständigem Wechsel sowohl weißes als auch monochromatisches Licht. Der Lampenkasten L enthält daher Glühlampen und Natriumdampflampen zur wahlweisen Verwendung. Seine Vorderseite ist durch eine Mattglasscheibe G abgeschlossen, die den gleichmäßig erleuchteten Hintergrund des Bildfeldes bildet.

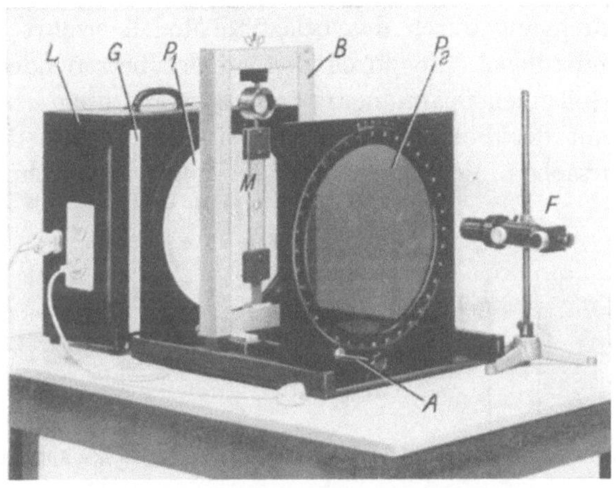

Abb. 1.3.1 Die einfache spannungsoptische Apparatur

Die beiden Polarisationsfilter von gewöhnlich etwa 30 cm Durchmesser sind in den Filterträgern in ihrer Ebene drehbar gelagert und besitzen am Rande eine Gradeinteilung. Ferner muß eine Vorrichtung vorhanden sein, die gestattet, beide Filter gleichzeitig um gleiche Winkel zu drehen. Hierzu kann z. B. eine bei Bedarf in die Anordnung einsteckbare Achse A (Abb. 1.3.1) dienen, mit der über Zahnräder die Filter gemeinsam gedreht werden. Die Filterträger sitzen auf der Grundplatte in Führungsnuten, so daß sie herausgenommen werden können und so ihr Abstand beliebig verändert werden kann. Durch diesen unstarren Aufbau der Apparatur sind für die Größe des Modells, das zum Versuch zwischen die Filter gebracht wird, und dessen Belastungsvorrichtung praktisch keine Grenzen gesetzt. Die sogenannten Viertelwellenplatten, die hinter den Polarisator und vor den Analysator zu setzen sind, wenn zirkular polarisiertes Licht verwendet werden soll (s. S. 18), werden gewöhnlich, von gleichem Durchmesser wie die Polarisatoren, mit diesen fest verbunden montiert [63]. Durch einfaches Vertauschen der beiden so entstehenden Filterkombinationen erhält man dann wahlweise zirkular oder linear polarisiertes Licht, je nachdem die Viertelwellenplatten innerhalb oder außerhalb der Polarisatoren zu liegen kommen.

Beim spannungsoptischen Versuch wird von der Kamera durch den Analysator hindurch ein Bild des durchsichtigen Kunstharzmodells aufgenommen, nachdem auf dieses durch seine Belastungsvorrichtung der zu untersuchende Spannungszustand aufgebracht worden ist. Das in Abb. 1.3.1 als Beispiel gezeigte Modell M ist ein gelochter Zugstab, seine Belastungsvorrichtung B ein Rahmen mit Zugschraube und zwischengeschaltetem Ringdynamometer, womit der Stab auf Zug beansprucht und zugleich die Last abgelesen werden kann.

Beim Durchgang durch das belastete Modell erfährt jeder Lichtstrahl Veränderungen, die durch den an der betreffenden Stelle des Modells herrschenden Spannungszustand hervorgerufen werden und die im Verein mit der Polarisation Helligkeitsunterschiede der einzelnen Stellen verursachen. Von ihnen wird der folgende Abschnitt handeln.

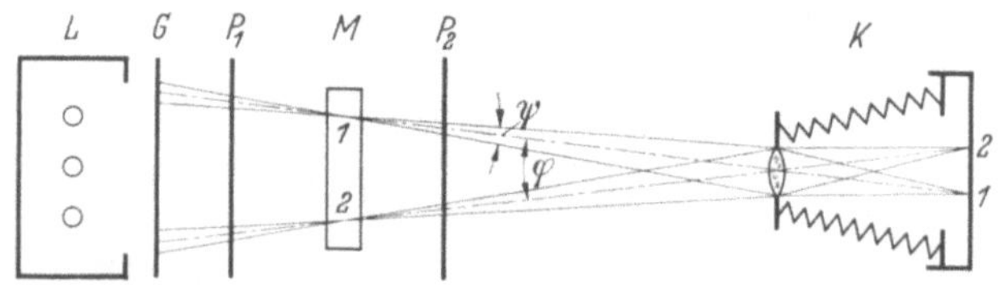

Abb. 1.3.2 Strahlengang in der einfachen spannungsoptischen Apparatur

Der Strahlengang, der zur Abbildung des spannungsoptischen Bildes in seiner Gesamtheit führt, ist in Abb. 1.3.2 schematisch dargestellt, wo die an der Abbildung zweier Modellpunkte *1* und *2* beteiligten Strahlenbündel eingezeichnet sind. Es muß angestrebt werden, daß sämtliche an der Abbildung beteiligten Strahlen möglichst genau senkrecht zur Modellebene verlaufen, also alle parallel zueinander sind, da nur so jeder Strahl auf seinem ganzen Weg im Modell denselben Spannungszustand antrifft. Daher soll der Abstand der Kamera vom Modell möglichst groß sein, damit der Neigungsunterschied der durch die äußersten Modellpartien laufenden Strahlen (φ in Abb. 1.3.2) möglichst gering ist. Diese Forderung führt, da mit Vergrößerung des Abstandes der Kamera die Bildgröße abnimmt, auf die Notwendigkeit der Verwendung eines Objektivs großer Brennweite, oder noch besser, eines *Teleobjektivs*. Bei großen Modellen wird trotzdem ein genügend paralleler Strahlengang oft nicht zu erzielen sein; man kann sich jedoch immer dadurch helfen, daß man die wichtigste Modellpartie in das Bildzentrum rückt.

Es muß aber ferner noch der Umstand beachtet werden, daß auch die Strahlen, die zu Abbildung eines einzelnen Modellpunktes führen, unter sich nicht vollkommen parallel sind, sondern einen Lichtkegel von der Öffnung ψ (Abb. 1.3.2) bilden. Dieser Öffnungswinkel ψ begrenzt die Exaktheit des Strahlenganges durch eine Modellstelle und damit das Auflösungsvermögen der Anordnung für die Linien des spannungsoptischen Bildes. ψ ist gegeben durch das Verhältnis der Blendenöffnung des Objektivs zur Objektweite. Man kann daher das Auflösungsvermögen steigern, indem man die Aufnahmen mit kleiner Blende macht; dies geht jedoch auf Kosten der Lichtausbeute und damit der Belichtungszeit. Will man trotz kleinem Blendendurchmesser den Mißstand langer Belichtungszeiten vermeiden, so kann dies nur dadurch geschehen, daß man nun doch mit einem Objektiv kürzerer Brennweite arbeitet, da die Lichtstärke eines Objektivs durch das Verhältnis der Blende zur Brennweite gegeben ist. Dann wird allerdings das Bild kleiner; man kann jedoch diesem Umstand Rechnung tragen, indem man als Negativmaterial feinkörnigen Kleinbildfilm verwendet.

Prinzipiell ist demnach als günstigste photographische Ausrüstung zur einfachen spannungsoptischen Apparatur die Kleinbildkamera mit Teleobjektiv anzusehen. Ob sich der Spannungsoptiker dazu entschließen soll, nun tatsächlich seine ganze Aufnahmetechnik auf diese Arbeitsweise abzustellen, oder ob er doch lieber eine Plattenkamera mit Teleobjektiv längerer Brennweite verwendet, wird davon abhängen, ob er von allen Einrichtungen und Erfordernissen der Kleinbildtechnik, wie vor allem Vergrößerungsgeräten und Feinkornfilmtechnik, Gebrauch machen will und kann.

Bei der unmittelbaren Beobachtung des spannungsoptischen Bildes im Modell kann es vorkommen, daß die sich zeigenden Linien so eng aneinanderliegen, daß sie das unbewaffnete Auge nicht mehr auflösen kann, z. B. bei scharfen Kerben. In solchen Fällen ist oft als Hilfsgerät ein in der Höhe justierbares kleines Fernrohr mit Schrauben-Mikrometer-Okular von Nutzen (F in Abb. 1.3.1), das bei Bedarf vor der Apparatur in Höhe der zu beobachtenden Stelle aufgestellt wird.

Das Fehlen eines nicht genau parallelen Strahlengangs durch das Modell ist bei der einfachen Apparatur zweifellos ein gewisser Nachteil gegenüber einer optischen Bank, doch wird der Nachteil durch bedeutende Vorteile beim Experimentieren mehr als wettgemacht. Dazu gehört vor allem das große Bildfeld, ferner der unstarre Aufbau. Der Beleuchtungsteil, der ja nur aus einer diffus strahlenden Fläche besteht, braucht nicht mit Polarisatoren und Kamera optisch zentriert zu werden und ist daher frei beweglich. Bei großen Versuchsaufbauten stellt man die Teile der spannungsoptischen Apparatur vielfach erst ganz zum Schluß auf. Es wird nicht mehr „das Modell in die optische Bank gebracht", sondern das Polariskop um das Modell herum aufgebaut. Ferner kann sich der Beobachter, da sich zwischen ihm und dem Modell nur die dünne Scheibe des Analysatorfilters befindet, unmittelbar vor das Modell stellen, mit beiden Händen daran arbeiten und zugleich vollkommen zwanglos mit freiem Auge beobachten. Paralleler Strahlengang ist hierbei dadurch gewährleistet, daß der Beobachter sein Auge unwillkürlich in eine Lage senkrecht zur betrachteten Modellpartie bringt und daß der Öffnungswinkel des von der Pupille aufgenommenen Lichtkegels von Natur aus kleiner ist als der jedes Kameraobjektivs.

Einen wichtigen Vorteil, dessen man sich oft gar nicht bewußt wird, bietet die diffuse Lichtquelle aber auch noch dadurch, daß bei ihr eine unregelmäßige Modelloberfläche das Bild nicht beeinträchtigt. Beim gerichteten Strahlengang einer Projektionsanordnung, wie sie die optische Bank besitzt, kann schon bei einer geringen Unregelmäßigkeit der planparallelen Modelloberflächen das Lichtbündel, das die Abbildung der betreffenden Stelle bewirken sollte, so weit aus dem Strahlengang abgelenkt werden, daß es das abbildende Objektiv nicht mehr trifft. Dann bleibt die betreffende Bildstelle dunkel. Bei einer diffus strahlenden Lichtquelle dagegen kann diese Erscheinung nicht eintreten, denn auch für eine Modellstelle mit nicht planparallelen Oberflächen kommt das vom Objektiv zur Abbildung benötigte Lichtbündel immer zustande. Ob es nach und vor dem Modell infolge Brechung verschiedene Richtung hat, spielt keine Rolle, denn die diffuse, flächenhafte Lichtquelle liefert ja, im Gegensatz zur nahezu punktförmigen einer Projektionsanordnung, an jedem Ort Licht jeder Richtung. Für das Experimentieren ist es von unschätzbarem Wert, wenn an die Güte der Modelloberflächen keine hohen Anforderungen gestellt zu werden brauchen. Es sind sogar nicht voll durchsichtige Stoffe, wie Naturgummi (vgl. S. 51), als Modellmaterial verwendbar, während für eine optische Bank mit gerichtetem Strahlengang nur glasklares Material in Frage kommt.

Für die meisten Fälle der praktischen Spannungsoptik reicht die einfache Apparatur nicht nur aus, sondern ist auch zweckmäßiger als eine optische Bank. Als Beweis hierfür mag gelten, daß bei der großen Zahl von spannungsoptischen Versuchen, die seit der Einführung der einfachen Apparatur (im Jahre 1938) sowohl für die Forschung als auch für die technische Praxis an der Technischen Universität München durchgeführt wurden, fast ausschließlich diese Verwendung fand.

1.4 Das Polariskop mit Projektionseinrichtung

Für manche Zwecke verwendet man auch heute noch anstatt der einfachen Apparatur besser eine solche, bei der das spannungsoptische Bild auf einen Schirm projiziert werden kann. Vor allem gilt dies für die Aufnahme der Isoklinen, die beim Versuch nachgezeichnet werden müssen, was am besten auf einem vergrößerten Schirmbild geschieht (s. Abschnitt 1.7). Wie auf S. 6 erwähnt, arbeitete man schon in den Anfängen

der Spannungsoptik bei der optischen Bank mit Projektion auf einen
Schirm, da man bei Verwendung von Polarisationsprismen nur so das
spannungsoptische Bild sichtbar machen kann. Aus der alten optischen
Bank haben sich an den verschiedenen Laboratorien verschiedene Bau-
arten des Polariskops unter mehr oder weniger starker Beibehaltung der
alten Form entwickelt. Meist verwendet man jetzt auch im Projektionspolariskop zur Polarisation Großflächenfilter. Wegen Einzelheiten verweisen wir auf die Literatur, z. B. FROCHT [g] Bd. I, S. 382 oder HEY-
WOOD [q] S. 62ff., und beschreiben im folgenden als Beispiel das an der

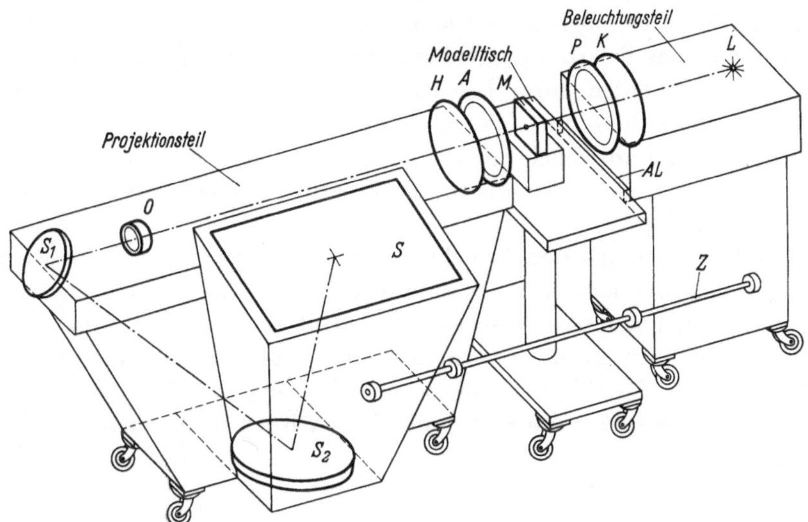

Abb. 1.4.1 Schematischer Aufbau des Polariskops mit Projektionsanordnung nach MÖNCH-FICKER

Technischen Universität München entwickelte Polariskop [131]. Bei
seiner Konstruktion ist versucht worden, die Vorzüge der alten optischen
Bank — Vorhandensein eines Schirmbildes und paralleler Strahlengang
durch das Modell — mit dem Vorteil der bequemen Handhabung zu ver-
einigen, den die einfache Apparatur bietet.

Der Strahlengang ist aus Abb. 1.4.1 zu ersehen. Das von der Hoch-
druck-Quecksilberlampe L kommende Licht wird durch eine Kondensor-
linse K von 35 cm Durchmesser parallel gerichtet, so daß das zwischen
Polarisator P und Analysator A befindliche Modell M durch parallele
Lichtbündel durchstrahlt wird. Auf dem Weiterweg wird das parallele
Licht durch die Hilfslinse H auf das Abbildungsobjektiv O konzentriert.
Dieses besorgt die Abbildung des Modells in zweifacher Vergrößerung
auf den Schirm S. Die beiden Umlenkspiegel S_1 und S_2 haben den Zweck,
den Lichtweg so zu führen, daß der Schirm S in die dargestellte günstige
Lage kommt. Der Schirm besteht aus einer starken Glasplatte. Zur zeich-

nerischen Aufnahme des spannungsoptischen Bildes, z. B. der Isoklinen, wird diese mit Transparentpapier bespannt. Der Beobachter kann in sitzender Stellung auf dem schrägstehenden Schirm bequem zeichnen wie am Reißbrett. Außerdem kann er aber auch, da der Bildschirm durch die zweifache Lichtumlenkung in die Nähe des Modells verlegt wurde, Handgriffe am Modell vornehmen und zugleich deren Auswirkung im spannungsoptischen Bild beobachten.

Das optische System ist, im Gegensatz zur starren optischen Bank, in zwei für sich frei bewegliche Teile, den Beleuchtungs- und den Projektionsteil, aufgespalten worden. Beide laufen auf gummibereiften Rädern. So ist es möglich, daß komplizierte Versuchseinrichtungen zunächst ohne das Polariskop unbehindert aufgebaut werden können. Erst zum Schluß werden dann Beleuchtungs- und Projektionsteil herangefahren und sodann mittels herabdrehbarer Schraubfüße in ihrer Lage fixiert. Es kann aber auch umgekehrt das Polariskop fest stehenbleiben und ein beweglicher Modelltisch, wie in Abb. 1.4.1 ersichtlich ist, eingefahren werden.

Da Beleuchtungs- und Projektionsteil immer so aufgestellt werden müssen, daß ihre optischen Achsen fluchten, muß eine Einrichtung vorgesehen sein, um dieses Ausrichten jederzeit rasch und mühelos ausführen zu können. In der ersten Ausführung des Polariskops war dies die Steckachse Z, Abb. 1.4.1, die in eine Führung im Beleuchtungsteil eingeschoben wurde. Sie übertrug über einen Kettentrieb auch den An-

Abb. 1.4.2 Projektionspolariskop nach MÖNCH-FICKER

trieb der Polarisatoren, die bei Isoklinenaufnahmen gemeinsam um gleiche Winkelbeträge gedreht werden müssen. Bei späteren Ausführungen ist der mechanische Antrieb der Polarisatoren durch eine „elektrische Welle" ersetzt worden. In diesem Fall ist dann zur Justierung von Beleuchtungs- und Projektionsteil in die optische Achse nur mehr ein steifer Verbindungsträger T (Abb. 1.4.2) erforderlich, der nach erfolgtem Versuchsaufbau mit wenigen Handgriffen auf der Rückseite des Polariskops befestigt wird.

Monochromatisches Licht wird erzeugt, indem vor das Objektiv O (Abb. 1.4.1) ein Metallinterferenzfilter geschaltet wird. Natriumdampflicht eignet sich wegen seiner geringen Leuchtdichte nicht zur Projektion.

Will man das spannungsoptische Bild photographisch festhalten, so besteht zunächst die Möglichkeit, eine Kamera zu verwenden. In diesem Falle nimmt man das Objektiv O und den Spiegel S_1, die nur durch Paßstifte fixiert sind, heraus und setzt an ihre Stelle die Kamera. Man kann aber auch auf den Projektionstisch eine Kassette mit Platte oder Planfilm auflegen. Dann entsteht schon auf dem Negativ eine zweifache Vergrößerung.

Noch einfacher ist es, direkt auf die Glasplatte des Projektionstisches ein Blatt Vervielfältigungspapier, wie es in den Photokopiergeräten verwendet wird, zu legen. Da dieses Papier vorwiegend grünempfindlich ist, erhält man durch das Quecksilberlicht der Apparatur ohne Farbfilter denselben Effekt wie beim Photographieren in monochromatischem Licht. Ein auf diese Art auf dem Vervielfältigungspapier erhaltenes Negativ ist — sogar, wie später (s. „Hellfeldbild“, S. 55) gezeigt werden wird, ohne Umkopieren — ein vollwertiges spannungsoptisches Dokument. Mit der geschilderten Arbeitsweise erspart man sich jede Dunkelkammerarbeit.

Abb. 1.4.2 zeigt das Polariskop mit einem einfachen Demonstrationsmodell (Schraubenschlüssel). Sein spannungsoptisches Bild ist auf dem Projektionsschirm sichtbar.

Die doppelte Vergrößerung, mit der das spannungsoptische Bild auf dem Projektionsschirm erscheint, ist, wie die Erfahrung gezeigt hat, für die meisten spannungsoptischen Arbeiten die zweckmäßige. Benötigt man in Ausnahmefällen eine stärkere Vergrößerung, so läßt sich eine solche ohne Schwierigkeit dadurch erreichen, daß man den Spiegel S_1 wegnimmt und, unter Verzicht auf die Lichtumlenkung, auf einen in entsprechender Entfernung aufgestellten Schirm projiziert.

1.5 Die polarisationsoptischen Grundvorgänge

1.5.1 Modell im linear polarisierten monochromatischen Licht. Hauptgleichung der Spannungsoptik

Wir verfolgen nun den Weg eines Lichtstrahls durch unsere Apparatur, wenn ein unter Spannung stehendes Modell in den Strahlengang gebracht worden ist (Abb. 1.5.1). Die Viertelwellenplatten sollen zunächst auf der Außenseite der Polarisatoren liegen, so daß sie nicht wirksam

sind. Es handle sich um monochromatisches Licht unserer Natrium-
lampe. Die Verluste von Licht durch Absorption und Reflexion werden
im folgenden vernachlässigt.

Der Polarisator läßt nur in der Vertikalen schwingendes Licht durch.
Den von ihm kommenden Lichtstrahl stellen wir daher dar durch einen
vertikal stehenden Vektor A, dessen Größe mit der Zeit t nach einem
Sinusgesetz veränderlich zu denken ist: $A = A_0 \sin \omega t$; A_0 ist seine
Amplitude, ω die Kreisfrequenz der monochromatischen Lichtschwin-
gung.

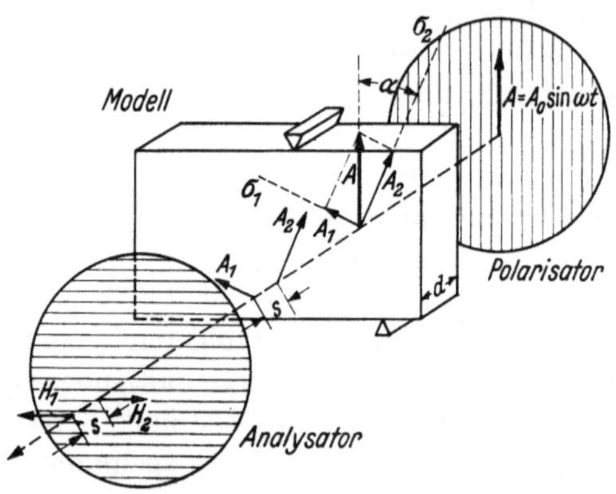

Abb. 1.5.1 Zerlegung eines linear polarisierten Lichtstrahls

An jeder Stelle des Modells, also auch dort, wo der Lichtstrahl hindurchgeht, herrsche ein ebener Spannungszustand, der durch Größe und
Richtung der beiden (aufeinander senkrecht stehenden) Hauptspannungen σ_1 und σ_2' definiert ist. Die Neigung der Hauptrichtungen gegen
Horizontale und Vertikale sei α.

Für die Veränderungen des Lichts im belasteten Modell gilt nun das
Brewstersche Gesetz, zuweilen Maxwell-Wertheimsches Gesetz genannt.
Der Lichtvektor A wird in Komponenten nach den beiden Hauptrichtungen zerlegt, und für die Fortpflanzung dieser Komponenten A_1
und A_2 im Modell gelten verschiedene Brechungsindizes n_1 und n_2; deren
Abweichung gegenüber dem Brechungsindex n_0 des unverspannten Modells ist den Hauptspannungen σ_1 und σ_2 proportional:

$$n_1 = n_0 + C_1\sigma_1 + C_2\sigma_2, \quad n_2 = n_0 + C_1\sigma_2 + C_2\sigma_1. \quad (1.5.1)$$

C_1 und C_2 sind Materialkonstanten. Es tritt also eine Doppelbrechung,
die sogenannte *Spannungsdoppelbrechung*, auf. Die Geschwindigkeiten v_1
und v_2 der beiden Lichtkomponenten sind:

$$v_1 = \frac{c}{n_1}, \qquad v_2 = \frac{c}{n_2},$$

wobei c die Lichtgeschwindigkeit im Vakuum bedeutet. Der Unterschied der Laufzeiten t_1 und t_2 der beiden Wellen im Modell von der Dicke d berechnet sich zu:

$$t_1 - t_2 = \frac{d}{v_1} - \frac{d}{v_2} = \frac{d}{c}\,(n_1 - n_2)$$

und daraus, indem man mit der Lichtgeschwindigkeit v_L in Luft multipliziert, der Gangunterschied s, den die beiden Wellen nach Verlassen des Modells gegeneinander haben (Bild 1.5.1), zu

$$s = d\,(n_1 - n_2)\,\frac{v_L}{c}\,.$$

Dieser Gangunterschied ist also, da v_L von c sich kaum unterscheidet, praktisch gleich dem Produkt aus der Modelldicke d und der „Doppelbrechung" $n_1 - n_2$.

Indem wir s mit der Wellenlänge λ_L in Luft dividieren, erhalten wir die sogenannte relative Phasenverschiebung δ, d. h. den Gangunterschied in Wellenlängen:

$$\delta = \frac{s}{\lambda_L} = \frac{d}{\lambda}\,(n_1 - n_2), \tag{1.5.2}$$

wobei λ die Wellenlänge im Vakuum ist. Die Doppelbrechung $n_1 - n_2$ berechnen wir aus den Gln. (1.5.1) und fassen noch $C_1 - C_2$ zu einer einzigen Konstanten C zusammen:

$$n_1 - n_2 = (C_1 - C_2)\,(\sigma_1 - \sigma_2) = C\,(\sigma_1 - \sigma_2),$$

dann erhalten wir schließlich für die relative Phasenverschiebung:

$$\delta = \frac{C}{\lambda}\,(\sigma_1 - \sigma_2)d\,. \tag{1.5.3}$$

Diese Beziehung heißt die *Hauptgleichung der Spannungsoptik*.

Unsere beiden linear polarisierten Wellen A_1 und A_2 passieren bei ihrem Weitergang schließlich den Analysator. Dieser steht gekreuzt zum Polarisator und läßt daher nur die horizontalen Komponenten H_1 und H_2 durch (Abb. 1.5.1). Für die endgültige Lichtwirkung ist nun die aus den beiden Wellen H_1 und H_2 resultierende Welle maßgebend. An Hand des Parallelogramms, das die Zerlegung von A nach A_1 und A_2 veranschaulicht, stellt man zunächst leicht fest, daß die Amplituden von H_1 und H_2 gleich sind. Die resultierende Welle ist daher Null, wenn H_1 und H_2 in Gegenphase sind. Ob vom Analysator Licht durchgelassen wird oder nicht, hängt also von der Phasenverschiebung δ und damit zufolge der Hauptgleichung (1.5.3) von $(\sigma_1 - \sigma_2)$ ab. Ist am betrachteten Modellpunkt $\sigma_1 - \sigma_2 = 0$, so ist $\delta = 0$, H_1 und H_2 sind in Gegenphase und heben sich auf: wir haben Dunkelheit an dieser Stelle. Denken wir uns nun $\sigma_1 - \sigma_2$ anwachsend, bis $\delta = {}^1/_2$ ist, so beträgt die Phasenverschiebung jetzt eine halbe Wellenlänge; die beiden Schwingungen addieren sich, und wir haben ein Helligkeitsmaximum. Bei weiterem Anwachsen von δ nimmt die Helligkeit wieder ab, bis bei $\delta = 1$ die beiden Wellen wieder in Gegenphase sind und sich gegenseitig auslöschen. Dieser Vorgang wiederholt sich bei weiterer Steigerung von $\sigma_1 - \sigma_2$ in gleicher Weise, so daß bei ganzzahligem δ immer vollkommene Verdunkelung und dazwischen Aufhellung eintritt. Da diese Abhängigkeit der Helligkeit von $\sigma_1 - \sigma_2$ in gleicher Weise für alle Punkte des Modells gilt, erscheinen alle Punkte, wo δ die gleiche ganze Zahl ist, durch dunkle Linien verbunden, die man *Isochromaten* nennt, und zwar spricht man, je nachdem $\delta = 0, 1, 2$ usw. ist, von der Isochromate 0., 1., 2. Ordnung usw. Die Isochromaten sind, wie aus der Hauptgleichung folgt, experimentell gefundene Linien gleicher Hauptspannungsdifferenz $\sigma_1 - \sigma_2$.

Die Größe der Hauptspannungsdifferenz ist der Ordnungszahl proportional.

Außer den Isochromaten treten im linear polarisierten Licht auf dem belasteten Modell noch andere dunkle Linien auf. Fällt nämlich eine der beiden Hauptspannungsrichtungen mit der Polarisationsrichtung zusammen ($\alpha = 0$ oder $90°$, Abb. 1.5.1), so wird, wenn wir den Lichtvektor A wieder nach den Hauptrichtungen zerlegen, die eine Komponente Null. Folglich geht dann der Lichtstrahl ohne Geschwindigkeitsaufspaltung durch das Modell und wird vom Analysator vollständig absorbiert. Daher

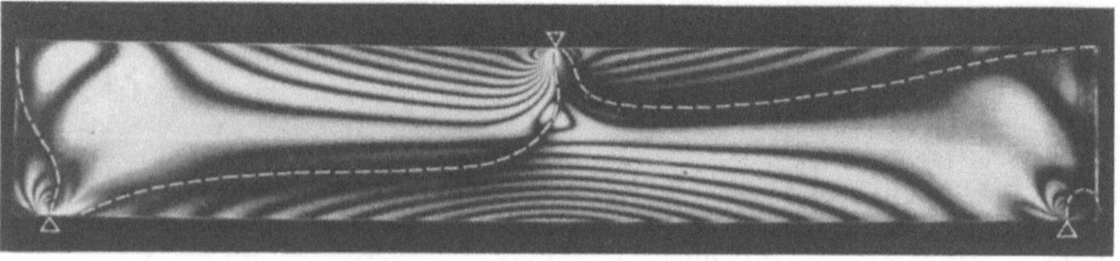

Abb. 1.5.2 Biegestab mit mittiger Einzellast in linear polarisiertem Natriumlicht. $\alpha = 15°$

erscheinen alle Punkte des Modells, in denen die Hauptspannungen die gleiche Richtung, und zwar die Polarisationsrichtung besitzen, durch dunkle Linien verbunden, die man als *Isoklinen* oder Richtungsgleichen bezeichnet.

Abb. 1.5.2 zeigt ein belastetes Modell in linear polarisiertem monochromatischem Licht, dessen Schwingungsrichtung unter $15°$ zur Vertikalen liegt. Die zahlreichen scharfen Linien sind die Isochromaten, während der überlagerte, teilweise unscharfe Linienzug eine Isokline darstellt. In seinem mittleren, dunkelsten Teil (in der Abb. durch eine gestrichelte Linie hervorgehoben) haben somit die Hauptspannungen eine Neigung von 15° bzw. 75° zur Vertikalen.

1.5.2 Weißes Licht

Besteht unser vorher betrachteter linear polarisierter Lichtstrahl nicht aus monochromatischem, sondern aus weißem Licht, d. h. aus einer kontinuierlichen Reihe von Lichtschwingungen verschiedener Wellenlänge, so tritt die vorher geschilderte Wirkung für jede Lichtschwingung entsprechend ihrer Wellenlänge ein, und was man beobachtet, stellt eine Überlagerung aller dieser Erscheinungen dar. Da in der Hauptgleichung die Wellenlänge λ im Nenner auftritt, folgt für die Isochromaten, daß mit steigendem $(\sigma_1 - \sigma_2)$ die ganzzahligen Phasenverschiebungen δ für die kürzeren Wellenlängen früher erreicht werden als für die längeren. Infolgedessen wird immer nur derjenige Lichtanteil ganz ausgelöscht, für dessen Wellenlänge δ gerade ganzzahlig ist. Die Isochromaten erscheinen daher nicht dunkel, sondern in der Komplementärfarbe der ausgelöschten Wellenlänge und sind somit Linien gleicher Farbe, was auch ihr Name besagt. Nur die Isochromate nullter Ordnung erscheint dunkel. Da mit steigender Phasenverschiebung das kurzwellige Licht zuerst ausgelöscht wird, ergibt sich entsprechend der spektralen Folge der Wellenlänge: violett, blau, grün, gelb, rot eine Folge der Komplementärfarben: gelb-rot-blau-gelb-rot usw. für ansteigende Isochromatenordnungen (s. Titelbild). Je höher die Ordnung ist, desto mehr verschieben sich außerdem die Helligkeitsminima der verschiedenen Wellenlängen gegeneinander. Dadurch erscheinen die Farben der Isochromaten um so mehr verwaschen, je höher die Ordnung wird, und jede Isochromate hat ihre charakteristischen mit der Höhe der Ordnung immer stumpfer werdenden Farbtöne. Ein vom Auge als reines Blau empfundener Farbton tritt nur in der 1. Ordnung auf, und von der 4. Ordnung ab ist nur noch ein Wechsel zwischen einem blassen Rot und Grün zu erkennen. Die geschilderte Farbenfolge ist im übrigen nichts anderes als die in der Physik bekannte Reihe der Interferenzfarben.

Die Verwendung weißen Lichtes ist in der Spannungsoptik unerläßlich zur Unterscheidung der Isochromaten hinsichtlich ihrer Ordnung, die mit monochromatischem Licht allein nicht möglich ist.

Die Isoklinen erscheinen auch im weißen Licht immer dunkel, da hier das Gesetz der Auslöschung unabhängig von der Wellenlänge ist. Sie heben sich bei Beobachtung mit dem Auge bzw. im Farbphoto über dem farbigen Untergrund der Isochromaten als dunkle Schattenlinie ab. Man kann daher eine Isokline in einer Schwarz-Weiß-Aufnahme besser hervortreten lassen, indem man bei weißem Licht mit panchromatischem Negativmaterial photographiert (Abb. 1.5.3).

Noch schönere Bilder von Isoklinen erhält man mit Modellen aus Plexiglas, einem Kunststoff mit geringer spannungsoptischer Wirksam-

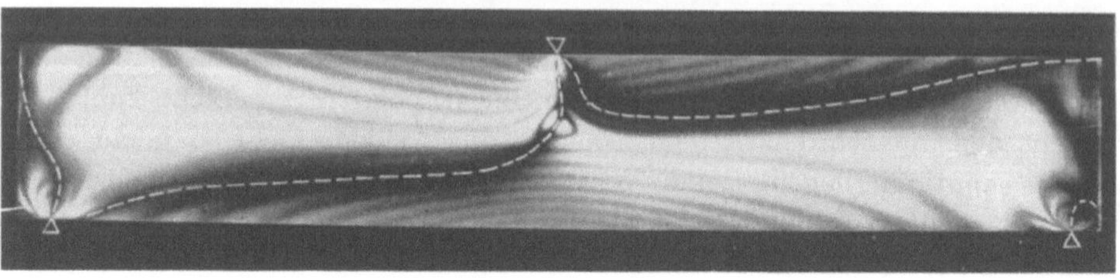

Abb. 1.5.3 Biegestab mit mittiger Einzellast in linear polarisiertem weißen Licht. $\alpha = 15°$. Panchromatische Platte

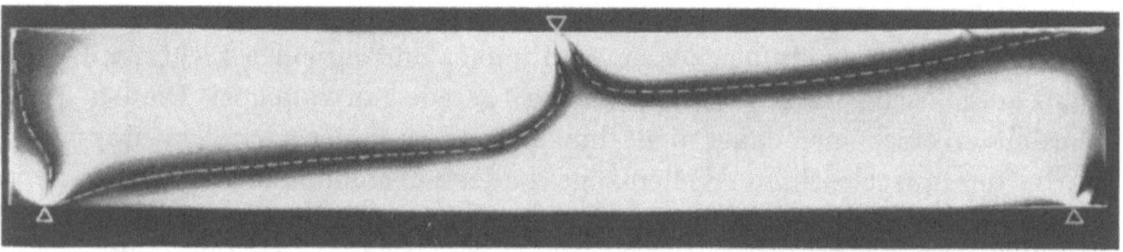

Abb. 1.5.4 Biegestab wie in Abb. 1.5.3, Modell jedoch aus Plexiglas

keit, der aber in praktisch vollkommen spannungsfreiem Zustand erhältlich ist. Bei solchen Modellen bewegt sich dann die Isochromatenordnung nur zwischen 0 und 1, so daß Isochromaten als Linien gar nicht auftreten und daher nicht stören. Trotzdem kontrastieren wegen der hohen anfänglichen Spannungsfreiheit bei Belastung alle Stellen mit Aufhellung, auch wenn diese schwach ist, gut gegen Stellen der Ordnung Null und gegen die absolut dunkle Isokline (Abb. 1.5.4).

1.5.3 Ausschaltung der Isoklinen durch zirkular polarisiertes Licht

In sehr vielen Fällen eines spannungsoptischen Versuchs genügt es, das Isochromatenbild auszuwerten. Dabei würden die Isoklinen nur stören. Man nimmt daher das Isochromatenbild praktisch nie so auf, wie es Abb. 1.5.2 zeigt, sondern schaltet die Isoklinen aus. Dies ist möglich durch Verwendung von zirkular polarisiertem Licht.

Zirkular polarisiertes Licht stellt man, wie in Abschn. 1.3 erwähnt wurde, durch Einschalten einer Viertelwellenplatte hinter den Polarisator her. Die Viertelwellenplatte ist eine Folie mit homogener Kristallstruktur von doppeltbrechenden Eigenschaften. Man montiert sie mit den Hauptrichtungen unter 45° zur Polarisationsrichtung (Abb. 1.5.5). Die linear polarisierte Schwingung A des Polarisators wird dann in zwei gleich große Komponenten A_1 und A_2 zerlegt, die die Platte mit unterschiedlicher Geschwindigkeit durcheilen, so daß sie nach Austritt aus ihr gegeneinander eine Phasenverschiebung von einer Viertelwellenlänge besitzen. Setzt man diese beiden Schwingungen $A_1 = a \sin \omega t$ und $A_2 = a \sin (\omega t - \pi/2) = - a \cos \omega t$ nun wieder zusammen, so er-

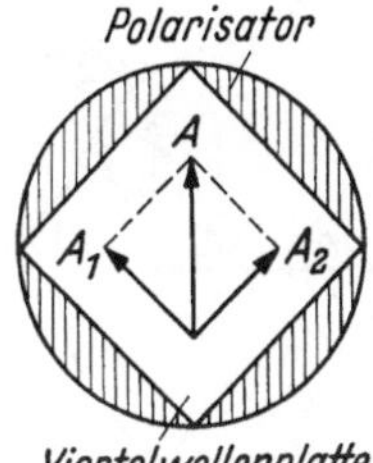

Abb. 1.5.5 Zerlegung des Lichtvektors beim Durchgang durch die Viertelwellenplatte

gibt eine einfache Rechnung, daß ein Vektor von unveränderlicher Größe a resultiert, der mit der Winkelgeschwindigkeit ω rotiert. Vor den Analysator schaltet man eine zweite Viertelwellenplatte, die gegen die erste um 90° gedreht ist, so daß sie die durch die erste hervorgerufene Phasenverschiebung wieder aufhebt. Nach Durcheilen der 2. Viertelwellenplatte schwingt also das Licht wieder in vertikaler Richtung und wird daher vom Analysator ausgelöscht. Das Bildfeld erscheint also auch in der Apparatur mit Viertelwellenplatten dunkel. Wir können auch sagen: Die Filterkombination der 2. Viertelwellenplatte mit dem Analysator ist für zirkular polarisiertes Licht undurchlässig.

Bringt man nun in die derart angeordnete Apparatur ein belastetes Modell, so ist zunächst ohne weiteres klar, daß jetzt keine Isoklinen mehr auftreten können, da im zirkular polarisierten Licht keine ausgezeichnete Richtung mehr besteht. Wir werden aber in folgendem zeigen, daß die Isochromaten bei zirkular polarisiertem Licht dieselben bleiben wie bei linear polarisiertem.

Zu diesem Zweck verfolgen wir einen Lichtstrahl auf seinem Weg durch die Apparatur, in der sich jetzt ein belastetes Modell und die beiden Viertelwellenplatten befinden (Abb. 1.5.6). Verluste durch Absorption und Reflexion wollen wir wieder vernachlässigen.

Den Polarisator verläßt unser Strahl als linear polarisierte Welle, dargestellt wie vorher durch den Vektor $A = A_0 \sin \omega t$. A wird beim Auftreffen auf die 1. Viertelwellenplatte, weil ihre Hauptrichtungen unter 45° zur Schwingungsrichtung von A liegen, in zwei gleich große Komponenten x und y von der Amplitude $a = A_0/\sqrt{2}$ zerlegt, von

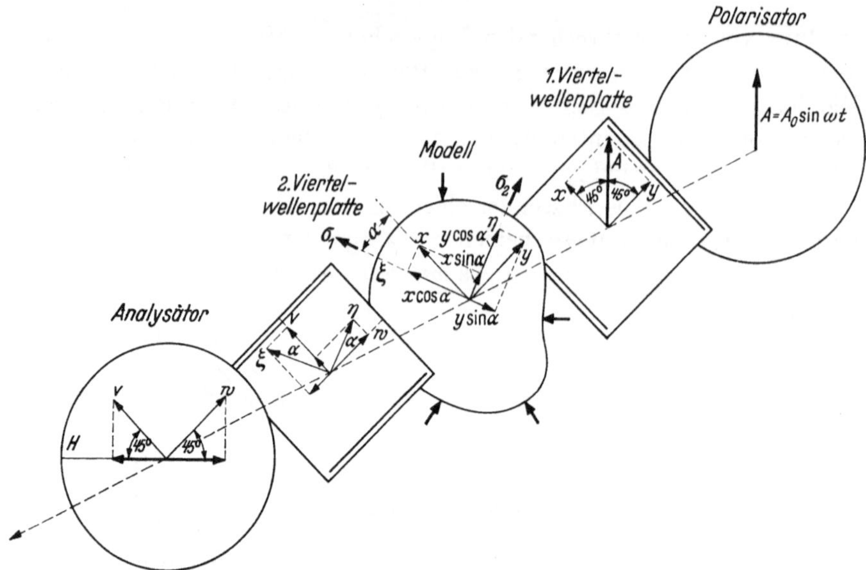

Abb. 1.5.6 Zerlegung eines zirkular polarisierten Lichtstrahls

denen die eine, y, beim Durchgang eine Verzögerung um eine Viertelwellenlänge gegen die andere erleidet. Nach Passieren der Viertelwellenplatte können wir daher unseren Lichtstrahl (indem wir den Beginn der
Zeit t neu festsetzen) darstellen durch die beiden Teilschwingungen:

$$x = a \sin \omega t,$$

$$y = a \sin \left(\omega t - \frac{\pi}{2}\right) = -a \cos \omega t$$

(zirkular polarisiertes Licht).

Diese beiden Schwingungen treffen nun auf das Modell, wo ein
ebener Spannungszustand, gegeben durch die Hauptspannungen σ_1
und σ_2, herrscht. Seinen Orientierungswinkel α zählen wir von der x-
Achse aus. Beide Schwingungen x und y zerlegen sich nun nach dem
Brewsterschen Gesetz in Komponenten ξ und η nach den Hauptrichtungen, wobei außerdem die in Richtung der kleineren Hauptspannung σ_2
liegenden Komponenten eine Phasenverzögerung gemäß der Hauptgleichung (1.5.3) erfahren. Wir erhalten demnach nach Passieren des
Modells, wieder unter Neufestsetzung des Anfangspunktes der Zeitrechnung, insgesamt folgende Schwingungen in der ξ- und η-Richtung:

$$\xi = a \cos \alpha \sin \omega t - a \sin \alpha \sin (\omega t - \pi/2),$$

$$\eta = a \sin \alpha \sin (\omega t - 2\pi\delta) + a \cos \alpha \sin (\omega t - \pi/2 - 2\pi\delta)$$

(elliptisch polarisiertes Licht).

In der 2. Viertelwellenplatte werden die ξ- und η-Schwingungen nach den Hauptrichtungen v und w zerlegt, die die gleiche Orientierung haben wie die Hauptrichtung x und y der 1. Viertelwellenplatte, nur mit dem Unterschied, daß jetzt Schwingungen in der w-Richtung gegen die der v-Richtung um eine Viertelwellenlänge beschleunigt werden. Eine der vorigen analoge Rechnung liefert für die Teilschwingung v und w nach Durchgang durch die 2. Viertelwellenplatte:

$$v = a \cos^2\alpha \sin \omega t + a \sin^2\alpha \sin (\omega t - 2\pi\delta) - a \sin \alpha \cos \alpha \sin (\omega t - \pi/2)$$
$$+ a \sin \alpha \cos \alpha \sin (\omega t - \pi/2 - 2\pi\delta), \tag{1.5.4}$$

$$w = a \sin^2\alpha \sin \omega t + a \cos^2\alpha \sin (\omega t - 2\pi\delta) - a \sin \alpha \cos \alpha \sin \left(\omega t + \frac{\pi}{2}\right)$$
$$+ a \sin \alpha \cos \alpha \sin (\omega t + \pi/2 - 2\pi\delta). \tag{1.5.5}$$

Der Analysator läßt von diesen beiden unter $45°$ orientierten Schwingungen nur die horizontalen Komponenten durch, so daß das austretende Licht dargestellt wird durch $H = v/\sqrt{2} - w/\sqrt{2}$. Setzt man hier die gefundenen Ausdrücke für v und w ein und setzt die aus beiden Ausdrücken resultierenden Glieder der Reihe nach paarweise zusammen, indem man die um $\pi/2$ phasenverschobenen sin durch die entsprechenden cos ersetzt, so folgt mit Anwendung der bekannten Umrechnungsformeln für Winkelfunktionen des doppelten Arguments:

$$H = \frac{A_0}{2} \left[\cos 2\alpha \big(\sin \omega t - \sin (\omega t - 2\pi\delta)\big) + \right.$$
$$\left. + \sin 2\alpha \big(\cos \omega t - \cos (\omega t - 2\pi\delta)\big)\right].$$

Mit dem Additionstheorem für Winkelfunktionen erhalten wir daraus zwei Sinusglieder, in denen wir den in beiden Argumenten auftretenden Summand 2α streichen können, da er nur eine Verschiebung des Anfangspunktes der Zeitrechnung bedeutet. Dann folgt als Endergebnis für die aus dem Analysator austretende Lichtschwingung:

$$H = \frac{A_0}{2} \left[\sin \omega t - \sin (\omega t - 2\pi\delta)\right]. \tag{1.5.6}$$

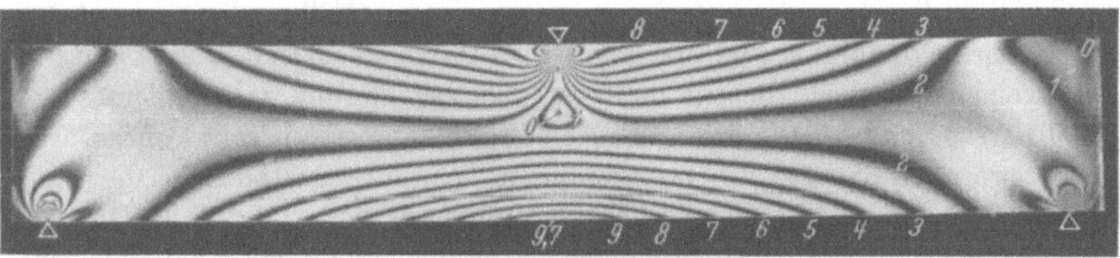

Abb. 1.5.7 Biegestab mit mittiger Einzellast in zirkular polarisiertem Natriumlicht

Dies bedeutet aber, daß mit steigendem δ, also mit steigendem $(\sigma_1 - \sigma_2)$, abwechselnd vollkommene Auslöschung (bei ganzzahligem δ) und dazwischen Aufhellung auf die volle Intensität der eintretenden Lichtschwingung von der Amplitude A_0 eintritt, und zwar unabhängig von der Orientierung des Spannungszustandes, was zu beweisen war.

Abb. 1.5.7 zeigt nochmals das in Abb. 1.5.2 aufgenommene Modell unter der gleichen Belastung, jedoch in zirkular polarisiertem Licht. Die störenden Isoklinen sind jetzt aus dem Isochromatenbild verschwunden.

1.6 Die Aufnahme und Auswertung des Isochromatenbildes

Die Aufnahme und Auswertung des Isochromatenbildes ist das wichtigste und aufschlußreichste Verfahren der Spannungsoptik.

Die Isochromaten sind, wie wir sahen, Linien gleicher Phasenverschiebung. Indem wir die Hauptgleichung der Spannungsoptik (1.5.3) nach der Hauptspannungsdifferenz auflösen und λ/C zu einer einzigen Materialkonstanten, der sogenannten „spannungsoptischen Konstanten S" zusammenfassen, ergibt sich folgende Beziehung zur Auswertung des Isochromatenbildes:

$$\sigma_1 - \sigma_2 = \frac{S}{d}\,\delta. \tag{1.6.1}$$

Die spannungsoptische Konstante S (Dimension: kp/cm $\cdot$ Ordnung, gültig für die Lichtwellenlänge, mit der gearbeitet wird) bestimmt man aus einem Eichversuch mit einem aus der Theorie bekannten Spannungszustand; die Isochromatenordnung δ erhält man durch einfaches Abzählen der Isochromaten von der Nullisochromate aus. Damit kann man für jede Stelle des ebenen Modells nach Gl. (1.6.1) die Hauptspannungsdifferenz $\sigma_1 - \sigma_2$ bzw. die Hauptschubspannung $(\sigma_1 - \sigma_2)/2 = \tau_H$ aus dem Isochromatenbild entnehmen. Am lastfreien Rand ist eine der beiden Hauptspannungen Null; der Spannungszustand ist einachsig, und man erhält die einzig vorhandene Spannung σ unmittelbar:

$$\sigma = \frac{S}{d}\,\delta. \tag{1.6.2}$$

Für den Ingenieur genügen in sehr vielen Fällen diese aus dem Isochromatenbild zu entnehmenden Aufschlüsse. Denn die höchsten Beanspruchungen, die für die Festigkeitsberechnung meist allein von Interesse sind, treten erfahrungsgemäß fast immer am Rand auf. Dort liefert aber das Isochromatenbild den Spannungszustand vollständig. Darüber hinaus gibt das Isochromatenbild für das ganze Feld ein ungefähres Bild der Beanspruchungsverteilung. Wenn man nämlich die Festigkeitshypothese nach Mohr-Guest zugrunde legen darf, also vor allem, wenn es sich um die modellmäßige Untersuchung eines Konstruktionsteils aus bildsamem Metall handelt, ist bekanntlich das Maß für die Beanspruchung einer jeden Stelle die größte dort auftretende Schubspannung. Die Isochromatenordnung zeigt aber die Hauptschubspannung $\tau_H = (\sigma_1 - \sigma_2)/2$ an jeder Stelle an. Nun muß man allerdings bedenken, daß τ_H nicht immer die größte Schubspannung für die betreffende Stelle ist; vielmehr ist sie es nur, wenn σ_1 und σ_2 verschiedenes Vorzeichen haben. Andernfalls ist $\tau_{\max}$ gleich der Hälfte der absolut größeren der beiden Hauptspannungen.

Man darf also nicht vorbehaltlos die Isochromaten als Höhenlinien gleicher Beanspruchung bezeichnen. Immerhin geben sie im allgemeinen qualitativ ein gutes Bild der Beanspruchungsverteilung. Der große Vorteil des spannungsoptischen Isochromatenverfahrens gegenüber anderen Verfahren liegt darin, daß sich einem geübten Blick aus einer einzigen photographischen Aufnahme der ganze Beanspruchungszustand des untersuchten Modells offenbart.

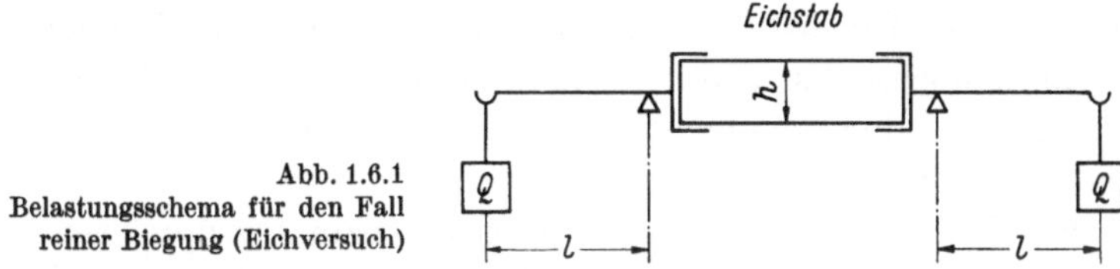

Abb. 1.6.1
Belastungsschema für den Fall
reiner Biegung (Eichversuch)

Als Eichkörper zur Bestimmung der spannungsoptischen Konstanten S hat sich am besten ein auf reine Biegung beanspruchter prismatischer Stab von Rechteckquerschnitt bewährt, der aus demselben Material hergestellt wird, wie das Modell selbst. Ein Schema der Belastungseinrichtung eines solchen Stabes zeigt Abb. 1.6.1. Entsprechend der im

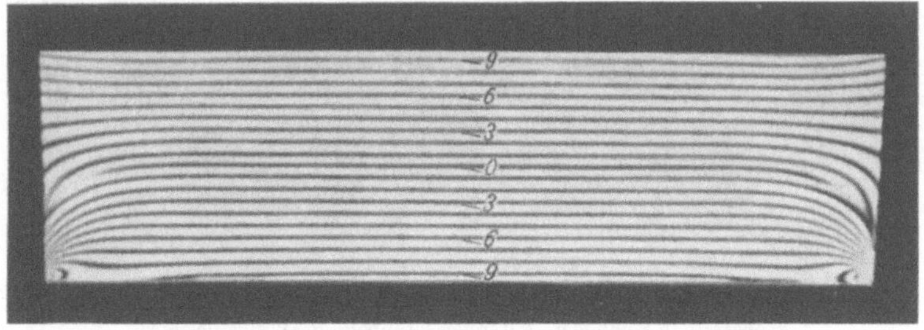

Abb. 1.6.2 Isochromatenbild bei reiner Biegung (Eichversuch)

Stab von der neutralen Faser nach außen zu linear ansteigenden Spannung erscheinen als Isochromaten gerade Linien gleichen Abstandes, in der Ordnung nach außen steigend (Abb. 1.6.2). Man zählt nun ab, wie

oft der Abstand von einer Isochromate bis zur nächsten in der ganzen
Stabhöhe enthalten ist. Wird diese Zahl mit z, das Biegemoment mit
$M = Ql$, die Kantenspannung mit σ, die Höhe des Stabes mit h und
seine Dicke mit d bezeichnet, so ist die spannungsoptische Konstante
nach Gl. (1.6.2)

$$S = \frac{\sigma}{z/2}\, d = \frac{12\,M}{h^2 z}\,. \qquad (1.6.3)$$

Die Kantenspannung soll im Interesse der Genauigkeit der bei dem betreffenden Versuch zu erwartenden höchsten Spannung ungefähr entsprechen bzw. die Isochromatenordnung am Rand des Eichstabes den
beim Versuch auftretenden Ordnungen. Für die meist angewandte
Modelldicke von 1 cm sind die Werte $M = 80$ cmkg und $h = 2$ cm
geeignet. Mit diesen Werten wird

$$S = \frac{240}{z}\, \frac{\mathrm{kp/cm^2}}{\mathrm{Ordnung}}\, \mathrm{cm}\,.$$

Die Anzahl z der Isochromatenabstände beträgt dann bei Verwendung
eines optisch hochwirksamen Modellmaterials 16 bis 20. Damit kann
stets eine genügende Genauigkeit erreicht werden, wenn man Bruchteile
von z noch schätzt.

Mit dem Eichversuch zur Bestimmung der spannungsoptischen Konstanten S kann in einfacher Weise die Messung des Elastizitätsmoduls E

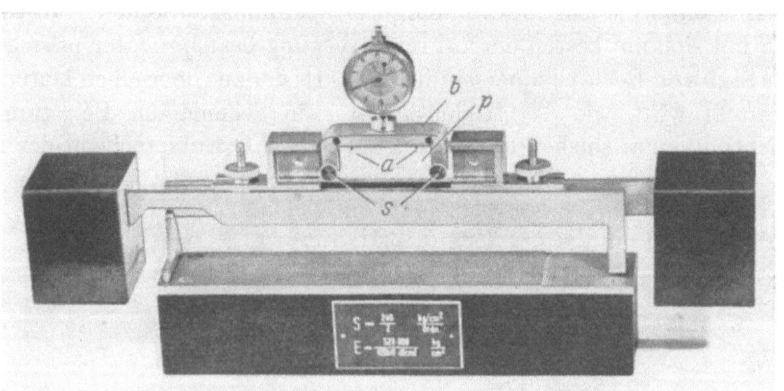

Abb. 1.6.3 Eichvorrichtung, Fabrikat Tiedemann, zur Messung von S und E.
p Probestab, b Meßbügel, s Rändelschrauben, a Anschlagleisten

der für manche Versuche bekannt sein muß, verbunden werden, indem
zusätzlich auch die Durchbiegung des Probestabes gemessen wird. Eine
solche kombinierte Eichvorrichtung der Firma D. Tiedemann, Garmisch-
Partenkirchen, zeigt Abb. 1.6.3. Auch bei dieser Anordnung wird der

Probestab p auf reine Biegung beansprucht, jedoch im Gegensatz zu
Abb. 1.6.1 so, daß er sich nach unten durchbiegt. Zur Messung der
Durchbiegung wird der Bügel b mit Meßuhr mittels zweier Spitzenpaare,
die Anfang und Ende einer Meßlänge $l = 6$ cm festlegen, aufgesetzt.
Die beiden Spitzen auf der Vorderseite des Probestabes sitzen an den
Enden der beiden Rändelschrauben s. Durch leichtes Anziehen dieser
Schrauben wird der Stab zwischen ihnen und den auf der Rückseite des
Stabes den Schrauben gegenüberliegenden Spitzen eingeklemmt und so
der Bügel befestigt. Die Spitzen werden in die Mittellinie des Stabes
eingesetzt. Dies wird zwangsläufig dadurch erreicht, daß der Bügel die
beiden Anschlagleisten a besitzt, die beim Aufsetzen die Staboberkante
berühren. Diese Anschlagleisten heben sich bei der Belastung des Probestabes wieder ab, da er sich nach unten durchbiegt.

Für die Aufstellung einer Formel zur Berechnung des Elastizitätsmoduls benötigen wir zunächst die Durchbiegung f eines Balkens von
der Meßlänge l unter konstantem Biegemoment M, die sich aus der
Differentialgleichung der elastischen Linie ableitet zu

$$f = \frac{M l^2}{8 E I}, \qquad (1.6.4)$$

wobei $I = d h^3/12$ das Trägheitsmoment des Stabes bedeutet.

Da der Fühlstift der Meßuhr nicht in der Mittellinie, sondern an der
Oberkante des Stabes angesetzt wird, ist von f noch die Querdehnung
der oberen Stabhälfte abzuziehen, um den von der Meßuhr angezeigten
Betrag f' zu erhalten:

$$f' = f - \Delta f, \qquad (1.6.5)$$

wobei

$$\Delta f = \frac{\nu}{E} \frac{\sigma_{\max}}{2} \frac{h}{2} = \frac{\nu}{E} \frac{h}{4} \frac{M}{I} \frac{h}{2}. \qquad (1.6.6)$$

Aus Gln. (1.6.4) bis (1.6.6) ergibt sich somit die Beziehung zur Ermittlung
des Elastizitätsmoduls E aus dem Ausschlag f' der Meßuhr zu:

$$E = \frac{3 M}{2 d h f'} \left(\frac{l^2}{h^2} - \nu \right). \qquad (1.6.7)$$

Mit den auf S. 24 für den Eichversuch angegebenen Werten
$M = 80$ cmkp und $h = 2$ cm sowie $l = 6$ cm und $\nu = 0{,}38$ wird

$$E = \frac{517}{d f'} \text{ kp/cm}^2 \qquad (1.6.8)$$

(d und f' in cm).

Eine andere Art des Eichversuchs, der eine Kreisscheibe als Probekörper benützt, wird auf S. 109, im Zusammenhang mit der räumlichen
Spannungsoptik, beschrieben.

Die *Aufnahme des Isochromatenbildes* mit der einfachen Apparatur geht wie folgt vor sich. Einige Minuten vor Beginn werden die Natriumlampen eingeschaltet, damit sie beim Versuch ihre volle Helligkeit besitzen. Die Belastungsvorrichtung mit dem Modell wird zwischen den Polarisatoren der Apparatur aufgestellt, zunächst ohne das Modell zu belasten. Als Modellwerkstoff dient optisch hochwirksames Material, meist ein Epoxidharz. Da zirkular polarisiertes Licht verwendet wird, müssen die Viertelwellenplatten auf der Innenseite der Polarisatoren liegen. Hierauf wird die Kamera aufgestellt und auf die Konturen des Modells scharf eingestellt, wobei man danach trachtet, die wichtigsten Modellpartien möglichst in das Zentrum des Strahlengangs zu bringen, d. h. so, daß dort die Konturen scharf und nicht doppelt erscheinen. Den Analysator entfernt man beim Justieren der Kamera vorübergehend. Nachdem die Kamera aufgestellt ist, muß nochmals bei vorübergehend belastetem Modell und mit Analysator auf die Isochromaten scharf eingestellt werden, denn bei dem Einstellen auf die Modellkonturen kommt die Bildebene in die vordere oder hintere Modelloberfläche zu liegen; die schärfste Einstellung für die Isochromaten liegt aber dazwischen. Sehr wichtig ist es, bevor der Versuch endgültig durchgeführt wird, noch zu prüfen, ob auf das Modell ein sauberer ebener Spannungszustand aufgebracht wird. Es kommt leicht vor, daß sich bei nicht einwandfrei arbeitender Belastungsvorrichtung dem gewünschten ebenen Spannungszustand noch Torsion überlagert oder sich das Modell aus seiner Ebene heraus verbiegt, etwa dadurch, daß zur Belastung verwendete Schneiden nicht gleichmäßig aufliegen oder daß nicht alle äußeren Lasten genau in der Modellebene liegen. Solche Störungen verursachen ein fehlerhaftes Isochromatenbild. Die Isochromaten werden verschwommen und bei weißem Licht entsprechen ihre Farben nicht mehr der normalen Folge der Interferenzfarben. Zuweilen beobachtet man sogar, daß Isochromaten verschiedener Ordnung ineinander übergehen, was bei einem sauberen ebenen Spannungszustand niemals vorkommen kann. Im Mittelteil der Isochromaten der Abb. 1.6.4 sind solche Störungen erkennbar, welche hier durch Verkanten der Auflager und der Belastungsschneide absichtlich hervorgerufen worden sind. Man vergleiche hierzu das störungsfreie Isochromatenbild Abb. 1.5.7.

Alle Isochromatenaufnahmen müssen, wenn mit dem langwelligen Natriumlicht gearbeitet wird, mit panchromatischem Negativmaterial durchgeführt werden. Als Dokument dafür, daß das Modell vor dem Versuch spannungsfrei war bzw. als Unterlage für nachträgliche Korrekturen, wenn Vorspannungen vorhanden sein sollten, nimmt man zunächst bei unbelastetem Modell eine „Nullaufnahme" auf. Dann belastet man und nimmt das Isochromatenbild auf. Die Zeit, die vom Augenblick der Belastung bis zur Aufnahme verstreicht, wird notiert.

Hierauf schaltet man weißes Licht ein und macht sich nun eine ungefähre Skizze des Isochromatenbildes, in die man die Ordnungszahlen
der wichtigsten Isochromaten, vor allem der nullten Ordnung, einträgt,
da diese aus der Aufnahme später oft nicht mehr mit Sicherheit festgestellt werden können. Schließlich wird noch der Eichversuch durchgeführt, wobei vom Augenblick der Belastung bis zur Aufnahme bzw.,

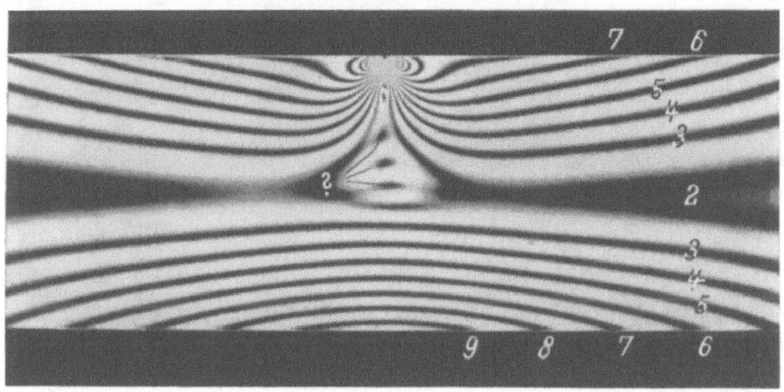

Abb. 1.6.4 Durch überlagerte Torsion gestörtes Isochromatenbild. Vgl. hiermit Abb. 1.5.7

wenn er durch visuelle Beobachtung erledigt wird, bis zum Abzählen
der Isochromaten, die gleiche Zeit verstreichen muß wie beim Hauptversuch. Dies muß beachtet werden, weil alle photoelastischen Modellwerkstoffe Kriecherscheinungen zeigen (vgl. auch S. 40). Wird der Eichversuch erst später nachgeholt, so ist zu bedenken, daß er bei gleicher
Temperatur durchgeführt werden muß, da die spannungsoptische Konstante temperaturabhängig ist.

Beim Kopieren bzw. Vergrößern des Negativs bemühe man sich,
kontrastreiche Positive zu erhalten. Man muß sich indessen davor hüten,
allzu hartes Kopierpapier zu verwenden, da es sonst leicht vorkommt,
daß die eng aneinanderliegenden Isochromaten an Spannungskonzentrationen nicht mehr gut durchgezeichnet werden. In das Bild werden
an Hand der vorher bei weißem Licht gezeichneten Skizze die Ordnungszahlen eingetragen.

Aus dem damit fertiggestellten Isochromatenbild kann für jede Stelle
mit Hilfe der Eichkonstante S und Gl. (1.6.1) die Hauptspannungsdifferenz und für Randpunkte die Spannung selbst entnommen werden.

Um Übung für die Deutung von Isochromatenbildern zu erlangen,
ist es nützlich, im folgenden einige typische Spannungszustände und
ihre Wiedergabe durch das Isochromatenbild zu betrachten.

Reiner Zug und reiner Druck in Stäben (Abb. 1.6.5). Da es sich im
prismatischen Teil um einen gleichmäßigen Spannungszustand handelt,

muß dort überall die Ordnung dieselbe sein. Das Bild erscheint dort entweder gleichmäßig dunkel oder gleichmäßig aufgehellt, je nach der Größe der Zug- bzw. Druckkraft. Im weißen Licht zeigt sich im ganzen gleichmäßigen Bereich dieselbe Farbe.

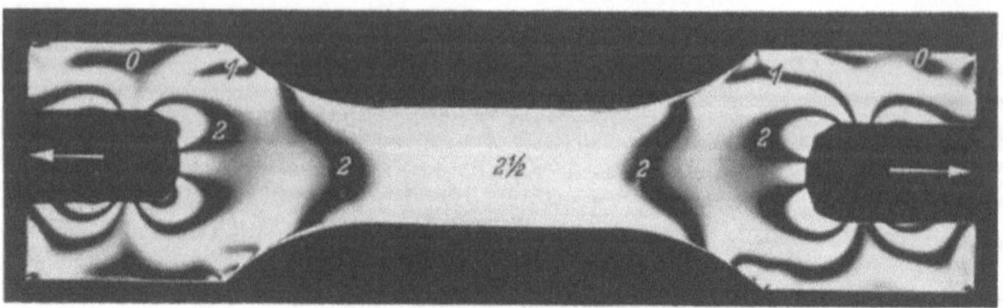

Abb. 1.6.5 Zugstab (einachsiger Spannungszustand)

Reine Biegung (Abb. 1.6.2, S. 23). Wie bereits beim Eichversuch bemerkt, zeigen sich bei Biegung infolge der linearen Verteilung der Biegespannungen im Querschnitt Isochromaten von nach außen steigender Ordnung in gleichen Abständen. Da das Biegungsmoment längs des Stabes unveränderlich ist, bilden sie parallele Gerade. Je größer das Moment, desto dichter sind die Linien.

Biegung mit Querkraft (Abb. 1.5.7, S. 21). In diesem Falle überlagert sich den linear über den Querschnitt verteilten Biegespannungen eine Schubspannung, die an den Rändern verschwindet und in der Balkenmitte ihr Maximum hat. Infolgedessen sind die Isochromatenabstände eines Querschnitts nur in den Randpartien einigermaßen gleich; außerdem wird die Isochromatenordnung in der Balkenmitte nicht Null, sondern hat entsprechend der konstanten Querkraft einen längs der Träger-

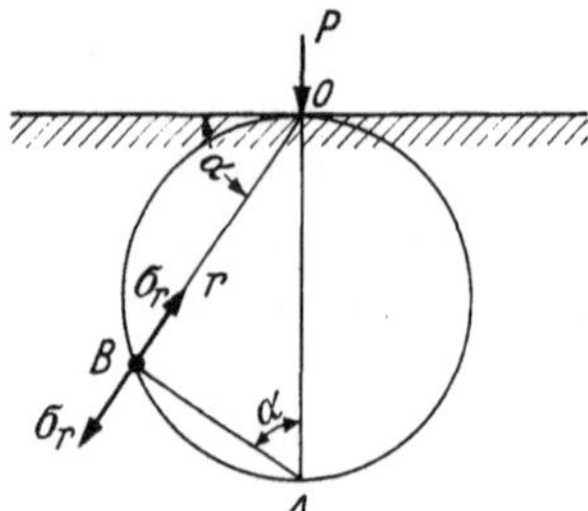

Abb. 1.6.6 Senkrechte Einzellast auf unendlicher Halbebene

achse gleichbleibenden Wert. Da ferner jetzt das Biegemoment längs des Trägers veränderlich ist, ändert sich die Dichte der Isochromaten längs des Trägers. Vgl. auch Ziff. 1.12.

Konzentrierter Druck (Abb. 1.6.6 u. 1.6.7). Der Spannungszustand, der in einer sehr großen Scheibe mit gerader Begrenzung durch eine senkrecht zu dieser Begrenzung wirkende konzentrierte Einzellast P entsteht (Abb. 1.6.6), ist theoretisch streng erfaßbar ([56], S. 27) und kann in Polarkoordinaten r, α durch eine einzige Normalspannung σ_r ausgedrückt werden (strahlenförmiger Spannungszustand):

$$\sigma_r = -\frac{2P}{\pi}\frac{\sin\alpha}{r}. \tag{1.6.9}$$

Der geometrische Ort aller Punkte gleicher Spannung ergibt sich aus der Bedingung $\sin\alpha/r = \mathrm{const}$ zu einem in 0 den Rand tangierenden

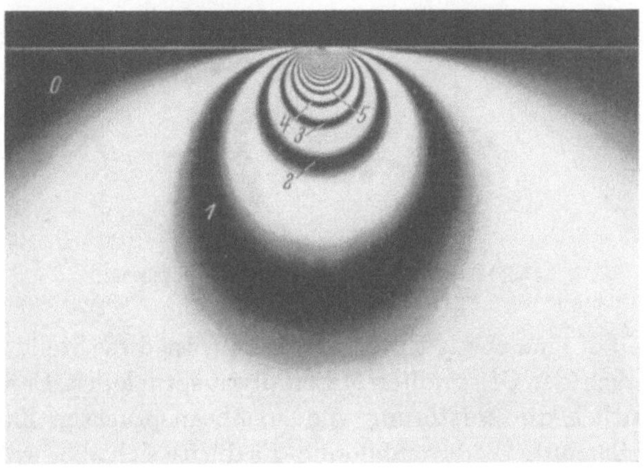

Abb. 1.6.7 Isochromatenbild bei konzentrierter Einzellast

Kreis; denn für seine Punkte ist diese Bedingung erfüllt, wie aus dem Dreieck OAB hervorgeht, in dem bei A der Winkel α auftritt. Da σ_r als einzige vorkommende Spannung zugleich Hauptspannungsdifferenz ist, sind somit die Isochromaten Kreise, die im Lastangriffspunkt den Rand tangieren. Das experimentell aufgenommene Isochromatenbild (Abb. 1.6.7) bestätigt dies.

Walzendruck. Die Lösung des Problems der konzentrierten Einzellast nach Gl. (1.6.9) ist für den Lastangriffspunkt selbst nicht brauchbar, denn dort würden sich unendlich hohe Spannungen ergeben. In Wirklichkeit ist der Lastangriff nie vollkommen punktförmig, sondern es bildet sich, abhängig von der Krümmung der drückenden Körper, eine kleine Druckfläche aus. Exakte Lösungen solcher Spannungszustände verdankt man HEINRICH HERTZ (s. L. FÖPPL [57]). Der Fall, daß eine Kreisscheibe von großem Krümmungsradius gegen eine Scheibe mit gerader Begrenzung („unendliche Halbebene") gedrückt wird, gibt im spannungsoptischen Versuch die Isochromaten der Abb. 1.6.8. Bemerkenswert ist hier, daß die größte Hauptschubspannung (im Bild von der 6. Ordnung) nicht am Rand, sondern etwas innerhalb des Spannungsfeldes auftritt. Im Fall des ebenen Formänderungszustandes (vgl. S. 4), also wenn eine

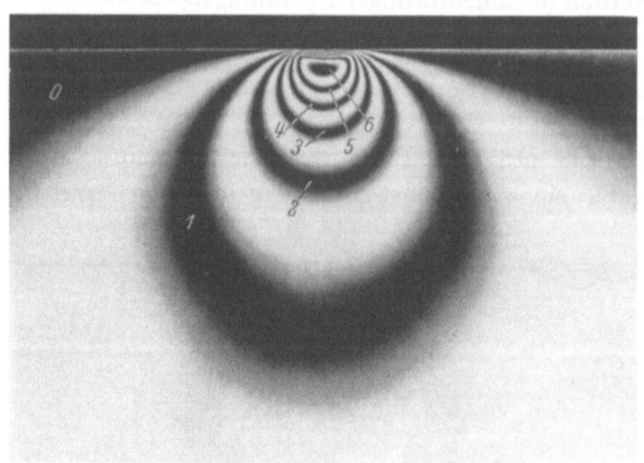

Abb. 1.6.8 Druck Kreisscheibe gegen Halbebene

lange Walze auf eine ebene Unterlage drückt, ist diese Stelle im Innern des Feldes auch der Ort größter Materialbeanspruchung. Damit erklärt man bekanntlich die Zerstörung von hochbeanspruchten Zahnflanken durch die sogenannte Grübchenbildung. Es dürfte sich aber wohl hier um das einzige technisch wichtige Beispiel handeln, daß die Maximalbeanspruchung nicht am Rand auftritt.

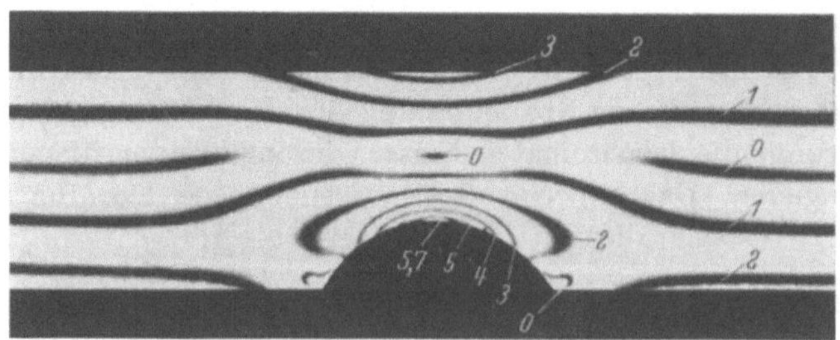

Abb. 1.6.9 Isochromatenbild eines Stabes mit Rundkerbe unter reiner Biegung.

In einiger Entfernung vom Lastangriffsbereich gehen die Isochromaten von Abb. 1.6.8 in die der Abb. 1.6.7 über. Es ist dies der Ausdruck des für die Festigkeitslehre allgemeingültigen Prinzips von St. Venant, welches aussagt, daß in hinreichender Entfernung vom Kraftangriffsbereich der Spannungszustand nur von der Resultierenden des angreifenden Kräftesystems abhängt, nicht aber davon, wie das Kräftesystem im einzelnen beschaffen ist. Auch Abb. 1.5.7 ist ein Beispiel dafür. Trotzdem hier die Kräfte durchaus nicht so angreifen, wie es in der

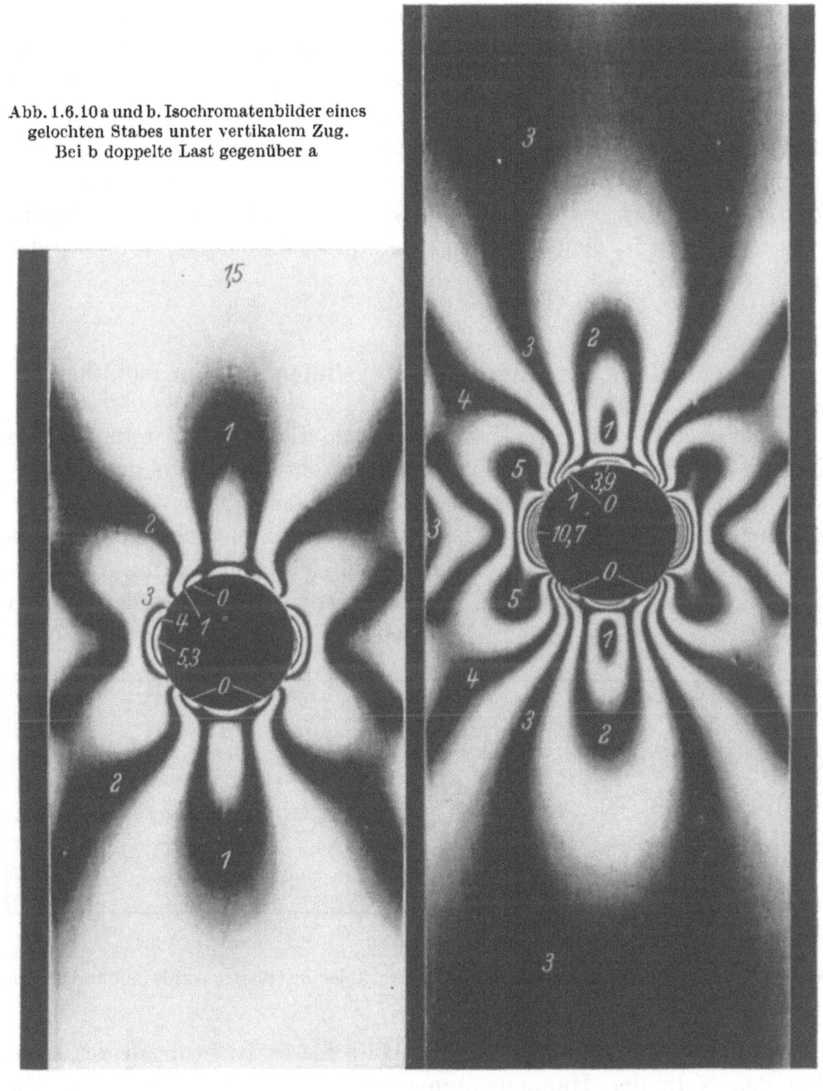

Abb. 1.6.10 a und b. Isochromatenbilder eines gelochten Stabes unter vertikalem Zug. Bei b doppelte Last gegenüber a

a   b

Theorie angenommen wird, nämlich parabolisch über den Querschnitt verteilt, ist dennoch der Spannungszustand schon in geringer Entfernung von den Auflagern mit dem der Theorie in Übereinstimmung. Das

St. Venantsche Prinzip, das sein Begründer in genialer Vorausschau aufgestellt hat, ist durch die Spannungsoptik erst anschaulich geworden (s. a. Abschn. 6.12).

Kerbspannungen. Die heute jedem Ingenieur geläufige Erscheinung der Spannungskonzentration an Kerben, Löchern, Querschnittsübergängen u. ä. wird im spannungsoptischen Bild durch eine Anhäufung von Isochromaten sichtbar. Der gegen den Kerbrand zu gewöhnlich immer steiler werdende Spannungsanstieg äußert sich dadurch, daß die Isochromaten gegen den Rand zu dichter werden und eine hohe Ordnungszahl erreichen. Die Abb. 1.6.9 und 1.6.10 geben Beispiele hierfür. Die Unterstützung des Konstrukteurs bei der Klärung von Kerbspannungsproblemen ist eine der wichtigsten und dankbarsten Aufgaben der Spannungsoptik.

1.7 Ermittlung der Hauptspannungslinien aus den Isoklinen

Längs einer Isokline (vgl. S. 16) haben die Hauptspannungen die gleiche Richtung, nämlich die Schwingungsrichtung des aus dem Polarisator kommenden Lichtes bzw. die senkrecht dazu. Nimmt man daher die Isoklinen für verschiedene Stellungen der gekreuzten Polarisatoren zwischen 0 und 90° auf und trägt sie in ein einziges Bild zusammen, so bestimmen sie das Richtungsfeld der Hauptspannungen für den ganzen

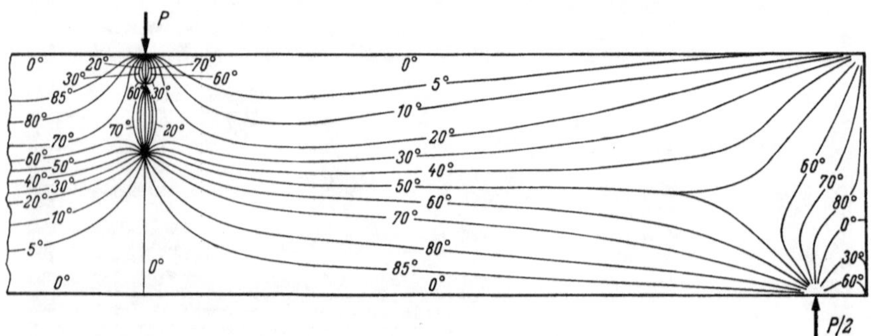

Abb. 1.7.1 Die Schar der Isoklinen beim Biegestab mit mittiger Einzellast. α positiv im Uhrzeigersinn

Spannungszustand (Abb. 1.7.1). Mit Hilfe dieses Richtungsfeldes kann man das Netz der Hauptspannungslinien zeichnen, indem man die Richtungen zu geschlossenen Linienzügen verbindet.

Die Erfahrung hat gezeigt, daß es aus verschiedenen Gründen nicht zweckmäßig ist, photographisch aufgenommene Bilder von Isoklinen (Abb. 1.5.3 u. 1.5.4) auszuwerten. Erstens ist dies umständlich, denn es muß die Isokline für jeden Parameter α gesondert aufgenommen, hernach aber doch sämtliche Isoklinen zeichnerisch in ein Bild zusammengesetzt werden. Ferner aber stellen sich beim Zusammenzeichnen aller Isoklinen immer erst gewisse Besonderheiten heraus, die für die Auswertung wichtig sind. So wird man sich beispielsweise beim Zeichnen des Isoklinenfeldes gelegentlich entschließen, an Stellen, wo die Schar nicht dicht genug ist, zusätzliche Isoklinen mit Zwischenwerten des Parameters α einzuschalten. Ferner ist es manchmal an Stellen, wo die Isokline breit ist, sehr schwer, ihre genaue Lage, nämlich die Linie größter Dunkelheit, sicher auszumachen. Dies gelingt oft erst dadurch, daß man durch mehrmaliges Vor- und Zurückdrehen der Polarisatoren die Isokline wandern läßt und dann an der Bewegung ihre Eigenart erkennt.

Daher ist es viel zweckmäßiger, die Isoklinen direkt beim Versuch am belasteten Modell aufzunehmen. Am besten eignet sich hierzu, wie in Abschn. 1.4 erwähnt, ein Polariskop mit Projektionseinrichtung. Der Bildschirm wird mit Transparentpapier bespannt und darauf alle notwendigen Isoklinen zwischen $\alpha = 0$ und 90° mit Bleistift nachgezogen. Zu jeder Isokline wird die zugehörige Polarisationsrichtung α (Isoklinenparameter) vermerkt (Abb. 1.7.1). In vielen Fällen genügt es, α von 10 zu 10° zu variieren. Man vermerke auch auf die Isoklinenzeichnung, welcher Drehsinn von α als positiv eingeführt wurde.

Steht nur die einfache Apparatur ohne Projektionsmöglichkeit zur Verfügung, so hat sich dafür folgendes Vorgehen am besten bewährt: Man zeichnet die Isoklinen unter direkter visueller Beobachtung mit einem sauber gespitzten Fettstift unmittelbar auf das Modell. Hat man so alle gewünschten Isoklinen eingetragen, dann kann zum Schluß das Gesamtbild photographisch festgehalten werden.

Selbstverständlich wird zur Isoklinenaufnahme weißes Licht verwendet. Dann kann man die schwarzen Isoklinen gut von den farbigen Isochromaten unterscheiden. Es hat sich nicht bewährt, bei einer Spannungsuntersuchung zur Isoklinenaufnahme grundsätzlich ein gesondertes Modell aus Plexiglas zu verwenden. Damit erhält man zwar schönere Isoklinen (Abb. 1.5.4), aber es ist unmöglich, in zwei Modellen, die noch dazu aus verschiedenen Werkstoffen bestehen, einen vollkommen identischen Spannungszustand zu erzeugen. Bei der Auswertung, namentlich der vollständigen (s. Abschn. 1.11), kommt man dann dadurch meist, zumindest an heiklen Stellen, zu Unstimmigkeiten. Man wird zu diesem Hilfsmittel nur gelegentlich zur Ergänzung einer Auswertung an solchen Stellen greifen, wo im Isochromatenmodell wegen geringer Spannungen die Isoklinen infolge störender Vorspannungen zu undeutlich sind.

Auch bei Isoklinenaufnahmen ist es sehr wichtig, sich beim Belasten des Modells zu überzeugen, daß ein rein ebener Spannungszustand aufgebracht wird. Das Isoklinenbild ist gegen Störungen durch überlagerte

Biegung oder Torsion noch empfindlicher als die Isochromaten. Die Störung macht sich dadurch bemerkbar, daß die Isoklinen stellenweise nicht mehr voll dunkel erscheinen oder sogar ganz aussetzen. Dies ist ein sicheres Zeichen dafür, daß kein sauberer ebener Spannungszustand vorliegt. Eine Isokline kann niemals im Inneren des Spannungsfeldes aufhören.

Das Isoklinengesamtbild dient als Unterlage für das Zeichnen der Hauptspannungslinien. Zur Erzielung einer möglichst großen Genauig-

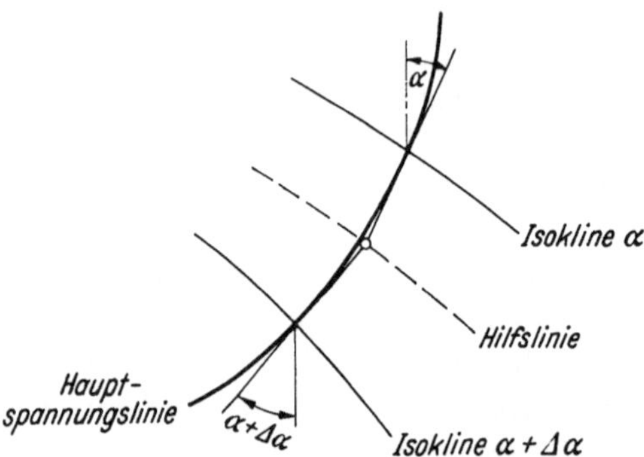

Abb. 1.7.2 Zeichnen der Hauptspannungstrajektorien mit Hilfe der Isoklinen

keit geht man dabei wie folgt vor (Abb. 1.7.2). In der Mitte zwischen zwei benachbarten Isoklinen zieht man von Hand eine Hilfslinie. Die jeder der beiden Isoklinen entsprechenden Hauptspannungsrichtungen zieht man von beiden Seiten bis zur Hilfslinie, so daß sie sich dort schneiden. So entsteht ein Tangentenpolygon, in das man hierauf die Hauptspannungslinie freihändig einzeichnet. Das Verfahren wird für die beiden orthogonalen Scharen der Hauptspannungslinien gesondert auf Transparentpapier durchgeführt; hernach werden beide Scharen zusammengezeichnet. Sie müssen dann überall aufeinander senkrecht stehen. Dies gibt eine Kontrolle der Genauigkeit. Ferner muß am lastfreien Rand die eine Schar überall senkrecht einmünden.

Besondere Aufmerksamkeit erfordern beim Zeichnen der Hauptspannungslinien die singulären oder schubfreien Punkte. Dies sind Stellen, wo beide Hauptspannungen gleich groß sind. Der Mohrsche Kreis schrumpft für sie zu einem Punkt zusammen, die Isochromatenordnung ist Null. Da ferner keine bestimmte Spannungsrichtung mehr vorhanden, sondern jede Richtung gleichberechtigt ist, laufen alle Isoklinen durch einen solchen Punkt. Infolge dieser Zusammendrängung der Isoklinen hat man dort starke Krümmungen der Hauptlinien, was deren Zeichnung vielfach erschwert. Doch kann man andererseits die nächste Umgebung der singulären Punkte theoretisch erfassen und die Ergebnisse dieser Untersuchungen zur Unterstützung bei der Konstruktion des Trajektoriennetzes heranziehen. Die theoretische Behandlung der singulären Punkte hat dazu geführt, sie in Klassen und Ordnungen einzuteilen. Wegen Einzelheiten hierüber muß auf die Literatur verwiesen werden [e, g, i].

Abb. 1.7.3 zeigt die aus Abb. 1.7.1 gewonnenen Hauptspannungslinien. Auf der Symmetrieachse liegen zwei singuläre Punkte, die auch in Abb. 1.7.1 als Schnittpunkte der Isoklinen hervortreten.

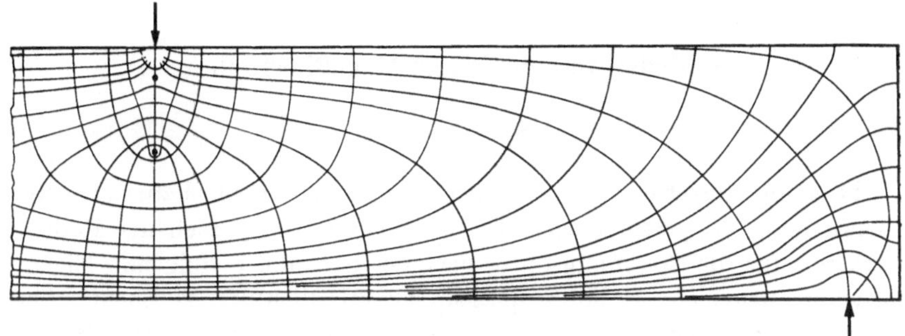

Abb. 1.7.3 Hauptspannungslinien beim Biegestab mit mittiger Einzellast

Bei jedem ebenen Spannungszustand zerfallen im ganzen Feld immer die Hauptspannungslinien in eine Schar der Maximalspannungen, d. h. der algebraisch größeren Hauptspannung, und die dazu orthogonale Schar der Minimalspannung (algebraisch kleineren Hauptspannung). Dies kann man leicht folgendermaßen einsehen: Es sei an einem Punkt einer Hauptspannungslinie die in ihrer Richtung wirkende Hauptspannung σ_1 die algebraisch größere. Wenn man längs der Linie weitergeht, kann der Wert von $\sigma_1 - \sigma_2$ sein Vorzeichen nur ändern, wenn er irgendwo durch Null geht, d. h. wenn ein singulärer Punkt überschritten wird. Andererseits bleibt, wenn man von irgendeinem Punkt der σ_1-Trajektorie orthogonal auf einer σ_2-Trajektorie weitergeht, σ_2 auf dieser immer die algebraisch kleinere Hauptspannung, solange der Weg nicht über einen singulären Punkt führt. Man kann so, von Linien der einen Schar immer wieder auf solche der anderen überwechselnd, das ganze Spannungsfeld bestreichen, ohne einen singulären Punkt überschreiten zu müssen; dabei bleibt immer σ_1 die algebraisch größere, σ_2 die algebraisch kleinere Hauptspannung.

Vielfach werden daher Bilder von Hauptspannungslinien so gezeichnet, daß die σ_1-Schar (Maximalspannungen) ausgezogen und die σ_2-Schar gestrichelt wird. In Abb. 1.7.3 müßten so z. B. die von der Oberkante senkrecht ausgehenden Trajektorien ausgezogen, die von der Unterkante nach oben gehenden gestrichelt werden.

Überschreitet eine Hauptspannungslinie einen singulären Punkt, so verläßt sie meist diesen wegen des erwähnten Vorzeichenwechsels als eine solche der anderen Schar. Zum Beispiel müßte die Symmetrielinie der Abb. 1.7.3 ab Unterkante gestrichelt bis zum ersten singulären Punkt, dann ausgezogen bis zum zweiten und schließlich wieder gestrichelt bis zum Lastangriff gezeichnet werden. Es gibt aber auch Fälle, in denen die Trajektorie den singulären Punkt ohne Änderung ihrer Eigenschaft passiert. Näheres findet man in der ausführlicheren Literatur [g, i].

1.8 Modellwerkstoffe und Modellherstellung

1.8.1 Übersicht

Fast alle durchsichtigen Körper werden unter mechanischer Beanspruchung doppeltbrechend. Damit ein Material jedoch als Modellwerkstoff für die Spannungsoptik geeignet ist, muß es folgende Eigenschaften aufweisen: 1. hohe optische Empfindlichkeit, 2. lineare Abhängigkeit zwischen Spannung, Dehnung und Isochromatenordnung, 3. möglichst geringes Kriechen, 4. Freiheit von Vorspannungen und Haltbarkeit, 5. leichte Bearbeitbarkeit, 6. Isotropie.

In Tab. 1.8 sind einige der wichtigsten Modellwerkstoffe zusammengestellt. Selbstverständlich sind die zahlenmäßigen Angaben keine Absolutwerte, da die Kennwerte, namentlich der Kunststoffe, stark streuen. Sie sind in hohem Maße von den bei der Herstellung herrschenden Bedingungen, vom Alter, von der Art der Lagerung, von eventuellen Nachbehandlungen usw. abhängig. Verschiedene Fabrikationschargen desselben Stoffes haben oft sehr unterschiedliche Stoffbeiwerte. Daher kommt es auch, daß Angaben in der Literatur darüber oft beträchtlich voneinander abweichen. Bei quantitativen spannungsoptischen Versuchen ist es immer erforderlich, die spannungsoptische Konstante und, wenn er für die Auswertung benötigt wird, auch den Elastizitätsmodul zu messen (s. Abschn. 1.6).

Die Angaben der Tab. 1.8 erlauben eine Gütebeurteilung der Modellwerkstoffe hinsichtlich der wichtigsten an sie zu stellenden Anforderungen. Dies ist noch näher zu erläutern.

Optische Empfindlichkeit. Für eine genaue und bequeme Auswertung des Isochromatenbildes ist eine genügend hohe Anzahl von Isochromaten erwünscht. Dabei darf sich das Modell nicht zu stark verformen. Ideal wäre ein Werkstoff, bei dem eine für die Auswertung günstige Isochromatenzahl bei denselben Dehnungen im Modell erreicht würde, wie sie in der „Hauptausführung" auftreten, d. h. in dem Objekt, das durch den Modellversuch untersucht werden soll. Die Dehnungen in den Konstruktionen der Technik betragen, wenn es sich um solche aus Stahl handelt, maximal meist nicht mehr als etwa 1‰, bei anderen Stoffen, wie Beton, noch bedeutend weniger. Wird das Modell stärker verformt als die Hauptausführung, so können Fehler infolge der Veränderung der geometrischen Form des Modells entstehen. (Siehe auch Abschn. 4.)

Hieraus ergibt sich, daß man, um ein Gütemaß zu bekommen, die beim Modellwerkstoff erhaltene Isochromatenzahl auf die Verformung beziehen muß. Legt man das Verhalten bei einachsigem Zug zugrunde, so erhält man aus Gl. (1.6.2) die gewünschte Beziehung zwischen der Isochromatenordnung δ und der aufgebrachten Dehnung ε, indem man nach δ auflöst und die Zugspannung σ durch das Produkt aus Dehnung ε und Elastizitätsmodul E ausdrückt:

$$\delta = \varepsilon \frac{E}{S} \, d \,. \tag{1.8.1}$$

Der Quotient aus Elastizitätsmodul E und spannungsoptischer Konstante S gibt somit die Isochromatenordnung je Dehnung und 1 cm Modelldicke an. Nehmen wir nun als Beispiel an, wir sollen den Spannungszustand in einem Bauteil aus Stahl, bei dem maximal 1‰ Dehnung auftritt, an einem Kunstharzmodell von 1 cm Stärke untersuchen und wenden dieselben Dehnungen an. Mit dem höchsten E/S, das die Tab. 1.8 enthält, nämlich 3200, kommen wir dann laut Gl. (1.8.1) auf eine maximale Isochromatenordnung $\delta = 3{,}2$. Erwünscht wären aber 10 bis 15 Ordnungen. Man entnimmt hieraus, daß man gegenwärtig im spannungsoptischen Versuch noch mit überhöhten Formänderungen arbeiten muß. Jedoch verursachen sie, wenigstens in der ebenen Spannungsoptik, wo sie sich, wie man sieht, in der Gegend von einigen ‰ bewegen, im allgemeinen noch keine ins Gewicht fallenden Fehler. Indessen erkennt man, daß der dehnungsoptische Kennwert E/S, der in Tab. 1.8 für die dort aufgeführten Werkstoffe berechnet wurde, das wichtigste Gütemaß bei Isochromatenversuchen darstellt. LEVEN [114] hat für E/S die Bezeichnung „figure of merit" eingeführt.

Weiterhin ist für einen Werkstoff von Interesse, welche Isochromatenordnung sich maximal mit ihm erreichen läßt. Legt man wieder einachsigen Zug als Vergleichsbasis zugrunde und bezieht auch hier die maximal erreichbare Ordnung $\delta_{\max}$ auf die Modelldicke $d = 1$ cm, so ergibt sich, wenn in Gl. (1.8.1) jetzt an Stelle von εE die zulässige Spannung σ_{zul} gesetzt wird,

$$\left(\frac{\delta}{d}\right)_{\max} = \frac{\sigma_{\mathrm{zul}}}{S} \,. \tag{1.8.2}$$

Auch diese Kennzahlen sind in Tab. 1.8 (Spalte 7) berechnet worden. Als zulässige Spannung σ_{zul} (4. Spalte) wurde entweder die Elastizitätsgrenze oder ein Drittel bis die Hälfte der Festigkeit angenommen, und

Tabelle 1.8 *Stoffbeiwerte von Modellwerkstoffen für die ebene Spannungsoptik*

Bezeichnung	Chemische Zugehörigkeit	Elastizitätsmodul E [1] [kp/cm²]	Zulässige Spannung σ_{zul} (Zug) [2] [kp/cm²]	Spannungsoptische Konstante bei Natriumlicht S [1] $\left[\dfrac{\text{kp/cm}^2}{\text{Ordn.}}\,\text{cm}\right]$	Isochromatenordnung je Dehnung und Modelldicke bei Natriumlicht E/S [Ordn./cm]	Höchste erreichbare Ordnung je Modelldicke bei Natriumlicht σ_{zul}/S [Ordn./cm]	Proportionalitätsverhalten	Randeffekt	Hersteller	Anlieferungsform
Kunstharze für Isochromatenversuche: Araldit B	Epoxidharz, warmhärtend	34 000	400	10,6	3 200	38	sehr gut	vorhanden s. jedoch S. 45 u. 93	CIBA AG, Basel	Monomeres Rohmaterial in fester Form und Härter zum Selbstgießen[9]
Araldit D	Epoxidharz, kalthärtend	26 000	400	13,8	1 880	29	gut[7]	vorhanden	CIBA AG, Basel	Monomeres Rohmaterial (flüssig) und Härter zum Selbstgießen
Catalin (früher Bakelite) 61—893	GlyzerinPhthalsäureharz	43 200[3]	400	15,4[3]	2 800	26	sehr gut[7]	vorhanden[7]	Catalin Corp. of America, New York	Platten, nicht poliert
CR 39 (Columbia Resin)	Allylharz	20 000[4]	200	14,4[4]	1 400	14	gut[7]	vorhanden[7]	Pittsburgh Plate Glass Co., Pittsburgh, USA	Platten, poliert
VP 1527	ungesättigtes Polyesterharz	40 000	200	27	1 500	9	Abweichungen vorhanden	fast nicht vorhanden	DynamitNobel Troisdorf	Platten[9]

Dekorit, gehärtet	Phenolform-aldehyd-harz	37 000	400	14	2650	28	Abwei-chungen vorhanden[7]	sehr stark	Dr. F. Raschig GmbH, Ludwigs-hafen (un-gehärtet)	Platten, poliert
Andere Werkstoffe: Glas[5]		700 000	300	−300 bis 200	−2300 bis 3500	−1 bis 1,5	sehr gut	nicht vorhanden		Modell-herstellung nur durch optische Werkstätten
Plexiglas	Akrylharz	32 000	200	−235	−136	−0,9	sehr gut	nicht vorhanden	Röhm & Haas GmbH, Darmstadt	Platten, poliert
Gelatine,[6] 10−22% Trocken-substanz		0,25 bis 1,7	bis 0,1[8]	0,035 bis 0,065	9 bis 24	bis 1,5[8]	gut	vorhanden	Deutsche Gelatine-fabriken, Göppingen	s. S. 49
Natur-gummi		10	—	0,3	33	—	—	nicht vorhanden		s. S. 51
Vulkollan	Poly-urethan	130	—	0,19	685	—	—	nicht vorhanden	Bayer, Leverkusen s. a. S. 51	s. S. 51

[1] E und S beziehen sich auf Versuchsdauern zwischen 1 und 10 min.
[2] Nur rohe Richtwerte, die lediglich ermöglichen sollen, die Vergleichszahlen in Spalte 7 zu berechnen.
[3] Nach M. M. FROCHT [g].
[4] Nach A. B. J. CLARK [29].
[5] Nach G. MESMER [e].
Übrige Angaben nach Erfahrung der Verfasser.

[6] Nach Mitteilung von M. KUFNER, München.
[7] Nach R. HILTSCHER [83].
[8] Bei Druck wesentlich mehr.
[9] Vertrieb von Platten mit glatter Oberfläche durch die Firma D. Tiedemann, Garmisch-Partenkirchen.

zwar jeweils für Zug, da die meisten Materialien gegen Zug empfindlicher sind als gegen Druck. Diese Werte von σ_{zul} dürfen nur als ungefähre Richtwerte aufgefaßt werden, die lediglich die Berechnung der Vergleichszahlen σ_{zul}/S ermöglichen sollen. Genaue Zahlenangaben für σ_{zul} sind kaum möglich, da die Werte für die Zerreißfestigkeit namentlich von Kunststoffen sehr stark streuen und eine exakte Definition einer Elastizitätsgrenze für Kunststoffe sehr problematisch ist. Daher weichen auch Angaben hierüber in der Literatur, soweit man sie überhaupt findet, erheblich voneinander ab.

Lineare Abhängigkeit zwischen Spannung, Dehnung und Isochromatenordnung. Die erstgenannte Eigenschaft bedeutet die Erfüllung des Hookeschen Gesetzes. Sie ist als Grundbedingung zu fordern, da ja die Spannungsoptik eine experimentelle Ausführungsform der Festigkeitslehre sein soll, in der das Elastizitätsgesetz immer als gültig vorausgesetzt wird. Eine getrennte Untersuchung der mechanischen Proportionalität Spannung—Dehnung und der optischen ist sehr umständlich und für ein spannungsoptisches Material bisher noch selten vollständig durchgeführt worden. Man begnügt sich gewöhnlich mit der Kontrolle der Linearität zwischen Dehnung und Isochromatenordnung durch einen Biegeversuch. Wenn hierbei keine Proportionalitätsabweichungen festgestellt werden, wird angenommen, daß auch das Hookesche Gesetz genügend genau befolgt wird. HILTSCHER [83] hat mit einem derartigen, den Erfordernissen der praktischen Spannungsoptik angepaßten Verfahren eine große Anzahl von Kunststoffen untersucht. Die Beurteilung hinsichtlich Proportionalität in Spalte 8 unserer Tabelle stützt sich hauptsächlich auf die Hiltscherschen Angaben.

Kriechen. Man versteht darunter zunächst im engeren Sinne ein Zunehmen der Verformung mit der Zeit bei ruhender Beanspruchung. Analog zu diesem „mechanischen Kriechen" bezeichnet man als „optisches Kriechen" die zeitliche Zunahme (oder auch Abnahme) der Isochromatenordnung bei konstant bleibender Kraft. Ein Kriechen in gewissem Umfang muß in der Spannungsoptik immer in Kauf genommen werden, da alle Modellwerkstoffe, insbesondere auch alle Kunststoffe, davon befallen sind. Das mechanische Kriechen bedingt, solange nicht Proportionalitätsabweichungen vorliegen, noch keine Meßfehler, wenn das zu behandelnde Problem so geartet ist, daß alle äußeren Kräfte konstant gehalten werden können oder wenigstens ihr Verhältnis zueinander immer konstant bleibt. Bei konstanten Lasten nehmen dann die Formänderungen mit der Zeit langsam zu. Sieht man den Elastizitätsmodul als das Verhältnis von Spannung zu augenblicklicher Dehnung an, so bedeutet dies, daß er während des spannungsoptischen Versuchs mit der Zeit langsam abnimmt. Eine genaue Angabe eines Elastizitätsmoduls hat daher nur Sinn, wenn angegeben wird, nach welcher Belastungszeit er gemessen wurde. Wenn der Elastizitätsmodul in die Auswertung eingeht, muß er für dieselbe Belastungszeit gemessen werden, die beim spannungsoptischen Versuch angewandt worden ist. Dasselbe gilt für den Eichversuch zur Messung der spannungsoptischen Konstanten S (s. S. 23 u. 27). Auch sie ist, wenn optisches Kriechen vorliegt, von der Belastungsdauer abhängig.

In der Tab. 1.8 sind für E und S keine Belastungszeiten genannt, da dort nur Durchschnittswerte gegeben werden sollten. Die Veränderlichkeit von E und S für Versuchszeiten zwischen 1 und 10 min ist aber meist geringer als ihre Streuung, je nach Herkunft des Materials.

Für die Durchführung des spannungsoptischen Versuchs ist es auf alle Fälle vorteilhaft, wenn das Kriechen möglichst gering ist. Es hat sich auch gezeigt, daß im allgemeinen ein Material, das wenig kriecht, auch geringere Proportionalitätsabweichungen aufweist.

Freiheit von Vorspannungen und Haltbarkeit. Randeffekt. Platten, aus denen das spannungsoptische Modell herausgeschnitten wird, müssen vorspannungsfrei sein. Davon überzeugt man sich leicht, indem man die Platte im Polariskop betrachtet. Diejenigen der üblichen Modellwerkstoffe für die ebene Spannungsoptik, die in fertigen Platten bezogen werden, erhält man heute im allgemeinen in genügender Spannungsfreiheit. Platten, die man selbst gießt (s. S. 103), kann man durch geeignete Wärmebehandlung spannungsfrei herstellen.

Die Freiheit von Vorspannungen der Platten, die wir im Polariskop feststellen, ist jedoch meist nur eine scheinbare. Fast alle spannungsoptischen Modellwerkstoffe, und leider besonders diejenigen mit hoher optischer Empfindlichkeit, besitzen nämlich die unangenehme Eigenschaft des sogenannten Randeffekts. Man versteht darunter, daß sich in ihnen, ausgehend von der Oberfläche, mit der Zeit ein Eigenspannungszustand ausbildet (vgl. auch S. 93 ff). Die Hauptursache des Randeffekts ist entweder die Abgabe von flüchtigen Bestandteilen, meist Wasser, an der Oberfläche, wodurch sich diese zusammenzieht, oder eine Aufnahme von Feuchtigkeit aus der Umgebungsluft, was ein Quellen der Oberfläche bewirkt. Beides verursacht ein Eigenspannungssystem, im ersten Falle Zugspannungen außen und des Gleichgewichts wegen Druckspannungen innen, bei Quellung der Oberfläche umgekehrt. Jedes Stück eines für Randeffekt anfälligen Materials besitzt einen derartigen, je nach Alter und Lagerung verschieden starken Eigenspannungszustand. Bei Platten tritt er jedoch in den mittleren Teilen des Plattenfeldes im Polariskop nicht in Erscheinung, weil dort die Spannungen in jeder Schicht nach allen Richtungen gleich sind und daher keinen optischen Effekt bewirken, nur am Rand zeigen sich Aufhellungen, weil dort kein allseitig gleicher Spannungszustand herrscht. Man kann aber den allseitigen Spannungszustand auch im Mittelfeld einer Platte sehen, wenn man dort einen Streifen herausschneidet und parallel zur Plattenebene durchleuchtet (Abb. 1.8.1). Aus Abb. 1.8.1b ist auch zu erkennen, daß die Spannungen innen und außen verschiedenes Vorzeichen haben, denn sie sind durch die Nullisochromate getrennt.

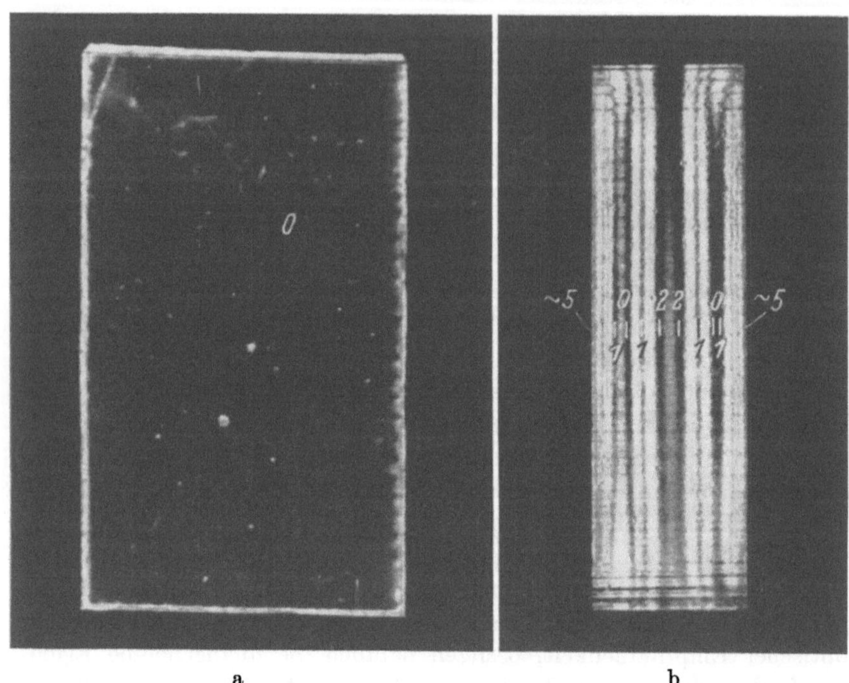

a   b

Abb. 1.8.1a und b. Klötzchen aus Araldit-Platte herausgeschnitten.
a) senkrecht zur Plattenoberfläche durchleuchtet, b) parallel zur Plattenoberfläche durchleuchtet

Die störende Wirkung des Randeffekts betrifft, wie sein Name besagt, die Ränder der Modelle. Nach der Herstellung bildet sich an den frisch bearbeiteten Oberflächen der Ränder durch die vorher geschilderte Schrumpfung oder Quellung mit der Zeit ein Eigenspannungssystem aus, das sich im Polariskop durch Isochromaten längs des Randes bemerkbar macht. Der schon vorher vorhandene, gleichmäßige Eigenspannungszustand verstärkt diese Wirkung noch, da sein Gleichgewicht durch das Herausschneiden des Modells gestört wird. Modelle mit starkem Randeffekt (Abb. 1.8.2) sind unbrauchbar, da mit ihnen, gerade an den wichtigen Randpartien, keine genauen Messungen mehr durchgeführt werden können. Wenn man auch, wie auf S. 45 gezeigt wird, auf Grund

der neuesten Erkenntnisse die Störungen durch Randeffekt in der ebenen
Spannungsoptik heute praktisch ausschalten kann, ist es trotzdem auf
jeden Fall als Vorteil zu werten, wenn ein Modellwerkstoff von vornherein wenig anfällig gegen den Randeffekt ist. Daher wurde in Tab. 1.8
zur Gütebeurteilung eine Spalte über den Randeffekt angefügt.

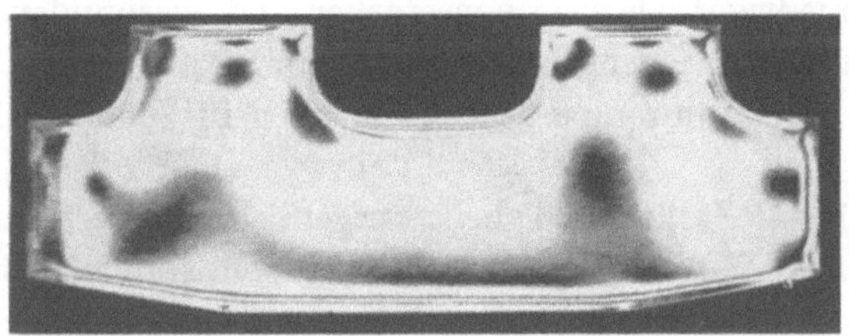

Abb. 1.8.2 Modell aus Phenolformaldehydharz, durch Randeffekt verdorben

1.8.2 Werkstoffe und Modellherstellung für Isochromatenversuche

Da die Auswertung der Isochromaten das wichtigste Verfahren der
Spannungsoptik darstellt, stehen die hierfür geeigneten Modellwerkstoffe
im Vordergrund des Interesses. Für Isochromatenversuche kommen
heute fast ausschließlich Kunststoffe in Frage. Einige der wichtigsten
gegenwärtig im In- und Ausland verwendeten Stoffe sind am Anfang der
Tab. 1.8 aufgeführt. Bei einer Gütebeurteilung schneidet von ihnen am
besten Araldit B ab, denn es hat den höchsten dehnungsoptischen
Effekt E/S, ausgezeichnete Proportionalitätseigenschaften und der Randeffekt kann wirksam bekämpft werden. Araldit B steht hier repräsen-
tativ für eine Sorte der sogenannten warmhärtenden Epoxidharze, die
auch unter einer Reihe von anderen Handelsnamen mit für die Spannungsoptik etwa gleichwertigen Eigenschaften gehandelt wird. Epoxidharze sind heute die auf der ganzen Welt am meisten verwendeten
Modellwerkstoffe für Isochromatenversuche.

Dem Araldit B etwa gleichwertig ist, wie man sieht, Catalin 61-893,
das in Amerika lange Zeit bevorzugt verwendet wurde. Es hat nur den
Nachteil, daß es nur in Platten bezogen werden kann, die man erst selbst
polieren muß, während Araldit gießbar[1] und auch in Platten mit bereits
glatter Oberfläche erhältlich ist.

Die warmhärtenden Epoxidharze, wie Araldit B, werden bei Temperaturen um 100 °C vergossen und müssen dann anschließend noch
eine Anzahl von Stunden auf erhöhter Temperatur gehalten werden,

---

[1] Die Oberflächengüte gegossener Platten ist gewöhnlich ohne Nachbearbeitung
ausreichend, vor allem, wenn das Modell im Diffuslicht-Polariskop untersucht wird.

damit sie durch Polymerisation ihre endgültige stabile molekulare
Struktur erhalten (s. S. 75). Man nennt dies auch „Aushärten". Es gibt
aber auch „kalthärtende" Epoxidharze, die bei Raumtemperatur vergossen werden und ohne künstliche Temperaturerhöhung polymerisieren.
Ihre spannungsoptischen Eigenschaften sind nicht ganz so günstig wie
die der warmhärtenden, wie die Tabelle z. B. für „Araldit D" zeigt.
Ihr E/S ist niedriger, sie kriechen stärker und, verbunden damit, sind
ihre Proportionalitätseigenschaften nicht ganz so gut. Die Verarbeitungs-
möglichkeit bei Raumtemperatur kann aber für manche Zwecke von
Vorteil sein.

Das an fünfter Stelle der Tabelle aufgeführte Polyesterharz VP 1527
hat den großen Vorteil, daß es fast frei von Randeffekt ist. Dieses
Material wurde seinerzeit von der Herstellerfirma eigens für die Spannungsoptik als randeffektarmes Produkt entwickelt. Auch von ihm kann
man gebrauchsfertige polierte Platten beziehen. Wegen dieser Vorteile
wird VP 1527 noch viel verwendet. Zwar sind seine sonstigen Eigenschaften nicht ganz so günstig wie bei den warmhärtenden Epoxidharzen,
aber die Modelle sind praktisch unbegrenzt haltbar.

Dagegen besitzen alle bis jetzt verfügbaren Werkstoffe mit sehr
hohem E/S mehr oder weniger die störende Eigenschaft des Randeffekts.
Besonders stark ist dieser bei den Phenolformaldehydharzen, z. B. De-
korit (s. Tab. 1.8), die in Deutschland lange Zeit wegen des hohen E/S
bevorzugt in der Spannungsoptik verwendet wurden. Es war zwar bei
Dekorit gelungen, das Eintreten des Randeffekts durch Anwenden einer
Schutzhülle aus Aluminiumfolie und Öl weitgehend zu unterbinden.
Dieses Verfahren ist jedoch ziemlich umständlich, so daß deswegen die
Phenolharze nach dem Aufkommen besseren Materials, besonders der
Epoxidharze, heute kaum mehr verwendet werden. Aus diesem Grunde
haben wir in der 2. und 3. Auflage unseres Buches die ausführliche Behandlung von Dekorit mit Anwendung der Schutzhülle gestrichen und
verweisen nur auf die Literatur [124]. Die Verfasser verwenden gegenwärtig bei ebenen spannungsoptischen Versuchen, wenn größtmögliche
Genauigkeit gefordert wird, Araldit B, bei geringeren Genauigkeits-
ansprüchen, vor allem zu Vorführungszwecken, VP 1527.

Die Modelle für die ebene Spannungsoptik werden durch spanabhebende Bearbeitungsmethoden aus Platten von gewöhnlich 10 mm
Stärke herausgearbeitet. Bei Modellwerkstoffen, die nur als monomeres
Rohmaterial erhältlich sind, muß man die Platten, wie erwähnt, selbst
gießen. Hierüber wird auf S. 103 im Zusammenhang mit dem Gießen
räumlicher Modelle berichtet.

Ausheizen von Vorspannungen. Vor dem Herausschneiden des Modells
aus der Platte hat man sich zu überzeugen, ob sie vorspannungsfrei

ist. Sie muß im Zirkularpolariskop dunkel erscheinen. Sind Aufhellungen vorhanden, so muß man zunächst die Vorspannungen beseitigen. Dies gelingt bei den meisten Materialien, wenn die Vorspannungen nicht zu hoch sind, durch Ausheizen („Tempern") bei einer Temperatur oberhalb des Erweichungspunktes. Jeder Kunststoff hat nämlich die Fähigkeit, Verformungen, die oberhalb der Erweichungstemperatur aufgebracht wurden, festzuhalten, wenn er unter Beibehaltung des Zwangs auf Raumtemperatur abgekühlt wird. Dann ist der Verformungszustand und der dazugehörige Spannungszustand mit seinem optischen Effekt „eingefroren". Davon wird bei der räumlichen Spannungsoptik noch ausführlich die Rede sein. Umgekehrt läßt sich ein eingefrorener Spannungszustand wieder beseitigen, indem man über den Erweichungspunkt erhitzt und dann ohne äußeren Zwang langsam abkühlt. Langsames Abkühlen ist notwendig, damit sich nicht durch ein ungleichmäßiges Temperaturfeld Wärmespannungen einstellen und dann einfrieren.

Zum Ausheizen legt man die Platten am einfachsten auf eine waagrechte Spiegelglasplatte, unter Zwischenlage eines Blattes dünnen Papiers. Dieses muß sehr gleichmäßig (holzfrei) sein; denn jede Unregelmäßigkeit drückt sich beim Erweichen des Kunstharzes in dieses ein und verursacht dadurch Fehlstellen.

Araldit wird 2 bis 3 Stunden auf 150 °C, VP 1527 dieselbe Zeit auf 90 °C erwärmt, hierauf kühlt man gleichmäßig je Stunde um etwa 3 °C ab.

Kleinere Platten, bis zur Größe von etwa 25 × 25 cm, kann man auch stehend austempern. Man fräst dazu eine Seite der Platte zuvor eben ab und stellt sie damit auf eine waagerecht ausnivellierte Spiegelglasplatte.

Vorbehandlung von Epoxid-Platten gegen Randeffekt. Das Randeffektproblem bei den Epoxidharzen wird auf S. 93 im Zusammenhang mit der räumlichen Spannungsoptik aus allgemeiner Sicht behandelt. Wie dort erläutert wird, gibt es zwei Wege, um die in der ebenen Spannungsoptik verwendeten Platten so vorzubehandeln, daß keine Schwerigkeiten mit dem Randeffekt auftreten.

Die erste Möglichkeit besteht darin, daß man alle Prozeduren der spannungsoptischen Untersuchung in klimatisierten Räumen durchführt und als Ausgangsmaterial Platten verwendet, die jahrelang in diesen Räumen aufbewahrt worden sind. Dann kann ein Randeffekt überhaupt nicht entstehen (Vgl. S. 95).

Fast gleichwertig ist eine auf S. 95 beschriebene, von FICKER [54] angegebene Methode: Vorbehandlung der Platten in heißem Wasser. Man hängt zu diesem Zweck die Platten, in die zwei Löcher gebohrt worden sind, in ein mit Wasser gefülltes Gefäß. Für frisch gegossene oder frisch getemperte Platten aus Araldit B und 90 °C Wassertemperatur gelten z. B. folgende „Kochzeiten":

$$10 \text{ mm starke Platten:} \quad \text{ca. 130 Stunden,}$$
$$6 \text{ mm starke Platten:} \quad \text{ca. } 40 \text{ Stunden.}$$

Nach dieser Behandlung, bei der auch etwaige Vorspannungen weitgehend verschwinden, wird langsam abgekühlt. Modelle, die aus so vorbehandelten Platten herausgeschnitten werden, bleiben viele Wochen lang praktisch frei von Randeffekt.

Bearbeitung. Aus der nunmehr vorspannungsfreien Platte wird zunächst die rohe Form des Modells mit der Bandsäge herausgearbeitet. Das Sägeblatt muß ein Blatt für Metallbearbeitung sein, das jedoch schneller laufen darf als beim Sägen von Metall und möglichst schmal sein soll, damit man auch Rundungen noch sägen kann. Danach wird die endgültige Bearbeitung durch Fräsen, Drehen, Feilen usw. vorgenommen.

Bei jeder Bearbeitung ist oberster Grundsatz, daß dabei keine Eigenspannungen in das Modell hineinkommen dürfen. Man vermeidet die Eigenspannungen, indem man die Wärmeentwicklung möglichst gering hält und unnötigen Druck des Werkzeugs auf das Werkstück tunlichst vermeidet. Die beim Bearbeiten entstehenden Temperaturen müssen immer unter der Erweichungstemperatur liegen. Dann können keine Spannungen „einfrieren". Man beobachtet zwar auch dann, wenn man das Werkstück unmittelbar nach dem Arbeitsgang ins Polariskop hält, Aufhellungen oder sogar Isochromaten, die verschwinden aber mit der Zeit wieder, wenn die Temperatur sich ausgleicht.

An Bearbeitungsarten eignen sich am besten solche, bei denen sich entweder das Werkzeug nicht dauernd am Werkstück befindet, so daß es Gelegenheit hat, sich zwischendurch wieder abzukühlen, wie beim Sägen, beim Feilen und beim Fräsen, oder solche, bei denen das Werkstück laufend eine gute Kühlung erfährt, wie meist beim Drehen. Gewöhnlich ist es bei diesen Bearbeitungsarten dann nicht nötig, eine künstliche Kühlung anzuwenden. Am schwierigsten ist das Bohren mit Spiralbohrer wegen des Mangels an Kühlung und weil die Gefahr besteht, daß die Späne sich zwischen Werkzeug und Werkstück klemmen. Es gelingt nach einiger Übung, indem man den Bohrer zur Kühlung und zum Auswerfen der Späne in kurzen Abständen senkt und hebt, auch Bohrungen ohne Eigenspannungen herzustellen.

Für die Bearbeitung komplizierter Randkonturen bei Modellen für die ebene Spannungsoptik ist oft eine Vorrichtung von Vorteil, die es ermöglicht, solche Konturen nach Schablone zu fräsen, z. B. über eine Pantographenanordnung. Sehr gut eignet sich eine sogenannte Graviermaschine. Als Werkzeug dient der Gravierstichel.

Wenn irgend möglich, sollten zur Bearbeitung Werkzeuge aus Hartmetall, zumindest aber solche aus Hochleistungs-Schnellstahl (HSS) verwendet werden. Es ist wohlbekannt, wenn auch zunächst überraschend, daß sich an Kunststoffen die Werkzeuge meist viel schneller abnützen als bei der Metallbearbeitung.

Günstige Schnittgeschwindigkeiten und andere Ratschläge für die Bearbeitung von Modellen aus Epoxidharz sind im Zusammenhang mit der Herstellung von räumlichen Modellen in Abschn. 2.4.2, S. 104, zusammengestellt. Im übrigen wird sich aber jeder Mechaniker, der Kunststoffmodelle für die Spannungsoptik herstellt, selbst Erfahrungen sammeln müssen, wie er seine Werkzeuge am günstigsten schleift und welche Schnittgeschwindigkeiten und Vorschübe er am besten anwendet, und es hängt sehr von seiner Geschicklichkeit und Eignung ab, ob in einem spannungsoptischen Laboratorium gute, vorspannungsfreie Modelle zustandekommen. Die günstigsten Bedingungen bei der Bearbeitung sind auch bei den verschiedenen Kunststoffen mehr oder weniger voneinander verschieden.

Sehr wichtig ist, daß in der Werkstatt eine einfache spannungsoptische Apparatur steht. Der Mechaniker im spannungsoptischen Laboratorium muß sich von Anfang an daran gewöhnen, seine Arbeit laufend in ihr zu überprüfen und sich nötigenfalls zu korrigieren.

Sind durch die Bearbeitung trotz aller Vorsicht Vorspannungen im Modell zurückgeblieben, so kann man versuchen, sie durch Ausheizen wieder zu entfernen. Dies gelingt jedoch meist nicht in befriedigendem Maße, da im allgemeinen zwar die Bearbeitungsspannungen beseitigt werden, dafür aber durch die Wärmebehandlung neue infolge Randeffekts hinzukommen. So ist es z. B. bei Araldit kaum möglich, Vorspannungen eines fertigen Modells restlos auszuheizen. Selbst bei VP 1527 gelingt dies nicht immer, weil auch dieses Material manchmal eine, wenn auch geringe Neigung zu Randeffekt zeigt. Am besten fährt man immer noch, wenn man von vornherein danach trachtet, das Entstehen von Bearbeitungsspannungen zu unterbinden.

Schlußbetrachtung. Zusammenfassend muß festgestellt werden, daß es bis heute den idealen Modellwerkstoff für die Spannungsoptik noch nicht gibt. Vor allem haben wir gesehen, daß der dehnungsoptische Effekt noch größer sein sollte und daß von den optisch stark wirksamen Materialien bisher keines frei von Randeffekt ist. Bei Durchsicht der Tab. 1.8 fällt auf, daß Stoffe von gänzlich verschiedener Zusammensetzung, wie Epoxid- und Phenolformaldehydharze, ja sogar Glas, ein optimal erreichbares E/S von etwa 3000 Ordn./cm aufweisen. Man könnte daher versucht sein, eine tiefere Ursache zu vermuten, die den dehnungsoptischen Effekt nach oben begrenzt. Auch könnte die Tatsache, daß bisher kein

optisch hochwirksamer Kunststoff bekannt ist, der völlig frei von Randeffekt wäre, zu der Befürchtung Anlaß geben, daß dieser etwa eine notwendige Nebeneigenschaft solcher Stoffe sei. Ob ein solcher Pessimismus
wirklich gerechtfertigt ist, kann nur die Zukunft lehren. Bei der immer
noch weitergehenden Entwicklung auf dem Kunststoffgebiet sind jederzeit Überraschungen möglich. Man muß auch bedenken, daß man sich in
der Kunststoffindustrie bisher kaum bemüht hat — hiervon sei die Entwicklung des randeffektarmen Werkstoffs VP 1527 ausdrücklich aus-
genommen —, bessere Modellmaterialien für die Spannungsoptik zu
finden. Der Verbrauch von Material in der Spannungsoptik ist so ver-
schwindend gering, daß es sich für die Hersteller niemals lohnen wird,
dafür teure Entwicklungsarbeiten zu starten. Die Entdeckung neuer
Werkstoffe für die Spannungsoptik wird daher auch künftig mehr oder
weniger dem Zufall überlassen bleiben.

1.8.3 Sonstige Werkstoffe

Glas war vor Bekanntwerden der optisch hochwirksamen Stoffe lange
Zeit das einzige Modellmaterial in der Spannungsoptik. Infolge seiner
ausgezeichneten Elastizität und der kleinen erforderlichen Dehnung
zeichneten sich diese Messungen durch hohe Präzision aus. Außerdem sind
Glasmodelle unbegrenzt haltbar. Die optische Wirksamkeit ist jedoch
klein; man kommt kaum über eine Isochromatenordnung hinaus. Der
Hauptnachteil von Glas ist aber, daß die Herstellung der Modelle äußerst
schwierig und kostspielig ist. Aus diesen Gründen wird Glas heute als
Modellmaterial kaum mehr verwendet.

Plexiglas, ein Kunstharz auf Akrylsäure-Basis, hat ungefähr den
gleichen spannungsoptischen Effekt wie Glas. Daher kommt es für die
meisten spannungsoptischen Versuche nicht in Frage. Dem Elastizitäts-
gesetzt gehorcht es gut und zeigt auch wenig Kriechen. Plexiglas ist
durch die üblichen spanabhebenden Fertigungsverfahren sehr leicht zu
bearbeiten, und die fertigen Modelle sind praktisch unbegrenzt haltbar.
Es ist in jeder Stärke und Größe vollkommen vorspannungsfrei und mit
ausgezeichneten polierten ebenen Oberflächen erhältlich. Wegen dieser
Eigenschaften, vor allem wegen der Freiheit von Vorspannungen, ist
Plexiglas hervorragend zur Demonstration von Isoklinen geeignet, denn
dabei ist das Auftreten von Isochromaten nicht nur unnötig, sondern
sogar unerwünscht (s. auch S. 18).

Der spannungsoptische Effekt von Plexiglas ist, ebenso wie der
einiger Gläser, negativ. Dies bedeutet, daß diejenige der beiden durch
die Spannungsdoppelbrechung entstehenden polarisierten Wellen, die bei
einem bestimmten Spannungszustand in Epoxidharz der andern nach

Austritt aus dem Modell nacheilen würde, bei demselben Spannungszustand in Plexiglas voreilt.

Gelatine[1]. Eine Gallerte aus Gelatine, Wasser und Glyzerin eignet sich wegen ihres kleinen Elastizitätsmoduls zur spannungsoptischen Untersuchung von Bauwerken unter Eigengewicht. Gelatinemodelle werden zwischen zwei parallelen vertikalen Glasplatten eingeschlossen untersucht, da sie sonst seitlich ausweichen würden. Es handelt sich also hier, im Gegensatz zur gewöhnlichen ebenen Spannungsoptik mit Kunststoffmodellen, um ebene Formänderungszustände. Bei solchen treten auch senkrecht zur Modellebene Spannungen auf, weil die Dehnung in dieser Richtung künstlich verhindert wird (vgl. Ziff. 1.2). Da jedoch Spannungen, die in der Durchleuchtungsrichtung wirken, den optischen Effekt nicht beeinflussen (s. S. 77/78), gelten für die Auswertung dieselben Gesetze wie bei Kunststoffmodellen.

Die Gallerte schmilzt bei etwa 50 bis 60 °C und kann so in Formen vergossen werden.

Beim Schmelzen wird die Gelatine aufgeschlossen. Nach Erreichen des maximalen Aufschließungsgrades baut sie wieder ab. Man kann Gelatinemodelle jedoch wiederholt einschmelzen, muß aber jedesmal einen Eichversuch machen, da die physikalischen Konstanten, wie E und S, Funktionen des Aufschließungsgrades und damit der Wärmebehandlung sind. Zunehmender Aufschließungsgrad ist z. B. durch Ansteigen der Werte für E gekennzeichnet, das Abbauen durch Absinken von E. Abbauende Gelatine ist auch daran zu erkennen, daß sie nicht mehr vollständig erstarrt, sondern mehr oder weniger schmierig bleibt. Da Gelatine als Naturprodukt niemals in stets gleichbleibender Qualität erhältlich, sondern vielmehr von Sud zu Sud verschieden ist, untersucht man am besten zuerst einige Proben von Emulsionsgelatinen, die physikalisch hochwertig, in der Lösung klar sind und keine Neigung zum Bilden von Runzelkorn an freien Oberflächen zeigen. Von der ausgewählten Sorte bestellt man einen genügenden Vorrat, da jede einzelne Sud-Nummer nur beschränkte Zeit erhältlich ist.

Um Schimmelbildung zu verhindern, sollte man von Anfang an ein Konservierungsmittel zusetzen. Hier hat sich Parachlormetakresol-Natron bewährt, das wasserlöslich ist und im Verhältnis 1 : 1000 zugesetzt wird (Handelsname Raschit W, Dr. F. Raschig GmbH, Ludwigshafen).

Zum Schmelzen läßt man die Gelatine zuerst in kaltem Wasser quellen, erst dann erwärmt man. Die Schmelztemperatur liegt je nach

---

[1] Nach Mitteilung von Dr.-Ing. M. KUFNER, München. Siehe auch KUFNER [103], S. 73, FROCHT [g] I. S. 345, CRISP [33] sowie RICHARDS und MARK [159]. Dort 23 Literaturhinweise. — Herstellung von Gelatine (Emulsionsgelatine für photographische Platten usw.): Deutsche Gelatinefabriken, Göppingen.

Material zwischen 50 und 60 °C. Man bemühe sich, mit möglichst niedriger Temperatur auszukommen; daher ist unbedingt die Verwendung eines Heizschranks zu empfehlen.

Durch den Gelatinegehalt läßt sich der Elastizitätsmodul im Verhältnis bis 1 : 6 variieren. Dadurch hat man die Möglichkeit, Objekte mit mehreren E-Modulen im Modell nachzubilden, z. B. Betonbauwerke auf Baugrund mit kleinerem E-Modul. Für Gelatine mit 15% Glyzerin kann als Richtwert bei 10% Trockensubstanz $E = 0{,}25$ kp/cm², bei 20% $E = 1{,}0$ kp/cm² angenommen werden, bei noch größerem Gelatinegehalt kann E bis $1{,}7$ kp/cm² steigen.

Zum Gießen der Modelle wird in eine Wanne eine Glasplatte gelegt und sorgfältig ausnivelliert. Auf ihr wird eine den Umrissen des Modells entsprechende Blechform aufgestellt und dann die Schmelze bis zur gewünschten Höhe eingefüllt. Besonders, wenn die Modelle wiederholt eingeschmolzen werden sollen, muß auf peinlichste Sauberkeit geachtet werden, da in der Luft herumfliegende Staubteilchen, Papierfasern usw. sich auf der Oberfläche festsetzen, beim nächsten Gießen in die Schmelze gelangen und durch Trübung gute Isochromatenbilder unmöglich machen können.

Gelatinemodelle zeigen ziemlich starke Anfälligkeit für Randeffekt. Diese wird zwar durch den Glyzerinzusatz verringert, trotzdem darf man die Modelle nicht länger als nötig liegenlassen; man gießt zweckmäßig abends, läßt das Modell über Nacht erstarren und führt am Vormittag den Versuch durch, worauf man sofort wieder einschmilzt. Auch ist es zu empfehlen, in kühlen Räumen und feuchter Atmosphäre zu arbeiten.

Zum Versuch wird das liegend gegossene Modell aufgestellt und zwischen Glas- oder Plexiglasplatten gestützt. Als Schmiermittel hat sich nach FARQUHARSON und HENNES [50] hydrolysierte Gelatine bewährt; dies ist Gelatine, die so lange erwärmt wurde, bis sie nicht mehr geliert.

Zur Erzielung eines angemessenen optischen Effekts sind Modelldicken von etwa 5 cm erforderlich.

Als Eichversuch zur Bestimmung der spannungsoptischen Konstanten S kommt Biegung wegen des Gewichtseinflusses nicht in Betracht. Besser eignet sich ein Block unter Eigengewicht, der wie das Modell zwischen Glasplatten gestützt wird und so breit ist, daß er nicht seitlich ausweicht [g]. Es kann auch die gleichmäßig verteilte Streckenlast auf der unendlichen Halbebene [g] zur Eichung verwendet werden, oder auch der Walzendruck auf die Halbebene (vgl. Abb. 1.6.8). Für beide sind die theoretischen Lösungen bekannt. Wenn das Modell eine genügend ausgedehnte Partie mit geradliniger Begrenzung hat, kann man dort den Walzendruck durchführen und erspart die Anfertigung eines eigenen Eichkörpers. Der Elastizitätsmodul läßt sich allerdings mit einem Druckversuch gegen die Halbebene nicht mit genügender Sicherheit bestimmen. Besser mißt man dafür die Zusammendrückung eines Blocks unter Eigengewicht mittels eines Komparators [159].

Eine bautechnische Anwendung mit Gelatinemodellen wird auf S. 248 behandelt.

Polyurethan ist ein gummielastischer Kunststoff, der für Sonderzwecke in der Spannungsoptik viel verwendet wird. Das Material ist glasklar und völlig frei von Randeffekt. Wegen seiner Weichheit eignet es sich ausgezeichnet für Schnellversuche. Man kann z. B., worauf bereits 1953 ALBRECHT [8] aufmerksam gemacht hat, in einer Vorlesung ein Modell mit der Schere aus Polyurethan ausscheiden, es im Polariskop, da nur geringe Kräfte erforderlich sind, mit der Hand belasten und kann seine Form dann im Verlauf der Vorführung nach Bedarf noch beliebig weiter verändern. Dabei ist das E/S von Polyurethan mit etwa 700 Ordn./cm doch verhältnismäßig hoch, so daß es durchaus auch für quantitative Versuche verwendbar ist. Man umgeht bei solchen Versuchen die Notwendigkeit des Aufbringens großer Lasten, nimmt allerdings wegen der großen Verformungen eine Beeinträchtigung der Genauigkeit in Kauf.

Ein wichtiger Anwendungsbereich von Polyurethan sind die dynamisch-spannungsoptischen Versuche, weil man wegen des kleinen Elastizitätsmoduls geringere Geschwindigkeiten der Wellenausbreitung im Modell hat und dann mit kleineren Bildfrequenzen auskommt (vgl. S. 194).

In der Bundesrepublik wird Polyurethan von den Farbenfabriken Bayer, Leverkusen, unter der Bezeichnung Vulkollan hergestellt, kann jedoch in Form von gebrauchsfertigen Platten nur von den Verarbeitungsbetrieben bezogen werden, z. B. von den Continental-Gummiwerken, Hannover, unter dem Handelsnamen Contilan A 250. In England bietet die Firma Sharples Photomechanics Ltd., Preston, Polyurethan-Platten verschiedener Stärke als Modellmaterial für die ebene Spannungsoptik unter dem Namen Photoflex an. In den USA ist Polyurethan unter dem Namen Solithane bekannt. Zum Beispiel berichten ADERHOLT, RANSON und SWINSON ([6] S. 191) über die Herstellung eines räumlichen Modells, das aus den monomeren Rohprodukten von Solithane gegossen und mit Hilfe des Streulichtverfahrens (s. S. 189) untersucht wurde.

Polyurethan kann auch als spannungsoptisches Modellmaterial für die Untersuchung von Spannungszuständen mit sehr großen Formänderungen, wie sie z. B. in Objekten aus Gummi auftreten, verwendet werden. Allerdings kann dann wegen des ziemlich hohen E/S bei großen Verformungen die Isochromatenzahl leicht zu hoch werden, und man verwendet daher unter Umständen besser den Gummi selbst als Modellmaterial:

Gummi (Naturgummi ohne Beimengungen) ist nämlich, in Scheiben bis zu höchstens 10 mm Dicke, noch so gut durchsichtig, daß solche

4*

Modelle bei Verwendung der einfachen spannungsoptischen Apparatur
mit diffuser Lichtquelle noch gut erkennbare Isochromatenbilder liefern.
Wegen des kleinen E/S (s. Tab. 1.8) wird dabei die Ordnungszahl nicht
allzu hoch.

Bei spannungsoptischen Versuchen mit großen Formänderungen
genügt es natürlich nicht mehr, zur Beschreibung des Materialverhaltens
nur E und S zu bestimmen, sondern es müssen die Zusammenhänge
zwischen Spannungen, Dehnungen und optischem Effekt, die dann im
allgemeinen nichtlinear sind, festgestellt werden. Über Untersuchungen
hierüber, namentlich unter Berücksichtigung des zweidimensionalen
Spannungszustandes, ist bisher wenig bekannt geworden.

Epoxidharze mit Weichmachern. Modellmaterialien mit kleinen Elastizitätsmoduln kann man auch dadurch erhalten, daß man dem Epoxidharz einen Weichmacher zusetzt. Der E-Modul läßt sich dabei in ziemlich
weiten Grenzen variieren. Auf diese Weise kann man Objekte, die aus
Stoffen verschiedenen E-Moduls bestehen („Verbundkörper"), modell-
mäßig untersuchen, indem man das Modell aus verschieden weich-
gemachtem Epoxidharz herstellt. Dabei ist jedoch zu beachten, daß die
weichgemachten Harze stark kriechen, und zwar unterschiedlich, je
nach dem Grad der Weichmachung. Dies muß bei den Ähnlichkeits-
betrachtungen berücksichtigt werden. Eine sehr gründliche Darstellung
des ganzen Fragenkomplexes und umfangreiche Versuchsergebnisse gibt
HAASE [78]. In seiner Arbeit findet man auch eine reichhaltige Literatur-
übersicht.

1.9 Bestimmung von Bruchteilen der Isochromatenordnung

1.9.1 Am Rand durch Extrapolieren

Die höchste Isochromatenordnung beim Versuch beträgt gewöhnlich
10 bis 15. Höher damit zu gehen, bringt meist keine Steigerung der
Genauigkeit, weil man dann oft schon in Schwierigkeiten mit der Auflösung im photographischen Bild kommt und außerdem zu große Verformungen anwenden muß. Da aber andererseits die Genauigkeit zu
gering wäre, wenn man bei 15 Ordnungen nur auf eine Ordnung genau
messen würde, ist es nötig, auch Bruchteile davon zu bestimmen. Meist
stellt sich diese Aufgabe an den Randstellen, wo die Maximalbeanspruchungen auftreten. An solchen Stellen liegen gewöhnlich, weil vom
Beanspruchungsmaximum ins Innere meist ein starkes Spannungsgefälle
besteht, mehrere Isochromaten dicht nebeneinander. Ist dies der Fall,
dann kann die Randordnung verhältnismäßig leicht durch Extrapolieren
gefunden werden. Man trägt längs einer Geraden, die man gewöhnlich so

wählen wird, daß sie senkrecht in die zu messende Randstelle einmündet, den Verlauf der Isochromatenordnung auf. Zu diesem Zweck mißt man auf der besagten Geraden vom Rand aus die Abstände der Punkte, wo die Isochromaten die Gerade schneiden, und trägt sie in einem Diagramm

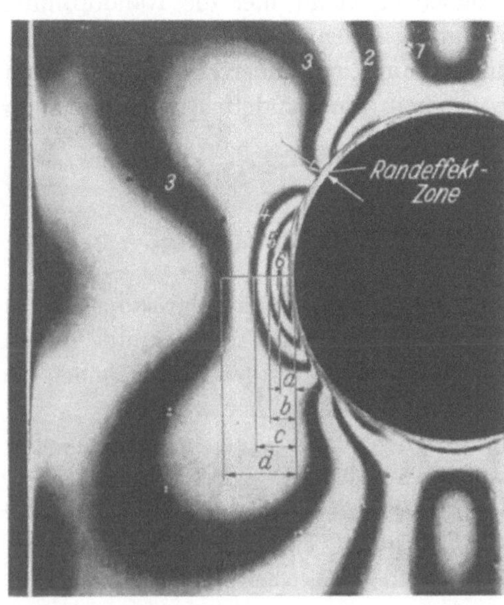

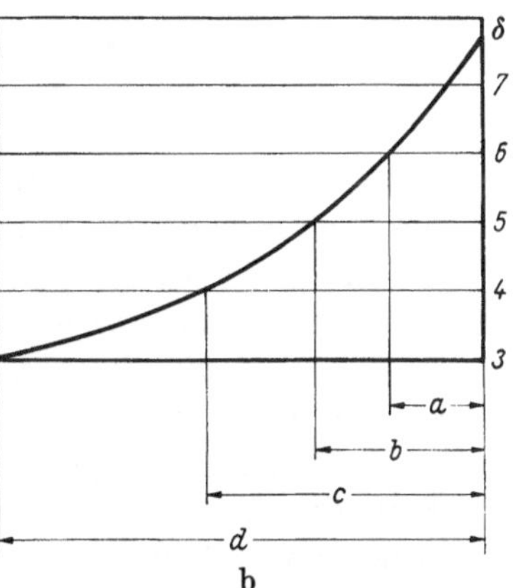

Abb. 1.9.1a und b Bestimmung der höchsten Isochromatenordnung am Rand durch Extrapolieren.

a) Ausmessen der Isochromatenabstände, b) Auftragen der Isochromatenordnung δ in einem Diagramm. Ergebnis: $\delta = 7{,}7$ am Rand

a   b

als Abszissen auf (Abb. 1.9.1). Die zugehörigen Ordinaten sind die Ordnungen. Durch Verlängern der so entstehenden Kurve der Isochromatenordnungen zum Rand erhält man den dort vorhandenen genauen Wert der Ordnung. Die Kurve ist gewöhnlich keine Gerade, sondern leicht gekrümmt, da das Spannungsgefälle meist gegen den Rand zu größer wird, insbesondere bei Kerben.

Das Ausmessen der Isochromatenabstände (a bis d in Abb. 1.9.1) erfolgt entweder in einer genügend vergrößerten Photographie des Isochromatenbildes oder, was einfacher und oft sogar genauer ist, direkt am Modell im Meßfernrohr mit dem Schrauben-Mikrometer-Okular.

Bei dem geschilderten Extrapolationsverfahren muß beachtet werden, ob das Modell Randeffekt hat. Auch dies geht aus Abb. 1.9.1 hervor. Hier wurde absichtlich ein Modell mit leichtem Randeffekt verwendet. Die Punkte, die den Kurvenverlauf der Ordnung zum Rand hin bestimmen, dürfen nur aus dem Bereich außerhalb der durch Randeffekt gestörten Zone gewonnen werden. Wie weit die gestörte Zone reicht, erkennt man am unbelasteten Modell. Es geht aber auch aus dem Isochromatenbild meist mit ziemlicher Sicherheit daraus hervor, daß die

Isochromaten beim Eintritt in die Randeffektzone in auffälliger Weise abbiegen. Die Art des Abbiegens nach der einen oder der anderen Seite hängt davon ab, ob der Randeffekt gleiches Vorzeichen wie die aufgebrachte Spannung hat oder entgegengesetztes. In Abb. 1.9.1 wird der Randeffekt durch Druckspannungen bewirkt, während die aufgebrachten Spannungen Zug sind. Infolgedessen erscheint hier die Randordnung niedriger als sie bei einem vorspannungsfreiem Modell sein müßte.

Beim Extrapolieren der Ordnung zum Rand hin erreicht man, je nach der Güte des Modells bezüglich Freiheit von Randeffekt, eine Genauigkeit von 0,1 bis 0,3 Ordnungen.

1.9.2 Durch „Hellfeldbild" (halbe Ordnungen)

Durch eine Veränderung des Aufbaus des Zirkularpolariskops läßt es sich erreichen, daß man Isochromatenbilder erhält, deren dunkle Linien die Ordnung $\delta = {}^1/_2$, $1{}^1/_2$, $2{}^1/_2$ usw. besitzen, während umgekehrt die Stellen des Feldes mit ganzen Ordnungen aufgehellt erscheinen.

Diese Veränderung besteht lediglich darin, daß im Schema der Abb. 1.5.6 (S. 20) die 2. Viertelwellenplatte um 90° gedreht zu denken ist, so daß sie parallel zur ersten steht. Dann eilt die Lichtschwingung w (Gl. 1.5.5) der Schwingung v nicht mehr um $\pi/2$ vor, sondern um denselben Betrag nach. Um die entsprechenden Beziehungen für unsere neue Anordnung zu erhalten, müssen wir bei den Zeitfunktionen der Gl. (1.5.5) im Argument den Betrag π abziehen. Dies bedeutet, daß die rechte Seite der Gl. (1.5.5) das Vorzeichen wechselt. Die aus dem Analysator austretende Schwingung H ist daher jetzt zu schreiben

$$H = \frac{v}{\sqrt{2}} + \frac{w}{\sqrt{2}}$$

und die weitere Ausrechnung ergibt:

$$H = \frac{A_0}{2}\,[\sin \omega t + \sin(\omega t - 2\pi\delta)]. \tag{1.9.1}$$

Diese Schwingung hat dieselbe Amplitude wie diejenige nach Gl. (1.5.5), nur treten jetzt die Intensitätsminima bei $\delta = {}^1/_2$, $1{}^1/_2$ usw. auf, während man bei $\delta = 0, 1, 2$ usw. maximale Helligkeit hat. Mit Gl. (1.9.1) ist nachgewiesen, daß auch das Zirkularpolariskop mit parallel orientierten Viertelwellenplatten ebenfalls ein vom Orientierungswinkel α des Spannungszustandes unabhängiges Isochromatenbild, d. h. ein Bild ohne Isoklinen liefert, bei dem jedoch Aufhellung und Verdunklung die Rollen getauscht haben.

Da jetzt $\delta = 0$ maximale Aufhellung bedeutet, erscheint das Blickfeld des Polariskops, das den Hintergrund des Modells bildet, ebenfalls hell. Man spricht daher vom „Hellfeldbild", im Gegensatz zum „Dunkelfeldbild" der Isochromaten mit gekreuzten Viertelwellenplatten. Abb. 1.9.2 zeigt die dem Belastungsfall der Abb. 1.6.10a entsprechende Hellfeldaufnahme.

Wenn im Polariskop die Viertelwellenplatten mit den Polarisationsfiltern fest verbunden montiert sind (s. S. 7), benötigt man, um das

Abb. 1.9.2 Hellfeldaufnahme des Spannungszutsandes von Abb. 1.6.10a

Polariskop von Dunkelfeld auf Hellfeld umzustellen, eine zusätzliche Viertelwellenplatte. Die eine Filterkombination wird dann umgedreht, so daß ihre Viertelwellenplatte nach außen zu liegen kommt und unwirksam ist; auf der dem Modell zugekehrten inneren Seite wird die lose Viertelwellenplatte aufgestellt und entsprechend orientiert.

Da beim Hellfeldbild die maximalen Aufhellungen und die maximalen Verdunkelungen gerade vertauscht sind, ist eine Hellfeldaufnahme gleichbedeutend mit dem photographischen Negativ der Dunkelfeldaufnahme und umgekehrt. (Man vergleiche die Abb. 1.9.2 und 1.6.10a.) Auf Grund dieses Sachverhalts kann man sich beim Photographieren von Isochromatenbildern die Kopierarbeit ersparen: Wünscht man eine Dunkelfeldaufnahme, so stellt man das Polariskop auf „Hellfeld"; das

erhaltene Photo ist ohne Umkopieren identisch mit einem Dunkelfeldbild. Vergleiche hierzu die Bemerkung auf S. 13 über das Photographieren
mit dem Projektionspolariskop!

Nimmt man vom gleichen Belastungsfall das Dunkelfeld- und das
Hellfeldbild auf, so bedeutet dies eine gewisse Steigerung der Auswerte-
genauigkeit, da man dann die doppelte Anzahl Isochromaten zur Verfügung hat.

1.9.3 Durch Kompensieren mit Viertelwellenplatte nach Sénarmont

Hat man jedoch die Isochromatenordnung an einer Stelle genauer als
auf $^1/_5$ festzustellen, so empfiehlt es sich, ein Kompensationsverfahren
anzuwenden. Hierunter versteht man in erster Linie solche Verfahren,
bei denen in den Strahlengang hinter die zu untersuchende Modellstelle
ein Körper von bekannter Doppelbrechung eingeschaltet wird, der die

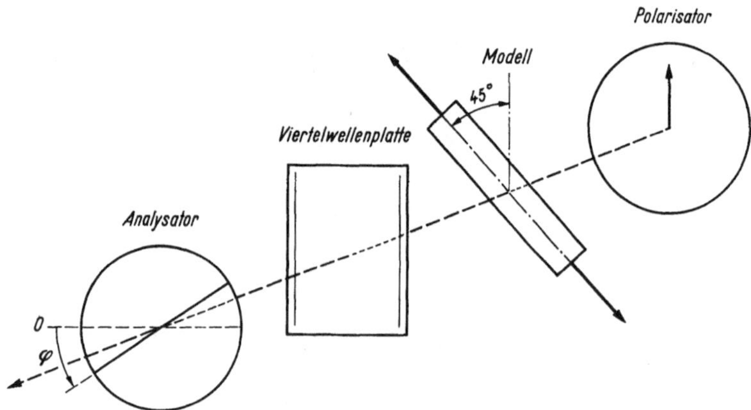

Abb. 1.9.3 Schema der Versuchsanordnung zur Kompensation mit Viertelwellenplat te

im Modell vorhandene gerade aufhebt. Wegen solcher Verfahren, von
denen es mehrere gibt, sei auf die angegebenen Lehrbücher [a, e, g] verwiesen.

Heute wird zur Kompensation gewöhnlich ein Verfahren anderer Art
verwendet, dessen Entdeckung SÉNARMONT zugeschrieben wird. Es hat
den Vorteil, daß man zu seiner Durchführung außer der spannungsoptischen Apparatur, wie für das Hellfeldbild, ebenfalls nur eine zusätzliche Viertelwellenplatte benötigt.

Abb. 1.9.3 zeigt im Schema, wie die Einzelteile der Apparatur aufzustellen sind. Als Modell, dessen Spannungszustand durch Kompensation ausgemessen werden soll, ist ein Zugstab gezeichnet. Die Spannungsrichtung muß, wie die Abbildung zeigt, unter 45° zur Schwingungsebene des vom Polarisator ausgehenden Lichtes liegen. Auf das Modell

folgt im Strahlengang die Viertelwellenplatte, die parallel zum Polarisator orientiert sein muß, und zwar sei diejenige ihrer Hauptrichtungen, deren Lichtkomponente voreilt, parallel zur Polarisatorschwingung gerichtet. Der Analysator wird beim Kompensieren auf maximale Auslöschung gedreht. Wir werden zeigen, daß diese Drehung φ des Analysators, die von der gekreuzten Stellung zum Polarisator aus als der Nullstellung gerechnet wird, proportional zur Isochromatenordnung δ ist.

Hierzu wenden wir das Brewstersche Gesetz auf die Lichtzerlegung in unseren beiden doppeltbrechenden Körpern an: im Modell erfolgt

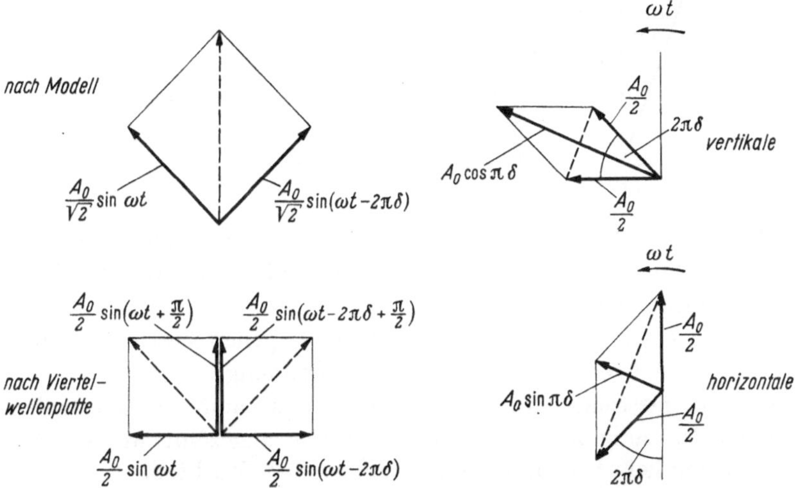

<table>
<tr><td>Abb. 1.9.4 Lichtzerlegung in Modell und Viertel-
wellenplatte</td><td>Abb. 1.9.5 Zusammenfassung der vertikalen und
horizontalen Schwingungen aus Abb. 1.9.4, unten,
im zeitlichen Vektordiagramm</td></tr>
</table>

zunächst eine Zerlegung in zwei Wellen gleicher Amplitude, die um 45° geneigt schwingen und durch den Spannungszustand eine Phasenverschiebung δ gegeneinander erfahren (Abb. 1.9.4, oben). Abb. 1.9.4, unten, zeigt, wie diese beiden Wellen (im Bild gestrichelt gezeichnet) in der Viertelwellenplatte weiter in vier Wellen gleicher Amplitude zerlegt werden. Von diesen erhalten die vertikal schwingenden eine Phasenvoreilung von $\pi/2$ durch die Viertelwellenplatte. Die jeweils in gleicher Ebene schwingenden Wellen setzen wir nun unter Berücksichtigung der Phase zusammen, wobei wir uns des zeitlichen Vektordiagramms bedienen wollen (Ab. 1.9.5). (Dieses zeigt den zeitlichen Ablauf der Schwingungen, wenn man sich die Amplitudenvektoren mit der Winkelgeschwindigkeit ω rotierend vorstellt und auf die Horizontale projiziert.) Die Zusammensetzung ergibt zwei kongruente Figuren (Rauten), aus denen man die Größe der resultierenden Schwingungen entnimmt und ferner feststellt, daß diese in Phase schwingen. Infolgedessen können sie jetzt in einem örtlichen Vektordiagramm wieder zu einer einzigen linear polarisierten Welle zusammengesetzt werden (Abb. 1.9.6). Indem man die Amplituden aus Abb. 1.9.5 überträgt, erkennt man, daß die Schwingungsebene der zustande kommenden linear polarisierten Welle um den Winkel $\pi\delta$ gegen die Vertikale geneigt ist. Sie wird vom Analysator ausgelöscht, wenn er um $\pi\delta$ aus der gekreuzten Stellung herausgedreht wird. Die Isochromatenordnung wird also gemessen, indem man den Analysator auf Auslöschungslage dreht und an seiner Gradteilung den Winkel φ ab-

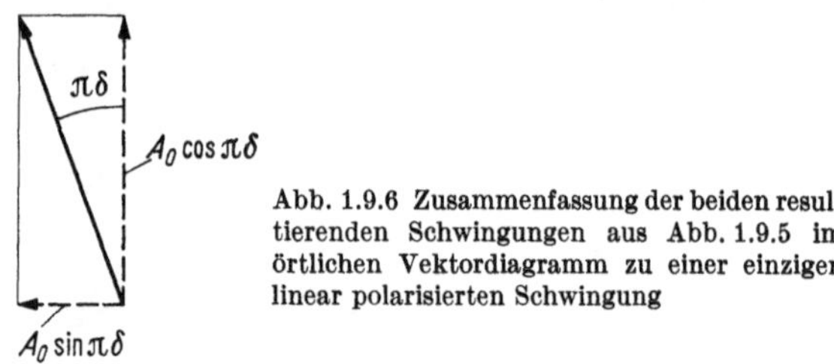

Abb. 1.9.6 Zusammenfassung der beiden resultierenden Schwingungen aus Abb. 1.9.5 im örtlichen Vektordiagramm zu einer einzigen linear polarisierten Schwingung

liest. Eine ganze Ordnung $\delta = 1$ bedeutet $\varphi = \pi$, d. h. eine halbe Umdrehung. Somit erhält man die Ordnung, indem man den Winkel φ in Graden durch 180° dividiert.

Im allgemeinen läßt sich φ auf ± 3 bis 4° genau bestimmen; dies bedeutet eine Meßgenauigkeit von etwa $^1/_{50}$ Ordnung.

Ist die zu messende Ordnung größer als 1, so muß der ganzzahlige Anteil der Ordnung zuerst in üblicher Weise abgezählt werden. Die Kompensation liefert dann den hinzukommenden Bruchteil.

Die Messung der genauen Isochromatenordnung an einer beliebigen Stelle eines ebenen Spannungszustandes gestaltet sich somit wie folgt. Bei gekuppelten gekreuzten Polarisatoren wird zunächst die Spannungsrichtung festgestellt. Hierauf werden beide Polarisatoren um 45° weitergedreht, entkuppelt und die Viertelwellenplatte, parallel zum Polarisator orientiert, eingesetzt. Dann wird der Analysator allein auf Auslöschungsstellung gedreht und der Drehwinkel φ abgelesen.

Die Kompensation kann selbstverständlich nur mit monochromatischem Licht derjenigen Wellenlänge ausgeführt werden, auf die die Viertelwellenplatte abgestimmt ist.

Eine ähnliche Kompensationsmethode ist die nach TARDY, die mit zirkular polarisiertem Licht arbeitet. Siehe z. B. HEYWOOD [q], S. 56.

1.10 Das Vorzeichen von Randspannungen. „Nagelprobe"

Am lastfreien Rand läßt sich durch die Isochromatenordnung allein die Größe der Spannung bestimmen, weil dort der Spannungszustand einachsig ist (s. S. 22). Jedoch sagt die Isochromate nichts über das Vorzeichen der Spannung aus.

Ob die Randspannung Zug oder Druck ist, kann man zwar in vielen Fällen von vornherein sicher sagen. Beispielsweise besteht beim gelochten Zugstab der Abb. 1.6.10b kein Zweifel darüber, daß die Spannungsspitze links und rechts am Lochrand ($\delta = 10{,}7$) Zug und das Teilmaximum oben und unten ($\delta = 3{,}9$) Druck sein muß. Da ein Vorzeichenwechsel im Verlauf längs des Randes nur dort stattfinden kann, wo die Spannung durch Null geht, ist klar, daß die vier Isochromatennullpunkte am Lochrand die Zug- und Druckgebiete voneinander abgrenzen. Damit liegt das Vorzeichen längs des ganzen Lochrandes fest.

Es gibt aber auch öfters Fälle, in denen nicht ohne weiteres angegeben werden kann, ob die Randspannung Zug oder Druck ist. Dann kann man sich zur Feststellung des Vorzeichens der sogenannten Nagelprobe bedienen. Diese Bezeichnung rührt daher, daß man dabei mit einem Nagel oder einem anderen spitzen Gegenstand an der Randstelle, wo das Vorzeichen der Spannung bestimmt werden soll, einen Druck ausübt und beobachtet, wie sich das Isochromatenbild in der Umgebung dieser Stelle dadurch verändert. Statt des Nagels verwendet man noch besser eine Schneide, z. B. eines Schraubenziehers, mit der man an einer Randstelle über die ganze Dicke des Modells einen gleichmäßigen Druck ausübt.

Der einachsige Spannungszustand des Randes wird durch einen Mohrschen Spannungskreis dargestellt, der durch den Nullpunkt des σ-τ-Koordinatensystems geht und dessen Durchmesser gleich der dort herrschenden Randspannung σ_1 ist. Da man aus dem Isochromatenbild aber nicht entnehmen kann, ob diese Spannung positiv oder negativ ist, kann der Mohrsche Kreis sowohl im positiven wie im negativen Bereich der σ-Achse liegen. In beiden Fällen berührt er die τ-Achse im Nullpunkt. Durch den Nageldruck von der Größe σ_2 senkrecht zum Rand entsteht an dieser Stelle ein Spannungszustand, dessen eine Hauptspannung σ_2 sicher Druck ist. Ihr überlagert sich die andere Hauptspannung σ_1 parallel zum Rand. Ist σ_1 eine Zugspannung, so wird die Ordnung an dieser Stelle durch die Druckspannung σ_2 erhöht, weil der Durchmesser des Mohrschen Spannungskreises die Größe $|\sigma_1| + |\sigma_2|$ annimmt.

Ist dagegen σ_1 eine Druckspannung, so verkleinert sich der Durchmesser des Mohrschen Spannungskreises auf einen Betrag $|\sigma_1| - |\sigma_2|$. Eine Zugspannung σ_1 bedingt also bei der Nagelprobe eine Erhöhung der Isochromatenordnung, während eine Druckspannung σ_1 eine Herabsetzung bewirkt.

Diese Änderung der Isochromatenordnung ist besonders deutlich zu beobachten in Fällen, wo die Ordnung sich parallel zum Rand wenig, dagegen gegen das Innere des Spannungsfeldes stark ändert. Dies trifft am ausgeprägtesten bei der reinen Biegung zu. Daher soll dieser Spannungszustand als Beispiel dienen. Abb. 1.10.1 zeigt einen geschlitzten Balken,

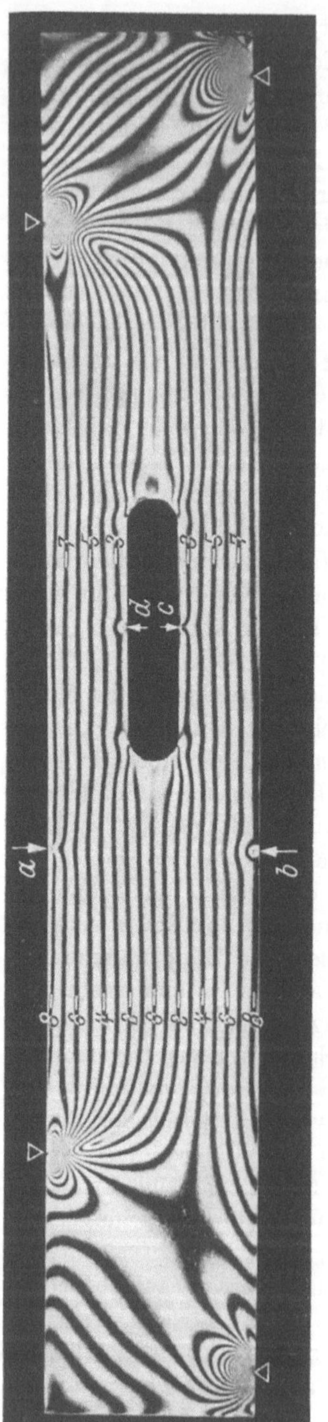

Abb. 1.10.1 Isochromaten eines geschlitzten Balkens unter reiner Biegung. An den Stellen $a-d$ wird die Nagelprobe vorgenommen

der durch vier äußere Kräfte (Angriffspunkte durch Dreiecke markiert) in seinem Mittelteil auf reine Biegung beansprucht wird. Für das Isochromatenbild der Nagelprobe ist nun zu unterscheiden, ob die Ordnung gegen den Rand hin ansteigt oder abfällt. Beide Fälle sind in unserem Beispiel Abb. 1.10.1 verwirklicht. Wir betrachten zunächst den weitaus häufigeren Fall, daß die Ordnung nach dem Inneren zu fällt. Dies trifft in der Abbildung für den oberen und unteren äußeren Rand des Balkens in seinen Mittelteil zu; den ungestörten Spannungszustand für die linke Hälfte dieses Mittelteils kennen wir schon von Abb. 1.6.2. An den mit a und b bezeichneten Stellen sehen wir nun, wie sich die Isochromaten verändern, wenn mit Schneiden gegen die freien Ränder des Biegestabes gedrückt wird. Auf der Druckseite der Biegung (a) erniedrigt sich in der Umgebung des Druckangriffsbereichs die Ordnung. Diese Stelle erscheint daher mit der entsprechenden niedrigeren Isochromate im Innern verbunden. Die Isochromaten scheinen gegen den Rand hin gezogen zu werden. Auf der Zugseite (b) dagegen erhöht der Druck senkrecht zum Rand die Ordnung, es erscheinen daher neue höhere Isochromaten in Randnähe, und die niedrigeren werden ins Innere abgedrängt. Umgekehrt liegen die Verhältnisse, wenn die Randspannung vom Rand aus gegen das Innere zunimmt. Dieser Fall liegt in Abb. 1.10.1 an den geradlinigen oberen und unteren Begrenzungen des in der rechten Balkenhälfte ausgesparten Schlitzes vor. Hier nehmen die Randspannungen σ_1 am Lochrand gegen das Innere absolut genommen zu, so daß die Isochromatenordnungen in dieser Richtung anwachsen, und zwar sind die Randspannungen σ_1 am unteren Lochrand Zug- und am oberen Druckspannungen. Infolgedessen bewirkt der Nageldruck am unteren Lochrand (Stelle *c*) eine Erhöhung der Isochromatenordnung, so daß die höheren Ordnungen aus dem Innern zum Rand gezogen werden, während umgekehrt am oberen Lochrand der Nageldruck ein Zurückweichen der Isochromaten vom Rand ins Innere bewirkt (*d*).

Das charakteristische und leicht zu deutende Bild bei der Nagelprobe, wie es die Abb. 1.10.1 zeigte, hat man nicht immer, vor allem dann nicht, wenn im ungestörten Spannungsfeld nur geringe oder gar keine örtlichen Unterschiede der Ordnung vorhanden sind. In solchen Fällen entscheidet man, vorausgesetzt, daß die Ordnung nicht zu hoch ist, am sichersten, ob die Nagelprobe eine Erhöhung oder Erniedrigung der Ordnung ergibt, wenn man im weißen Licht die Farbfolge beobachtet.

1.11 Die vollständige Auswertung des ebenen Spannungszustandes durch das Schubspannungsdifferenzverfahren

Nach den bisher in Abschn. 1.6 und 1.7 behandelten Verfahren der Auswertung mittels der Isochromaten und Isoklinen kann ein ebenes Spannungsfeld nur am Rand vollständig bestimmt werden. Im Innern des Feldes erhält man aus den Isochromaten lediglich die Differenz der Hauptspannungen σ_1 und σ_2 und aus den Isoklinen deren Richtung.

Bei manchen praktischen Anwendungen reicht dies aber für den Festigkeitsnachweis nicht aus, sondern es muß der Spannungszustand, zumindest an wichtigen Stellen, vollständig bekannt sein, indem entweder noch zusätzlich die zahlenmäßigen Werte von σ_1 und σ_2 einzeln oder die drei Spannungskomponenten σ_x, σ_y und τ_{xy} angegeben werden. Namentlich bei Problemen des Bauwesens ist dies wichtig, weil man hier vielfach wissen muß, wo Zugspannungen auftreten und wie groß sie sind. Dagegen genügt für Festigkeitsaufgaben des Maschinenbaus oft das Isochromatenbild allein, weil es meist nur auf die Maximalbeanspruchungen am Rand ankommt.

Für die vollständige Bestimmung des Spannungszustandes im Innern des ebenen Feldes gibt es eine große Anzahl von Verfahren. Sie sind im Abschn. 5.3 in einer Übersicht zusammengestellt. Hier wollen wir nur das sogenannte Schubspannungsdifferenzverfahren ausführlich erläutern. Der Grundgedanke dieses Verfahrens wurde bereits 1914 von FILON und COKER (vgl. [31]) angegeben; FROCHT [g] hat es wieder aufgegriffen und ausgebaut. Auf Grund allgemeiner praktischer Bewährung ist dieses Verfahren heute das meist angewandte.

Als Grundlage, von der ausgegangen wird, benötigt das Schubspannungsdifferenzverfahren nur die Isochromaten und die Isoklinen. Daher kann das Verfahren auch mit der einfachen spannungsoptischen Apparatur ohne zusätzliche Einrichtungen durchgeführt werden. Die

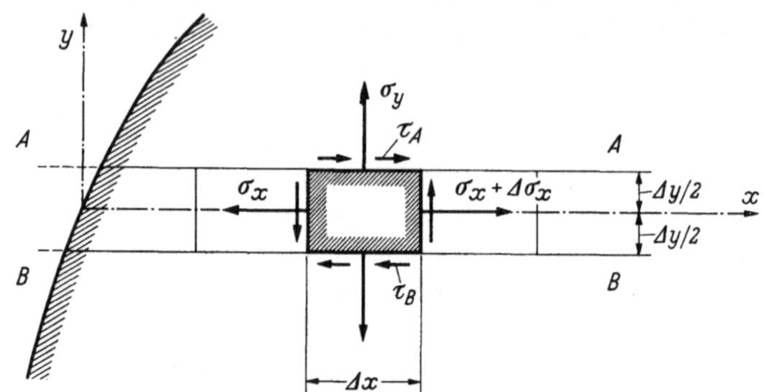

Abb. 1.11.1 Horizontalgleichgewicht am Element beim Schubspannungsdifferenzverfahren

Bestimmung des Spannungszustandes erfolgt längs beliebig durch das Feld gelegter gerader Linien, von Randstellen bekannter Spannung ausgehend, durch schrittweise Integration.

Das Verfahren beruht auf einer einfachen Gleichgewichtsbetrachtung. Wir denken uns (Abb. 1.11.1) aus unserem Modell einen Streifen von der endlichen Breite Δy so herausgeschnitten, daß in seiner Mitte die Gerade $y = 0$ verläuft, längs der ausgewertet wird. Den Streifen denken wir uns weiterhin in eine Anzahl gleicher Elemente von der Länge Δx zerlegt. In jedem solchen Element halten sich in horizontaler Richtung die Resultierenden aus den Schubspannungen τ_A, τ_B und dem Normalspannungszuwachs $\Delta\sigma_x$ das Gleichgewicht:

$$\tau_A \Delta x - \tau_B \Delta x + \Delta\sigma_x \Delta y = 0. \tag{1.11.1}$$

Diese Gleichung gilt exakt, wenn unter τ_A, τ_B und $\Delta\sigma_x$ die Mittelwerte über die Längenelemente verstanden werden. Praktisch werden wir näherungsweise für τ_A und τ_B den in der Mitte von Δx auftretenden Wert der Schubspannung benützen. $\Delta\sigma_x$ ergibt sich aus Gl. (1.11.1) zu

$$\Delta\sigma_x = -(\tau_A - \tau_B)\frac{\Delta x}{\Delta y}. \tag{1.11.2}$$

An einer beliebigen Stelle des Integrationswegs x erhalten wir daher, wenn wir von einer Stelle, wo $\sigma_x = \sigma_{x0}$ bekannt ist, z. B. am Rand, ausgehen, σ_x durch Hinzuzählen der $\varDelta\sigma_x$ aller Integrationsschritte:

$$\sigma_x = \sigma_{x0} - \sum (\tau_A - \tau_B)\frac{\varDelta x}{\varDelta y}. \tag{1.11.3}$$

Gewöhnlich wählt man $\varDelta x/\varDelta y = 1$. Die Schubspannungen τ_A und τ_B längs der Hilfsschnitte gewinnt man aus:

$$\tau = \frac{\sigma_1 - \sigma_2}{2}\sin 2\alpha. \tag{1.11.4}$$

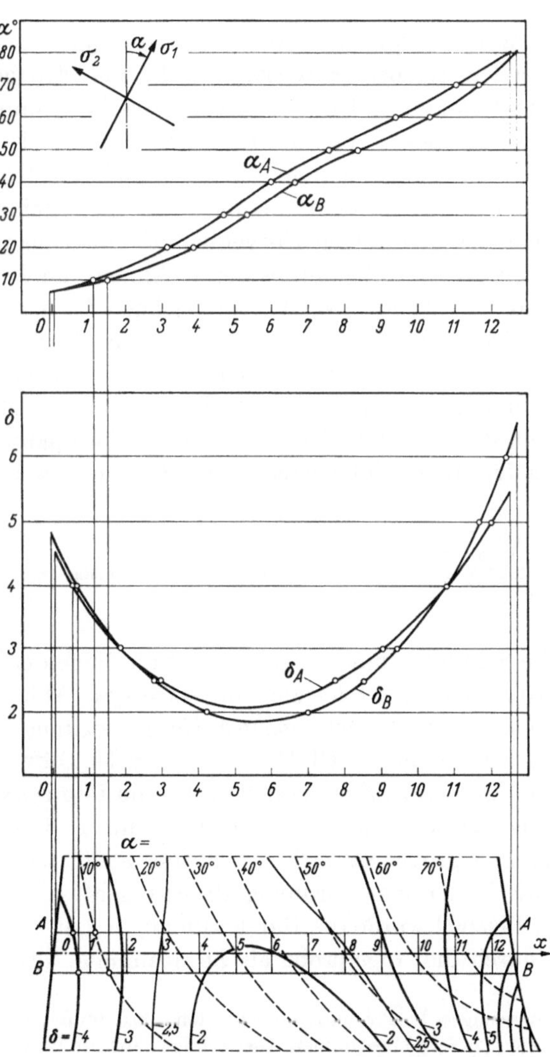

Abb. 1.11.2 Auftragen des Isoklinenparameters α und der Isochromatenordnung δ längs der Hilfsschnitte $A - A$ und $B - B$

Diese Beziehung wurde bereits auf S. 3 als Gl. (1.1.8) abgeleitet. $\sigma_1 - \sigma_2$ wird aus der Isochromatenordnung erhalten, α ist der Isoklinenparameter. Bei Aufnahme der Isoklinen wollen wir den Drehwinkel der Polarisatoren von der Vertikalstellung aus positiv im Uhrzeigersinn rechnen (s. Abb. 1.11.2, oben). Da in die Auswertung die Differenz von τ_A und τ_B eingeht, müssen diese Werte sehr genau bestimmt werden. Wie dies praktisch erreicht wird, soll im folgenden bei der Durchrechnung eines praktischen Beispiels erläutert werden. Diese Auswertung ist der Untersuchung einer „Windscheibe" aus Stahlbeton entnommen, die auf S. 231 beschrieben wird.

Abb. 1.11.2, unten, zeigt einen Ausschnitt des Spannungsfeldes, der den auszuwertenden Schnitt (x-Achse) enthält, mit den gezeichneten Isochromaten und Isoklinen. Die Auswertungsstrecke ist durch 12 Teilpunkte in gleiche Abstände Δx unterteilt. $\Delta y = \Delta x$. Als erstes wird nun der Verlauf der Isochromatenordnung δ und des Isoklinenparameters α längs der Hilfsschnitte $A-A$ und $B-B$ graphisch aufgetragen (Abb. 1.11.2, oben). Die einzelnen Kurvenpunkte erhält man sehr genau durch Bestimmen des Schnittpunktes der Isoklinen und Isochromaten mit den Schnittlinien. (Zum einwandfreien Zeichnen der Kurve δ_A mußte auch die $2^1/_2$te Isochromate herangezogen werden, da die zweite den Schnitt $A-A$ gerade nicht mehr erreicht und dadurch eine zu große Lücke in den Meßpunkten ganzzahliger Ordnung auftritt.[1]) Mit Hilfe der δ- und α-Kurven der Abb. 1.11.2 kann nun der Schubspannungsverlauf τ_A und τ_B längs der Hilfsschnitte nach Gl. (1.11.4) punktweise berechnet

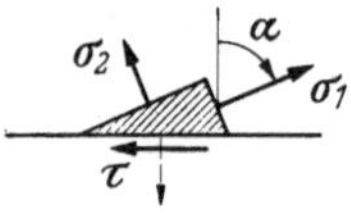

Abb. 1.11.3 Positive Schubspannung. $\sigma_1 > \sigma_2$

werden. Für die Schubspannungen, die positiv im Sinne der Abb. 1.11.1 eingeführt worden sind, gilt folgende *Vorzeichenregel* (Abb. 1.11.3): *Die Schubspannung wirkt immer der größeren Hauptspannung (σ_1 in Abb. 1.11.3) entgegen.* [Dies folgt aus Gl. (1.11.4), weil τ der Differenz $\sigma_1 - \sigma_2$ proportional ist.] Das Vorzeichen wird zunächst am Rand bestimmt. Auf dem Auswertungsweg kann sich das Vorzeichen nur ändern, wenn entweder der Winkel α größer als 90° bzw. kleiner als 0° wird oder wenn $\sigma_1 - \sigma_2$, also die Isochromatenordnung, durch 0 geht.

In unserem Beispiel wurde die Randspannung σ_0, die in Abb. 1.11.3 σ_1 entspricht, durch die Nagelprobe als Zugspannung, also positiv, er-

---

[1] Wenn noch weniger Isochromaten vorhanden sind, muß man die δ-Werte durch Kompensieren (s. S. 56) bestimmen. Dies erfolgt dann am besten an den Teilpunkten der Hilfsschnitte. Entsprechend kann man auch, wenn nötig, beim Isoklinenparameter α verfahren.

mittelt. Damit ergibt sich τ am Rand als positiv und bleibt es auf dem ganzen Integrationsweg. Abb. 1.11.4 zeigt die berechneten Schubspannungen, über den Hilfsschnitten aufgetragen. Dabei wurde in Gl. (1.11.4) anstatt $\sigma_1 - \sigma_2$ die Isochromatenordnung δ eingesetzt; im Schlußergebnis sind also alle Werte noch mit S/d zu multiplizieren. Der Rest der Auswertung erfolgt mit den aus Abb. 1.11.4 zu entnehmenden

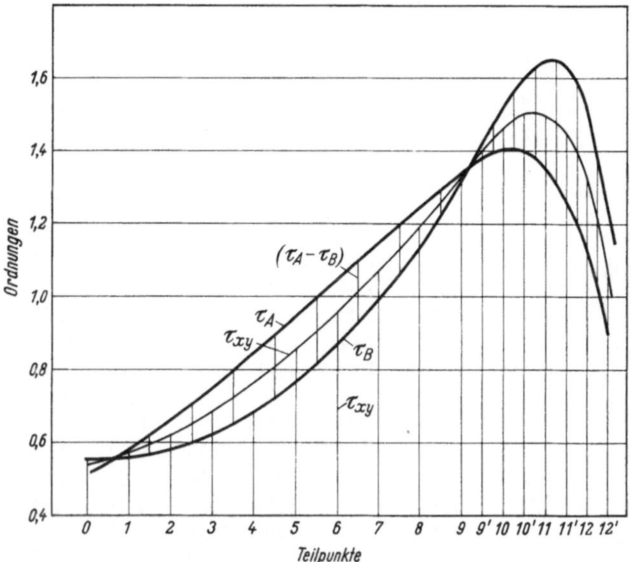

Abb. 1.11.4 Auftragen von τ_A und τ_B und graphische Ermittlung von τ_{xy} und $\tau_A-\tau_B$

Werten rechnerisch (Tab. 1.11). Zunächst wird die Schubspannungsdifferenz $\tau_A - \tau_B$ benötigt. Sie ist aus Abb. 1.11.4 zwischen den Teilpunkten zu entnehmen, weil sie für die Mitte der $\varDelta x$ zu bestimmen ist. Von Teilpunkt 9 ab sind wegen der starken Krümmung der τ-Kurven die Integrationsschritte nochmals unterteilt, dort ist daher $\varDelta x/\varDelta y = {}^1/_2$ zu setzen. Für die nun folgende Berechnung von σ_x nach Gl. (1.11.3) ist zunächst der Ausgangswert σ_{x0} am Rand erforderlich. Dieser kann entweder wieder aus einer einfachen Gleichgewichtsbetrachtung an einem dreieckigen Randelement oder durch sinngemäße Anwendung von Gl. (1.1.7), S. 3, ermittelt werden. Man erhält:

$$\sigma_{x0} = \sigma_0 \sin^2 \alpha_0. \qquad (1.11.5)$$

α_0 ist durch die Form des Modells gegeben zu $6°30'$, σ_0 wird aus der Isochromatenordnung am Rand bestimmt. Aus den zum Rand hin extrapolierten Kurven der Abb. 1.11.2, Mitte, ergibt sich als deren Mittelwert die Randordnung auf der x-Achse: $\delta_0 = 4{,}75$. Damit wird auf Grund von Gl. (1.11.5), wenn wir wieder anstatt der Spannung die Ordnung setzen: $\sigma_{x0} = 4,75 \cdot 0,1132^2 = 0,061$ und σ_x kann jetzt berechnet werden (Tab. 1.11, Spalte 3).

Tabelle 1.11 *Rechnerische Auswertung beim Schubspannungsdifferenzverfahren*

Teilpunkt	$(\tau_A - \tau_B)\Delta x/\Delta y$	$\sigma_x = \sigma_{x0} - \sum(\tau_A - \tau_B)\Delta x/\Delta y$	τ_{xy}	δ	δ^2	$4\tau^2_{xy}$	$\delta^2 - 4\tau^2_{xy}$	$\sqrt{\delta^2 - 4\tau^2_{xy}}$	$\sigma_y = \sigma_x \pm \sqrt{\delta^2 - 4\tau^2_{xy}}$
0	−0,005	0,061	0,534	4,75	22,55	1,14	21,41	4,63	4,68
1	0,055	0,066	0,569	3,65	13,33	1,29	12,04	3,47	3,54
2	0,105	0,011	0,62	2,90	8,41	1,54	6,87	2,62	2,63
3	0,15	−0,094	0,685	2,44	5,96	1,88	4,08	2,02	1,926
4	0,178	−0,244	0,767	2,13	4,54	2,35	2,19	1,48	1,236
5	0,186	−0,422	0,86	1,99	3,96	2,96	1,00	1,00	0,578
6	0,17	−0,608	0,96	2,00	4,00	3,68	0,32	0,566	−0,042
7	0,135	−0,778	1,07	2,15	4,62	4,59	0,03	0,173	−0,605
8	0,071	−0,913	1,194	2,43	5,91	5,71	0,20	0,447	−1,36
9	−0,002	−0,984	1,335	2,87	8,23	7,12	1,11	1,054	−2,04
9′	−0,039	−0,982	1,407	3,13	9,80	7,91	1,89	1,37	−2,357
10	−0,081	−0,943	1,467	3,45	11,91	8,60	3,31	1,82	−2,76
10′	−0,125	−0,862	1,504	3,80	14,42	9,05	5,37	2,32	−3,18
11	−0,169	−0,737	1,50	4,20	17,60	9,00	8,60	2,93	−3,667
11′	−0,190	−0,568	1,45	4,67	21,80	8,44	13,36	3,65	−4,22
12	−0,165	−0,378	1,325	5,22	27,25	7,05	20,20	4,50	−4,88
12′		−0,213	1,072	5,87	34,50	4,60	29,90	5,47	−5,68

Nun fehlt zur vollständigen Auswertung noch σ_y. Im Mohrschen Spannungskreis der Abb. 1.1.4, S. 3, entsprechen σ_α und $\sigma_{\alpha+90°}$ unseren Spannungen σ_x und σ_y. Man erhält eine aus der anderen, wie man aus dem Spannungskreis entnimmt, durch die Beziehung:

$$\sigma_y = \sigma_x \pm \sqrt{(\sigma_1 - \sigma_2)^2 - 4\tau^2_{xy}}. \tag{1.11.6}$$

τ_{xy} ist die Schubspannung auf der x-Achse, die aus Abb. 1.11.4 als Mittelwert von τ_A und τ_B entnommen wird. Welches Vorzeichen vor der Wurzel gilt, d. h. ob σ_y oder σ_x größer ist, ergibt sich bequem nach einer von FROCHT [g] angegebenen *Vorzeichenregel* (Abb. 1.11.5):

Wir denken uns ein quadratisches Element herausgeschnitten. Durch die beiden Ecken, auf die die Schubspannungen hinweisen, ziehen wir eine Gerade, die wir die „Schubdiagonale" nennen. *Wenn in dem Winkel-*

raum von 45°, der zwischen σ_y und der Schubdiagonale liegt, sich eine der Hauptrichtungen befindet, ist σ_y algebraisch größer als σ_x.

Zum Beweis denke man sich zunächst $\sigma_y > 0$, $\sigma_x = 0$ und die Schubspannung von 0 bis zu großen Werten anwachsend. Dann wandert, wie man aus dem Mohrschen Spannungskreis leicht ableitet, die Hauptrichtung von σ_y bis höchstens zur Schubdiagonale. Dies gilt aber für

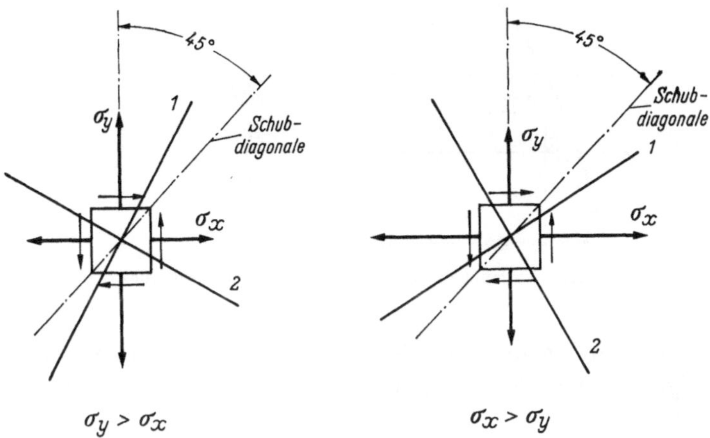

Abb. 1.11.5 Zur Vorzeichenregel für σ_x und σ_y

jeden anderen Spannungszustand, bei dem $\sigma_y > \sigma_x$ ist, denn einen solchen kann man aus dem vorigen jederzeit durch Hinzufügen eines allseitigen erhalten. Dabei verschiebt sich nur der Spannungskreis gegen den Ursprung, an den Betrachtungen über die Spannungsrichtungen ändert sich nichts.

Bei der Ausrechnung von σ_y in der Tab. 1.11. ist in Gl. (1.11.6), da die Spannungen, wie erwähnt, in Ordnungen ausgedrückt werden, anstatt $\sigma_1 - \sigma_2$ die Isochromatenordnung δ gesetzt. Die Anwendung der Vorzeichenregel möge der Leser nachprüfen.

Die Ergebnisse der Tab. 1.11 sind in Abb. 6.5.7 (S. 237), auf kp/cm² umgerechnet, dargestellt.

Durch Bestimmung der Spannungskomponenten σ_x, σ_y und τ_{xy} ist der gegebene Schnitt vollständig ausgewertet.

Die Hauptspannungen σ_1 und σ_2 können jetzt, wenn erwünscht, durch die Formel

$$\sigma_1,\ \sigma_2 = \frac{\sigma_x + \sigma_y}{2} \pm \frac{\delta}{2} \tag{1.11.7}$$

ermittelt werden, wie aus dem Mohrschen Spannungskreis hervorgeht. Da darin keine besondere Schwierigkeit mehr liegt, wird hier darauf verzichtet.

5*

Es sei noch darauf hingewiesen, daß man den Integrations-Ausgangs-
wert für σ_x auch auf andere Weise, ohne die Gl. (1.11.5), gewinnen kann.
Man beginnt die Gleichgewichtsbetrachtung mit einem dreieckigen Randelement (in Abb. 1.11.6 schraffiert), welches natürlich im allgemeinen
eine von der laufenden Teilung Δx abweichende Basislänge Δx^* besitzt,

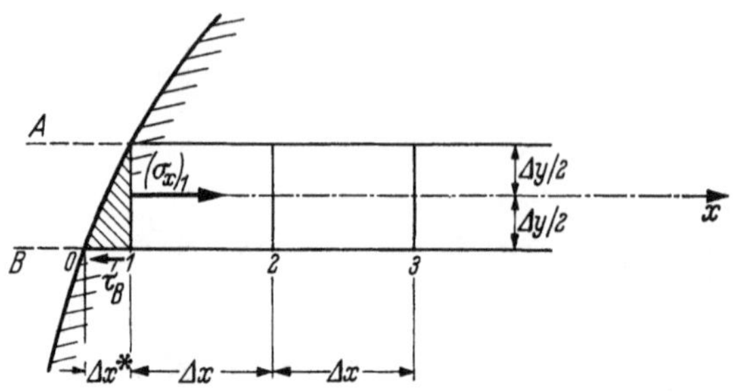

Abb. 1.11.6 Variante zur Gewinnung des Ausgangswertes für σ_x

die durch die Randneigung bestimmt wird. Der Ausgangswert für σ_x am
nunmehrigen Teilpunkt 1 ergibt sich durch das Gleichgewicht am
Element zu:

$$(\sigma_x)_1 = \frac{\Delta x^*}{\Delta y}\, \tau_B,$$

wobei für τ_B, wie vorher geschildert, näherungsweise die in der Mitte
zwischen 0 und 1 wirkende Schubspannung genommen wird. Man
ermittelt sie wie vorher mit Hilfe der Abb. 1.11.2. Mit anderen Worten:
es wird auf diese Weise bereits der erste σ_x-Wert durch die Gl. (1.11.2)
gewonnen, wobei in ihr τ_A entfällt und Δx^* statt Δx zu setzen ist.

1.12. Momentennullpunkte bei Biegung von Stäben

L. BAES [9, 16] und Mitarbeiter haben ein Verfahren zur Berechnung
hochgradig statisch unbestimmter ebener Rahmenträger mit biegungs-
steifen Knotenpunkten (Vierendeel-Träger) entwickelt, das darauf
beruht, daß durch einen ebenen spannungsoptischen Versuch die
Momentennullpunkte bestimmt werden und hierauf die Rechnung wie
bei einem statisch bestimmten System durchgeführt wird. Die Momentennullpunkte zeichnen sich in einem Isochromatenbild des Modells des
Tragwerks auf den ersten Blick deutlich ab (Abb. 1.12.1 und 2).
Um diese charakteristischen Isochromatenbilder zu erklären, nehmen
wir einen Balken von gerader Mittellinie und rechteckigem Querschnitt
von den Seitenlängen $2a$ und d (s. Abb. 1.12.3) an. Im Querschnitt
$x = 0$ soll das Biegemoment verschwinden, aber eine Normalkraft N

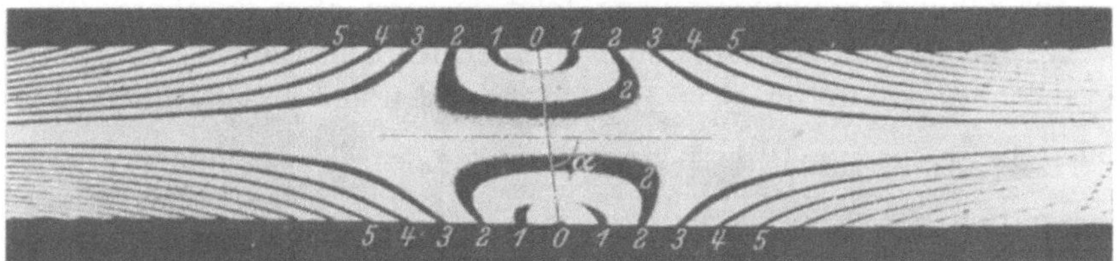

Abb. 1.12.1 Momentennullpunkt für das Verhältnis $N/3V = 0{,}1$. Nach [16]

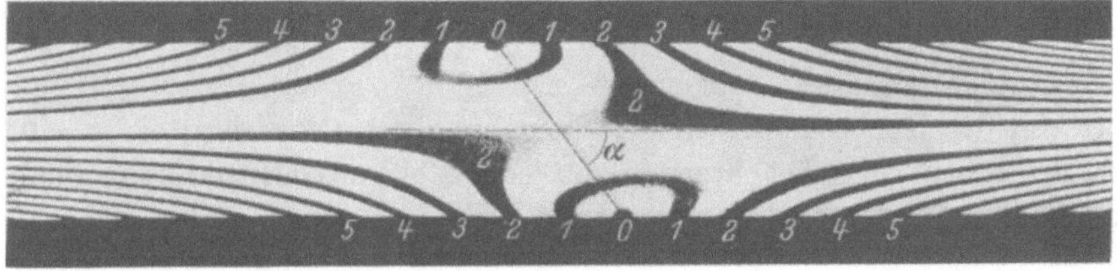

Abb. 1.12.2 Momentennullpunkt für das Verhältnis $N/3V = 0{,}67$. Nach [16]

übertragen werden, die über den Querschnitt gleichmäßig verteilte Normalspannungen hervorruft, sowie eine Querkraft V, die zu einer parabolischen Schubspannungsverteilung gehört. In einem Querschnitt x wird alsdann ein Biegemoment von der Größe

$$M = Vx \qquad (1.12.1)$$

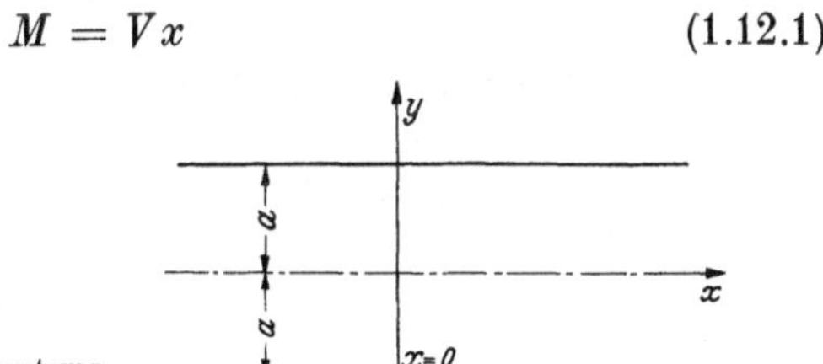

Abb. 1.12.3 Lage des Koordinatensystems

übertragen, das unter der Voraussetzung der Gültigkeit des Geradliniengesetzes Biegespannungen

$$\sigma_x = \frac{M}{I}\,y = \frac{3V}{2da^3}\,xy \qquad (1.12.2)$$

hervorruft.

Wir erhalten demnach in der Umgebung des Nullquerschnittes $x = 0$ die folgende Spannungsverteilung:

$$\left.\begin{aligned}
\sigma_x &= \frac{N}{2da} + \frac{3V}{2da^3}\,xy, \\[2mm]
\sigma_y &= 0, \\[2mm]
\tau_{xy} &= \frac{3V}{4da^3}\,(a^2 - y^2).
\end{aligned}\right\} \qquad (1.12.3)$$

Die Schubspannungsverteilung folgt aus der oben erwähnten Tatsache, daß sich die Schubspannungen über den Querschnitt parabolisch verteilen, so daß sie für $y = \pm a$ verschwinden und in der Nullinie der Querschnitte für $y = 0$ ihren größten Wert $\tau_0 = \dfrac{3V}{4da}$ annehmen. Durch Integration der Schubspannungen über den ganzen Querschnitt folgt

$$d \int\limits_{y=-a}^{+a} \tau_{xy}\, dy = \frac{3V}{4a^3} \int\limits_{y=-a}^{+a} (a^2 - y^2)\, dy = \frac{3V}{4a^3} \left(a^2 \cdot 2a - \frac{1}{3}\, 2a^3\right) = V,$$

wie es auch sein muß.

Um die Isochromaten in der Umgebung des Querschnittes $x = 0$ zu berechnen, ist zu beachten, daß an jeder Stelle des ebenen Spannungszustandes die Hauptschubspannungen $\tau_{\max} = \tau_H$ aus

$$\tau_H = \frac{1}{2} \sqrt{\sigma_x^2 + 4\tau_{xy}^2} \tag{1.12.4}$$

gewonnen werden. Setzt man in diese Gleichung die Werte für σ_x und τ_{xy} nach Gl. (1.12.3) ein, so erhält man

$$\tau_H = \frac{3V}{4da} \sqrt{\left(\frac{xy}{a^2} + \frac{N}{3V}\right)^2 + \left(1 - \frac{y^2}{a^2}\right)^2} \tag{1.12.5}$$

oder mit der dimensionslosen Größe

$$\beta = \frac{\tau_H}{3V/4da}, \tag{1.12.6}$$

$$\beta = \sqrt{\left(\frac{xy}{a^2} + \frac{N}{3V}\right)^2 + \left(1 - \frac{y^2}{a^2}\right)^2}. \tag{1.12.7}$$

Jedem Wert von τ_H ist nach Gl. (1.12.6) eine Zahl β zugeordnet, die eine bestimmte Isochromatenordnung charakterisiert. Geht man mit diesem Wert von β in Gl. (1.12.7) ein, so erhält man die zugehörige Isochromate als Funktion von x und y.

Löst man Gl. (1.12.7) nach $\dfrac{x}{a}$ auf, so erhält man

$$\frac{x}{a} = \frac{1}{y/a} \left[-\frac{N}{3V} \pm \sqrt{\beta^2 - \left(1 - \frac{y^2}{a^2}\right)^2} \right]. \tag{1.12.8}$$

Da diese Gleichung unverändert bleibt, wenn man die Vorzeichen von x und y umkehrt, so folgt, daß der Punkt $x = 0$, $y = 0$ ein Antimetriepunkt für die Isochromaten ist.

Wie die Isochromatenbilder der Abb. 1.12.1 und 1.12.2 zeigen, sind an den Rändern bei $y = \pm a$ Nullpunkte vorhanden, an denen also $\tau_H = 0$ oder, was dasselbe bedeutet, $\beta = 0$ wird. Mit diesen Werten von y und β folgt aus Gl. (1.12.8) für diese Randpunkte

$$\frac{x}{a} = \mp \frac{N}{3V}, \tag{1.12.9}$$

wobei die beiden Vorzeichen die Symmetrie zum Nullpunkt zum Ausdruck bringen. Die Verbindungslinie beider Randnullpunkte (s. Abb. 1.12.1 u. 1.12.2) geht durch 0, und ihr Neigungswinkel α gegen die Achse folgt aus

$$\cot \alpha = \frac{N}{3V}. \tag{1.12.10}$$

In den Abb. 1.12.1 bzw. 1.12.2 sind die Isochromaten für die Fälle $N/(3V) = 0{,}1$ bzw. $N/(3V) = 0{,}67$ wiedergegeben. Je größer das Verhältnis $N/(3V)$ für den Querschnitt wird, in dem das Biegemoment zu Null wird, um so kleiner wird der Winkel α, d. h. desto weiter rücken die beiden Randnullpunkte auseinander, während sie mit abnehmenden Werten von $N/(3V)$ einander näherrücken, um im Falle $N = 0$, entsprechend $\alpha = 90°$, an die im Querschnitt $x = 0$ gegenüberliegenden Randpunkte zu rücken.

Dieselben Überlegungen gelten auch angenähert für schwach gekrümmte Bogenträger in der Umgebung von Querschnitten, in denen das Biegemoment verschwindet. Voraussetzung ist nur, daß für die Verteilung der Biegespannungen über den Querschnitt genau genug das Geradliniengesetz gilt, was bekanntlich bei schwach gekrümmten Trägern mit guter Annäherung erfüllt ist.

Man kann übrigens auch die Querkraft V allein aus dem Isochromatenbild des Momentennullpunktes auf einfache Weise bestimmen. Dies ergibt sich aus folgender Überlegung: Wir berechnen die Spannungen σ_x am Rand für die Stellen, wo die Isochromatenordnung 1 bzw. 0 ist. Die erstere ist nach der Hauptgleichung (1.6.2) für einachsige Beanspruchung $(\sigma_x)_1 = S/d$, die zweite $(\sigma_x)_0$ ist Null. Es ergeben sich daher mit Hilfe der ersten der Gln. (1.12.3), in der für die Randpunkte $y = a$ zu setzen ist, die Beziehungen:

$$(\sigma_x)_1 = \frac{N}{2da} + \frac{3V}{2da^2}\, x_1 = \frac{S}{d},$$

$$(\sigma_x)_0 = \frac{N}{2da} + \frac{3V}{2da^2}\, x_0 = 0,$$

wobei x_1 und x_0 die Stellen sind, wo die Isochromaten erster und nullter Ordnung in den Rand einlaufen.

Aus den vorstehenden Gleichungen berechnet sich die Querkraft V:

$$V = \frac{2a^2}{3(x_1 - x_0)}\, S\,.\qquad\qquad (1.12.11)$$

Man kann also die Querkraft V aus dem Abstand $x_1 - x_0$ zweier Isochromateneinläufe am Rand berechnen, wenn die spannungsoptische Konstante S des Modells bekannt ist. Die Einläufe aller Isochromaten am Rand folgen in gleichem Abstand aufeinander, da nach den Gln. (1.12.3) σ_x längs des Randes linear verläuft. Man wird daher praktisch meistens, um die Strecke $x_1 - x_0$ zu bestimmen, eine größere Strecke, die sich aus mehreren solchen Abständen zusammensetzt, aus dem Photo herausmessen und dann durch deren Anzahl dividieren. Dann wird die Messung genauer.

Für die eingangs erwähnte Anwendung auf die Berechnung hochgradig statisch unbestimmter ebener Tragwerke ist der Inhalt der Gln. (1.12.10 und 1.12.11) deswegen wichtig, weil sie zusätzliche Information für die Auswertung liefern. Meist kann man aus dem Isochromatenbild nicht alle Momentennullpunkte genau lokalisieren. Mit Hilfe der zusätzlichen Information über die Normal- und Querkräfte kann man dann trotzdem auswerten (vgl. Beispiel Abschn. 6.3).

Ferner ist noch darauf hinzuweisen, daß die Tragwerke gewöhnlich Stäbe von $\underline{\text{T}}$- oder $\underline{\perp}$-Profil besitzen. Im spannungsoptischen Modell braucht aber das Profil nicht streng ähnlich nachgebildet zu werden, sondern man darf die Modelle, was wesentlich einfacher ist, mit Rechteckquerschnitten ausführen. Dies ist deshalb gestattet, weil die Momentenverteilung im Tragwerk praktisch nur von den Verformungen durch Biegung bestimmt wird. Es muß sich daher im Modell eine ähnliche Momentenverteilung und damit die gleiche Lage der Momentennullpunkte ergeben wie in der Hauptausführung, wenn im Modell der Widerstand gegen Biegung der einzelnen Stäbe zueinander im gleichen Verhältnis steht wie der entsprechender Stäbe der Hauptausführung. Wenn die einzelnen Stäbe des Tragwerks verschiedene Querschnitte besitzen, ist daher zu beachten, daß im Modell Ähnlichkeit in den Trägheitsmomenten der Querschnitte eingehalten werden muß. Vgl. hierüber auch Abschn. 4.4.3.

Eine Anwendung des Verfahrens der Momentennullpunkte bringen wir in Abschn. 6.3.

2 Räumliche Spannungsoptik

2.1. Die Grundlagen des Einfrierverfahrens

2.1.1 Mechanische Grundlagen

Wie die elementare Festigkeitslehre zeigt, ist der allgemeine räumliche Spannungszustand in einem elastischen Körper an jeder Stelle charakterisiert durch drei aufeinander senkrecht stehende Hauptnormalspannungen σ_1, σ_2 und σ_3. Denkt man sich an einer Stelle des Körpers einen kleinen Quader so herausgeschnitten, daß seine Flächen auf den Hauptrichtungen senkrecht stehen (Abb. 2.1.1), so greifen an diesen

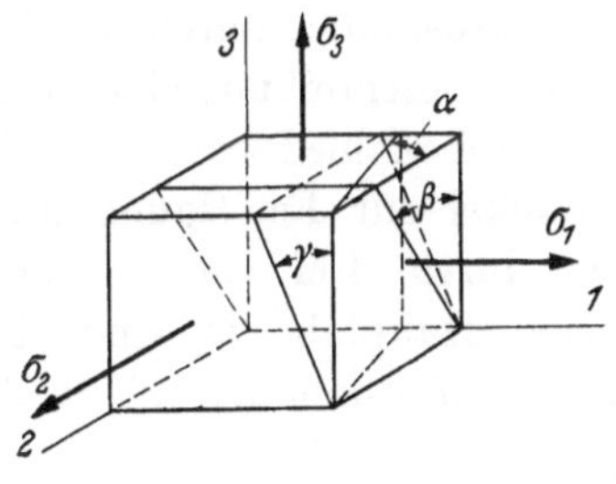

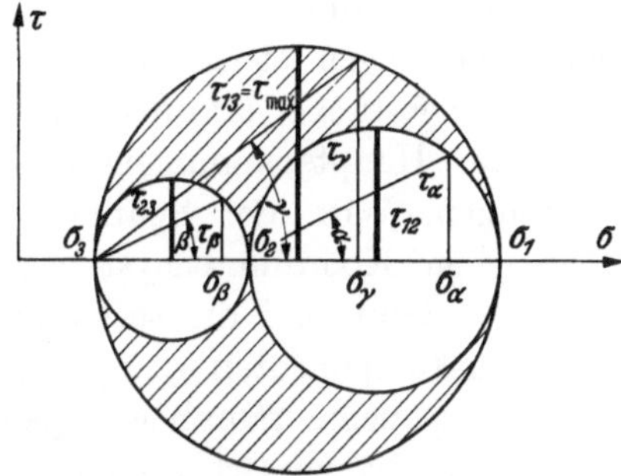

Abb. 2.1.1 Hauptspannungen und Schnittwinkel am Raumelement

Abb. 2.1.2 System der Mohrschen Spannungskreise für den räumlichen Spannungszustand

Flächen nur die Normalspannungen σ_1, σ_2, σ_3, aber keine Schubspannungen an. Liegt jedoch eine gedachte Schnittebene so, daß sie zwar senkrecht auf einer der Hauptebenen, aber unter einem Winkel α, β oder γ zu einer der anderen Hauptebenen liegt, dann wird außer einer Normalspannung auch eine Schubspannung übertragen. Die Größe dieser beiden Spannungskomponenten für solche Schnitte findet man in üblicher Weise aus einem Mohrschen Spannungskreis als Abszisse und Ordinate des Schnittpunktes eines unter dem Neigungswinkel gezogenen Strahles mit dem entsprechenden Mohrschen Kreis. Die drei für Schnittebenen solcher Art in Frage kommenden Mohrschen Kreise kann man in ein einziges Diagramm zusammenzeichnen, wie Abb. 2.1.2 zeigt. Aus diesem Bild ist ersichtlich, wie für Schnittebenen der genannten Art, die auf einer der Hauptebenen senkrecht stehen und mit einer der anderen den Winkel α bzw. β bzw. γ einschließen, die Spannungskomponenten σ_α, τ_α bzw. σ_β, τ_β bzw. σ_γ, τ_γ erhalten werden. Die Schubspannungen τ_α, τ_β, τ_γ nehmen jeweils einen Maximalwert τ_{12}, τ_{23}, τ_{13} an, wenn der entsprechende Winkel α, β oder γ 45° beträgt.

In beliebigen Schnittebenen, die also auf keiner Hauptebene senkrecht stehen, wirken ebenfalls im allgemeinen eine Normal- und eine Schubspannung. Die elementare Festigkeitslehre zeigt, daß diesen unendlich vielen Schnitten im Mohrschen Diagramm Abb. 2.1.2 alle Punkte des schraffierten Gebietes entsprechen, d. h. daß die Koordinaten dieser Punkte die Spannungskomponenten wiedergeben. Aus dieser Darstellung folgt, daß die größte und die kleinste der drei Hauptspannungen σ_1 und σ_3 die Extremwerte der überhaupt auftretenden Normalspannungen sind, und daß τ_{13} die größte überhaupt auftretende Schubspannung $\tau_{\max}$ ist. Sie wirkt in den beiden Schnittebenen, die auf der durch die Richtungen von σ_1 und σ_3 gebildeten Ebene senkrecht stehen und mit den beiden anderen Hauptebenen Winkel von 45° einschließen. Ihre Größe ist $(\sigma_1 - \sigma_3)/2$.

Die Darstellung des räumlichen Spannungszustandes durch die drei Hauptspannungen ist die einfachste. Zu seiner Beschreibung sind sechs Bestimmungsstücke erforderlich, nämlich drei Zahlenwerte für die Größe der Hauptspannungen und drei Winkel zur Festlegung ihrer Richtungen. Wird der Spannungszustand durch drei Ebenen eines kartesischen Koordinatensystems, die keine Hauptebenen sind, beschrieben, dann sind die sechs erforderlichen Bestimmungsstücke die Spannungskomponenten σ_x, σ_y, σ_z, τ_{xy}, τ_{yz}, τ_{zx}.

Der allgemeine räumliche Spannungszustand ist nach allen Richtungen von Ort zu Ort verschieden. Er kann daher nicht wie in der ebenen Spannungsoptik, wo der Spannungszustand über die ganze Modelldicke hin unveränderlich ist, dadurch untersucht werden, daß das Modell als Ganzes mit polarisiertem Licht durchstrahlt wird, sondern es muß die einzelne Stelle der Untersuchung zugänglich gemacht werden. Dies wird dadurch ermöglicht, daß viele Kunststoffe, insbesondere die sogenannten vernetzten, die Fähigkeit besitzen, Spannungszustände gewissermaßen einfrieren zu lassen. Ein aus einem solchen Kunststoff hergestelltes räumliches Modell wird zu diesem Zweck bei erhöhter Temperatur belastet und sodann unter Beibehaltung der Belastung langsam auf Raumtemperatur abgekühlt. Nimmt man jetzt die äußeren Lasten weg, so gehen die bei der erhöhten Temperatur aufgezwungenen Verformungen nicht mehr zurück und auch die doppeltbrechenden Eigenschaften, die das Material durch sie erworben hat, bleiben. Infolgedessen kann man das Modell zerschneiden und so an jeder gewünschten Stelle im Polariskop den Spannungszustand untersuchen. Die Möglichkeit dieses sogenannten Einfrier- oder Erstarrungsverfahrens wurde 1936 von OPPEL [146] erkannt und erstmals praktisch angewandt.

Die Fähigkeit der vernetzten Kunststoffe, Verformungszustände einfrieren zu lassen, erklärt sich aus ihrer molekularen Struktur. Bei ihnen sind die fadenförmigen Makromoleküle, die alle Kunststoffe besitzen, auch durch seitliche stabile Bindungen untereinander verknüpft, die sich bei der Herstellung durch die Polymerisation ausbilden. Dieses System der stabilen Bindungen bildet ein den ganzen Werkstoff durchdringendes Netz. Daneben hat man noch weitere, weniger feste Bindungen, die bei Raumtemperatur vorhanden sind, jedoch bei einer bestimmten höheren Temperatur sich lösen. Über dieser sogenannten Erweichungstemperatur wird das Material gummiartig oder, wie man sagt, „hochelastisch", es wird großer, nahezu elastischer Verformungen fähig. In diesem Zustand wird es nur mehr durch das makromolekulare Netz zusammengehalten. Gibt man nun dem Netz oberhalb der Erweichungstemperatur einen elastischen Spannungszustand, indem man das Modell verformt, und kühlt hierauf unter Beibehalten der Verformung ab, so treten die durch Erwärmung vorher gelösten sekundären Bindungen wieder in Aktion und verhindern dann im kalten Zustand den Rückgang des aufgebrachten Spannungszustands.

Man hat dieses Verhalten auch mit dem Gedankenmodell eines Zweistoffsystems zu veranschaulichen versucht, indem man sich das Material als ein elastisches Gebilde, ähnlich einem Schwamm, vorstellt, dessen Poren mit einem Stoff gefüllt sind, der bei Zimmertemperatur fest, bei erhöhter Temperatur flüssig ist. In diesem Zustand setzt das Füllmaterial einer dem Schwamm aufgezwungenen Verformung keinen Widerstand entgegen. Wird aber unter Beibehaltung der Verformung abgekühlt, dann erstarrt es und hält den Schwamm fest, so daß er auch nach Wegnahme der äußeren Kräfte seine verzerrte Form beibehalten muß.

Auf Grund des geschilderten Sachverhaltes wird verständlich, daß auch beim Zerschneiden eines Modells mit eingefrorenem Verformungszustand dieser erhalten bleiben muß. Denn die Spannungen im elastischen Netz und die Gegenkräfte des erstarrten Füllmaterials halten sich in kleinsten Bezirken das Gleichgewicht. Dieses kann daher durch einen Schnitt nicht gestört werden, wie es bei einem echten Eigenspannungszustand, dessen Gleichgewichtssystem sich auf einen größeren Bezirk erstreckt, der Fall sein würde. Ein solcher „makroskopischer" Spannungszustand kann z. B. beim Gießen eines Modells während der Polymerisation (s. S. 103) entstehen. Bei einem derartigen Eigenspannungszustand bewirkt ein Schnitt, daß die Spannungen sich, zumindest teilweise, ausgleichen. Gleichzeitig verziehen sich die voneinander getrennten Hälften. Beim eingefrorenen Spannungszustand dagegen bleiben die Spannungen, wenn ein Schnitt geführt wird, voll erhalten, und das Material verzieht sich auch nicht. Trotzdem ist ein Eigenspannungszustand vorhanden, aber ein „mikroskopischer". Er kann auch wieder zum Verschwinden gebracht werden, aber nur dadurch, daß das Modell über die Erweichungstemperatur erwärmt wird. Dann gleichen sich die Spannungen vollständig aus, und das Modell gewinnt seine ursprüngliche Form zurück.

2.1.2 Optische Grundlagen

Die Grundlage für die polarisationsoptische Auswertung der aus dem erstarrten Modell herausgenommenen Schnitte liefert die Kristalloptik. Es ist seit langem nachgewiesen [a, 81], daß elastische, durchsichtige, isotrope Körper, wenn sie einem mechanischen Spannungszustand unterworfen werden, sich in jedem kleinen Teilchen optisch wie ein Kristall

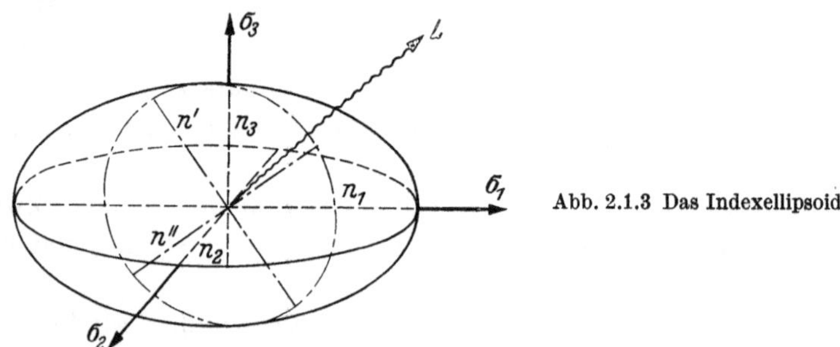

Abb. 2.1.3 Das Indexellipsoid

der rhombischen Klasse verhalten, d. h. wie ein Kristall mit drei aufeinander senkrecht stehenden Symmetrieachsen. Die Lichtausbreitungsverhältnisse veranschaulicht das *Indexellipsoid* (Abb. 2.1.3). Die drei Hauptspannungsrichtungen fallen mit den Kristallsymmetrieachsen zusammen, denen die drei Hauptbrechungsindizes n_1, n_2, n_3 zugeordnet sind. Diese bilden die Halbachsen des Ellipsoides.

Ihr Zusammenhang mit den Hauptspannungen σ_1, σ_2, σ_3 ist:

$$\left.\begin{aligned}
n_1 - n_0 &= C_1\sigma_1 + C_2(\sigma_2 + \sigma_3), \\
n_2 - n_0 &= C_1\sigma_2 + C_2(\sigma_1 + \sigma_3), \\
n_3 - n_0 &= C_1\sigma_3 + C_2(\sigma_1 + \sigma_2),
\end{aligned}\right\} \qquad (2.1.1)$$

wo n_0 den Brechungsindex des unverformten Stoffes bedeutet; C_1 und C_2 sind Materialkonstanten.

Die Fortpflanzungsverhältnisse eines in beliebiger Richtung durch den Stoff hindurchtretenden linear polarisierten Lichtstrahls sind nun gegeben durch den Schnitt der Ebene, die durch den Ellipsoidmittelpunkt geht und senkrecht auf dem Lichtstrahl steht, mit dem Ellipsoid. Die Schnittfigur ist eine Ellipse mit den Halbachsen n' und n''. Der Lichtschwingungsvektor wird beim Eintritt in das Medium in zwei

Komponenten zerlegt, welche in Richtung der Halbachsen der Schnittellipse, also senkrecht zueinander schwingen; für ihre Fortpflanzung gelten n' und n'' als Brechungsindizes. Die auf S. 15 definierte „Doppelbrechung" ist also gleich $n' - n''$. In gleicher Weise, wie wir auf S. 15 die Isochromatenordnung δ für einen Lichtstrahl, der ein ebenes Modell von der Dicke d, bei der Doppelbrechung $n_1 - n_2$, senkrecht durchdringt, Gl. (1.2.5) erhalten haben, erhalten wir jetzt für die Isochromatenordnung δ, die beobachtet wird, wenn ein aus einem eingefrorenen Spannungszustand herausgenommener Schnitt im Polariskop durchleuchtet wird:

$$\delta = \frac{d'}{\lambda}\,(n' - n'')\,. \tag{2.1.2}$$

Dabei ist d' der vom Licht im Schnitt zurückgelegte Weg, der auch schräg zur Schnittnormalen sein kann. λ ist wieder die Wellenlänge im Vakuum.

Fällt die Lichtrichtung mit einer der Hauptrichtungen zusammen, so schneidet unsere senkrecht zum Lichtstrahl liegende Ebene das Indexellipsoid in einer Symmetrieebene, und in Gl. (2.1.2) erscheint statt $(n' - n'')$ die Differenz der entsprechenden Hauptbrechungsindizes. Diese ist aber wegen der Gln. (2.1.1) der entsprechenden Hauptspannungsdifferenz proportional. Zum Beispiel erhält man für die Durchleuchtung in Richtung von σ_3 die Doppelbrechung

$$n_1 - n_2 = (C_1 - C_2)\,(\sigma_1 - \sigma_2) = C\,(\sigma_1 - \sigma_2)\,.$$

Dabei ist C die bereits auf S. 15 eingeführte Konstante. Die Isochromatenordnung ergibt sich aus Gl. (2.1.2) zu

$$\delta_{12} = C\,\frac{d'}{\lambda}\,(\sigma_1 - \sigma_2)\,. \tag{2.1.3}$$

Man erkennt daraus, daß die Isochromatenordnung von derjenigen Hauptspannung, die in der Lichtrichtung liegt, nicht beeinflußt wird. Steht schließlich diese Richtung auch noch senkrecht zur Oberfläche des durchleuchteten Probekörpers, dann wird d' gleich der Probendicke d, und Gl. (2.1.3) wird damit identisch mit der Hauptgleichung (1.5.3) der ebenen Spannungsoptik.

Durch die Messung von Isochromatenordnungen kann man immer nur Differenzen von Brechungsindizes, nie aber diese selbst erhalten. Aus diesem Grund kann man im allgemeinen durch die Isochromatenmethode auch nicht die Hauptspannungen selbst, sondern nur ihre Differenzen messen.

2.1.3 „Sekundäre Hauptspannungen"

Anstatt aus den gemessenen Phasendifferenzen über das Indexellipsoid auf die Spannungen zu schließen, ist oft die folgende Betrachtungsweise, die heute meist den Auswertungen zugrunde gelegt wird,
bequemer (s. FROCHT [g] Bd. II, S. 333). Ein polarisierter Lichtstrahl L
(Abb. 2.1.4) durchdringe einen durch die sechs Komponenten σ_x, σ_y, σ_z,

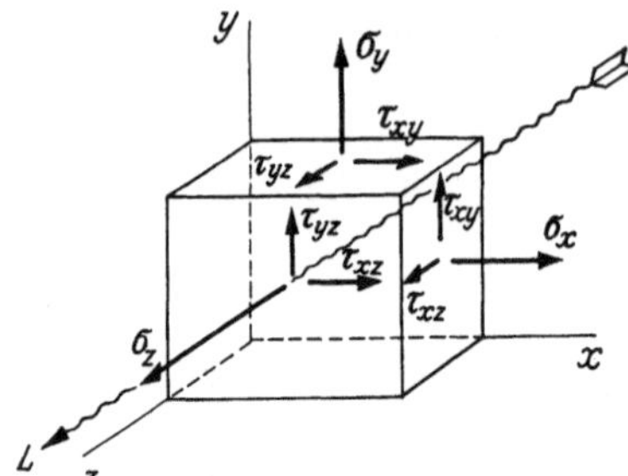

Abb. 2.1.4 Spannungen am Raumelement

τ_{xy}, τ_{yz}, τ_{xz} gegebenen allgemeinen räumlichen Spannungszustand in
Richtung der z-Achse. Die Phasenverschiebung der beiden Komponenten,
in die der Strahl zerlegt wird, also die Isochromatenordnung, wird dann
von den Spannungen σ_z, τ_{xz} und τ_{yz} nicht beeinflußt und ist von den
übrigen, σ_x, σ_y und τ_{xy}, in gleicher Weise abhängig, wie wenn diese die
Komponenten eines ebenen Spannungszustandes wären. Man kann dies
entweder theoretisch aus dem Indexellipsoid ableiten, oder, wie FROCHT
dies tut, experimentell nachweisen. Das optische Grundgesetz läßt sich
nun genau wie durch Gl. (1.5.3) in der ebenen Spannungsoptik durch
eine entsprechende Gleichung

$$\delta = \frac{d'}{S}\,(\sigma_1' - \sigma_2') \qquad (2.1.4)$$

ausdrücken, wobei d' den Weg des Lichtstrahls in der Probe und σ_1'
und σ_2' zwei den Hauptspannungen σ_1 und σ_2 in der ebenen Spannungsoptik entsprechende fiktive Hauptspannungen bedeuten, die in der
zum Lichtstrahl senkrechten Ebene liegen und nach dem Mohrschen
Spannungskreis mit den räumlichen Spannungskomponenten durch die
Beziehung verknüpft sind:

$$\sigma_1',\ \sigma_2' = \frac{\sigma_x + \sigma_y}{2} \pm \frac{1}{2}\sqrt{(\sigma_x - \sigma_y)^2 + 4\tau_{xy}^2}. \qquad (2.1.5)$$

σ_1' und σ_2' sind keine wirklichen Hauptspannungen und heißen sekundäre
Hauptspannungen für eine bestimmte Strahlrichtung. Unter Zugrundelegung dieser Betrachtungsweise geht eine Auswertung so vor sich, daß

man unter verschiedenen Strahlrichtungen Differenzen von sekundären Hauptspannungen gemäß Gl. (2.1.4) mißt und hieraus mit Hilfe von Gl. (2.1.5) und mit Hilfe der elementaren Festigkeitslehre den Spannungszustand errechnet. Eine vollständige Auswertung ist natürlich auf diese Weise, ebenso wie mit Hilfe des Indexellipsoids, nur in besonderen Fällen möglich.

Die spannungsoptische Konstante S der Gl. (2.1.4) wird beim Einfrierverfahren in einem Eichversuch ermittelt, der denselben Einfrierzyklus durchläuft wie der Hauptversuch (s. S. 108).

2.2 Die optische Auswertung der eingefrorenen Spannungen

2.2.1 Allgemeines

Es ist von vornherein klar, daß die Auswertung eines räumlichen spannungsoptischen Versuchs unverhältnismäßig schwieriger als die eines ebenen und die Ausbeute an Ergebnissen, verglichen mit dem Aufwand, weniger umfassend ist. Abgesehen davon, daß der räumliche Spannungszustand schon an sich ein viel komplizierteres Gebilde darstellt als der ebene, entbehrt die Versuchstechnik der räumlichen Spannungsoptik einen wesentlichen Vorzug der ebenen. Während nämlich bei dieser durch das Isochromatenbild der ganze Spannungszustand überblickt werden kann, wird er beim räumlichen Versuch überhaupt erst sichtbar, wenn das Modell zerschnitten worden ist, und zwar nur dort, wo Schnitte herausgenommen wurden. Das Wichtigste an der räumlichen Auswertung ist daher, vorher genau festzulegen, welche Schnitte durch das Modell gelegt werden sollen, damit alles für den Festigkeitsnachweis Notwendige entnommen werden kann. Auf das Notwendige wird man sich in der räumlichen Spannungsoptik gewöhnlich beschränken. Notwendig sind in den meisten Fällen nur Spannungsbestimmungen an den Oberflächen, davon sind am wichtigsten ihre Maxima. In den folgenden Abschnitten 2.2.2 bis 4 sind diejenigen Auswertungsmethoden erläutert, mit denen man im allgemeinen hierbei auskommt. Dabei ist im Einzelfall zu entscheiden, welche Methode am zweckmäßigsten ist.

Verhältnismäßig selten wird man genötigt sein, die vollständige Auswertung an Punkten im Innern des räumlichen Feldes durchzuführen. Sie ist durch das räumliche Schubspannungsdifferenz-Verfahren möglich [68], das in Abschn. 6.6 im Zusammenhang mit einer praktischen Anwendung erläutert wird.

Kaum jemals durchführen wird man die vollständige Bestimmung eines ganzen dreidimensionalen Spannungsfeldes, wegen des großen dazu

erforderlichen Arbeitsaufwandes, wogegen in der ebenen Spannungsoptik
die vollständige Auswertung des ganzen Feldes noch ohne allzu großen
Aufwand durchführbar ist (vgl. S. 273).

2.2.2 Symmetrieschnitte; Begriff des „Unterschnitts"

Hat das behandelte Problem Symmetrieebenen (dazu ist erforderlich, daß die geometrische Form des Modells *und* die Belastung symmetrisch sind), dann wird man immer zunächst in diesen auswerten.
In vielen Fällen läßt sich durch theoretische Überlegungen sicher sagen,
daß in den Symmetrieebenen die Spannungsmaxima liegen müssen.
Dann erübrigt sich oft die Untersuchung noch weiterer Schnitte.

In Symmetrieschnitten steht überall die Richtung einer Hauptspannung senkrecht zur Schnittebene. Durchleuchtet man in dieser
Richtung, dann gilt nach Gl. (2.1.3) für die beobachtete Isochromatenordnung δ

$$\delta = \frac{d}{S} (\sigma_1 - \sigma_2),$$

wobei d die Schnittdicke und σ_1 und σ_2 die beiden Hauptspannungen
bedeuten, deren Richtung in der Symmetrieebene liegt. Die dritte
Hauptspannung tritt nicht in Erscheinung. Nimmt man daher von dem
Schnitt ein Isochromatenbild auf wie in der ebenen Spannungsoptik,
so hat dies auch dieselbe Bedeutung wie dort, d. h. δ gibt die Differenz
von σ_1 und σ_2 an. Es sagt jedoch nichts über die 3. Hauptspannung
normal zum Schnitt aus.

Am *Rand* des Symmetrieschnitts mißt die Isochromatenordnung unmittelbar diejenige Hauptspannung, deren Richtung tangential zur Berandung und in der Schnittebene liegt. Um auch noch die senkrecht
zur Schnittebene wirkende zweite Hauptspannung zu finden, deren
Kenntnis ja zur Bestimmung des Beanspruchungszustandes notwendig
ist, gibt es zwei Wege. Die direkte Methode, die auch die genauesten
Werte liefert, besteht darin, daß man den Schnitt nochmals in „Unterschnitte" („sub-slices") zerlegt, die senkrecht zum Rand und zur ursprünglichen Schnittebene geführt werden. Dann kann man in Richtung
der ursprünglichen Randlinie durchleuchten und erhält durch die Isochromatenordnung direkt die senkrecht zur Symmetrieebene wirkende
Spannung. Das Herausarbeiten der „Unterschnitte" geschieht am besten
mit der Laubsäge (vgl. S. 111). Die Schnitte müssen vorher genau bezeichnet werden, damit spätere Verwechslungen ausgeschlossen sind.

Die zweite Möglichkeit des Auffindens der zweiten Hauptspannung
ist Beobachtung unter schiefer Durchstrahlung. Die Grundlagen hierfür
werden im nächsten Abschnitt erläutert.

2.2.3 Schnitte senkrecht zur lastfreien Oberfläche im allgemeinen Fall; Schiefe Durchstrahlung

Soll an einer Stelle der lastfreien Oberfläche, an der die Spannungsrichtungen noch nicht vorher, wie im Symmetriefall, bekannt sind, der Spannungszustand ermittelt werden, so geschieht das auch in diesem Fall am besten aus einem Schnitt, der senkrecht zur Oberfläche geführt wird. Die vollständige Bestimmung des Spannungszustandes an der Oberfläche ist möglich, wenn man die Isochromatenordnung außer bei senk-

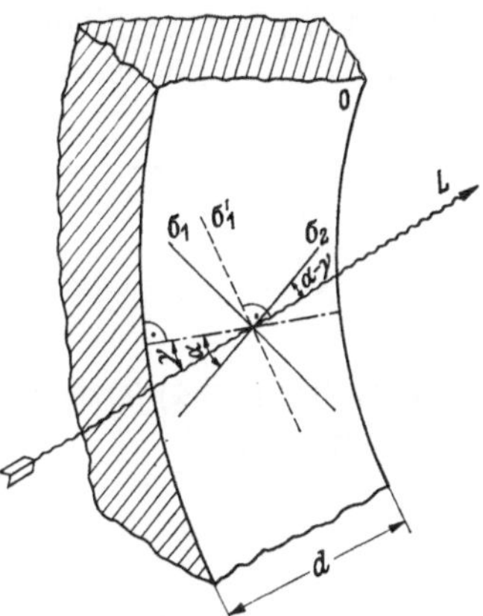

Abb. 2.2.1 Element an der lastfreien Oberfläche

rechter Durchstrahlung auch unter schiefem Lichteinfall beobachtet. Die in folgendem erläuterte Art der Spannungsbestimmung geht auf HEYWOOD [q] zurück.

Abb. 2.2.1 stelle einen senkrecht zur lastfreien Oberfläche O herausgenommenen Schnitt von der Breite d dar. Die zu ermittelnden Hauptspannungen σ_1 und σ_2 auf der Oberfläche mögen mit der Schnittebene bzw. ihrer Normalen den unbekannten Winkel α einschließen. Ein zirkular polarisierter Strahl L passiere nun den Schnitt tangential zur Oberfläche unter dem Winkel γ zur Schnittnormalen. Die Isochromatenordnung δ, die durch ihn gemessen wird, ist gemäß Gl. (2.1.4) abhängig von den sekundären Hauptspannungen, die in der Ebene senkrecht zur Strahlrichtung liegen. Die eine davon steht senkrecht auf der Oberfläche und ist Null, die andere σ_1' liegt in der Oberfläche. Sie ist diejenige Normalspannung in dem durch σ_1 und σ_2 in der Ebene O hervorgerufenen ebenen Spannungszustand, die normal zu einer in der Richtung des Lichtstrahls geführten Schnittebene wirken würde. Nach der elementaren Festigkeitslehre hat sie die Größe:

$$\sigma_1' = \sigma_1 \cos^2(\alpha - \gamma) + \sigma_2 \sin^2(\alpha - \gamma). \qquad (2.2.1)$$

Diese Beziehung setzen wir in Gl. (2.1.4) ein und bedenken, daß der Lichtweg d' gegeben ist durch $d/\cos\gamma$. Damit ergibt sich die Isochromatenordnung δ_γ für einen Strahl in der Richtung γ zu

$$\delta_\gamma = \frac{d}{S\cos\gamma}\,[\sigma_1\cos^2(\alpha-\gamma)+\sigma_2\sin^2(\alpha-\gamma)]. \qquad (2.2.2)$$

Mißt man δ für drei verschiedene Lichtrichtungen γ, so hat man drei Gleichungen (2.2.2), aus denen sich die drei Unbekannten σ_1, σ_2 und α berechnen lassen.

Praktisch führt man die drei Messungen mit zwei gleich großen Einfallswinkeln $+\gamma$ und $-\gamma$ sowie mit dem Winkel $\gamma=0$ durch. Dann treten zur Gl. (2.2.2) noch die beiden Beziehungen hinzu:

$$\delta_{-\gamma} = \frac{d}{S\cos\gamma}\,[\sigma_1\cos^2(\alpha+\gamma)+\sigma_2\sin^2(\alpha+\gamma)], \qquad (2.2.3)$$

$$\delta_0 = \frac{d}{S}\,[\sigma_1\cos^2\alpha+\sigma_2\sin^2\alpha]. \qquad (2.2.4)$$

Aus (2.2.2) bis (2.2.4) errechnen sich die Summe und Differenz der Hauptspannungen zu:

$$\sigma_1+\sigma_2 = \frac{S}{2d\sin^2\gamma}\,[(\delta_{+\gamma}+\delta_{-\gamma})\cos\gamma - 2\delta_0\cos 2\gamma] \qquad (2.2.5)$$

und:

$$\sigma_1-\sigma_2 = \frac{S}{2d\sin^2\gamma}\,\sqrt{(\delta_{+\gamma}-\delta_{-\gamma})^2\sin^2\gamma+(2\delta_0-(\delta_{+\gamma}+\delta_{-\gamma})\cos\gamma)^2}, \qquad (2.2.6)$$

während die Richtung der Hauptspannungen sich berechnen läßt aus:

$$\cos 2\alpha = \frac{2\delta_0 S/d - (\sigma_1+\sigma_2)}{\sigma_1-\sigma_2}. \qquad (2.2.7)$$

Die Messung von σ_1 wird um so genauer, je kleiner α ist. Man wird daher immer danach trachten, die Schnitte so zu legen, daß die Richtung der größeren der beiden Hauptspannungen möglichst in die Schnittebene zu liegen kommt.

Wenn dies genau erfüllt ist, also $\alpha=0$ wird, hat man den Fall des Symmetrieschnitts. Dann wird bei Beobachtung unter $+\gamma$ und $-\gamma$ dieselbe Ordnung δ_γ beobachtet. Die Hauptspannungen σ_1 und σ_2 ergeben sich dann aus den beiden beobachteten Ordnungen δ_0 und δ_γ zu:

$$\sigma_1 = \frac{S}{d}\,\delta_0, \qquad (2.2.8)$$

$$\sigma_2 = \frac{S}{d}\,\frac{\delta_\gamma-\delta_0\cos\gamma}{\sin\gamma\,\operatorname{tg}\gamma}. \qquad (2.2.9)$$

Zur praktischen Durchführung der Messungen bei schiefer Durchstrahlung ist eine Vorrichtung erforderlich, die gestattet, die Scheibe des Schnitts um eine Achse zu drehen, die senkrecht auf der ehemaligen Modelloberfläche steht und durch die Mittelfläche des Schnittes geht. Die Drehwinkel müssen genau eingestellt werden können, und es muß darauf geachtet werden, daß bei allen drei Beobachtungen immer der gleiche Punkt der Schnittmittelfläche anvisiert wird. Es kann z. B. das in Abb. 2.2.2 gezeigte Gerät verwendet werden. Der gekröpfte Teil der

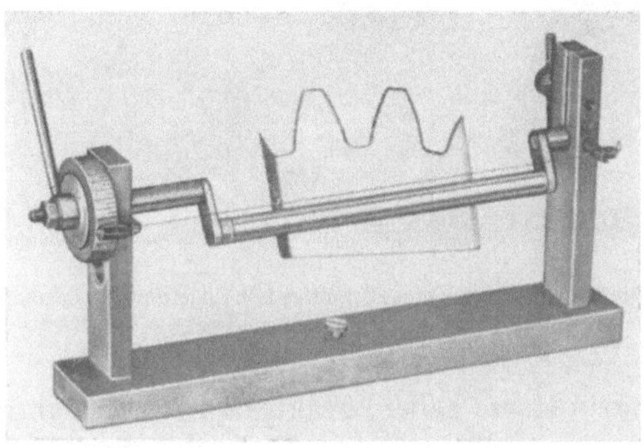

Abb. 2.2.2 Schwenkvorrichtung zur schiefen Durchstrahlung der Schnitte

Achse besitzt einen mittigen Schlitz zur Aufnahme der Scheibe (im Bild ein aus einer Schrägverzahnung herausgenommener Schnitt, vgl. S. 226). Die Scheibe wird so eingeklemmt, daß der zu untersuchende Punkt auf der Drehachse liegt und eine Hauptspannungsrichtung in die Richtung der Drehachse fällt. Die zu betrachtende Stelle bleibt also beim Schwenken immer in derselben Höhe. Die auf dem linken Ende der Achse befestigte Trommel besitzt eine Gradeinteilung zum Einstellen des Schwenkungswinkels. Die Isochromaten werden durch ein Fernrohr mit Fadenkreuz beobachtet. Der Draht, der genau in Höhe der Drehachse angebracht ist, dient zum Anvisieren des Beobachtungspunktes. Abb. 2.2.3 zeigt, wie der schräg durchstrahlte Zahnradschnitt, zwischen Polarisatoren, im Blickfeld des Fernrohrs erscheint. Die Beobachtungsstelle ist durch den Schnittpunkt des horizontalen Drahtes mit dem Schnittrand (Zahnfuß) bestimmt. Die Hauptebene des Spannungszustandes, die an dieser Stelle die Modelloberfläche tangiert, steht senkrecht auf der Drehachse.

Bei Ausführung der schrägen Durchleuchtung ist es zweckmäßig, die Scheibe in einen Trog einzutauchen, der mit einer Flüssigkeit von möglichst hohem Brechungsindex gefüllt ist (Abb. 2.2.4), damit man eine große Neigung γ des Lichtes gegen die Schnittnormale erreicht. Außerdem wird das Bild dann klarer. Am einfachsten wäre es, in der Flüssigkeit den gleichen Brechungsindex zu haben wie im spannungsoptischen Modellmaterial, weil dann das Licht ungebrochen durchfällt, doch gibt es kaum brauchbare Flüssigkeiten, die den hohen Brechungsindex von

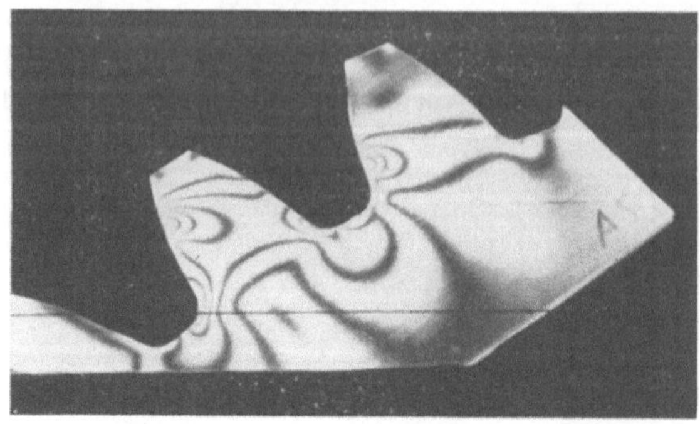

Abb. 2.2.3 Schräge Durchleuchtung eines Schnittes mit eingefrorenem Spannungszustand. Der horizontal gespannte Draht kennzeichnet die Drehachse

etwa 1,6 der Epoxid-Harze haben. Praktisch hat sich Paraffinöl als gut brauchbar für die Immersion erwiesen. Es besitzt einen Brechungsindex von etwa 1,45. Dann ist der wirksame Schrägdurchstrahlungswinkel γ

Abb. 2.2.4 Die Schwenkvorrichtung im Immersionstrog

etwas kleiner als der eingestellte Neigungswinkel. Um γ zu ermitteln, braucht man nun weder den Brechungsindex des Öls noch den des Modellmaterials zu kennen, wenn man die Schrägdurchstrahlungsvorrichtung folgendermaßen eicht:

In einen Zugstab, der aus demselben Material besteht wie das zerschnittene Modell, wird ein einachsiger Spannungszustand eingefroren und aus ihm ein Schnitt in Längsrichtung entnommen. Dieser wird in die Durchstrahlungsvorrichtung gebracht und einmal normal und einmal unter dem für die Schrägdurchstrahlung benützten Neigungswinkel beobachtet. Im letzteren Fall wird dabei der Schnitt um eine Achse gedreht, die im Schnitt und senkrecht zur Spannungsrichtung liegt. Die beiden dabei beobachteten Isochromatenordnungen δ_0 und δ_γ erhält man, indem man in den Gln. (2.2.2) und (2.2.4) $\sigma_2 = 0$ und $\alpha = 0$ setzt. Dabei ist σ_1 die eingefrorene Zugspannung. Man erhält:

$$\delta_0 = \frac{d}{S}\,\sigma_1\,, \qquad \delta_\gamma = \frac{d}{S}\,\sigma_1 \cos\gamma\,.$$

Hieraus berechnet sich $\cos\gamma$ zu:

$$\cos\gamma = \frac{\delta_\gamma}{\delta_0}\,.$$

und hieraus der gesuchte in der Vorrichtung wirksame Schrägdurchstrahlungswinkel γ. Man braucht also bei dieser Art der Eichung der Schrägdurchstrahlungs-Vorrichtung weder Brechungsindizes zu messen, noch die im Eichkörper eingefrorene Spannung zu kennen. Bei Araldit in Paraffinöl und einem eingestellten Neigungswinkel der Schnitte von 30° liegt γ zwischen 27 und 28°.

Der Trog mit der Schrägdurchstrahlungsvorrichtung wird zwischen die Polarisatoren der einfachen spannungsoptischen Apparatur gebracht und mit dem Fernrohr beobachtet.

In England ist als Vorrichtung zur Schrägdurchstrahlung der Drehtisch von JESSOP [96] im Gebrauch, der durch die Firma The Hummel Optical Co., Ltd., London EC1, kommerziell vertrieben wird. Er arbeitet nach ähnlichem Prinzip wie der in der Kristalloptik verwendete Fedorow-Tisch, ist jedoch einfacher zu handhaben. Der Jessop-Tisch ist für die Verwendung in einer optischen Bank mit parallelem Strahlengang gedacht. Eine Einrichtung für Schrägdurchstrahlung wird auch von der Firma Photolastic Inc., Malvern Pa., USA, hergestellt.

2.2.4 Schnitte längs der lastfreien Oberfläche

In Schnitten parallel zur lastfreien Oberfläche steht wie bei Symmetrieschnitten eine Hauptspannungsrichtung senkrecht zum Schnitt. Die Spannung in dieser Richtung ist Null. Man erhält daher auch bei senkrechter Durchleuchtung solcher Schnitte Isochromaten, die die Hauptspannungsdifferenz anzeigen. Enthält ein solcher Schnitt eine Begrenzung, die senkrecht zur Oberfläche steht, so liefert dort das Isochromatenbild unmittelbar die Spannung. Praktisch wichtige Beispiele hierfür sind vor allem Stäbe mit Querbohrungen, wenn die Spannungskonzentrationen am Rande der Bohrungen festgestellt werden sollen.

Den zweiachsigen Spannungszustand an beliebigen Stellen eines Schnittes längs der lastfreien Oberfläche kann man entweder mit Hilfe schräger Durchstrahlung oder durch Unterschnitte bestimmen. In beiden Fällen hat man zunächst die Spannungs*richtung* festzustellen, indem man den Schnitt im Linearpolariskop dreht, bis die Isokline über den zu messenden Punkt läuft.

Wählt man für die nunmehr folgende vollständige Auswertung die Methode der Schrägdurchstrahlung, so muß die um den Winkel γ geneigte Lichtrichtung (Abb. 2.2.5) in einer Hauptebene, d. h. einer zur

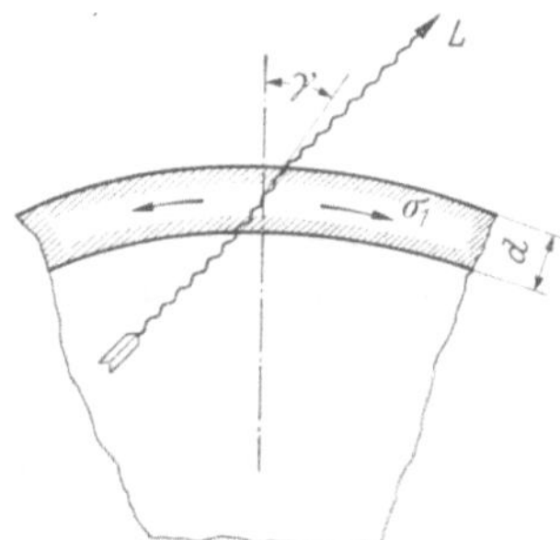

Abb. 2.2.5 Schräge Durchleuchtung eines Schnittes parallel zur lastfreien Oberfläche

Oberfläche senkrechten Ebene, die die vorher bestimmte Hauptrichtung enthält, liegen. Die Hauptspannung σ_2 wirkt in Abb. 2.2.5 senkrecht zur Zeichenebene. Die sekundären Hauptspannungen sind: $\sigma_1' = \sigma_1 \cos^2 \gamma$ und $\sigma_2' = \sigma_2$. Daher ist die in schräger Durchleuchtung gewonnene Isochromatenordnung δ_γ:

$$\delta_\gamma = \frac{d}{S \cos \gamma} (\sigma_1 \cos^2 \gamma - \sigma_2). \qquad (2.2.10)$$

Zusammen mit der Gleichung für senkrechte Durchstrahlung ($\gamma = 0$):

$$\delta_0 = \frac{d}{S} (\sigma_1 - \sigma_2) \qquad (2.2.11)$$

können die beiden Unbekannten σ_1 und σ_2 bestimmt werden.

Die Auswertung mit schiefer Durchstrahlung durch die Gln. (2.2.10) und (2.2.11) kann auch in der ebenen Spannungsoptik zur vollständigen Auswertung benützt werden.

Dabei kann man die Genauigkeit noch steigern, indem man nicht die Normaldurchstrahlung [Gl. (2.2.11)] zur Auswertung heranzieht, sondern zwei mit ihren Ebenen aufeinander senkrecht stehende Schrägdurchstrahlungen benützt. Als zweite Gleichung hat man dann eine zu Gl. (2.2.10) analoge, in der σ_1 und σ_2 die Rollen vertauschen. Dieses Prinzip wird beim „Clinopolariscope" verwendet. Vgl. hierüber S. 138.

Die Durchleuchtung eines längs der Oberfläche abgenommenen Schnittes hat den grundsätzlichen Nachteil, daß bei einem Spannungsanstieg gegen die Oberfläche zu die Spannungsspitze an der Oberfläche nicht erfaßt wird, weil die Isochromatenordnung den Mittelwert der Spannungen über die abgenommene Schicht anzeigt.

Die Methode der Unterschnitte ist daher zuverlässiger. Hierbei wird nach Feststellung der Hauptrichtungen in Richtung der vermutlich größeren Hauptspannung ein Schnitt herausgenommen; seine Durchleuchtung liefert diese Hauptspannung unmittelbar. Die zweite Hauptspannung ergibt sich dann entweder zusammen mit der aus der Normaldurchstrahlung des ganzen Oberflächenschnitts gewonnenen Hauptspannungsdifferenz nach Gl. (2.2.11) oder durch einen nochmaligen Unterschnitt.

Die Auswertung von Schnitten längs der Oberfläche wird hauptsächlich deswegen selten angewandt, weil es meist schwierig ist, solche Schnitte abzunehmen. Einfach ist dies nur an ebenen Oberflächen. Bei gekrümmten Oberflächen kann die Schicht längs der Oberfläche meist nur gewonnen werden, indem der ganze übrige Teil des Modells durch Abfräsen entfernt wird. Ein Vorteil des Verfahrens ist, daß das Isochromatenbild der abgenommenen Oberflächenschicht einen Überblick über die Spannungsverteilung gibt wie in der ebenen Spannungsoptik, so daß man Aufschlüsse gewinnt, an welchen Stellen — sei es durch Schrägdurchstrahlung oder durch Unterschnitte — weitere Messungen notwendig sind.

Ein Beispiel aus der Praxis, bei dem das Verfahren — mit Hilfe von Unterschnitten — an einer sehr komplizierten gekrümmten Oberfläche mit Erfolg angewandt wurde, ist in Abschn. 6.9 beschrieben.

2.3 Der Modellwerkstoff für das Einfrierverfahren

In Tab. 2.1 sind zur Übersicht einige Stoffe zusammengestellt, die sich für das Einfrierverfahren eignen. Sie zählen alle zu den „vernetzten" Kunststoffen. Allen ist gemeinsam, daß ihr Elastizitätsmodul beim Erwärmen von Zimmertemperatur auf eine höhere sich um Größenordnungen verringert. Wie in Abschn. 2.1.1 erläutert wurde, erklärt sich diese Erscheinung damit, daß durch die Erwärmung sich die „sekundären Bindungen" der Makromoleküle lösen. Dann ist nur mehr das stabile Netz der primären Bindungen vorhanden. Bevor dieser Zustand erreicht ist, durchläuft bei Erwärmung das Material in einem ziemlich großen Temperaturbereich ein Zwischenstadium, in dem die primären Bindungen abgebaut werden. Dieser Bereich ist gekennzeichnet durch starkes Kriechen. Ein eigentlicher Elastizitätsmodul läßt sich für diesen

Bereich nicht angeben, da die Verformungen wesentlich von der Zeit abhängen. Dagegen verschwindet oberhalb einer gewissen Temperatur dieses Kriechen fast vollständig. In diesem Bereich der „Hochelastizität"

Tabelle 2.1 *Stoffbeiwerte von Modellwerkstoffen*

Bezeichnung	Chemische Zugehörigkeit	Elastizitätsmodul bei Zimmertemperatur $[kp/cm^2]$	Temperatur T_e für Einfrierverfahren $[°C]$	Effektiver Elastizitätsmodul für Einfrierverfahren E_{eff} $[kp/cm^2]$	Effektive spannungsoptische Konstante für Natriumlicht S_{eff} $[kp/cm \; Ordn.]$	Optische Proportionalitätsgrenze $[kp/cm^2]$
Araldit B	Epoxidharz	34 000	150	180	0,26	'
Fosterite[3]	Styrolharz		87	142	0,645	36,5[2]
Castolite[4]	Styrolharz	49 600	118	285	1,6	42
Catalin 61 – 893[5]	Glyptalharz	43 200	110	77	0,615	11,3
Marco resin[6]			80 – 110	197	0,84	
Dekorit, gehärtet	Phenolformaldehydharz	37 000	80	1 400	2	
Kriston[6]	Allylharz	38 000	134	915	1,11	über 22,5

---

[1] Nach TH. GAYMANN [74].
[2] Keine Proportionalitätsabweichung festgestellt; Belastungsgrenze durch Festigkeit bedingt
[3] Nach M. M. LEVEN [114].

nimmt das Material unter Belastung fast augenblicklich seine Verformung an, die sich auch nach Stunden kaum mehr vergrößert, so daß sich ein praktisch von der Belastungsdauer unabhängiger und auch über

für die räumliche Spannungsoptik

Zug-festigkeit [kp/cm²]	Isochromatenordnung je Dehnung und Modelldicke bei Natriumlicht $E_{\text{eff}}/S_{\text{eff}}$ [Ordn./cm]	Höchste erreichbare Ordnung je Schnittdicke bei Natriumlicht σ_{zul}/S [Ordn./cm]	Rand-effekt	An-lieferungsform	Hersteller
	690	45[1]	durch Wasseraufnahme und durch Anhydrid-Verlust; kann verhindert werden	Monomeres und Härter in festem Zustand zum Selbstgießen	CIBA AG, Basel
36,5	220	28,3	sehr wenig	Platten, Zylinder bis 6 in. Durchmesser	Westinghouse Electric Corp. USA
24,6	178	7,5	sehr wenig	Monomeres und Härter, flüssig	
28,2	125	18,4	durch Wasseraufnahme; kann verhindert werden[6]	Platten bis 1¹/₈ in. stark	Catalin Corp. of America, New York
	235		sehr wenig	Monomeres und Härter, flüssig, zum Selbstgießen	Scott and Bader, London
	700	etwa 30	sehr stark; durch Wasserabgabe	Platten und Blöcke	Dr. F. Raschig GmbH, Ludwigshafen
48	820	21,6	sehr wenig	Monomeres und Härter, flüssig	B. F. Goodrich Chemical Co., Cleveland, USA. Herstellung eingestellt

[4] Nach M. M. FROCHT und HUI PIH [69].
[5] Nach M. M. FROCHT [g], dort frühere Bezeichnung Bt 61−893.
[6] Nach HEYWOOD [q].

einen größeren Temperaturbereich fast konstanter Elastizitätsmodul angeben läßt. (Eine Ausnahme davon macht Dekorit, wovon noch die Rede sein wird.) Im Temperaturbereich der Hochelastizität wird das Modell belastet. Die Temperatur sollte genügend über der unteren Grenze gewählt werden, damit bei großen Modellen, auch wenn sie nach dem Aufheizen im Innern noch nicht ganz die Außentemperatur erreicht haben, die Sicherheit besteht, daß auch dort schon der hochelastische Zustand erreicht ist. Die für die einzelnen Werkstoffe geeignete Temperatur (die von manchen Forschern auch als ,,kritische Temperatur'' bezeichnet wird) ist als T_e in die Tabelle aufgenommen worden. In den nächsten Spalten folgen *Elastizitätsmodul E* und *spannungsoptische Konstante S*. Weil jede Auswertung am erstarrten Modell durchgeführt wird, ist es zweckmäßig, unter E und S die sogenannten ,,effektiven'' Werte zu verstehen, welche sich auf die Formänderung und den optischen Effekt beziehen, die am erkalteten und entlasteten Modell gemessen werden. Aus den effektiven Werten wurde auch der dehnungsoptische Effekt E/S berechnet.

Ferner wurde, soweit Angaben in der Literatur vorliegen, in die Tabelle die optische Proportionalitätsgrenze und die Zugfestigkeit aufgenommen. Aus der letzteren wurde wieder wie für die ebene Spannungsoptik die höchste erreichbare Ordnung je Modelldicke ($= \sigma_{\mathrm{zul}}/S$) berechnet, indem für σ_{zul} die halbe Zugfestigkeit eingesetzt wurde. Die Proportionalitätsgrenze wurde hierfür nicht herangezogen, da es keine einheitlichen Richtlinien über ihre Bestimmung gibt.

Es sei auch hier wieder betont, daß sämtliche Zahlenwerte nur als ungefährer Anhalt aufgefaßt werden dürfen, da sie von vielen Begleitumständen abhängen und sehr stark streuen.

Das wichtigste Gütemaß für einen Modellwerkstoff ist, ebenso wie in der ebenen, auch in der räumlichen Spannungsoptik der dehnungsoptische Effekt E/S (,,figure of merit''). Leider sind die beim Einfrierverfahren zur Verfügung stehenden Werte von E/S immer noch etwa 10mal kleiner als man sie sich wünschen würde. Zunächst ist, wie ein Vergleich mit Tab. 1.8 lehrt, bei allen Werkstoffen E/S im Einfrierverfahren überhaupt viel kleiner als im ebenen Verfahren bei Zimmertemperatur. Dies erklärt sich damit, daß beim Einfrierverfahren der optische Effekt dem elastischen Netz allein zugeschrieben werden muß; es ist also nur ein Teil des Materials an ihm beteiligt. Die geringere optische Wirksamkeit beeinträchtigt die Genauigkeit der räumlichen Versuche. Schon bei der ebenen Spannungsoptik sahen wir, daß man gewöhnlich im Modell mit etwas größeren Dehnungen arbeiten muß als bei der Hauptausführung, wenn man bei 10 mm Modelldicke so viele Isochromaten erhalten will, wie es für eine bequeme Auswertung wünschenswert ist. Nun hat man aber beim Einfrierverfahren nur etwa ein Viertel des dehnungsoptischen Effekts. Dazu kommt, daß man die zu durchleuchtenden Schnitte gewöhnlich nicht 10 mm dick aus dem Modell herausschneiden darf, damit der Spannungszustand über die Dicke hin noch genügend gleichmäßig ist. Die Schnitte sollten im allgemeinen nicht dicker als 3 bis 4 mm sein. Dies führt dazu, daß man beim Einfrierverfahren immer verhältnismäßig große Formänderungen anwenden muß, nicht selten das 5- bis 10fache der Hauptausführung. Da große Verformungen in vielen Fällen schon merkliche Fehler durch Veränderungen der geometrischen Form verursachen, ist das Einfrierverfahren heute noch nicht so genau wie die ebene Spannungsoptik. Vielfach muß man sich mit einer Genauigkeit von etwa 10% begnügen.

Von großer Wichtigkeit ist ferner auch beim Einfrierverfahren möglichste Freiheit von Randeffekt.

Außerdem sind natürlich auch gute Proportionalitätseigenschaften zu fordern. Nach bisherigen Versuchen scheint aber gutes Proportionalitätsverhalten immer dann gewährleistet zu sein, wenn ausgesprochene Hochelastizität mit sehr geringen Kriecherscheinungen vorhanden ist. So zeigten Versuche an Bt 61-893 [g], Fosterite [114], Castolite [69] und Araldit [74], obwohl es sich um Materialien gänzlich verschiedener Zusammensetzung handelt, ausgezeichnetes Proportionalitätsverhalten. Da man Material mit ausgesprochener Hochelastizität sowieso wegen klarer Verhältnisse beim Einfriervorgang bevorzugt, ist die Voraussetzung guter Proportionalität meist von selbst gegeben.

Wegen der vielfältigeren Möglichkeiten der Modellherstellung verdienen schließlich solche Werkstoffe den Vorzug, die man selbst vergießen kann.

Vergleicht man die Eigenschaften der heute für das Einfrierverfahren zur Verfügung stehenden Werkstoffe, so müssen zweifellos gegenwärtig die Epoxidharze, von denen es außer dem in der Tabelle aufgeführten Araldit B noch eine große Anzahl anderer gibt, als die besten Modellwerkstoffe angesehen werden, abgesehen von Kriston, das nicht mehr hergestellt wird. Das Epoxidharz verdient nicht nur wegen des hohen E/S den Vorzug, sondern auch, weil bei ihm, wie wir sehen werden, die lästigen Störungen durch den Randeffekt weitgehend ausgeschaltet werden können.

Im folgenden Abschn. 2.4 wird daher die Versuchstechnik des Einfrierverfahrens nur für den Modellwerkstoff Epoxidharz ausführlich behandelt.

Zuvor mag jedoch ein kleiner Überblick über die Entwicklung der Materialfrage des Einfrierverfahrens von Interesse sein. OPPEL [146], der Entdecker des Einfrierverfahrens (1936), benützte Phenolformaldehydharz mit einem E/S von etwa 200 Ordn./cm. Dieses Material blieb in Deutschland lange Zeit das bevorzugte, nachdem sich noch dazu

herausstellte, daß man durch geeignete Wärmebehandlung („Härten")
E/S auf 700, bisweilen sogar bis auf etwa 1000 steigern konnte. In
Phenolformaldehyd kommt nämlich die Vernetzung nie zum Stillstand.
Man kann sie sogar so weit treiben, daß kein Einfrieren mehr möglich
ist, da das Netz wieder zurückfedert. Das Material besitzt aber auch
bei keinem Härtungsgrad ein ideales hochelastisches Verhalten, sondern
zeigt immer Kriecherscheinungen, und damit hängt wohl zusammen,
daß auch oft merkliche Proportionalitätsabweichungen beobachtet wurden. Diese treten ja meist gleichzeitig auf, wenn Kriechen vorhanden
ist. So konnte man zwar durch Härten den dehnungsoptischen Effekt
steigern, es bestand aber immer eine gewisse Unsicherheit, ob nach
einer solchen Wärmebehandlung noch genügende Proportionalitätseigenschaften vorhanden waren und wo die zulässigen Grenzen lagen. Dem-
gegenüber bedeutet es einen wesentlichen Fortschritt, daß man bei den
heute verwendeten Stoffen, vor allem den Epoxidharzen, einen praktisch
unveränderlichen Endzustand der Härtung hat, der durch fast kriech-
freie Hochelastizität und verläßliche Proportionalitätseigenschaften ausgezeichnet ist, gleichzeitig aber auch ein hohes E/S aufweist. Den Hauptnachteil der Phenolharze bildete jedoch der Randeffekt, der bei ihnen
durch Abgabe von Wasserdampf und damit durch Schrumpfen der Oberfläche hervorgerufen wird. Er entsteht daher besonders schnell während
der Wärmebehandlung. Auswertbare Einfrierversuche waren nur möglich, wenn das Eintreten des Randeffekts während der Wärmebehandlung
durch das auf S. 44 erwähnte Anlegen einer Schutzhülle aus Öl und
Aluminiumfolie [123] unterbunden wurde. Dieses Verfahren war recht
mühevoll und versagte bei verwickelter Form der Modelloberfläche oft
gänzlich. Daher wird heute Phenolharz für das Einfrierverfahren kaum
mehr verwendet.

In Amerika wurden die ersten Einfrierversuche mit dem Glyptalharz
Bakelite 61-893 (jetzt Catalin 61-893 genannt) durchgeführt, und dieses
Material wurde dort lange Zeit fast ausschließlich verwendet. Es zeigt
Randeffekt durch Wasseraufnahme, der ähnlich wie bei Epoxidharz
durch Aufbewahren im Exsikkator bekämpft werden kann [q]. Sein
dehnungsoptischer Effekt E/S ist recht klein. Einen großen Fortschritt
bedeutete daher die Einführung von *Fosterite* 1948 durch LEVEN [114].
Dieses Material besitzt etwa das doppelte E/S bei sehr geringem Randeffekt. Wohl das beste bisher für das Einfrierverfahren eingeführte Material war das Allylharz *Kriston* [181] (1950). Leider wurde seine Pro-
duktion sehr bald wieder eingestellt, vermutlich, weil sich wegen seiner
großen Sprödigkeit außer in der Spannungsoptik kein Anwendungs-
gebiet dafür fand. Die Epoxidharze wurden 1951 in Frankreich für die
Spannungsoptik entdeckt [11]. Sie sind heute in der ganzen Welt das
bevorzugte Modellmaterial.

Versucht man Betrachtungen darüber anzustellen, ob die Zukunft noch bessere Modellwerkstoffe bringen wird, so zeigt sich zunächst bei Durchsicht der Tab. 2.1, daß auch beim Einfrierverfahren eine von der chemischen Zusammensetzung unabhängige obere Grenze für E/S zu bestehen scheint. Sie liegt hier etwa bei 800 Ordn./cm, während sie in der ebenen Spannungsoptik etwa 3000 beträgt (s. S. 47). Eine gewisse Steigerung von E/S wäre denkbar, wenn ein Material gefunden würde, das noch etwas stärker vernetzt wäre als die bisher bekannten, so daß der Elastizitätsmodul der Hochelastizität höher wäre. Dann könnte auch ein höherer dehnungsoptischer Effekt vorhanden sein, denn dieser ist beim Einfrierverfahren vorwiegend dem elastischen Netz zuzuschreiben. Tatsächlich lehrt die Tabelle, daß gerade die Werkstoffe mit hohem Elastizitätsmodul in erwärmtem Zustand, wie Dekorit und Kriston, auch ein hohes E/S besitzen. Eine sehr große Steigerung darf man freilich aus diesen Gründen nicht erwarten, denn das E/S des Einfrierverfahrens muß immer wesentlich unter demjenigen bei Zimmertemperatur liegen. Eine wesentliche Erhöhung von E/S um Größenordnungen, wie sie erwünscht wäre, könnte sich nur durch ein Material neuer chemischer Zusammensetzung ergeben. Ob ein solches Material kommen wird, muß ebenso wie in der ebenen Spannungsoptik der Zukunft überlassen bleiben.

2.4 Die Durchführung des Einfrierverfahrens mit Araldit B

Epoxidharze gibt es in einer großen Anzahl von Sorten, warmhärtend und kalthärtend, für die verschiedensten Verwendungszwecke. Viele davon eignen sich für die Spannungsoptik. Für das Einfrierverfahren kommen vor allem die warmhärtenden Sorten in Frage. Wir geben im folgenden nur die Anleitung für das warmhärtende Produkt „Araldit B" der CIBA AG in Basel, mit Härter„ HT 901" (Phthalsäureanhydrid). Diese Ratschläge können auch auf andere Epoxidharze desselben Typs und weitgehend auch auf vernetzte Gießharze anderer Zusammensetzung übertragen werden, wenn die entsprechenden Materialkennwerte und die Verarbeitungsvorschriften des Herstellers sinngemäß beachtet werden.

2.4.1 Die Beherrschung der Randeffekt-Gefahr

Wie bereits bei der ebenen Spannungsoptik, S. 41, erwähnt wurde, zeigen alle bis jetzt bekannten Materialien von hohem dehnungsoptischem Effekt, also auch Araldit, Anfälligkeit gegen Randeffekt. Es entstehen mit der Zeit in den Randzonen Eigenspannungen, die sich den beim Versuch aufgebrachten Spannungen überlagern und deren Messung er schweren. Daher ist auch beim Einfrierverfahren, wenn zuverlässige und genaue Ergebnisse erzielt werden sollen, der Randeffekt ein zentrales Problem — bei ihm noch viel mehr als in der ebenen Spannungsoptik, weil gerade Temperaturänderungen, die ja hier wesentlich sind, besonders stark in den Entstehungsmechanismus des Randeffekts eingreifen. Daher müssen alle Schritte des Verfahrens vom Gesichtspunkt des Randeffekts her durchdacht werden.

Zwei Typen von Randeffekt, die auf verschiedene Ursachen zurückgehen, sind bei den warmhärtenden Epoxidharzen wie Araldit zu beachten.

Typ 1 des Randeffekts ist seit langem bekannt. Er entsteht, wie schon LEVEN und SAMPSON [115] durch umfangreiche Untersuchungen nachgewiesen haben, durch Änderung des Wassergehaltes. Dieser Randeffekt ist reversibel.

Araldit B erhält seine endgültige Materialstruktur nach dem Gießen durch Polymerisation bei Temperaturen um 100 °C. Bei dieser Temperatur enthält es bei Gleichgewicht des Wasserhaushalts mit der Umgebung sehr wenig Wasser. Wird es dann auf Raumtemperatur abgekühlt, so setzt sofort Wasseraufnahme aus der Umgebungsluft an den Oberflächen ein. Dadurch quillt eine Zone an der Oberfläche; ihre seitliche Ausdehnung wird jedoch durch die tiefer liegenden Teile des Materials, die kein Wasser aufgenommen haben, behindert. So entsteht der für Araldit typische Randeffekt: außen Druck-, innen Zugspannungen.

Es gibt aber auch die Umkehrung dieses Randeffekts: War ein Stück Araldit längere Zeit in einer Atmosphäre hoher Feuchtigkeit, so daß diese schon weit in sein Inneres eingedrungen ist, so kann sie eine schon weitgehende Ausdehnung durch Quellung hervorgerufen haben. Wird nun das Stück in trockene Umgebung gebracht, so entweicht die Feuchtigkeit aus der Oberfläche; die Folge davon sind Zugspannungen an dieser und Druckspannungen im Innern.

Den randeffektfreien Zustand, in dem sich das Araldit unmittelbar nach der Polymerisation befindet — und bei dem es sehr feuchtigkeitsarm ist —, kann man bei Raumtemperatur nur aufrechterhalten, indem man das Material nach der Abkühlung, oder besser noch während dieser, in einen Exsikkator bringt. Man kann ihn aber auch nahezu aufrechterhalten, wenn man überhaupt nicht ganz abkühlt, sondern die Aralditmodelle dauernd auf einer Temperatur von 60—70°C beläßt. Einen dieser Wege muß man, wie wir sehen werden, in der räumlichen Spannungsoptik einschlagen.

In der *ebenen* Spannungsoptik dagegen bestehen zwei Möglichkeiten, das ganze Verfahren bei Raumtemperatur und Raumklima abzuwickeln und trotzdem die Störungen durch Randeffekt auszuschalten.

Die erste Methode besteht darin, die Araldit-Platten, aus denen die Modelle hergestellt werden, so lange in einem klimatisierten Raum konstanter Feuchtigkeit zu lagern, bis sich das Feuchte-Gleichgewicht der Materialoberfläche durch Diffusion bis ins Innere gleichmäßig ausgebreitet hat. Dies dauert jedoch sehr lange. Zum Beispiel muß man dazu bei 1 cm starken Platten, wie sie gewöhnlich verwendet werden, nach KUFNER [102] 3 bis 4 Jahre warten. Dann allerdings ist das Material durch und durch im Gleichgewicht und spannungsfrei. Das Herausschneiden des Modells aus der Platte bedeutet dann keinerlei Gleichgewichtsstörung: ein Randeffekt kann nicht entstehen. Hat man klimatisierte Räume zur Verfügung, in denen man die Platten jahrelang lagern kann und in denen hernach auch die ganze spannungsoptische Untersuchung abgewickelt wird, so ist dieses Vorgehen die ideale Methode in der ebenen Spannungsoptik.

Es gibt aber noch eine andere Möglichkeit, bei Raumklima die Entstehung des Randeffekts in ebenen Modellen zu unterbinden, die erst kürzlich durch FICKER [54] gefunden wurde. Der originelle Grundgedanke seiner Methode besteht im folgenden: Man hängt die Araldit-Platten, die zur Modellherstellung dienen, eine Zeitlang in heißes Wasser. Dadurch entstehen unter den beiden Oberflächen der Platten Zonen mit Feuchtigkeitsüberschuß; eine zwischen diesen Zonen liegende Mittelschicht bleibt feuchtigkeitsarm. Wird nun aus einer in dieser Weise vorbehandelten Platte ein Modell herausgeschnitten, so stellt sich an dessen Rand in der Mittelschicht durch Wasseraufnahme aus der Atmosphäre der gewohnte Randeffekt mit Druckspannungen ein, während in den feuchtigkeitsübersättigten Oberflächenzonen durch Abgabe von Feuchtigkeit der umgekehrte Randeffekt mit Zugspannungen entsteht. Bei senkrechter Durchleuchtung des Modells im Polariskop subtrahieren sich die optischen Effekte der gegenteiligen Randeffekte. Man kann es nun durch eine entsprechende Dauer der Behandlung im heißen Wasser erreichen, daß sich die gegenteiligen Randeffekte in den verschiedenen Zonen aufheben. Ein Modell, das aus einer so vorbehandelten Platte herausgeschnitten wurde, erscheint daher im Polariskop, als ob es nahezu randeffektfrei wäre und hat die Vorzüge eines solchen. Dieser effektiv randeffektarme Zustand ist überraschenderweise von Dauer, obgleich das Modell zu keiner Zeit im Feuchtigkeitsgleichgewicht ist und die Feuchtigkeit der Zonen sich ständig ändert. Denn aus den Oberflächen tritt wegen des Überschusses an Feuchtigkeit solche an die Umgebungsluft aus; dadurch vermindert sich der Zug-Randeffekt der Außenzonen. Gleichzeitig diffundiert aber aus den Außenzonen Wasser in die Mittelschicht, so daß dort sich die Feuchtigkeit erhöht und dadurch sich der Druckrandeffekt vermindert. So heben sich in der optischen Wirkung die gegenteiligen Effekte zu jeder Zeit praktisch auf, und das Modell strebt dabei asymptotisch dem Idealzustand ausgeglichener Feuchtigkeit zu.

Die notwendige Behandlungsdauer einer Platte in heißem Wasser hängt von ihrer Dicke, ihrem Feuchtigkeitszustand und der Luftfeuchtigkeit des Raumes ab, in dem hernach die Versuche durchgeführt werden. Beispielsweise beträgt sie für 1 cm starke frisch gegossene Platten bei 95 °C ca. 130 Stunden, wenn im Laboratorium eine relative Feuchtigkeit von 45% herrscht. Kleinere Schwankungen des Raumklimas spielen aber nur eine untergeordnete Rolle.

Mit der Entdeckung der geschilderten Methode durch FICKER ist ein seit langem bestehendes Materialproblem gelöst worden.

In der *räumlichen* Spannungsoptik liegt das Randeffektproblem anders. Durch die Wärmebehandlung bei 150 °C, die zum Einfrieren der Spannungen gebraucht wird, ist das räumliche Modell zunächst feuchtigkeitsarm und frei von Randeffekt, da eventuell enthaltene Feuchtigkeit ausgetrieben wird. Es bekommt aber, wenn es abgekühlt ist, bei Raumklima an seiner Oberfläche sofort Feuchtigkeitsrandeffekt. Um nun trotzdem die Schnitte, die zur Spannungsuntersuchung aus dem Modell herauszuarbeiten sind, für den Augenblick der Untersuchung im Polariskop randeffektfrei zu haben, kann man dreierlei Wege beschreiten.

Die bequemste Methode, die man aber nur anwenden kann, wenn man viel Zeit hat, ist folgende: man kümmert sich zunächst — beim Einfrieren der Spannungen und beim Herausarbeiten der Schnitte — überhaupt nicht um den Randeffekt. Verweilzeiten im Raumklima spielen dabei keine Rolle. Die Schnitte, die man zur polarisationsoptischen Untersuchung dann aus dem Modell herausarbeitet, führt man möglichst dünn aus, höchstens 2 mm stark, und läßt sie, wie es als einer der gangbaren Wege in der ebenen Spannungsoptik beschrieben wurde, so lange bei Raumklima liegen, bis die Feuchtigkeit die Schnitte gleichmäßig durchdrungen hat. Im Gegensatz zu den 10 mm starken Platten der ebenen Spannungsoptik, bei denen man Jahre warten muß, dauert es bei 2-mm-Schnitten nur etwa 3 Wochen, bis sie praktisch randeffektfrei sind und dann nur mehr den bei der Belastung eingefrorenen Spannungszustand enthalten. Dieser kann dann störungsfrei untersucht werden. Meistens kann man aber nicht 3 Wochen warten, bis man die Schnitte untersucht. Dann bleibt nichts anderes übrig, als den feuchtigkeitsarmen Zustand, den das Material vom Einfrieren der Spannungen her hat und bei dem es randeffektfrei ist, in den zu untersuchenden Schnitten aufrechtzuerhalten. Dies ist möglich, indem man das Modell ständig in einem Exsikkator (Füllung mit Kalziumchlorid oder Phosphorpentoxid) aufbewahrt. Alle Arbeitsgänge, die am Modell im Raumklima ausgeführt werden müssen, wie Herausarbeiten der Schnitte und

Untersuchung dieser im Polariskop, müssen dann auf die unumgänglich notwendige Zeit beschränkt und alle Modellteile hernach sofort wieder in den Exsikkator zurückgebracht werden. Diese Arbeitsweise hat den Nachteil, daß man dabei das Auftreten von Randeffekt nie ganz wird vermeiden können und man immer wieder ziemlich lange warten muß, bis die Schnitte im Exsikkator wieder randeffektfrei geworden sind.

Besser ist daher der andere oben angegebene Weg zur Vermeidung des Randeffekts: die ständige Aufbewahrung bei 60 bis 70 °C. Diese Methode wenden wir gegenwärtig im Münchener Laboratorium fast ausschließlich an. Man bringt die Schnitte nach ihrer Fertigstellung in einen Heizschrank, der ständig auf 60 bis 70 °C gehalten wird. Bei dieser Temperatur wird aus 2-mm-Schnitten die Feuchtigkeit in spätestens zwei Tagen praktisch ausgetrieben, und sie sind dann randeffektfrei. Daher braucht auf die eventuelle Entstehung von Randeffekt beim Herstellen der Schnitte überhaupt keine Rücksicht genommen zu werden, denn er verschwindet wieder im Heizschrank. Es braucht auch im Modell nach dem Einfrieren der Spannungen der Randeffekt überhaupt nicht bekämpft zu werden; das Modell kommt nicht in den Heizschrank, sondern nur die Schnitte. Dies ist ein weiterer großer Vorteil gegenüber dem Arbeiten mit Exsikkator. Nur zur polarisationsoptischen Untersuchung nimmt man die Schnitte aus dem Schrank heraus. Man muß dann lediglich etwa eine halbe Stunde warten, bis sie sich auf Raumtemperatur abgekühlt haben, damit bei der Untersuchung im Schnitt kein thermischer Eigenspannungszustand überlagert ist. Nach der Untersuchung kommen die Schnitte wieder in den Heizschrank zurück.

Typ 2 des Randeffekts bei Araldit ist von anderer Art. Er tritt nur dann unangenehm in Erscheinung, wenn ein Modell längere Zeit höheren Temperaturen ausgesetzt ist. Von mancher Seite wurde vermutet, daß dieser Randeffekt durch eine Oxidation entsteht. Dem widerspricht jedoch, daß es sich um einen Zug-Randeffekt handelt. FICKER [54] fand, daß seine Ursache der Verlust von Anhydrid (Härter) an den Modelloberflächen ist. Der Randeffekt vom Typ 2 setzt wahrscheinlich schon bei Temperaturen unmittelbar über dem Erweichungspunkt ein, ist aber natürlich stärker bei höheren. Er scheint irreversibel zu sein; wenigstens ist es bisher nicht gelungen, ihn wieder rückgängig zu machen.

Bei kleineren Modellen, die beim Einfrierzyklus der Spannungen nur wenige Stunden auf höherer Temperatur gehalten werden müssen, stört dieser Randeffekt noch nicht sehr. Bei großen Modellen dagegen, die beim Einfriervorgang sehr langsam abgekühlt werden müssen, so daß sie manchmal bis zu mehreren Tagen hohen Temperaturen ausgesetzt sind, kann er beträchtlich sein. Sein Eintreten muß daher in diesem Fall unbedingt verhindert werden. Ein wirksames Mittel hierzu besteht nach FICKER darin, daß man das Modell während des Einfrierzyklus mit einer anhydridgesättigten Atmosphäre umgibt. Dies kann praktisch erreicht werden, indem das Modell zum Einfrieren der Spannungen in einen Behälter gesetzt wird, der mit Araldit-Spänen gefüllt ist.

Eine ausführliche Diskussion aller Randeffektprobleme findet man in der Dissertation FICKER [54].

2.4.2 Herstellung der Modelle

Aralditmodelle für die räumliche Spannungsoptik werden gegossen.

Beim Entwurf der hierfür nötigen Gießformen muß beachtet werden, daß die im Metallguß benützten Methoden für das Gießen von Araldit weitgehend unbrauchbar sind, weil sich Araldit beim Gießen in zweierlei Hinsicht von Metall unterscheidet:

1. ist das zu vergießende Material viel zäher als flüssiges Metall und hat ein niedrigeres spezifisches Gewicht. Aus diesem Grund können Gasblasen, wenn sie etwa von den Formwandungen an die Schmelze abgegeben werden, nicht schnell genug entweichen. Daher müssen Formen für Aralditguß so beschaffen sein, daß sie auf keinen Fall nach dem Einbringen der heißen Schmelze Gas an diese abgeben. Der vom Metallgießen bekannte Sandguß scheidet daher von vornherein aus.

2. Die noch nicht auspolymerisierte Schmelze ist sehr klebrig. Die Wandungen der Gießformen müssen daher glatt sein und mit einem Trennmittel überzogen werden.

Als Trennmittel für Formen jeder Art hat sich z. B. ein Gemisch aus

> 100 Teilen Siliconharz EF 8[1],
> 100 Teilen Siliconöl AK 350[1] und
> 100—150 Teilen Testbenzin

bewährt. Man trägt das Trennmittel mit einem Schwamm auf und reibt nach etwa 10 Minuten nach, damit die Oberfläche glatt und lückenlos wird.

Sehr bequem sind die im Handel erhältlichen Trennmittel in Spray-Dosen: Teflon-Spray oder auch Siliconöl-Spray.

Wegen der Bedingung gasundurchlässiger Wandungen kommen für den Guß des Modells in erster Linie *Metallformen* in Frage. Unter Umständen kann man solche Formen so präzise ausführen, daß das Modell voll maßhaltig gegossen werden kann und keiner spanabhebenden Nachbearbeitung mehr bedarf (s. Beispiel S. 252). Dies erfordert aber sehr viel Mühe und Zeit und ist für die meisten praktischen Anwendungen unwirtschaftlich.

---

[1] Hersteller: Wacker-Chemie, Burghausen.

In vielen Fällen hat sich folgender Weg der Modellherstellung bewährt:
Man gießt in einer improvisierten Form aus Weißblech einen Rohling
von solchen Abmessungen, daß hernach spanabhebend nur noch höchstens einige mm abgenommen werden müssen. Größere Bohrungen und
Hohlräume berücksichtigt man möglichst schon beim Guß durch
Einsetzen von Kernen. Als Kernmaterial hat sich ausgezeichnet eine
eutektische Legierung aus 18% Kadmium, 32% Blei und 50% Zinn
bewährt. Sie schmilzt bei 145 °C. Ein Kern aus dieser Legierung
kann aus dem fertig polymerisierten Modell durch Erwärmen auf
150 bis 160 °C ohne Schaden für dieses ausgeschmolzen werden. Beispiele für ein solches Vorgehen sind in [132] und [128], S. 291/92,
beschrieben.

Für die Formen verwendet man auch oft mit Vorteil die sogenannten
„Werkzeugharze". Dies sind Epoxidharze, die mit Füllstoffen vermischt
heute in der Industrie in großem Umfang zur Herstellung von Werk-
zeugen zum Gießen, Pressen, Tiefziehen usw. verwendet werden. Für die
Gießformen in der Spannungsoptik kommen sie hauptsächlich dann in
Frage, wenn ein *Urmodell* zum Abformen vorliegt, oder ein solches,
z. B. aus Holz, angefertigt wird. Als Füllstoff für das Harz verwendet
man mit Vorteil Aluminiumgrieß. Dann sind die Formen leicht be-
arbeitbar und haben eine hohe Wärmeleitfähigkeit. Zur Erzielung einer
porenfreien Innenoberfläche der Gießformen gibt es besondere „Ober-
flächenharze".

Zum Abformen von *Urmodellen* eignet sich auch sehr gut Silikonkautschuk, den es in verschiedenen Konsistenzen gibt. Für unsere Zwecke
kommen die Sorten „Gießmasse" und „Streichmasse" in Frage. Sie
werden mit einem Härter vermischt und polymerisieren dann bei Raumtemperatur. Silikonkautschuk eignet sich besonders zum formgetreuen
Abformen komplizierter Modelle. Diese werden nach Auftragen eines
Trennmittels mit der Streichmasse vollkommen umgeben; nach der
Polymerisation wird das Ganze mit einem Messer in zwei Hälften zerschnitten; diese lassen sich wegen ihrer Gummielastizität auch von
komplizierten Formen leicht abziehen.

Bei großen Abmessungen besteht wegen der Weichheit des Silikon-
kautschuks beim Gießen die Gefahr unzulässiger Verformungen des Gieß-
lings durch sein Eigengewicht. In solchen Fällen kann man zur Herstellung der Form Silikonkautschuk und Werkzeugharz kombinieren:
die unmittelbare Umgebung des Modells wird durch den Kautschuk
abgeformt; um diesen herum gießt man dann noch eine zweiteilige Form
aus Werkzeugharz zur Stützung[1].

---

[1] Dieses Verfahren ist in [128], S. 293 an einem Beispiel erläutert, bei dem
jedoch Zement für das Äußere der Form verwendet wurde.

Mit derartigen Werkstoffkombinationen bestehen beim Bau der Formen noch manche andere Möglichkeiten der Improvisation. Zum Beispiel wurde für das Modell eines Eisenbahnrades von 50 cm Durchmesser (Abb. 2.4.1) die Gießform (Abb. 2.4.2) ohne vorherige Anfertigung eines Urmodells folgendermaßen hergestellt. Zwei Scheiben für die Formhälften wurden aus Araldit B, das als Füllmaterial Buchenholzklötze (H) enthielt, in improvisierten Blechwannen gegossen. Das Holz war vorher

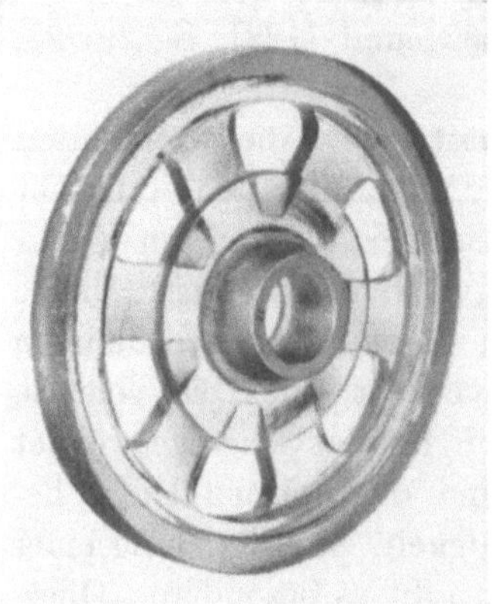

Abb. 2.4.1 Araldit-Modell eines Lokomotivrades. Durchmesser 500 mm	Abb. 2.4.2 Gießform für Lokomotivrad-Modell aus Araldit mit Holz und Silikonkautschuk

bei 150 °C getrocknet worden. Die Holzscheiben wurden zur Versteifung auf Metallplatten (M) mit Versteifungsrippen aufgeschraubt und dann ihre Innenflächen auf der Drehbank auf genaues Maß bearbeitet. Hierauf erhielten sie zur Abdichtung gegen Gasaustritt einen Anstrich aus Silikonkautschuk. Die eingesetzten Kerne (K) waren aus Silikonkautschuk auf genaues Maß gegossen. Zwei mit Silikonkautschuk eingekittete Messingrohre (R) dienten als Einfüllstutzen und als Steiger.

Zum Abdichten von schmalen Fugen und Ritzen bei jeder Art von Gießformen verwendet man mit Vorteil Silikonpaste[1]. Sie kann auch als Trennmittel verwendet werden, doch erhält man mit dem auf S. 98 angegebenen glattere Oberflächen.

Zur Vermeidung von Lufteinschlüssen ist bei verwickelten Modellen „steigender Guß" empfehlenswert (s. Abb. 6.8.3), jedoch nicht immer unbedingt notwendig, wenn langsam gegossen wird.

Der nun im folgenden zu erläuternde *Gießvorgang* ist, namentlich bei größeren Modellen, ein recht schwieriges Unterfangen. Denn für

---

[1] Geeignet ist Silikonpaste P 8, „extrasteif", der Wacker-Chemie, Burghausen.

spannungsoptische Zwecke muß der hergestellte Gießling völlig isotrop sein. Er darf vor allem keine Eigenspannungen besitzen. Ein vielfach sich einstellender Mangel ist aber auch, daß das angefertigte Stück im Polariskop Schlieren zeigt, die durch keinerlei Wärmebehandlung mehr zu beseitigen sind. Diese Schlieren, deren Entstehen man sich lange Zeit nicht erklären konnte, treten dann auf, wenn sich in der heißen Schmelze vor der Polymerisation Konvektionsströmungen ausbilden.

Nach langjährigen Erfahrungen von FICKER [54] hat sich folgendes Vorgehen beim Gießen am besten bewährt:

Die Formen werden auf eine Temperatur angewärmt, die etwas höher liegt als die der nachher eingebrachten Schmelze. Dieses Anwärmen ist unbedingt erforderlich, wenn Formen verwendet werden, deren Wandungen poröse Stellen haben können, da sonst dort Gasblasen (Luft und Wasserdampf) austreten. (Eine Gefahr des Anwärmens kann u. U. dann bestehen, wenn die Form dickwandig ist und geringe Wärmeleitfähigkeit hat, weil dann nach dem Guß nicht schnell genug abgekühlt werden kann.)

Das in Brocken angelieferte monomere Rohharz wird in einem Blechgefäß im Heizschrank geschmolzen und, je nach Menge, auf 190 bis 205 °C erwärmt. Hat die ganze Schmelze diese Temperatur erreicht, so wird das Gefäß aus dem Ofen herausgenommen und der pulverförmige Härter im Gewichtsverhältnis 3 : 10 zum Monomeren etwa 20 Minuten lang eingerührt[1]. Diese Einrührzeit ist von großer Bedeutung für das Gelingen des Gusses. Die Zeit von 20 min ist ein Erfahrungswert, der für die meisten Fabrikationschargen der richtige ist. Es kann aber auch manchmal eine kürzere oder längere Zeit erforderlich sein. So ist es oft nicht zu vermeiden, daß nach Anlieferung einer neuen Charge der erste Guß mißlingt. Ist die Einrührzeit zu kurz, dann fällt der eingerührte Härter wieder aus, weil das Gemisch noch zu wenig anpolymerisiert ist. Wenn zu lang eingerührt worden ist, dann ist die Schmelze wegen zu starker Polymerisation nicht mehr gießbar. Die Einrührzeit ist auch stark vom Feuchtigkeitsgehalt des Härters abhängig. Daher sollte der Härter immer gut verschlossen aufbewahrt werden.

Das Einrühren erfolgt am besten mit Hilfe eines Rührwerks. Dabei ist darauf zu achten, daß keine Luftblasen mit eingerührt werden. Ein wirksamer Kunstgriff, um dies zu verhüten, besteht darin, am Schaft des Rührwerks eine Scheibe anzulöten, die beim Rühren dicht unter die Oberfläche der Schmelze zu liegen kommt. Dann kann der sich durch die Rotation in der Flüssigkeitsoberfläche ausbildende Trichter nur bis

---

[1] Von mancher Seite wird empfohlen, auch den Härter vorzuwärmen. Da er dabei stark sublimiert, muß dies in einem verschlossenen Gefäß geschehen. In diesem Fall wird die Schmelze etwas weniger vorgewärmt. Nach unseren Erfahrungen ist das Vorwärmen des Härters nicht notwendig.

zu der Scheibe absteigen. Bei größeren Mengen kann das Einrühren ganz außerhalb des Ofens vorgenommen werden, da die Polymerisation exotherm vor sich geht.

Das Rohharz enthält oft Verunreinigungen. Um diese vom Gußstück fernzuhalten, sollte man die Schmelze sieben. Man rührt zu diesem Zweck zunächst den Härter nur kurz ein, bis er gelöst ist, gießt die Schmelze

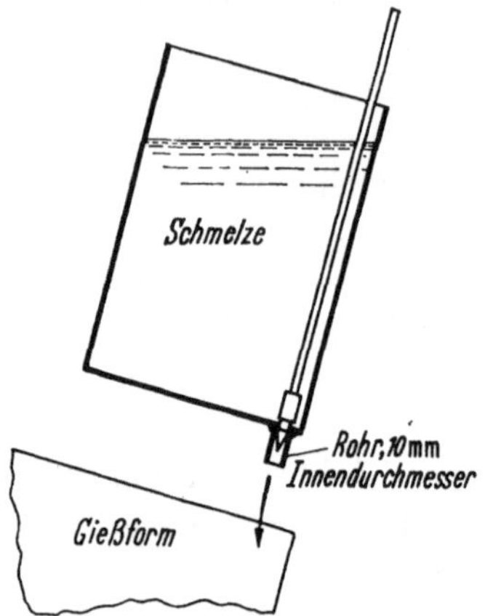

Abb. 2.4.3 Gießgefäß mit Schmelze und Gießform, zum Guß bereit

durch ein feinmaschiges Sieb in das Gefäß um, aus dem gegossen wird, und beendet in diesem das Einrühren. Dieses Gießgefäß ist zweckmäßig nach Abb. 2.4.3 gestaltet. Im Boden des Gefäßes (Blechbüchse) befindet sich nahe am Rand eine Öffnung, in die ein Rohrstutzen von ca. 25 mm Länge und 10 mm Innendurchmesser eingelötet ist. Diese Öffnung ist durch einen Stöpsel verschlossen, der zum Guß herausgezogen wird. Der Stöpsel muß ein konisches Ende haben, damit sich im herauslaufenden Strahl der Schmelze keine Lufteinschlüsse bilden. Gegen Ende des Gießens wird das Gefäß leicht schräg gestellt. Denn es soll ein kleiner Rest der Schmelze im Gefäß verbleiben, der, wenn er vergossen würde, Schlieren und Lufteinschlüsse im Gußstück hervorrufen könnte. Auch die Gießform wird man in vielen Fällen zweckmäßigerweise zur Vermeidung von Lufteinschlüssen etwas schräg stellen.

Bei Beendigung des Einrührens soll die Schmelze eine Temperatur, je nach Menge, von 110 bis 135 °C haben. Dann wird gegossen und sofort, wenn möglich schon während des Gießens, die Form mit der Schmelze möglichst rasch, z. B. unter fließendem Wasser, abgekühlt. Diese Abkühlung hat den Zweck, daß die Schmelze, noch bevor das Gelieren durch Polymerisation wesentlich fortgeschritten ist, in einen Zustand höherer Viskosität kommt, so daß eine Konvektionsströmung und damit das Entstehen von Schlieren unterbunden wird. Dies ist bei 85 °C der Fall. Damit diese Schwelle aber im ganzen Modell schnell erreicht wird, muß es außen viel tiefer gekühlt werden, bei großen Abmessungen etwa auf 50 °C oder auch noch tiefer. Anschließend wird wieder auf 85 °C aufgeheizt, so daß jetzt das ganze Modell diese Temperatur annimmt. So bleibt das Modell 2 Tage. Eine höhere Temperatur würde zwar das Aushärten beschleunigen, ist aber, außer wegen der Schlierenbildung, auch deshalb nicht zu empfehlen, weil dabei zu starkes Schwinden eintritt, das „makroskopische" irreversible Eigenspannungen (s. S. 75) hervorrufen kann. Nach dem zweitägigen Anhärten wird das Modell zum vollständigen Aushärten mit 1 bis 3 °C/h auf 150 °C erwärmt.

Nach Beendigung der gesamten Härtung formt man am besten, soweit dies möglich ist, sofort, noch im heißen Zustand, unter Benützung wärmeisolierender Handschuhe, aus. Das ausgeformte Modell wird man nun im allgemeinen spannungsfrei abkühlen. Zu diesem Zweck stellt man es wieder in den Ofen. Kleinere Modelle kann man dabei auf Sand betten, bei größeren ist es besser, aber auch umständlicher, sie in ein *Glycerin*-Bad zu legen. Man erhitzt zunächst auf 150 °C, bei kleinen Modellen nur kurzzeitig, bei größeren u. U. mehrere Stunden, um sicherzugehen, daß das ganze Modell bis zum hochelastischen Zustand durchwärmt ist. Hierauf wird in derselben Weise wie im Belastungszyklus beim Einfrieren der Spannungen (s. S. 107) langsam abgekühlt.

Die langsame Abkühlung des gegossenen Modells ist an sich nicht unbedingt notwendig. Denn ein thermischer Eigenspannungszustand, der bei schneller Abkühlung entsteht, verschwindet während des Erwärmens beim Belastungszyklus wieder. Sie ist aber deshalb zu empfehlen, weil am spannungsfrei abgekühlten Modell nachgeprüft werden kann, ob es frei von Polymerisationsspannungen ist.

Platten für die ebene Spannungsoptik gießt man ebenfalls auf die geschilderte Weise in eine stehende Form aus zwei parallelen Metalloder Glasplatten, deren Oberfläche möglichst dünn mit Trennmittel versehen ist. Zum Ausheizen von Vorspannungen legt man sie nach dem Ausformen, wie auf S. 45 beschrieben, auf ein Blatt Papier.

Für die *Nachbearbeitung* des fertig gegossenen Modells auf genaues Maß durch spanabhebende Formgebung gilt, wie bereits für die ebene Spannungsoptik auf S. 46 ausgesprochen, als oberste Regel, daß die Wärmeentwicklung nie den Erweichungspunkt des Materials erreichen soll, da sonst an den betreffenden Stellen Eigenspannungszustände einfrieren. Zwar ist dies beim Einfrierverfahren an sich gar nicht so bedenklich wie in der ebenen Spannungsoptik, weil beim Einfrierzyklus der Spannungen, wenn das Modell erwärmt wird, vorher bestehende eingefrorene Eigenspanunngen gelöscht werden. Trotzdem soll man sich in der Spannungsoptik allgemein den Grundsatz angewöhnen, bei der Bearbeitung Wärmeentwicklung zu vermeiden. Wenn möglich sollten für die Bearbeitung *Hartmetallwerkzeuge* oder zumindest solche aus Hochleistungs-Schnellstahl (HSS) verwendet werden.

Besondere Vorsicht ist bei der Bearbeitung des Araldits wegen seiner Sprödigkeit erforderlich. Bei bestimmten Bearbeitungsarten, so beim Feilen, Sägen, Bohren und Fräsen, brechen leicht Kanten aus. Um dies zu verhindern, muß man dem Werkstück eine Platte, die am besten ebenfalls aus Araldit besteht, beispannen. Am gefährlichsten ist in dieser Hinsicht das Stoßen; es sollte nach Möglichkeit ganz vermieden werden.

Für die einzelnen Bearbeitungsarten ist zu beachten:

Feilen ist ohne besondere Schwierigkeiten mit den normalen Feilen für Kunststoff- und Metallbearbeitung möglich. Es sollten nur neue Feilen und diese nur für Araldit verwendet werden.

Drehen. Am besten Hartmetallwerkzeuge. Für kurzzeitige Bearbeitung genügt auch HSS. Drehmeißel aus Werkzeugstahl werden schnell stumpf. Der Span soll lang sein und fließen. Künstliche Kühlung ist

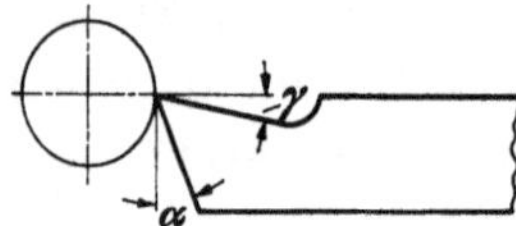

Abb. 2.4.4 Schneidwinkel am Drehstahl

nicht erforderlich. Als Schneidwinkel (Abb. 2.4.4) haben sich bewährt: Freiwinkel $\alpha = 6°$, Spanwinkel $\gamma = 0$ bis $8°$. Günstige Schnittgeschwindigkeit: 80 bis 120 m/min, Vorschub dabei 0,05 bis 0,1 mm/U.

Bohren. Hartmetallbohrer für Kunststoffe, evtl. HSS-Bohrer für Stahlbearbeitung verwenden. Drehzahl: 1000 U/min bis 8 mm $\varnothing$, ca. 600 U/min ab 9 mm bis 14 mm $\varnothing$, ca. 250 U/min ab 15 bis 20 mm $\varnothing$. Gefahr hoher Bearbeitungsspannungen! Kühlen mit Bohrwasser oder Druckluft. Häufig absetzen und Späne entfernen. Möglichst neue Bohrer und diese nur für Araldit verwenden!

Sägen. Von Hand oder mit Bandsäge, Sägeblatt für Metallbearbeitung, Zähnezahl: bis 30 mm Werkstückdicke: Zähnezahl 18 bis 24 Zähne/ Zoll; bei Werkstücken von 50 bis 200 mm Dicke: 8 bis 12 Zähne/Zoll. Vorschub langsam von Hand. Keine künstliche Kühlung erforderlich. Bei langsamem Vorschub keine große Gefahr von Bearbeitungsspannungen, doch muß vermieden werden, daß das Sägeblatt sich verkantet und dadurch Reibungswärme erzeugt.

Fräsen. Hartmetall- oder HSS-Fräser. Stirnfräser eignen sich besser als Walzenfräser, da bei letzteren die Späne die Nuten verstopfen können und dann Reibungswärme entstehen kann. Kühlen mit Bohrwasser oder Druckluft in der ebenen Spannungsoptik empfehlenswert. Große Flächen bei räumlichen Modellen und bei Schnitten aus solchen fräst man mit hartmetallbestücktem Messerkopf, wobei die Schneiden wie beim Drehmeißel geschliffen sein sollen. Dabei ist Kühlen nicht erforderlich. Schnittgeschwindigkeit 200 bis 300 m/min.

Aralditmodelle können auch aus mehreren Teilen hergestellt und zusammen*geklebt* werden. Als Klebemittel dient das Araldit B selbst. Die Klebestellen werden mit Trichloräthylen gereinigt und abgeschmirgelt. Dann werden die Modellteile auf 100 bis 110 °C erwärmt, das geschmolzene und mit dem Härter vermischte Araldit aufgetragen, die Teile aneinandergefügt und auspolymerisiert, z. B. 24 Stunden lang bei 100 °C. Ein empfehlenswerter Kunstgriff beim Kleben ist die Verwendung abgeschreckter Schmelze: bei einem früheren Guß hat man sich eine kleine Menge der Schmelze nach dem Einrühren des Härters abgezweigt und schnell erstarren lassen. Das so erhaltene Stück Araldit ist noch nicht auspolymerisiert und daher wieder schmelzbar. Hat man die zu klebenden Stücke erwärmt, so braucht man mit dem Stück abgeschreckter Schmelze die Klebestellen nur einzureiben; dabei schmilzt sie; die Stücke werden zusammengefügt und ausgehärtet.

Die Klebenähte sollen möglichst dünn sein, da sie sonst durch das Schrumpfen beim Polymerisieren Eigenspannungen erzeugen. Die Nähte haben bei sorgfältiger Ausführung nahezu die gleiche Festigkeit wie das Material selbst.

2.4.3 Die Belastungsvorrichtungen

Der Entwurf der Belastungsvorrichtung für einen Einfrierversuch will genau überlegt sein. Zunächst ist die Höhe der Lasten festzulegen. Diese müssen so bemessen werden, daß in den Schnitten genügend hoher optischer Effekt auftritt, jedoch das Modell nicht zu Bruch geht. Dazu muß der voraussichtlich auftretende Spannungszustand überschlagsmäßig gerechnet und festgestellt werden, wo die größten Zugspannungen zu erwarten sind. Nach GAYMANN [74] hält Araldit B beim Einfrierversuch eine maximale Zugspannung von 12 kp/cm^2 sicher aus, wenn die Stelle der maximalen Beanspruchung sauber bearbeitet ist und damit keiner zusätzlichen Kerbwirkung durch Drehriefen u. dgl. unterworfen ist. Bei einer spannungsoptischen Konstanten $S = 0{,}3$ kp/cm Ordn. und einer Schnittdicke $d = 3$ mm ergibt dies die 12. Isochromatenordnung. Im allgemeinen wird man mit der Beanspruchung nicht so hoch gehen, nicht nur aus Sicherheitsgründen, sondern auch um keine zu großen Verformungen zu erhalten.

Es darf ferner nicht vergessen werden, auch Teile des Modells, die nicht spannungsoptisch untersucht werden, darauf hin zu prüfen, ob nicht die zulässige Zugspannung überschritten wird, z. B. die Stellen der Krafteinleitung und die Einspannstellen. Vor allem an Löchern, die zur Befestigung dienen, ist das Modell oft durch hohe Kerbspannungen gefährdet. Der Anfänger neigt immer wieder dazu, zu unterschätzen, daß ein Modell aus Araldit für Brüche durch Zugspannungen viel anfälliger ist als wenn es aus Metall bestünde, da im Metall Spannungsspitzen durch Plastizierung abgebaut werden, während im Araldit die elastische Spannungsspitze voll erhalten bleibt, bis der Bruch eintritt.

Ferner ist bei der Konstruktion der Belastungsvorrichtung darauf zu achten, daß das Modell beim Durchlaufen des Temperaturzyklus des Einfrierverfahrens den Wärmedehnungen ungehindert nachgeben kann, ohne daß sich die äußeren Lasten ändern. Da die Wärmeausdehnungszahl für Araldit wesentlich größer als die von Stahl ist, ergeben sich bei Temperaturänderungen beträchtliche Längenunterschiede zwischen Modell und Belastungsvorrichtung. Infolgedessen eignen sich Federn als Belastungsorgane nicht, denn sie müßten bei Temperaturänderungen dauernd nachgestellt werden. Man verwendet daher, wenn irgend möglich, nur Gewichtsbelastung. Auch an Einspannstellen bereiten die Wärmedehnungen oft Schwierigkeiten, indem sie zu zusätzlicher örtlicher Beanspruchung führen, die auch Brüche verursachen kann.

2.4.4 Der Einfrierversuch mit Eichversuch

Der bei Araldit B einzuhaltende Temperaturzyklus wird durch sein mechanisch-thermisches Verhalten bestimmt. Dieses Verhalten schwankt in gewissen Grenzen. Es ist abhängig von verschiedenen Umständen bei der Verarbeitung, z. B. Aushärtetemperatur, Einrührtemperatur des Härters [12], Menge der Schmelze. Außerdem haben auch verschiedene Fabrikationschargen, wie bei allen Kunststoffen, etwas voneinander abweichende Eigenschaften. Die obere Temperaturgrenze für das normalelastische Verhalten, mit einem annähernd temperaturunabhängigen Elastizitätsmodul von etwa $34\,000$ kp/cm², liegt zwischen 80 und 100 °C, das darüber folgende Übergangsgebiet reicht bis etwa 120°. Oberhalb dieser Temperatur herrscht Hochelastizität mit einem nahezu konstanten Elastizitätsmodul, der normalerweise etwa 160 bis 200 kp/cm² beträgt. Bis 160 °C darf das Material vorübergehend erwärmt werden, ohne daß sich schon ernstlichere chemische Veränderungen zeigen. Jedoch stellt sich bei langdauerndem Verbleiben des Modells oberhalb der Erweichungstemperatur der Randeffekt durch Anhydridverlust ein.

Daher müssen große Modelle, die nach der Belastung nur sehr langsam abgekühlt werden dürfen, nach Ziffer 2.4.1 zum Einfrierversuch mit einem Behälter, der mit Araldit-Spänen gefüllt ist, umgeben werden.

Der Einfrierversuch beginnt damit, daß das Modell durch Erwärmen in den hochelastischen Zustand versetzt wird. Als günstige Temperatur empfehlen die Verfasser, wie auch in der Tab. 2.1 angegeben, $T_e = 150\,°\mathrm{C}$. Man wählt T_e deswegen so hoch, damit man sicher sein kann, daß auch im Innern des Modells, wenn es außen auf 150° erwärmt ist, schon Hochelastizität besteht. Nun werden die Lasten aufgebracht (falls sie nicht, was auch erlaubt ist, schon vor Beginn des Aufheizens aufgebracht worden sind), und die Abkühlung kann beginnen. Die Abkühlung muß innerhalb des ganzen Übergangsgebietes — sicherheitshalber bis herab auf 70 °C — langsam vor sich gehen, damit im Modell sich keine großen

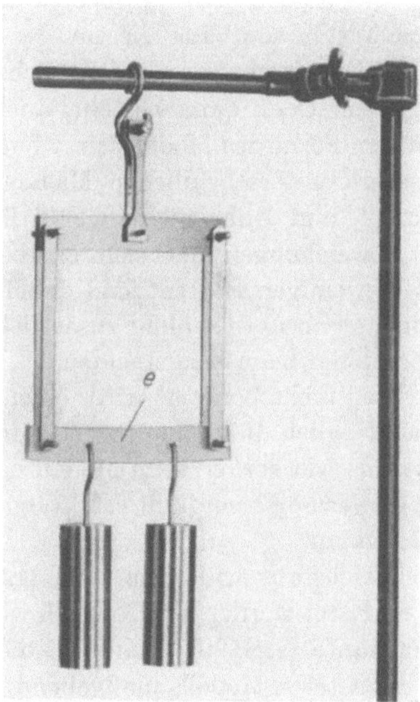

Abb. 2.4.5 Eichvorrichtung für den Einfrierversuch. e Eichstab

Temperaturunterschiede ausbilden. Denn im Übergangsgebiet frieren die Spannungen ein, auch die Eigenspannungen, die durch Temperaturunterschiede innerhalb des Modells entstehen. Man senkt die Temperatur gleichmäßig, je nach Modellgröße um 3 bis 5 °C je Stunde, bei sehr großen Modellen nur um $^1/_2$ °C/Std. Ist man sicher, daß keine Stelle des Modells mehr wärmer als 70 °C ist, dann kann das Modell schon entlastet und aus dem Ofen herausgenommen werden. Wenn das Entstehen des Feuchtigkeits-Randeffekts am ganzen Modell verhindert werden soll (vgl. S. 94), bringt man es sofort in den Exsikkator und läßt es dort gänzlich abkühlen.

Auch beim Einfrierverfahren wird gewöhnlich ein *Eichversuch* benötigt. Als solcher eignet sich, ebenso wie in der ebenen Spannungsoptik, die reine Biegung eines Stabes von Rechteckquerschnitt. Eine einfache Eichvorrichtung zeigt Abb. 2.4.5. Der Eichstab ist wie in der ebenen Spannungsoptik 20 mm hoch und etwa 10 mm dick. Die ganze Anordnung wird im Heizschrank neben dem Hauptversuch aufgehängt. Es muß sichergestellt sein, daß der Eichstab bei seiner Herstellung genau die gleichen physikalischen Eigenschaften bekommt wie das Modell. Wichtig ist dabei gleicher Temperaturverlauf bei der Polymerisation. Die beste Methode für die Herstellung des Eichstabs besteht darin, den Rohling für das Modell etwas größer zu gießen, so daß hernach ein Stück abgeschnitten und aus diesem der Eichstab herausgearbeitet werden kann. Dies ist besser als den Eichstab allein in eine gesonderte Form zu gießen. Denn dann besteht, auch wenn sich diese immer gleichzeitig mit der Form des Modells im Ofen befindet, die Gefahr, daß wegen der stark unterschiedlichen Massen von Modell und Eichstab die Abkühlungs- und Anheizvorgänge in ihnen stark unterschiedlich verlaufen. Abweichungen der sich ergebenden spannungsoptischen Konstanten von einigen Prozent sind dabei schon festgestellt worden. Man kann auch, wenn am Gießling zusätzliches Material nicht vorgesehen worden war, später beim Zerschneiden des Modells aus einem Stück, das zur Auswertung nicht benötigt wird, einen Eichstab herausarbeiten und in ihn nachträglich die Spannungen einfrieren, indem man den gleichen Einfrierzyklus wie vorher beim Modell noch einmal durchführt. Das nochmalige Erwärmen beeinflußt erfahrungsgemäß die physikalischen Eigenschaften kaum.

Die Auswertung des Eichstabs erfolgt nach Gl. (1.6.3) (S. 24), nachdem er abgekühlt und entlastet worden ist. Dadurch wird die „effektive" spannungsoptische Konstante (s. S. 90) gemessen, die ja für die Auswertung des ebenfalls entlasteten Modells maßgebend ist.

Der effektive Elastizitätsmodul kann aus dem erkalteten und entlasteten Eichstab ebenfalls bestimmt werden, indem seine eingefrorene Durchbiegung gemessen wird. Auch dafür eignet sich ein Meßbügel der Art, wie in Abb. 1.6.3 dargestellt. Die Durchbiegung f wird gemessen, indem man den Bügel leicht auf den Stab andrückt. Die Messung wird auf der konkaven und der konvexen Seite ausgeführt und der Mittelwert gebildet. Die Ausrechnung des Elastizitätsmoduls erfolgt durch Gl. (1.6.4), wo für l der Abstand der Anschlagleisten a (Abb. 1.6.3) zu

setzen ist. Es ergibt sich also, wenn h und d Höhe und Dicke des Eichstabs, M das aufgebrachte Moment bedeuten, die Formel:

$$E_{\text{eff}} = \frac{3}{2}\, \frac{M l^2}{d h^3 f}\,. \tag{2.4.1}$$

Anstatt des Eichversuchs mit Biegebalken kann man auch die bereits
von FROCHT vorgeschlagene spannungsoptische Eichmethode mit der
diametral gedrückten Kreisscheibe verwenden. In einer solchen Scheibe
entsteht das Isochromatenbild von Abb. 2.4.6. Der Zusammenhang

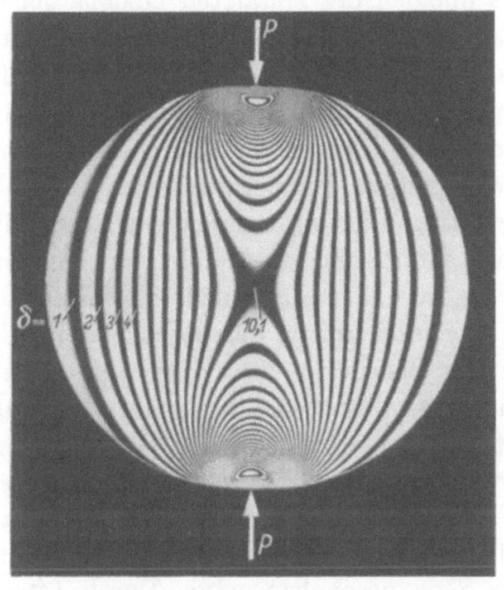

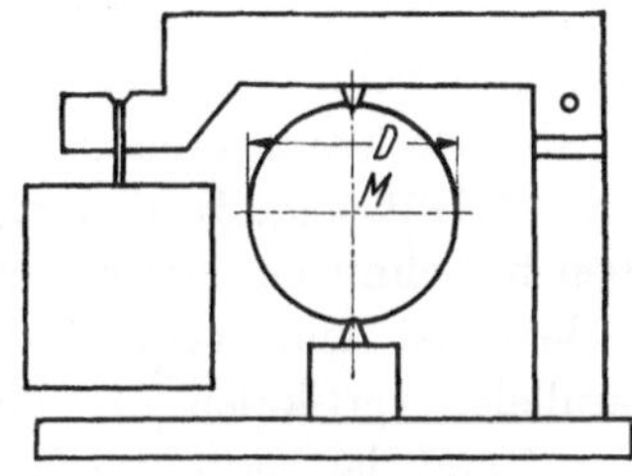

Abb. 2.4.6
Isochromatenbild beim Eichversuch mit Kreisscheibe

Abb. 2.4.7
Eichvorrichtung mit Kreisscheibe

zwischen der Ordnung δ_M im Mittelpunkt der Scheibe, der angreifenden
Kraft P und der spannungsoptischen Konstanten S ist nach FROCHT [g]
II, S. 155, Gl. (4.73) (dort ist $f = S/2$ zu setzen):

$$S = \frac{8P}{\pi D \delta_M}\,. \tag{2.4.2}$$

Dabei ist D der Durchmesser der Scheibe. δ_M kann mittels Kompensation
sehr genau bestimmt werden.

　　In der räumlichen Spannungsoptik wird der Spannungszustand in
der Scheibe mit einer einfachen Vorrichtung, z. B. nach Art der Abb.
2.4.7, unter Gewichtsbelastung eingefroren.

　　Als Eichkörper genügt eine Scheibe von etwa 30 mm Durchmesser,
5 bis 6 mm dick. Ein Vorteil der Methode besteht darin, daß man viel

leichter aus dem Abfall, der bei der Bearbeitung des Modells entsteht, ein Stück findet, aus dem eine kleine Scheibe angefertigt werden kann, als wenn man einen Biegestab anfertigen muß. Außerdem ist es ein Vorteil, daß die Messung von δ_M nicht durch eventuellen Randeffekt beeinträchtigt wird.

2.4.5 Das Herausarbeiten der Schnitte

Hat man sich für das jeweilige Problem genauestens überlegt, welche Schnitte für die Untersuchung des Spannungszustandes am geeignetsten sind, so kann man an das Zerschneiden des erstarrten Modells gehen. Das Modell darf sich dabei an keiner Stelle über 70 °C erwärmen, damit der eingefrorene Spannungszustand voll erhalten bleibt. Diese Bedingung ist mit Leichtigkeit einzuhalten, wenn man eine gut geschränkte Bandsäge (s. S. 104) benützt und das Werkstück mit kleinem Vorschub genau parallel führt. Dann erhöht sich die Temperatur kaum um mehr als 10 °C. Wenn aber das Sägeblatt seitlich an der Schnittfläche reibt oder gar klemmt, bedeutet dies sofort höchste Gefahr für den eingefrorenen Spannungszustand. Es ist daher auch nicht zu empfehlen, mit der Bandsäge andere als ebene Schnitte herauszuarbeiten. Gekrümmte Schnitte, z. B. längs der Oberfläche, bearbeitet man besser auf der Drehbank oder Fräsmaschine, aber dies wird immer eine mühsame Arbeit sein. In den meisten Fällen wird man sich bemühen, mit ebenen Schnitten auszukommen. Um genaue Parallelführung zu erreichen, ist eine verstellbare Vorrichtung mit einer zum Sägeblatt parallelen vertikalen Anschlagfläche nötig, an der entlang das Modell von Hand langsam durch die Säge geschoben wird. Durch öfteres Zurück- und Wiedervorschieben wird man sich ständig davon überzeugen, ob das Sägeblatt nicht reibt oder klemmt. Das Sägeblatt muß eine Rollenführung besitzen. Auf diese Weise erhält man schon durch Sägen allein so glatte Schnittflächen, daß sie, wenigstens bei senkrechter Durchleuchtung, nicht mehr nachgearbeitet werden müssen. Sie werden genügend durchsichtig, wenn man sie vor der Beobachtung im Polariskop beiderseits mit Öl bestreicht. Steht in der Werkstätte eine Fräsmaschine zur Verfügung, so wird man die Schnitte im allgemeinen noch nacharbeiten. Man verwendet dazu am besten einen Hartmetall-*Messerkopffräser*. Die Schnitte klebt man mit beiderseits klebender Kunststoffolie (z. B. Circoll, Tesafilm) auf eine Stahlplatte auf, die auf den Frästisch aufgespannt ist. So werden sie an der Stirnfläche des Fräsers vorbeigeschoben. Eine künstliche Kühlung ist dabei nicht erforderlich.

Die Schnittdicke beträgt gewöhnlich 2 bis 4 mm. Dünne Schnitte von 2 mm und auch weniger sind dann ratsam, wenn am Rand die

Isochromatenordnung genau bestimmt werden muß, z. B. bei Spannungs-konzentrationen am Rand, denn bei dünnen Schnitten kann der Rand-effekt gut beherrscht werden (vgl. S. 97). Wenn nicht unmittelbar am Rand gemessen werden muß und das Spannungsgefälle senkrecht zum Schnitt nicht groß ist, dürfen die Schnitte dicker sein.

Zuweilen ist es nötig, zur Ermittlung der 2. Hauptspannung den Schnitt noch in „Unterschnitte" (s. S. 80) zu zerlegen. Dazu wird man oft eine *Laubsäge* verwenden müssen, was sehr viel Sorgfalt und Geduld erfordert. Es muß langsam gearbeitet und oft abgesetzt werden, denn da die Laubsäge keine so gute natürliche Kühlung erfährt wie eine Bandsäge, besteht große Gefahr unzulässiger Wärmeentwicklung.

Alle Schnitte sind im Heizschrank bei 60 bis 70 °C bzw. im Exsikkator (vgl. S. 97) aufzubewahren, damit sie keinen Randeffekt bekommen.

In manchen Laboratorien, vor allem in England, wird das Heraus-arbeiten der Schnitte nicht, wie oben beschrieben, mit Bandsäge und Messerkopffräser, sondern mit Diamant-Trennscheiben unter Verwen-dung eines Kühlmittels durchgeführt.

3 Das spannungsoptische Laboratorium

Wir wollen nun anhand des Vorangehenden zusammenstellen, welche Ausrüstung für ein spannungsoptisches Laboratorium notwendig ist, das in der Lage sein soll, ebene und räumliche Festigkeitsaufgaben zu lösen.

An Räumen sind mindestens vier erwünscht: Experimentierraum, Ofenraum, Photolabor und Werkstatt.

Der *Experimentierraum* muß verdunkelbar sein, und es ist von Vor-teil, wenn er klimatisiert ist. In ihm stehen die spannungsoptischen Apparaturen. Dort werden die Versuchseinrichtungen aufgebaut und die Aufnahmen gemacht. Wie in Abschn. 1.3, S. 10, hervorgehoben, genügt für die meisten Untersuchungen die einfache spannungsoptische Appa-ratur mit Diffuslicht, jedoch sollte ein gutes leistungsfähiges Labora-torium für besondere Aufgaben, vor allem für das Zeichnen der Isoklinen, auch außerdem eine Apparatur mit Projektionseinrichtung besitzen. Beim Vorhandensein einer solchen kann aber keinesfalls auf die einfache verzichtet werden, da sie für einfachere, mehr improvisierende Versuche, zur Prüfung von Rohmaterial usw., weit besser geeignet ist als ein Polariskop mit gerichtetem Strahlengang. Zur Aufnahme der Isochro-matenbilder ist bei Verwendung der einfachen Apparatur eine Kamera mit Teleobjektiv nötig. Ein geeigneter Typ ist z. B. eine Plattenkamera Format 9×12 cm mit Teleobjektiv $f = 36$ cm. Die Apparatur wird vervollständigt durch eine zusätzliche Viertelwellenplatte zum Kompensieren und für Hellfeldaufnahmen (Abschn. 1.9.2 u. 3) und eine Eichvorrichtung (Abschn. 1.6). Für räumliche Versuche dient eine gesonderte Eichvorrichtung (Abschn. 2.4.4).

Die Belastungsvorrichtungen richten sich nach dem betreffenden Problem und müssen meistens eigens angefertigt werden. Für ebene Versuche ist es jedoch nützlich, sich einige verstellbare *Belastungsrahmen* verschiedener Größe aus Profileisen anzuschaffen, in die die individuelle Belastungsvorrichtung eingebaut wird. Die Verwendung solcher Rahmen zeigen die Abb. 1.3.1, 4.5.1, 6.4.4 und 6.5.3. Zum Messen der Lasten, namentlich der größeren, die durch Gewichte nicht mehr aufgebracht werden können, ist die Bereitstellung einiger *Ringkraftmesser* empfehlenswert, die in die Lasteinleitungen eingeschaltet werden (Abb. 4.5.1, 5.6.1, 6.4.4, 6.1.2, 6.5.3). Erfahrungsgemäß geeignete Meßbereiche in der ebenen Spannungsoptik sind 100, 200, 500 und 1000 kp.

Ein *Ofenraum*, der von dem Experimentierraum abgetrennt ist, sollte vorhanden sein, namentlich wenn räumliche Spannungsoptik getrieben wird. Abgesehen davon, daß die Heizleistung der Öfen Temperaturschwankungen verursachen kann, können auch recht unangenehme Dämpfe entstehen, z. B. wenn beim Einrühren des Härters in die Araldit-Schmelze ein Teil von diesem sublimiert. Mindestens ein Heizschrank ist in einem spannungsoptischen Laboratorium, auch wenn nur ebene Spannungsoptik betrieben wird, unbedingt erforderlich. Geeignet sind die üblicherweise als „Trockenschränke" bezeichneten elektrisch beheizten Schränke mit Temperaturbereich bis etwa 200 °C und selbsttätiger Konstanthaltung der Temperatur. Ferner muß eine Vorrichtung zum langsamen Senken der Temperatur vorhanden sein. Bei ebenen Modellen genügen etwa 5°/h. Für räumliche Modelle ist ein noch langsameres Abkühlen erforderlich; große Stücke dürfen nur um $^1/_2$°/h abgekühlt werden. Für die ebene Spannungsoptik kommt man meist mit einem Schrank von etwa 50 cm Breite und ebensolcher Höhe aus, dagegen sind in der räumlichen Spannungsoptik größere Öfen erwünscht, die dann mit künstlicher Luftumwälzung versehen sein müssen. Der größte z. Z. im Münchener Laboratorium verwendete Ofen ist innen 2 m hoch, 1,2 m breit und 1 m tief. Es ist empfehlenswert, bei den Öfen die Möglichkeit des Abzugs von Dämpfen ins Freie vorzusehen.

In der *Werkstatt* des spannungsoptischen Laboratoriums müssen, außer dem üblichen Handwerkszeug eines Mechanikers, die Werkzeugmaschinen vorhanden sein, die zur Herstellung der Modelle und der Belastungsvorrichtungen notwendig sind, vor allem Bandsäge, Drehbank, Fräsmaschine, Bohrmaschine, s. S. 46ff. und S. 104ff. Es genügen kleinere Maschinen, die aber für möglichst vielseitige Verwendung ausgerüstet sein sollten. Sehr zu empfehlen für die Modellbearbeitung ist, wie erwähnt, die Verwendung von Hartmetallwerkzeugen, da gewöhnlicher Werkzeugstahl sich bei der Bearbeitung von Kunststoffen viel schneller abnützt als bei Metallen. Ferner muß dafür gesorgt werden, daß der bei der Kunststoffbearbeitung sich bildende Staub aus der Raumluft ferngehalten wird. Am besten ist eine zentrale Absaugeanlage, von der Schläuche bei Bedarf an jede Werkzeugmaschine herangeführt werden können. Für die Herstellung der Belastungsvorrichtungen ist das Vorhandensein eines *Schweißgeräts* vorteilhaft. Sehr wichtig ist schließlich die Aufstellung eines einfachen *spannungsoptischen Geräts* mit zirkular polarisiertem Licht in der Werkstatt, damit die Bearbeitung laufend dahingehend kontrolliert werden kann, ob nicht durch zu starke Erwärmung Vorspannungen im Modell entstanden sind.

Zur *Personalfrage* in der Werkstatt sei nochmals hervorgehoben, daß ein Mechaniker im spannungsoptischen Laboratorium in besonders hohem Maße selbständiges Urteil und Anpassungsvermögen besitzen muß. Denn schon die Bearbeitung der Modelle stellt wegen der Besonderheit des Werkstoffs und der Empfindlichkeit der Modelle gegen unsachgemäße Behandlung andere und höhere Anforderungen, als dies gewöhnlich in mechanischen Werkstätten der Fall ist. Dazu kommt noch, daß wegen der großen Vielfalt der Probleme, die an ein spannungsoptisches Laboratorium herangetragen werden können, auch die zu bauenden Belastungsvorrichtungen sehr vielfältiger Art sein können. Für ihre Herstellung ist die Fähigkeit zu selbständigem Denken und die Lust zum Improvisieren von Wichtigkeit.

4 Die Übertragung der Ergebnisse

4.1 Strenge, erweiterte und angenäherte Ähnlichkeit

Ist der Spannungszustand ermittelt, so muß er vom Modell (im folgenden kurz „*M*" genannt), das gewöhnlich in verkleinertem Maßstab ausgeführt ist, mit Hilfe der Gesetze der Ähnlichkeitsmechanik auf die Hauptausführung (im folgenden mit „*H*" bezeichnet) übertragen werden[1]. Hierbei wollen wir immer, wie dies ja auch bei der theoretischen Spannungsermittlung geschieht, sowohl in H wie in M das Hookesche Elastizitätsgesetz als streng gültig voraussetzen. Das heißt, der Spannungszustand soll als nur von zwei Materialkonstanten, dem Elastizitätsmodul E und der Querdehnungszahl v abhängig angesehen werden. Wie wir früher sahen, darf diese Voraussetzung für beide spannungsoptische Verfahren als gesichert gelten.

---

[1] Eine ausführlichere Darstellung der für die Spannungsoptik in Frage kommenden Ähnlichkeitsgesetze findet sich in [125].

Soll eine Übertragung der Ergebnisse von M auf H möglich sein, so muß physikalische Ähnlichkeit zwischen H und M bestehen. Diese bedeutet, daß jede physikalische Größe in H zur entsprechenden in M in einem Maßstabverhältnis steht, das für Größen gleicher Dimensionen konstant ist. Zunächst muß geometrische Ähnlichkeit und Ähnlichkeit der Kräfte vorhanden sein. Erstere bedeutet, daß jede Längenabmessung l in H zu der entsprechenden Länge l' in M im gleichen konstanten Maßstabverhältnis $\lambda = l/l'$ stehen muß; letztere, daß für das Verhältnis jeder Kraft K in H zur entsprechenden Kraft K' in M der konstante Kräftemaßstab $\varkappa = K/K'$ gilt.

Die Maßstäbe für die weiteren physikalischen Größen kann man nach den Regeln der Ähnlichkeitsmechanik dadurch finden, daß man die Grundgleichungen aller in H und M sich abspielenden physikalischen Grundvorgänge zueinander ins Verhältnis setzt. Dabei ergeben sich zugleich die Bedingungen, die erfüllt sein müssen, wenn Ähnlichkeit möglich sein soll. Diese werden Modellgesetze genannt.

Der einzige Grundvorgang in unserem Problem ist das Hookesche Gesetz. Es läßt sich für den allgemeinsten Fall des dreidimensionalen Körpers am einfachsten mittels der drei Hauptspannungen σ_1, σ_2 und σ_3 ausdrücken, z. B. gilt für die Längenänderung $\varDelta l$ bzw. $\varDelta l'$ in Richtung von σ_1 bzw. σ_1':

$$\frac{1}{E}\left[\sigma_1 - \nu(\sigma_2 + \sigma_3)\right] = \frac{\varDelta l}{l}, \tag{4.1.1}$$

$$\frac{1}{E'}\left[\sigma_1' - \nu'(\sigma_2' + \sigma_3')\right] = \frac{\varDelta l'}{l'}. \tag{4.1.2}$$

Dieses Gesetz gilt in der Form (4.1.1) für jede beliebige Stelle von H und in der Form (4.1.2) für die entsprechende Stelle von M, umfaßt also den ganzen physikalischen Vorgang. Definiert man nun einen für alle sich entsprechenden Spannungen gültigen Spannungsmaßstab

$$\chi = \frac{\sigma}{\sigma'} = \frac{\sigma_1}{\sigma_1'} = \frac{\sigma_2}{\sigma_2'} = \cdots \tag{4.1.3}$$

und dividiert Gl. (4.1.1) durch (4.1.2), so folgt, mit Benützung von Gl. (4.1.3),

$$\frac{E'}{E}\,\frac{\chi[\sigma_1 - \nu(\sigma_2 + \sigma_3)]}{\sigma_1 - \nu'(\sigma_2 + \sigma_3)} = \frac{\varDelta l}{\varDelta l'}\,\frac{l'}{l}. \tag{4.1.4}$$

Für beliebige Wertetripel $\sigma_1\sigma_2\sigma_3$ kann (4.1.4) nur erfüllt sein, wenn

$$\nu = \nu' \tag{4.1.5}$$

ist (abgesehen von Sonderfällen; z. B. muß Gl. (4.1.5) nicht erfüllt sein, wenn überall $\sigma_3 = -\sigma_2$ ist, etwa bei reiner Torsion). Nehmen wir die Bedingung (4.1.5) als erfüllt an, so vereinfacht sich Gl. (4.1.4) zu

$$\frac{E'}{E}\,\frac{\sigma}{\sigma'} = \frac{\Delta l}{\Delta l'}\,\frac{l'}{l}\,. \qquad (4.1.6)$$

Da die Formänderungen Δl bzw. $\Delta l'$ als Längen dem Längenmaßstab λ gehorchen müssen, ergibt sich aus (4.1.6) schließlich:

$$\frac{\sigma}{E} = \frac{\sigma'}{E'}\,. \qquad (4.1.7)$$

Gln. (4.1.5) und (4.1.7) drücken die strengen Ähnlichkeitsbedingungen für statische Elastizitätsprobleme aus. Gl. (4.1.5) heißt *Poissonsches Modellgesetz* und schreibt gleiche Querdehnungszahlen für H und M vor, Gl. (4.1.7) heißt *Hookesches Ähnlichkeitsgesetz* oder *strenges statisches Ähnlichkeitsgesetz* und verlangt, daß die Dehnungen in H und M dieselben sein müssen.

Die letztere Bedingung kann nun bei den spannungsoptischen Versuchen meist nicht eingehalten werden. Wie schon bei Behandlung der Modellwerkstoffe auf S. 37 und 91 erläutert wurde, müssen, damit ein genügend hoher optischer Effekt erreicht wird, die Dehnungen im Kunstharzmodell gewöhnlich größer sein als diejenigen der zu untersuchenden Hauptausführung, die aus Stahl, Beton u. dgl. besteht. Man muß also die geometrische Ähnlichkeit in den Formänderungen fallenlassen.

Dies ist nun glücklicherweise in den meisten Fällen ohne weiteres statthaft, nämlich dann, wenn die Formänderungen noch mit genügender Annäherung als klein gegen die geometrischen Abmessungen angesehen werden können, d. h. wenn durch die Formänderungen die geometrische Ähnlichkeit nicht gestört wird. Dann wird in allen Teilen von Hauptausführung und Modell auf Grund des Elastizitätsgesetzes sich ein ähnlicher Spannungszustand einstellen, auch wenn die Formänderungen nicht geometrisch ähnlich gemäß dem Längenmaßstab λ sind. Man darf vielmehr dann einen eigenen, von λ unabhängigen Formänderungsmaßstab $\lambda_1 = \Delta l / \Delta l'$ beliebig wählen. Man benützt hier, mit anderen Worten ausgedrückt, lediglich die bekannte Tatsache, daß bei jedem Spannungszustand im allgemeinen die Spannungen den äußeren Lasten proportional sind.

Mit Einführung des Formänderungsmaßstabes λ_1 erhält man aus Gl. (4.1.6) ein *erweitertes statisches Ähnlichkeitsgesetz* von der Form

$$\frac{\sigma}{\sigma'} = \frac{\lambda_1}{\lambda}\,\frac{E}{E'}\,. \qquad (4.1.8)$$

Der Quotient λ_1/λ ist der Maßstab der Dehnungen. Ist er gleich Eins, so hat man strenge statische Ähnlichkeit.

Die erweiterte statische Ähnlichkeit nach Gl. (4.1.8) würde, trotzdem Gl. (4.1.7) nicht erfüllt ist, eine streng richtige Übertragung der Ergebnisse ermöglichen, wenn die Formänderungen unendlich klein wären. Da dies in Wirklichkeit nicht zutrifft, vielmehr die Anwendung verschiedener Dehnungen in H und M die strenge geometrische Ähnlichkeit stört, stellt die erweiterte Ähnlichkeit immer eine mehr oder weniger genaue Annäherung dar. Man spricht in solchen Fällen daher von *angenäherter Ähnlichkeit*.

Der Mangel an Strenge der Ähnlichkeitsbedingungen bei angenäherter Ähnlichkeit ruft Fehler bei der Umrechnung der Ergebnisse von M auf H hervor. Da diese erfahrungsgemäß um so größer sind, je größere Übertragungsmaßstäbe man hat, spricht man von „Übertragungsfehlern" oder „Maßstabfehlern". Auch die praktische Unmöglichkeit, das Poissonsche Modellgesetz (4.1.5) einzuhalten, bedingt ein Abweichen von der Strenge und verursacht Maßstabfehler. Diese bleiben jedoch meist in erträglichen Grenzen, da die Abweichungen der Querdehnungszahlen der Stoffe untereinander gewöhnlich nicht sehr erheblich sind.

4.2 Erweitertes statisches Ähnlichkeitsgesetz für den allgemeinen räumlichen Spannungszustand

Da, wie erwähnt, in der Spannungsoptik immer mit erweiterter Ähnlichkeit gearbeitet werden muß, ist als Grundgleichung die Beziehung (4.1.8) maßgebend, die den Spannungsmaßstab für den allgemeinen räumlichen Spannungszustand festlegt. Die Maßstäbe für andere Größen gleicher Dimension findet man, indem man ihre Definitionsgleichungen in H und M durcheinander dividiert. So ergibt sich aus der Definition einer Kraft als Produkt einer Spannung σ mit einer Fläche F der Kräftemaßstab $\varkappa$:

$$\varkappa = \frac{K}{K'} = \frac{\sigma F}{\sigma' F'} = \frac{\sigma}{\sigma'}\,\lambda^2 = \lambda\lambda_1\,\frac{E}{E'} \tag{4.2.1}$$

und der Maßstab μ für Momente zu:

$$\mu = \varkappa\lambda = \lambda_1\lambda^2\,\frac{E}{E'}. \tag{4.2.2}$$

Von den Maßstäben λ, λ_1, $\varkappa$, σ/σ', μ können zwei beliebig gewählt werden.

Bei vielen Problemen sind außer den gegebenen Belastungen gewisse Formänderungsgrößen vorgegeben. Man denke z. B. an mehrfach gelagerte Baukonstruktionen, bei deren Berechnung berücksichtigt werden muß, daß sich einzelne Auflager unter der Belastung setzen können. Im Modellversuch kann man dies berücksichtigen, indem man die betreffenden Auflagerstellen von vornherein tiefer legt, so daß im unbelasteten Zustand Zwischenräume zwischen Tragwerk und Auflager vorhanden sind, die sich erst bei der Belastung schließen. Bei derartigen Versuchen ist nun wohl zu beachten, daß die genannten Zwischenräume den Formänderungen zuzurechnen sind und daher für ihre Bemessung der Formänderungsmaßstab λ_1, nicht der Längenmaßstab λ maßgebend ist.

Hierher gehören auch alle jene Fälle, wo zwischen Konstruktionsteilen ein Spiel besteht, das durch die für die Fertigung zugelassenen *Toleranzen* bedingt ist. In solchen Fällen entsteht dann eine kraftschlüssige Verbindung erst im Laufe der Belastung, meist nur in gewissen Bereichen der Konstruktion. Ein einfaches Beispiel dieser Art wäre etwa ein zylindrischer Hohlkörper, der mit geringem Spiel in einen Hohlraum eingepaßt ist und unter hohem Innendruck sich an die Wand des Hohlraumes anlegt. Das Spiel ist nicht geometrisch ähnlich, sondern nach dem Formänderungsmaßstab auszuführen.

Ein technisch wichtiges Beispiel der eben geschilderten Art ist auch das Hertzsche Berührungsproblem zweier gewölbter Körper. Die vorgegebenen Verschiebungsgrößen sind hier die Abstände aller gegenüberliegenden Punkte der beiden Körperoberflächen, soweit sie in dem kleinen Bereich der Oberflächen liegen, in dem hernach unter der Wirkung des gegenseitigen Druckes Berührung eintritt. Dieser Zwischen-

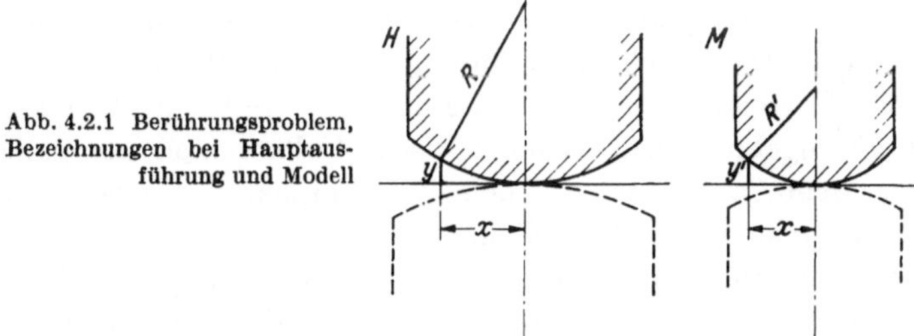

Abb. 4.2.1 Berührungsproblem, Bezeichnungen bei Hauptausführung und Modell

raum in der Umgebung der Berührungsstelle ist somit ähnlich im Formänderungsmaßstab auszubilden, wenn die erweiterte Ähnlichkeit gewahrt sein soll. Wie im Modellversuch die Berührungsstelle auszubilden ist, sei an Hand der Abb. 4.2.1 veranschaulicht. Der Zwischenraum wird ähnlich, wenn bei jedem der sich berührenden Körper die Abstände y seiner Oberflächenpunkte von der gemeinsamen Tangentialebene unter sich ähnlich sind. Der Zusammenhang von y mit dem einen der beiden Hauptkrümmungsradien R und einer zugehörigen Ortskoordinate x ist:

$$y = R - \sqrt{R^2 - x^2}.$$

Da beim Berührungsproblem immer x klein gegen R ist, kann man nach x/R entwickeln und erhält für H bzw. für M:

$$y = \frac{x^2}{2R} \qquad \text{bzw.} \qquad y' = \frac{x'^2}{2R'} \,.$$

x und x' gehorchen dem Längenmaßstab λ, für y und y' gilt der Formänderungsmaßstab λ_1. Daher folgt durch Division für den Maßstab der Hauptkrümmungsradien:

$$\frac{R}{R'} = \frac{\lambda^2}{\lambda_1} \,. \tag{4.2.3}$$

Treten also in einem Elastizitätsproblem mit erweiterter Ähnlichkeit Berührungen gewölbter Oberflächen auf, so muß in den Berührungsstellen, wenn auch in ihnen die erweiterte Ähnlichkeit gewahrt bleiben soll, für die Krümmungsradien ein gesonderter Maßstab nach Gl. (4.2.3) angewandt werden, der vom Längenmaßstab abweicht. Da der Bereich, in dem Berührung stattfindet, gewöhnlich sehr beschränkt ist, wird dies im allgemeinen keine Beeinträchtigung des Spannungszustandes durch die Abweichung von der gegebenen geometrischen Gestalt der Körper bringen. Eine andere Frage ist jedoch, ob im Einzelfall die Herstellung des Modellkörpers möglich ist, wenn eine solche örtliche Abweichung von der geometrischen Gestalt, wie gering sie auch sein mag, vorgeschrieben wird. Zum Beispiel müßten bei dem vielfach spannungsoptisch untersuchten Problem von Zahnrädern im Eingriff die Berührungsstellen der Zahnflanken in besagter Weise gesonderte Krümmungsradien erhalten. Da jedoch die Krümmung der Zahnflanken sich bei den bekannten Herstellungsverfahren zwangsläufig ergibt, ist hier eine gesonderte Formgebung sehr problematisch. Vollkommen unmöglich ist sie dann, wenn mit dem gleichen Zahnradpaar mehrere Eingriffsstellungen untersucht werden sollen.

Da die bezogenen Formänderungen bei spannungsoptischen Versuchen immer größer gewählt werden müssen als in der Wirklichkeit, wird das Spiel beim spannungsoptischen Modell auch immer größer sein als in der Wirklichkeit. Dies bedeutet eine Erleichterung in der Modellherstellung, da an die Genauigkeit der Ausführung dann ebenfalls nicht dieselben Anforderungen gestellt zu werden brauchen wie bei der Hauptausführung.

Ob die Voraussetzung für die Anwendbarkeit des erweiterten Ähnlichkeitsgesetzes, nämlich Proportionalität zwischen Spannung, Kräften und Verschiebungen, vorhanden ist, muß im Einzelfall durch Prüfung aller bei dem gegebenen Problem sich abspielenden Vorgänge entschieden werden. Diese Beurteilung ist oft nicht leicht. Nicht ohne weiteres anwendbar ist die erweiterte Ähnlichkeit, wenn die Form-

änderungen dadurch, daß sich die geometrische Lage der Kräfte zueinander ändert, das Kräftespiel im Körper beeinflussen. Bei Plattenproblemen tritt zum Beispiel bei starken Formänderungen zum Biegespannungszustand noch ein Längsspannungszustand hinzu. Daher ist
hier erweiterte Ähnlichkeit nicht ohne weiteres anwendbar, zumindest
sind die Voraussetzungen zu prüfen. (Siehe auch S. 129.) Der Extremfall der hier auszuschneidenden Fälle sind die Stabilitätsprobleme, die
gerade durch die Nichtlinearität charakteristisch sind.

4.3 Erweitertes statisches Ähnlichkeitsgesetz für den ebenen Spannungszustand

Der ebene Spannungszustand ist dadurch charakterisiert, daß er in
einer Dimension, nämlich in Richtung der Dicke des Modells, unveränderlich ist. Daher bleibt beim ebenen Modellversuch der Spannungszustand immer derselbe, gleichgültig, welche Dicke man dem Modell
gibt, vorausgesetzt, daß es wirklich gelingt, einen einwandfrei ebenen
Spannungszustand herzustellen. Mit anderen Worten, man darf in der
ebenen Spannungsoptik einen weiteren Maßstab, den Dickenmaßstab δ,
beliebig wählen. Bezeichnet man die Dicke der Hauptausführung mit d
und die des Modells mit d', so daß $\delta = d/d'$ ist, so hat man für eine
Kraft die Beziehungen

$$K = \sigma s d \quad \text{bzw.} \quad K' = \sigma' s' d', \tag{4.3.1}$$

wo s bzw. s' eine Längenabmessung bedeutet. Damit erhält man ein
erweitertes statisches Ähnlichkeitsgesetz für den ebenen Spannungszustand folgenden Inhalts: Unverändert bleibt Gl. (4.1.8) für den Spannungsmaßstab

$$\frac{\sigma}{\sigma'} = \frac{\lambda_1}{\lambda} \frac{E}{E'}.$$

Für den Kräftemaßstab ergibt sich

$$\varkappa = \frac{\sigma}{\sigma'} \lambda \delta = \lambda_1 \delta \frac{E}{E'}. \tag{4.3.2}$$

da s und s' dem Längenmaßstab λ gehorchen müssen, und für den
Maßstab der Momente

$$\mu = \lambda_1 \lambda \delta \frac{E}{E'}. \tag{4.3.3}$$

Von den Maßstäben λ, λ_1, δ, $\varkappa$, σ/σ', μ können in der ebenen Spannungsoptik drei beliebig gewählt werden.

Setzt man wieder $\lambda_1 = \lambda$, so hat man strenge statische Ähnlichkeit in der Ebene (Gleichheit der Dehnungen), setzt man weiter $\delta = \lambda$, so erhält man das allgemeine statische Ähnlichkeitsgesetz. Die Ähnlichkeitsbedingungen für den ebenen Spannungszustand ohne vorgegebene Formänderungsgrößen vereinfachen sich noch weiter, wenn der ebene elastische Körper einfach zusammenhängend ist oder wenn bei mehrfachem Zusammenhang die Michellsche Bedingung erfüllt ist, daß an jeder geschlossenen Berandung die angreifenden äußeren Kräfte keine Resultierende, höchstens ein resultierendes Moment besitzen. In diesen Fällen ist bekanntlich der Spannungszustand unabhängig von der Querdehnungszahl, so daß die Forderung des Poissonschen Modellgesetzes $v = v'$ entfällt und seine Nichteinhaltung keine Maßstabfehler verursacht.

Einen Beweis für die Michellsche Bedingung findet man außer in der Originalarbeit von MICHELL [122] auch in [c].

Unter analoger Anwendung der Überlegungen auf S. 116 ff. folgt auch für den ebenen Spannungszustand, daß bei gegebenen Formänderungsgrößen Ähnlichkeit erzielt wird, wenn diese im Maßstab λ_1 aufgebracht werden. Ebenso werden in analoger Weise andere eventuell nötige Maßstäbe berechnet, so z. B. auch der Maßstab für das Hertzsche Berührungsproblem (Walzendruck) nach Gl. (4.2.3).

4.4 Erweiterte Ähnlichkeitsgesetze für Sonderprobleme

Bei manchen Elastizitätsproblemen können die Ähnlichkeitsbedingungen über die Erweiterung hinsichtlich der Formänderungen hinaus noch zusätzlich erweitert werden. Man gewinnt dadurch für die Durchführung der Versuche noch weitere Freiheiten außer derjenigen, daß man einen Formänderungsmaßstab λ_1 frei wählen kann. Dies soll für einige wichtige Fälle kurz angedeutet werden. Eine strengere Begründung des Folgenden findet man in der Arbeit [125].

4.4.1 Plattenbiegung

Das zu klärende Plattenproblem sei dieses: Die Spannungen für eine Platte von der Stärke h mit gegebener Gestalt der Mittelfläche und gegebenen Randbedingungen unter der gegebenen Druckverteilung p senkrecht zur Plattenfläche durch Modellversuch zu ermitteln. Es sei bereits Ähnlichkeit der äußeren Belastung p und der geometrischen Abmessungen der Mittelfläche in H und M vorausgesetzt, jedoch wollen wir für die Plattenstärke in M einen vom Längenmaßstab λ abweichenden Maßstab h/h' noch offenlassen. Es sollen für H und M die Kirchhoffschen

Annahmen zulässig sein, daß h klein gegen die Abmessungen der Mittelfläche und die Durchbiegungen w klein gegen h sind, was bekanntlich bedeutet, daß wir nur mit einem Biegungsspannungszustand zu rechnen haben und außerdem die Verformungen durch die Querkräfte vernachlässigen dürfen. Dann ist aus der Plattentheorie bekannt, daß jede Spannung geschrieben werden kann

$$\sigma = \varphi\,\frac{p\,l^2}{h^2},$$

und für jede Durchbiegung gilt

$$w = \psi\,\frac{p\,l^4}{E\,h^3},$$

wobei l irgendeine Längenabmessung der Mittelfläche bedeutet und φ und ψ nur von der Querdehnungszahl ν abhängen. Setzen wir das Poissonsche Modellgesetz $\nu = \nu'$ voraus, so werden die Proportionalitätsfaktoren φ und ψ je für H und M gleich. Dann können wir die obigen Gleichungen für H und M durcheinander dividieren und erhalten, wenn wir beachten, daß $p/p' = \varkappa/\lambda^2$ ist, für den Spannungsmaßstab

$$\chi = \frac{\sigma}{\sigma'} = \varkappa\left(\frac{h'}{h}\right)^2$$

und für den Formänderungsmaßstab

$$\lambda_1 = \frac{w}{w'} = \varkappa\,\lambda^2\,\frac{E'}{E}\left(\frac{h'}{h}\right)^3.$$

Wir können also bei Plattenproblemen einen vom Längenmaßstab unabhängigen Dickenmaßstab h/h' frei wählen, vorausgesetzt, daß wir innerhalb der Kirchhoffschen Bedingungen bleiben. Das Poissonsche Modellgesetz muß berücksichtigt werden. Unabhängig von ν ist der Spannungszustand in Platten nur in speziellen Fällen mit speziellen Randbedingungen, vgl. hierüber auch KUHN [104].

4.4.2 Schalen

Der allgemeine Spannungszustand von Schalen setzt sich zusammen aus einem sogenannten Längs- oder Membranspannungszustand und einem Biegespannungszustand. Denkt man sich bei sonst gleichbleibenden Verhältnissen die Schalenstärke h verändert, so müßten sich die Längsspannungen proportional $1/h$, die Biegespannungen proportional $1/h^2$ ändern. Infolgedessen ist eine Erweiterung der Ähnlichkeit hinsichtlich der Schalenstärke im allgemeinen nicht möglich, und es kann höchstens die erweiterte Ähnlichkeit für den allgemeinen räumlichen Spannungszustand angewandt werden. Das Modell muß also in strenger geometrischer Ähnlichkeit ausgeführt werden. Ein vom Längenmaßstab abweichender Dickenmaßstab wäre nur dann zulässig, wenn von vornherein bekannt ist, daß die Schale nur einen Längsspannungszustand besitzt.

4.4.3 Ebene Biegungsprobleme

In Abschn. 1.12 wurde erläutert, wie man statisch unbestimmte Biegungsaufgaben der Lösung zuführen kann, indem man aus einem Modellversuch die Lage der Momentennullpunkte bestimmt. Dabei darf die Annahme gemacht werden, daß für den Spannungs- und Verformungszustand nur die Biegungsmomente ausschlaggebend sind, nicht aber die Normal- und Querkräfte. Unter dieser Voraussetzung brauchen die Querschnitte der einzelnen Stäbe des Trägers, die gewöhnlich I-Form besitzen, nicht streng geometrisch ähnlich ausgeführt zu werden, sondern es genügt, wenn ein ebenes Modell so ausgebildet wird, daß seine Stäbe an jeder Stelle eine Biegungssteifigkeit $E'I'$ besitzen, die im gleichen festen Maßstabverhältnis zur Biegungssteifigkeit EI der betreffenden Stelle der H steht.

Im übrigen wird die Gestalt des M geometrisch ähnlich ausgebildet und die äußeren Kräfte ähnlich aufgebracht. Für solche Biegungsprobleme ist aus der Festigkeitslehre bekannt, daß das Biegungsmoment M an jeder Stelle proportional Pl und jede Durchbiegung w proportional Pl^3/EI ist, wenn P irgendeine Last des Kräftesystems und l irgendeine Längenabmessung ist. Durch Division dieser Proportionalitätsbeziehungen für H und M erhält man den Momentenmaßstab

$$\mu = \frac{M}{M'} = \varkappa\,\lambda$$

und den Formänderungsmaßstab

$$\lambda_1 = \frac{w}{w'} = \varkappa\,\lambda^3\,\frac{E'\,I'}{E\,I}\,.$$

4.5 Die Wahl der Maßstäbe

Hat man eine spannungsoptische Untersuchung durchzuführen, so ist zunächst die Größe des Modells und damit der *Längenmaßstab* λ festzulegen. Grundsätzlich steigt mit der Modellgröße die Genauigkeit. Doch sind der Größe des Modells, hauptsächlich durch die apparativen Möglichkeiten, Grenzen gesetzt.

Als Modelldicke in der *ebenen* Spannungsoptik wird man meist 10 mm wählen. Diese Dicke hat sich praktisch als vorteilhaft erwiesen. Einerseits erhält man mit ihr einen allen Ansprüchen genügenden optischen Effekt, andererseits gelingt es erfahrungsgemäß immer, mit solchen Modellen einen sauberen ebenen Spannungszustand zu erreichen. Mit der Dicke ist der Dickenmaßstab δ festgelegt.

Räumliche Modelle sollen mindestens so groß sein, daß in Scheiben von 2 bis 4 mm Stärke, die an interessierenden Stellen herausgeschnitten werden, der Spannungszustand noch als unveränderlich in Richtung der Dicke angesehen werden kann. In der Größe der räumlichen Modelle ist man hauptsächlich dadurch beschränkt, daß das Modell samt Belastungsvorrichtung im Ofen untergebracht werden muß. Ferner ist zu beachten, daß wegen der relativ kleinen Lasten, mit denen beim Einfrierverfahren gearbeitet wird, oft das Eigengewicht des Modells die Ergebnisse fälschen kann, wenn das Modell zu groß ausgeführt wird. Man muß daher danach trachten, die Modelle beim Einfrierversuch so aufzustellen, daß der Einfluß des Eigengewichtes möglichst gering bleibt. Unter Umständen muß man, wenn es nicht möglich ist, den durch das Eigengewicht in den Spannungen hervorgerufenen Fehler genau genug abzuschätzen, Zusatzlasten anbringen, die das Eigengewicht ausgleichen, oder, was noch besser, aber auch umständlicher ist, das Modell in einem Glycerinbad belasten.

Von großer Wichtigkeit ist es, den *Kräftemaßstab* richtig festzulegen, um einerseits einen für die Auswertung genügend hohen optischen Effekt zu erreichen, andererseits eine Überbeanspruchung der Modelle zu vermeiden, die zu Brüchen führen könnte. Unumgänglich notwendig ist eine sorgfältige Bestimmung des Kräftemaßstabes vor dem Versuch beim Einfrierverfahren, da der Versuch nicht wiederholt werden kann. Aber auch beim ebenen spannungsoptischen Versuch ist ein vorheriger Überschlag immer zu empfehlen, damit die Einspannvorrichtung richtig dimensioniert und beurteilt werden kann, ob die vorhandenen Kraftmeßeinrichtungen ausreichen.

Es empfiehlt sich meist folgender Weg zur Bestimmung des Kräftemaßstabes. Die höchste in der zu untersuchenden Konstruktion auftretende Hauptspannungsdifferenz $\sigma_1 - \sigma_2$ wird zunächst möglichst genau abgeschätzt. Dies kann z. B. mit den zur Verfügung stehenden Mitteln der Elastizitätstheorie geschehen. Handelt es sich um eine Konstruktion, die im Betrieb versagt hat und deshalb untersucht werden soll, so kann man häufig als höchste Beanspruchung die Dauerfestigkeit bzw. Streckgrenze des betreffenden Werkstoffes annehmen. Soll die Berechnung einer Konstruktion überprüft werden, so kommt unter Umständen auch die zulässige Spannung, mit der gerechnet wurde, in Frage. Die höchste Hauptspannungsdifferenz $\sigma_1 - \sigma_2$ soll nun an der entsprechenden Stelle des Modells durch eine angemessene Isochromatenordnung n wiedergegeben werden. Ist die Hauptspannungsdifferenz an dieser Stelle des Modells $\sigma_1' - \sigma_2'$, die spannungsoptische Konstante des Modellwerkstoffes S und die Dicke des ebenen Modells bzw. des aus dem räumlichen Modell herausgearbeiteten Schnittes d', so besteht die Beziehung

$$\sigma_1' - \sigma_2' = \frac{Sn}{d'}\,.$$

Hieraus ergibt sich der Spannungsmaßstab zu

$$\frac{\sigma}{\sigma'} = \frac{\sigma_1 - \sigma_2}{\sigma_1' - \sigma_2'} = \frac{\sigma_1 - \sigma_2}{Sn}\,d'\,. \tag{4.5.1}$$

Als Richtlinie für die Wahl der Isochromatenordnung n an der höchstbeanspruchten Stelle kann nach praktischen Erfahrungen gelten: $n = 10$ bis 15 für *ebene* Modelle von 1 cm Dicke. Für kleine Modelldicken ist n unter Umständen geringer zu wählen, so daß $\sigma_1' - \sigma_2'$ nicht zu hoch wird. Die zulässigen Werte sind nach den Angaben für die Festigkeit in Tab. 1.8 zu beurteilen.

Bei *räumlichen* Versuchen rechne man in Schnitten von 3 mm Stärke mit $n = 6$ bis 8. (Siehe jedoch auch Abschn. 5.4.1.) Araldit B verträgt bei sauberer Modellbearbeitung $n = 12$ (s. S. 105). Angaben über zulässige Beanspruchungen anderer Werkstoffe finden sich in Tab. 2.1.

Ist der Spannungsmaßstab nach Gl. (4.5.1) festgelegt, so können die übrigen Maßstäbe nach den Beziehungen (4.1.8), (4.2.1) und (4.2.2) bzw. (4.3.2) und (4.3.3) berechnet werden. Bei Problemen mit vorgegebenen *Formänderungsgrößen* ist zu beachten, daß in die Berechnung des Formänderungsmaßstabes λ_1 die Elastizitätsmoduln von Hauptausführung und Modell eingehen. Diese müssen daher bekannt sein.

Es sei noch bemerkt, daß die obige Festsetzung der Maßstäbe über den Spannungsmaßstab nur als Überschlag zu betrachten ist. Bei der endgültigen Festsetzung wird man oft aus Zweckmäßigkeitsgründen einen der erhaltenen Maßstäbe aufrunden, um beim Versuch mit bestimmten einfachen Werten von gegebenen Größen, z. B. Durchbiegungen oder Kräften, arbeiten zu können und dann die übrigen Maßstäbe danach neu berechnen. In der ebenen Spannungsoptik ist es z. B. oft zweckmäßig, an einem bestimmten Modellpunkt eine ganzzahlige Isochromatenordnung einzustellen und durch die zugehörige Belastung den Kräftemaßstab festzulegen.

Beispiele. a) Für einen Nockenhebel aus Stahl sollte festgestellt werden, bei welcher Last P die Streckgrenze von $\sigma_s = 2800\ \mathrm{kp/cm^2}$ überschritten wird. Die Form des Hebels sowie die Beanspruchung geht aus Abb. 4.5.1 hervor. Ferner soll eine Form des Hebels gefunden werden, bei der bei gleicher Beanspruchung eine höhere Kraft P zulässig ist. Der Hebel ist etwa 100 mm hoch und hat eine überall gleiche Stärke von 10 mm.

Es handelt sich um ein ebenes Problem. Zweckmäßiger Längenmaßstab: $\lambda = 0{,}5$. Damit wird das Modell 200 mm hoch. Modelldicke: 1 cm, folglich ist der Dickenmaßstab $\delta = 1$.

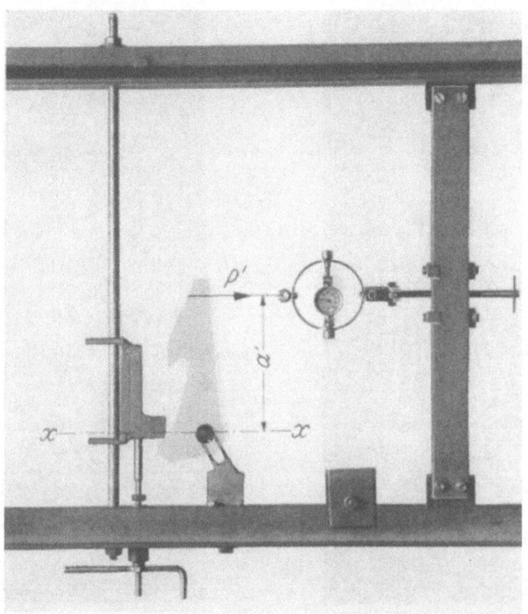

Abb. 4.5.1 Belastungseinrichtung für das Modell eines Nockenhebels

Überschlag der aufzuwendenden Kraft: Schwächste Stelle vermutlich bei der unteren Ausrundung am Nocken. Nach der elementaren Biegungstheorie ist mit Hebelarm $a = 6{,}5$ cm und Widerstandsmoment $W = 1$ cm³ im Querschnitt $x - x$ der Hauptausführung die Kraft roh angenähert: $P = \sigma_s W/a = 430$ kp. Im Modell soll etwa die 10. Isochromatenordnung erreicht werden. Dann wird nach Gl. (4.5.1), $S = 14$ angenommen, der Spannungsmaßstab

$$\frac{\sigma}{\sigma'} = \frac{\sigma_s}{Sn}\, d' = \frac{2800}{14 \cdot 10} \cdot 1 = 20$$

und nach Gl. (4.3.2) der Kräftemaßstab

$$\varkappa = \frac{\sigma}{\sigma'}\, \lambda\delta = 20 \cdot 0{,}5 \cdot 1 = 10;$$

also die Kraft P' beim Versuch $P' = P/\varkappa = 43$ kp. Danach war die Belastungsvorrichtung zu dimensionieren.

Der tatsächliche Spannungszustand weicht erheblich von der rohen Schätzung nach der elementaren Theorie ab. Es genügte beim Versuch $P' = 15$ kp. Dabei ergibt sich schon die höchste Isochromatenordnung zu 11,0 (Abb. 4.5.2). Der Eichversuch ergab $S = 13,8$ (kp/cm²) cm/

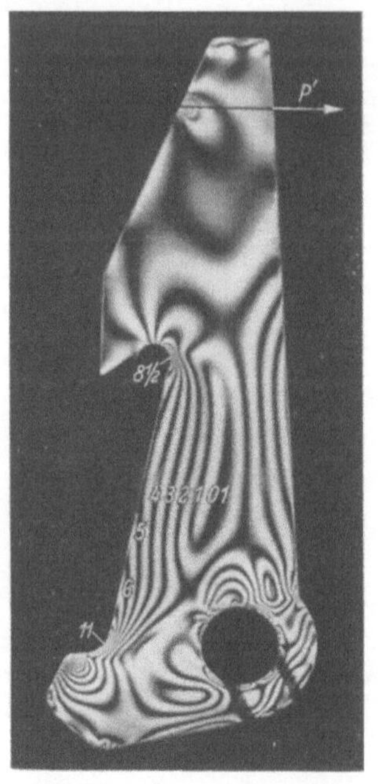

Abb. 4.5.2 Isochromatenbild des Modells eines Nockenhebels, anfängliche Ausführung

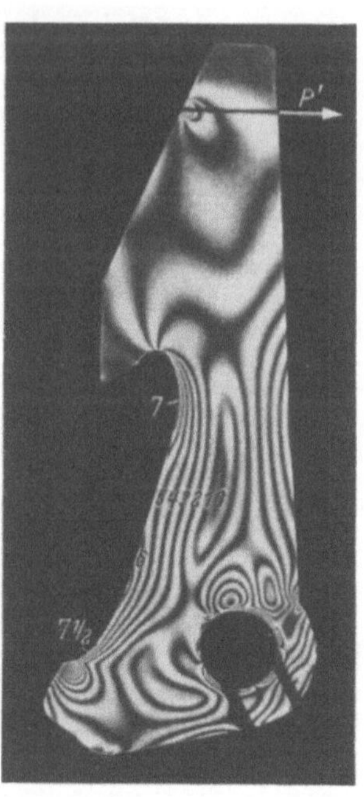

Abb. 4.5.3 Isochromatenbild des Modells eines Nockenhebels, verbesserte Ausführung

Ordnung. Damit erhält man jetzt den Spannungsmaßstab zu

$$\frac{\sigma}{\sigma'} = \frac{2800}{13,8 \cdot 11} \cdot 1 = 18,45$$

und den Kräftemaßstab zu $\varkappa = 9,23$. Die gesuchte Kraft, bei der die Streckgrenze überschritten wird, beträgt also $P = \varkappa P' = 138$ kp. Das Isochromatenbild Abb. 4.5.3 zeigt eine günstigere Formgebung des Hebels. Bei einer Kraft P' von ebenfalls 15 kp tritt hier nur die 7,5te Isochromate auf. Bei dieser Form darf demnach P um das Verhältnis 11,0/7,5 größer sein, also 203 kp betragen.

b) Die Berechnung einer statisch unbestimmt gelagerten Rostbrücke aus Stahlbeton soll mit Hilfe eines Modells im Maßstab 1 : 100 nachgeprüft werden. Die Einzelträger seien prismatisch, so daß sie im ebenen spannungsoptischen Verfahren untersucht werden können, und mögen im Modell eine Dicke von 8 mm besitzen. In der Berechnung sei zur Sicherheit eine Senkung der Mittelstützen um 5 cm angenommen und dabei die höchste Spannung zu 150 kp/cm² ermittelt worden. Der E-Modul für Stahlbeton werde zu 210000 kp/cm² angenommen. Für das Modell betrage der E-Modul 34000 kp/cm², die spannungsoptische Konstante 13,5 (kp/cm²) cm/Ordnung.

Wird an der höchstbeanspruchten Stelle die Isochromate 10. Ordnung gewünscht, so ist der Spannungsmaßstab nach Gl. (4.5.1)

$$\frac{\sigma}{\sigma'} = \frac{\sigma_1 - \sigma_2}{Sn}\, d' = \frac{150}{13,5 \cdot 10}\, 0,8 = 0,89\,.$$

Nach Gl. (4.1.8) ergibt sich der Formänderungsmaßstab zu

$$\lambda_1 = \lambda\, \frac{\sigma}{\sigma'}\, \frac{E'}{E} = 100 \cdot 0,89 \cdot \frac{34000}{210000} = 14,4\,.$$

Aus experimentellen Zweckmäßigkeitsgründen werde λ_1 jedoch zu 12,5 gewählt. Dann wird das den Auflagersenkungen entsprechende Spiel an den Auflagern des Modells $50/\lambda_1 = 4$ mm. Der endgültige Spannungsmaßstab wird dann $\sigma/\sigma' = 0,775$, der Kräftemaßstab $\varkappa = \lambda^2 \sigma/\sigma' = 775$.

c) Ein Betonierkörper eines Wasserkraftwerkes soll an einem Modell aus Araldit im Maßstab 1 : 100 im Einfrierverfahren untersucht werden. Die Belastungen durch Wasserdruck und Gewichtskräfte seien näherungsweise in vier Resultierende zusammengefaßt worden, von denen die größte $R = 5000$ Mp beträgt. Als höchste Spannung in dem teilweise zu armierenden Beton wird 50 kp/cm² erwartet. Die maximale Spannung soll bei 4 mm Schnittdicke durch die achte Isochromatenordnung wiedergegeben werden. Als spannungsoptische Konstante (die erst genau bei der Auswertung des Eichversuchs bestimmt wird) nehmen wir zunächst den ungefähren Wert $S = 0,3$ kp/cm · Ordnung an. Nach Gl. (4.5.1) wird der Spannungsmaßstab

$$\frac{\sigma}{\sigma'} = \frac{\sigma_1 - \sigma_2}{Sn}\, d' = \frac{50 \cdot 0,4}{0,3 \cdot 8} = 8,33$$

und der Kräftemaßstab

$$\varkappa = \lambda^2\, \frac{\sigma}{\sigma'} = 83300\,.$$

Die Last R erhält demnach am Modell die Größe

$$R' = \frac{R}{\varkappa} = \frac{5000000}{83300} = 60 \text{ kp}\,.$$

4.6 Abschätzung der Maßstabfehler (Übertragungsfehler)

Maßstabfehler treten, wie erwähnt, bei den Modellversuchen dann auf, wenn die Ähnlichkeitsbedingungen nicht streng eingehalten werden können, d. h. wenn mit angenäherter Ähnlichkeit gearbeitet werden muß. Die beiden hauptsächlichsten Ursachen von Maßstabfehlern in der Spannungsoptik sind die Unmöglichkeit, das Poissonsche Modellgesetz, das gleiches ν für H und M vorschreibt, einzuhalten, und der Umstand, daß, wie wir gesehen haben, praktisch immer mit erweiterter Ähnlichkeit hinsichtlich der Formänderungen gearbeitet werden muß, die zugleich immer eine mehr oder weniger angenäherte ist. Beide Ursachen sind durch das Modellmaterial bedingt und daher nicht auszuschalten. Denn die Poissonsche Zahl des Modellmaterials kann man nicht ändern und die erweiterte Ähnlichkeit hinsichtlich der Formänderungen muß man anwenden, um einen für eine genaue Auswertung hinreichenden optischen Effekt zu erzielen.

Beide Fehlerquellen wirken sich in der ebenen Spannungsoptik weit weniger ungünstig aus als in der räumlichen. Abgesehen davon, daß für eine große Anzahl von ebenen Problemen das Poissonsche Modellgesetz überhaupt entfällt, nämlich wenn alle äußeren Kräfte gegeben sind und die Michellsche Bedingung erfüllt ist, weicht nach bisherigen Versuchen die Poissonsche Konstante für die Kunstharze bei Zimmertemperatur kaum erheblich von dem Wert $\nu = 0{,}3$ ab, der bei Festigkeitsberechnungen für Metalle gewöhnlich zugrunde gelegt wird.

Für mehrfach zusammenhängende Körper mit gegebenen äußeren Lasten kann auch, sofern durch Nichterfülltsein der Michellschen Bedingung ein Einfluß der Poissonschen Konstanten vorhanden ist, dieser experimentell durch das seit langem vorgeschlagene Verfahren der *Dislokationen* berücksichtigt werden. Dieses geht davon aus, daß der Spannungszustand im zweifach zusammenhängenden Körper einen Eigenspannungszustand enthält, der von ν abhängig ist und den man für sich allein erzeugen kann, indem man den zweifachen Zusammenhang durch einen Schlitz trennt und die Schlitzränder verschoben wieder zusammenklebt. Die Dislokationen haben jedoch wenig praktische Bedeutung erlangt wegen der offensichtlichen experimentellen Schwierigkeiten bei ihrer tatsächlichen Ausführung und weil der Einfluß von ν, wenn er überhaupt beim ebenen Problem vorhanden ist, meist, insbesondere an den Stellen hoher Beanspruchung, vernachlässigt werden kann.

Beim Einfrierverfahren hat die Poissonsche Konstante annähernd den Wert $\nu = 0{,}5$. Infolgedessen ist gegenüber der ebenen Spannungsoptik beim räumlichen Versuch mit etwas größeren Maßstabfehlern zu rechnen, die durch Nichtbeachtung des Poissonschen Modellgesetzes hervorgerufen werden, zudem beim räumlichen Modellversuch die Ähnlichkeitsmechanik das Poissonsche Modellgesetz praktisch immer fordert. Eine Abhilfe ist natürlich hier noch weniger möglich als in der ebenen Spannungsoptik.

Die Größe der Maßstabfehler hängt ganz vom jeweiligen Problem ab und eine Abschätzung der zu erwartenden Abweichungen ist meist nicht leicht. Für das ebene Spannungsproblem des zweifach zusammenhängenden Körpers haben FÖPPL und NEUBER [c] die obere Grenze für den Fehler errechnet, der durch Nichtbeachtung des Poissonschen Modellgesetzes eintreten kann. Unter Annahme von $1/\nu = 10/3$ für H und $1/\nu' = 4{,}4$ für M beträgt er z. B. 7%. Im allgemeinen ist jedoch eine solche obere Grenze kaum anzugeben und sie würde wohl auch meist zu einer zu ungünstigen Beurteilung des Sachverhaltes führen, da, wie auch die Durchrechnung von praktischen Fällen der eben erwähnten Art gezeigt hat, die tatsächlichen Abweichungen, vor allem an den höchstbeanspruchten Stellen, meist weit innerhalb der oberen Grenze liegen.

Der beste Weg zur Beurteilung der möglichen Maßstabfehler dürfte wohl meist der sein, daß man sich ein verwandtes, dem vorliegenden möglichst nahekommendes Problem ausdenkt, das man theoretisch oder zumindest durch eine Näherung lösen kann. Die am Vergleichsproblem rechnerisch gefundenen Abweichungen wird man dann mit entsprechender Vorsicht auf das gegebene Problem übertragen dürfen. Ein Beispiel möge dies erläutern:

Zur Abschätzung der Maßstabfehler bei der Untersuchung von Plattenproblemen im Einfrierverfahren berechnen wir als Vergleichsproblem die maximale Spannung der durch einen gleichmäßigen Flächendruck p beanspruchten, an den Rändern drehbar gelagerten quadratischen Platte. Als Abmessungen, wie sie für das Einfrierverfahren geeignet und möglich sind, wählen wir die Quadratseite $2a$ zu 30 cm und die Plattenstärke $h = 2$ cm. Die angenäherte Ähnlichkeit bewirkt Maßstabfehler hauptsächlich durch die Verschiedenheit der Poissonschen Konstanten und durch den Umstand, daß bei großen Formänderungen dem Biegespannungszustand der Platte ein Längsspannungszustand überlagert wird, der bei kleinen Formänderungen entfällt. Wir rechnen daher die Platte nach einem von A. und L. FÖPPL ([55], Bd. I) angegebenen Näherungsverfahren zuerst mit einem Längsspannungszustand und $\nu = 0{,}5$ und dann nach demselben Verfahren ohne Längsspannungszustand mit $\nu = 0{,}3$. Die prozentuale Abweichung der Ergebnisse ist der Maßstabfehler.

Das genannte Näherungsverfahren beruht darauf, daß eine Biegefläche nach einer cos-Funktion angenommen und, getrennt für Biege- und Längsspannungszustand, je die Spannung und der zugehörige äußere Druck berechnet wird. Hierauf werden Spannungen und Drücke überlagert. Wir nehmen zunächst den zum Biegespannungszustand gehörigen Druck p_1 zu 0,03 at an und berechnen damit nach [55] I, S. 139, Gl. (19) den Biegungspfeil:

$$f = \frac{1536}{\pi^6} \frac{2(1-\nu^2)}{Eh^3} \frac{a^4}{4} p_1 = 0,569 \text{ cm}.$$

Für den Elastizitätsmodul E ist dabei der Wert 200 kp/cm² für Araldit B (s. Tab. 2.1) angenommen. Die zugehörige maximale Biegespannung in der Plattenmitte berechnet sich nach [55] I, S. 153, Gl. (50):

$$\sigma_b = \frac{384}{\pi^4} (1 + \nu) \frac{a^2}{4h^2} p_1 = 2,50 \text{ kp/cm}^2. \tag{4.6.1}$$

Der zur Aufrechterhaltung des Längsspannungszustandes zusätzlich erforderliche Druck p_2 ist nach [55] I, S. 222, Gl. (159) und (158):

$$p_2 = 6,86 \frac{\nu}{1-\nu^2} \frac{Eh}{a^4} f^3 = 0,00665 \text{ at}$$

und die zugehörige Längsspannung in der Plattenmitte nach S. 223, Gl. (161):

$$\sigma_l = 0,462 \frac{E}{1-\nu} \frac{f^2}{a^2} = 0,266 \text{ kp/cm}^2.$$

Somit erhalten wir also durch unseren gedachten spannungsoptischen Versuch beim Druck $p = p_1 + p_2 = 0,03665$ at in der Plattenmitte eine Biegezugspannung $\sigma_b + \sigma_l = 2,766$ kp/cm² und eine Biegedruckspannung $-\sigma_b + \sigma_l = -2,234$ kp/cm².

Die Spannung, die sich ergeben müßte, wenn das Poissonsche Modellgesetz erfüllt wäre und wir unendlich kleine Formänderungen anwenden könnten, berechnet sich, indem wir mit $p = 0,03665$ at und $\nu = 0,3$ in Gl. (4.6.1) für σ_b eingehen, zu 2,64 kp/cm². Sie ist auf Zug- und Druckseite von gleicher Größe. Damit ist der Maßstabfehler, wenn wir uns aus dem Versuchsergebnis σ_l eliminiert denken und also als Endergebnis die Biegespannung $\sigma_b = 2,50$ kp/cm² ansehen, der gesamte Maßstabfehler $-5,3\%$.

Der durch die Verschiedenheit der Querdehnungszahlen allein bedingte Maßstabfehler wäre, wie man durch Einsetzen von $\nu = 0,3$ bzw. 0,5 in Gl. (4.6.1) sieht, $+15,4\%$. Man sieht daraus, daß er im umgekehrten Sinne wirkt wie der Fehlereinfluß der zu großen Formänderungen. Beide Einflüsse heben sich also hier zum Teil auf.

Die in unserem Versuchsbeispiel auftretende höchste Isochromatenordnung n wäre, wenn wir eine spannungsoptische Materialkonstante von $S = 0,28$ (kp/cm²)cm/Ordnung voraussetzen und annehmen, daß die aus dem Modell herausgeschnittenen Proben eine Stärke von $d = 1$ cm haben, was nach KUHN [104] bei Plattenuntersuchungen ohne weiteres zulässig ist,

$$n = \sigma\,\frac{d}{S} = 9,9\,.$$

Die aufgewendete Verformung ist also ausreichend.

Würde man dieselbe Rechnung wie oben, jedoch ausgehend von $p_1 = 0,04$ anstatt 0,03 at, durchführen, dann würde sich, bei einer Durchbiegung $f = 0,758$ cm, schon ein gesamter Maßstabfehler von $-17,3\%$ ergeben. Er nimmt also rasch zu. Man erkennt somit, daß die Durchbiegung von etwa 0,6 cm für unser Problem die zulässige Grenze der Verformungen angibt.

Unser Beispiel zeigt aber auch, daß die abweichenden Poissonschen Konstanten von H und M beim Einfrierverfahren unter Umständen recht erhebliche Maßstabfehler mit sich bringen können. Noch stärker als bei dem gerechneten Beispiel macht sich dies bei Problemen des Bauwesens bemerkbar, wo man z. B. bei Beton ein ν von etwa 0,15 gegenüber $\nu = 0,5$ beim Modell hat.

Ist es nicht möglich, wie im geschilderten Beispiel, ein Vergleichsproblem zu finden, bei dem die Maßstabfehler rechnerisch ermittelt werden können, so bleibt noch als Ausweg, das Vergleichsproblem so zu wählen, daß wenigstens die bei unendlich kleinen Formänderungen zu erwartenden Sollwerte der Spannungen rechnerisch bestimmbar sind. Durch einen spannungsoptischen Versuch wird dann festgestellt, wie weit dessen Ergebnisse von den theoretischen Sollwerten abweichen.

Bei manchen Problemen lassen sich unter Umständen auch aus den Versuchsergebnissen allein Schlüsse auf die Maßstabfehler ziehen. Ein solches Problem wurde in der Arbeit [123] behandelt. Dort handelt es sich um die Spannungserhöhungen, die in einem tordierten Stab von quadratischem Querschnitt infolge einer kreisrunden Querbohrung entstehen. Am Rande dieser Bohrung stellt sich hierbei eine antisymmetrische Spannungsverteilung ein, wobei in vier diagonal zueinander liegenden Punkten abwechselnd gleich große Zug- und Druckmaxima auftreten. Beim Versuch verformte sich nun die Kreiskontur der Bohrung zu einem Oval, so daß die Krümmung an der Stelle des Zugmaximums sich verringerte, an der des Druckmaximums sich vergrößerte. Infolgedessen erschien die Zugspannung zu niedrig, die Druckspannung zu hoch. Die Abweichungen vom Mittelwert der beiden Spannungsmaxima stellen den Maßstabfehler infolge großer Formänderungen dar. Sie betrugen damals 6%.

Zweiter Teil

Besondere Verfahren

5 Übersicht über besondere Verfahren der Spannungsoptik

5.1 Das Reflexionspolariskop

Durch Anbringen eines Spiegels hinter dem Modell kann man erreichen, daß das Licht zweimal durch das Modell hindurchgeht. Man erhält dann die doppelte Anzahl von Isochromaten gegenüber der Beobachtung im durchfallenden Licht. Zur Beobachtung benötigt man hierzu ein sogenanntes Reflexionspolariskop. Ein solches kann man sich z. B. aus der einfachen spannungsoptischen Apparatur und einem halbdurchlässigen Spiegel zusammenstellen. Man verwendet am besten einen

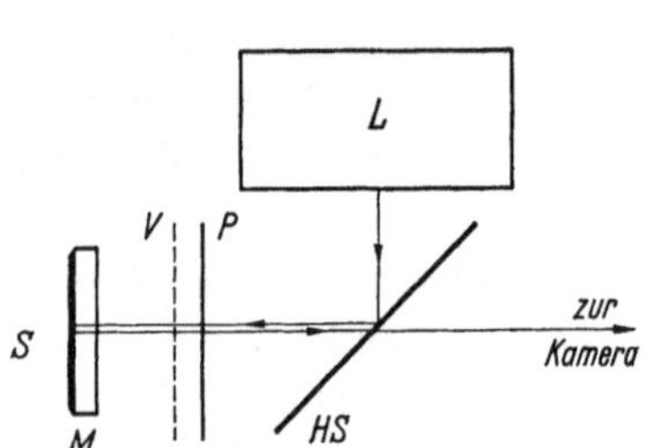

Abb. 5.1.1 Reflexionspolariskop für Dunkelfeld bei Zirkularlicht.

L Lampenkasten, *HS* Halbspiegel, *P* Polarisator, *V* Viertelwellenplatte, *M* Modell, *S* Spiegel

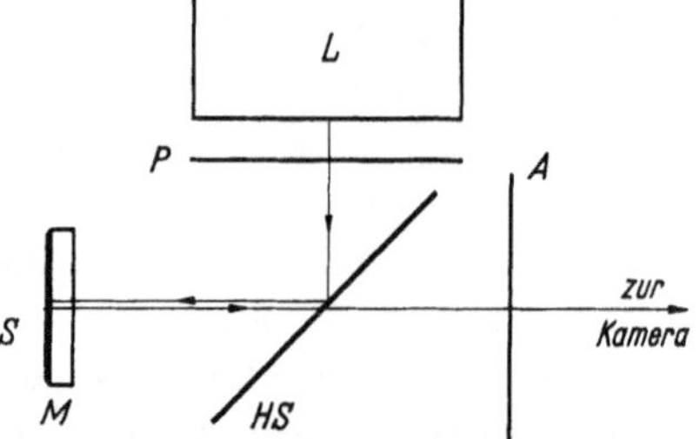

Abb. 5.1.2 Reflexionspolariskop für Dunkelfeld bei Linearlicht.

P Polarisator, *A* Analysator; übrige Bezeichnungen wie in Abb. 5.1.1

Halbspiegel mit aufgedampfter Quarzschutzschicht. Die einfachste Anordnung ist die der Abb. 5.1.1. Das von der Mattscheibe des Lampenkastens *L* ausgehende Licht wird durch den Halbspiegel *HS* zur Hälfte reflektiert, hierauf durch den Polarisator *P* mit Viertelwellenplatte *V* zirkular polarisiert. Dann durchdringt es das Modell *M*, wird am Spiegel *S* reflektiert, durchläuft das Modell ein zweites Mal und gelangt wieder zum Zirkularpolarisator. Dieser dient nun als Analysator, und zwar wirkt er in gleicher Weise wie im Zirkularpolariskop mit gekreuzten Viertelwellenplatten, da das Zirkularlicht bei der Reflexion am Spiegel *S* seinen Drehsinn relativ zur Fortpflanzungsrichtung umgekehrt hat. Das spannungsoptische Bild erscheint daher im Dunkelfeld und ohne Isoklinen.

Zur Aufnahme von *Isoklinen* ist die Anordnung nach Abb. 5.1.1 nicht geeignet. Würde man sie nämlich auf Linearlicht umstellen, indem man die Viertelwellenplatte V herausnimmt, dann würden sich Hellfeldbilder ergeben, in denen auch die Isoklinen hell erscheinen, denn der Analysator stünde dann parallel zum Polarisator, da er mit ihm identisch ist. Um mit gekreuzten Polarisatoren arbeiten zu können, muß das Polariskop nach Abb. 5.1.2 aufgebaut werden. Hier befinden sich Polarisator P und Analysator A im Strahlengang außerhalb des Halbspiegels. Steht der Analysator gekreuzt zum Polarisator, dann erhält man das übliche Dunkelfeldbild mit dunklen Isoklinen und dunklen ganzzahligen Isochromaten. Ungünstig bei dieser Anordnung ist, daß die vom Halbspiegel zusätzlich erzeugte Polarisation Störungen hervorrufen kann. Man stellt daher Polarisator und Analysator am besten immer senkrecht oder waagerecht ein und dreht zur Isoklinenaufnahme das Modell. Ferner ist darauf zu achten, daß die Glasplatte, auf die der Halbspiegel HS aufgedampft ist, vorspannungsfrei sein muß. Bei der Anordnung nach Abb. 5.1.1 ist dies nicht nötig.

Anordnungen zur Beobachtung im reflektierten Licht nach Art der Abb. 5.1.1 und 2, mit zwischengeschaltetem Halbspiegel, sind natürlich auch bei Linsenpolariskopen mit gerichtetem Strahlengang möglich. Vgl. FROCHT [g] Bd. I, S. 383.

Bei allen Reflexionspolariskopen solcher Art ist, wie aus den Abb. 5.1.1 und 2 hervorgeht, dank dem eingeschalteten Halbspiegel ein exakt senkrecht zum Modell stehender Strahlengang sowohl des einfallenden als auch des reflektierten Lichts möglich, vorausgesetzt, daß der reflektierende Spiegel S von einigermaßen guter Qualität ist. Bei Linsenpolariskopen mit gerichtetem Strahlengang läßt sich dieser exakt senkrechte Strahlengang für das ganze Bildfeld verwirklichen, bei den Anordnungen ohne Linsen nach den Abb. 5.1.1 und 2 für eine ausgewählte Stelle des Modells, genauso wie bei der einfachen spannungsoptischen Apparatur bei Durchlicht. Man kann daher mit diesen Anordnungen — ein gut reflektierender Spiegel vorausgesetzt, der möglichst nahe am Modell sein soll — auch bei starken Spannungsgradienten und auch bei größerer Modelldicke die Isochromaten noch einwandfrei auflösen. Eine recht gute Reflexion läßt sich bei einem Modell mit guten glatten Oberflächen schon dadurch erzielen, daß man seine Rückseite mit Öl benetzt und Aluminiumfolie auflegt.

Oft sind aber an den Strahlengang gar keine sehr hohen Anforderungen zu stellen. Dann kann man einen anderen Typ von Reflexionspolariskop verwenden, dessen Strahlengang in Abb. 5.1.3 skizziert ist. Dieses Polariskop wird bei dem unten noch näher zu behandelnden Oberflächenschichtverfahren meistens verwendet. Ein Scheinwerfer *Sch* mit vorgeschaltetem Polarisator P, dem auch noch eine Viertelwellenplatte V beigegeben werden kann, strahlt das Licht auf das Modell M. Auf dessen Rückseite befindet sich ein Spiegel S, der das Licht zurückwirft. Ein dem Polarisator entsprechender Analysator, gegebenenfalls auch mit Viertelwellenplatte, befindet sich unmittelbar neben dem Schein-

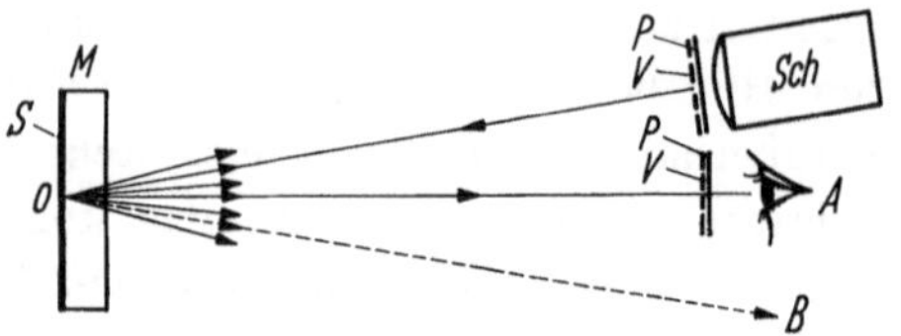

Abb. 5.1.3 Reflexionspolariskop mit nebeneinander angeordnetem Beleuchtungs- und Beobachtungsteil, schematisch.

M Modell, S Spiegel, Sch Scheinwerfer, P Polarisatoren, V Viertelwellenplatten

werfer bei A. Hier wird das im reflektierten Licht erscheinende spannungsoptische Bild mit dem Auge beobachtet oder auch photographiert.

Bei dieser Anordnung durchlaufen jetzt ankommende und reflektierte Strahlen nicht mehr den gleichen Weg im Modell, da sie einen kleinen Winkel miteinander bilden. Dieser ist aber bei genügendem Abstand des

Abb. 5.1.4 Reflexionspolariskop für das Oberflächenschichtverfahren der Firma Photolastic Inc.
Sch Scheinwerfer, F Fernrohr, A Analysator, K Babinet-Soleil-Kompensator

Polariskops vom Modell so klein, daß im allgemeinen noch keine merklichen Meßfehler entstehen. Zur Erzielung eines gleichmäßigen Bildes ist es bei diesem Polariskop besser, wenn der Spiegel S diffus reflektiert. Würde er nämlich nur streng gerichtet reflektieren (gestrichelte Linie), so müßte der Beobachter, um den Punkt O des Modells in Augenschein zu nehmen, bei B stehen. Dort würde er aber im spannungsoptischen

Bild das Spiegelbild des Scheinwerfers als Hintergrund sehen, das Bild würde nicht gleichmäßig erleuchtet. Besonders stört in diesem Fall das zusätzlich von der Vorderseite des Modells reflektierte Bild des Scheinwerfers. Daher stellt man das Polariskop besser so auf, daß außerhalb des direkt reflektierten Scheinwerferkegels beobachtet wird, möglichst senkrecht zum Modell, Punkt A. Damit aber dieser Punkt bei schräg einfallendem Scheinwerferkegel Licht erhält, muß der Spiegel diffus reflektieren. Ein solcher Diffusspiegel wird am einfachsten hergestellt, indem auf die Rückseite des Modells Aluminiumfarbe aufgetragen wird.

Reflexionspolariskope, die nach dem durch Abb. 5.1.3 skizzierten Prinzip arbeiten, werden von verschiedenen Firmen zum Gebrauch beim Oberflächenschichtverfahren hergestellt. Abb. 5.1.4 zeigt eine Ausführung der Firma Photolastic Inc., Malvern, Pa., U.S.A. Das Gerät besitzt auch ein Fernrohr zur Beobachtung und, zur Messung von Bruchteilen der Isochromatenordnung, einen Babinet-Soleil-Kompensator mit Digitalanzeigeinstrument.

5.2 Das Oberflächenschicht-Verfahren

5.2.1 Grundlagen

Bei diesem Verfahren wird, um die *Dehnungen* in der Oberfläche eines Körpers zu messen, eine spannungsoptisch wirksame Schicht auf diese aufgebracht. Bei mechanischer Beanspruchung des Körpers übertragen sich seine Oberflächendehnungen auch auf die Schicht und machen sie doppeltbrechend. Die Unterseite der Schicht muß lichtreflektierend sein. Dann kann man durch ein Reflexionspolariskop (s. vorigen Abschnitt), den Doppelbrechungseffekt der Schicht und damit den mit ihm ursächlich verbundenen Dehnungszustand in der Oberfläche messen.

Das Oberflächenschichtverfahren ist also seinem Wesen nach kein modellstatisches Verfahren, sondern mehr: es ist ein sehr allgemein anwendbares *Dehnungs*meßverfahren, in erster Linie für die Messung am Objekt selbst, in zweiter Linie aber natürlich auch an Modellen. Man benützt die spannungsoptische Oberflächenschicht gewissermaßen als Dehnungsmesser. Dabei hat man gegenüber den bekannten Dehnungsmeßstreifen den Vorteil der Spannungsoptik voraus, daß man ein ganzes Spannungs*feld* erfaßt, jedoch sind, wie wir sehen werden, die Messungen nicht so genau.

Der Grundgedanke des Oberflächenschichtverfahrens wurde bereits 1930 von MESNAGER [121] veröffentlicht, der auch die ersten Versuche durchführte. 1937 wurde das Verfahren von OPPEL [147] und in neuerer Zeit, nachdem sich die Möglichkeiten durch neuentdeckte Kunststoffe inzwischen vervielfältigt hatten, in Frankreich durch ZANDMAN [194], in Amerika durch D'AGOSTINO, DRUCKER, LIU und MYLONAS [35, 36] wieder aufgegriffen. Heute sind von mehreren Firmen Geräte und Zubehör für das Verfahren im Handel erhältlich.

Zur Ableitung der Grundformel für das Oberflächenschichtverfahren sei zunächst angenommen, daß die zu vermessende Oberfläche *eben* sei und daß sich die in ihr auftretenden Dehnungen unverändert über die ganze Dicke der aufgeklebten Schicht übertragen. Dies trifft angenähert zu, wenn der Dehnungszustand örtlich nicht stark veränderlich ist, sowohl in Richtungen längs der Oberfläche als auch senkrecht zu ihr ins Innere des Körpers hinein, und wenn die Meßstelle genügend weit von den Rändern der aufgeklebten Schicht entfernt ist.

Der Spannungszustand in der Schicht ist ein ebener, denn eine Hauptspannung, nämlich die senkrecht zur Oberfläche stehende, ist Null. Die beiden anderen, σ_1 und σ_2, liegen parallel zur Oberfläche. Die Dehnungen in deren Richtungen nennt man bekanntlich die „Hauptdehnungen" ε_1 und ε_2. Der Zusammenhang mit den Hauptspannungen σ_1 und σ_2 ergibt sich, indem man die Gln. (1.2.1 und 2) für die Hauptrichtungen anschreibt, zu:

$$\varepsilon_1 = \frac{1}{E}\,(\sigma_1 - \nu\,\sigma_2), \qquad\qquad (5.2.1)$$

$$\varepsilon_2 = \frac{1}{E}\,(\sigma_2 - \nu\,\sigma_1), \qquad\qquad (5.2.2)$$

wobei E und ν den Elastizitätsmodul und die Querkontraktionszahl der Schicht bedeuten.

Die Isochromatenordnung δ, die man bei senkrechter Durchstrahlung der Schicht im Reflexionspolariskop beobachtet, erhält man aus der Hauptgleichung (1.6.1) der Spannungsoptik, wobei $2\,d$ an Stelle von d zu setzen ist, da die Schichtdicke d vom Licht zweimal durchlaufen wird:

$$\sigma_1 - \sigma_2 = \frac{S}{2d}\,\delta .$$

Setzt man hier die Hauptspannungen σ_1 und σ_2, die sich aus den Gln. (5.2.1 und 2) errechnen, ein und löst nach δ auf, so folgt:

$$\delta = K\,(\varepsilon_1 - \varepsilon_2), \qquad\qquad (5.2.3)$$

wobei die Konstante K bedeutet:

$$K = \frac{2Ed}{S(1 + \nu)} . \qquad\qquad (5.2.4)$$

Durch die Isochromatenordnung δ wird also die *Hauptdehnungsdifferenz* $\varepsilon_1 - \varepsilon_2$ gemessen.

Die Konstante K muß durch Eichung bestimmt werden. Man kann hierzu z. B. auf einen Flachstab aus Metall, dessen Elastizitätsmodul und Querkontraktionszahl bekannt sind, ein Stück der Schicht aufkleben und ihn auf einachsigen Zug beanspruchen. Dabei ist es empfehlenswert, den Stab auf Vor- und Rückseite zu bekleben und aus den Eichmessungen beider Seiten das Mittel zu nehmen, da eine vollkommen zentrische Zugbelastung schwer aufzubringen ist.

Einfacher ist es vielleicht, zur Bestimmung von K nach Gl. (5.2.4), S und E des Schichtmaterials mit der Eichvorrichtung der ebenen Spannungsoptik, S. 24, Abb. 1.6.3, zu messen. Für die Querdehnungszahl ν der Schicht nimmt man, genau genug, den Wert 0,38. Denn auf sehr große Genauigkeit kann ja das Oberflächenschichtverfahren sowieso keinen Anspruch erheben.

Die *Richtungen* der Hauptdehnungen, die ja in der Schicht, weil sie isotrop ist, mit den Hauptspannungsrichtungen identisch sind, kann man, wie in der ebenen Spannungsoptik, mit Hilfe der Isoklinen bestimmen.

5.2.2 Ausführungsformen

Die Oberflächenschicht kann auf zweierlei Weise aufgebracht werden. Auf metallische Objekte kann man sie als Lack aufspritzen. Hierfür gibt es käufliche Anlagen. Schwierig ist dabei, eine genau definierte Dicke der Lackschicht zu bekommen. Für einigermaßen genaue Messungen muß man diese ja kennen und deshalb an jeder Stelle durch ein geeignetes Mikroskop bestimmen.

Meist wird daher der andere Weg beschritten: Man klebt eine photoelastische Schicht von bekannter Dicke auf. Zur Reflexion kann die Oberfläche des Objekts selbst dienen, wenn es sich um blankes Metall handelt. Besteht die Oberfläche aus nicht reflektierendem Material, z. B. Beton, so muß die Rückseite der Oberflächenschicht verspiegelt werden, was auch dadurch geschehen kann, daß dem Kleber Aluminiumpulver beigemischt wird. Dadurch wird eine diffus reflektierende Rückseite erzielt, wie sie bei den üblichen Reflexionspolariskopen erwünscht ist (s. S. 134). Der reflektierende Kleber ist auch bei metallischen Oberflächen empfehlenswert, weil dann die Kleberschicht nicht am optischen Effekt beteiligt ist und so keine Fälschung des Meßergebnisses hervorrufen kann.

Als Schichtmaterial und für die Kleber dienen meistens Expoxidharze. Die Schicht kann in verschiedenen Weichheitsgraden verwendet werden. Bei Objekten von hohem Elastizitätsmodul, vor allem metallischen, verwendet man gewöhnlich Schichten von hohem Elastizitätsmodul, etwa 30 000 kp/cm², da diese auch den höchsten dehnungsoptischen Effekt geben. Bei weicheren Objekten, und wenn große Dehnungen auftreten, verwendet man u. U. besser weicheres Schichtmaterial, z. B. Epoxidharz mit Weichmacher oder auch Polyurethan.

Für Schichten, die auf gekrümmte Oberflächen aufgebracht werden sollen, vertreibt die Firma Photolastic Inc. unter der Bezeichnung „Contoured Sheet" ein Epoxidharz, das bei Raumtemperatur langsam aushärtet. Zur Herstellung der Oberflächenschicht gießt man sich aus diesem Material zunächst eine ebene Platte und wartet eine bestimmte Zeit, bis das Gelieren eben begonnen hat. In diesem Zustand ist das Material noch ohne zurückbleibende Doppelbrechung verformbar. Man legt es nun auf das Objekt mit gekrümmter Oberfläche auf und wartet das vollständige Aushärten ab. Dann ist die Schicht fest geworden und hat vorspannungsfrei die gewünschte Form angenommen. So wird sie aufgeklebt.

5.2.3 Vollständige Auswertung

Durch die Beobachtung senkrecht zur Schicht kann man laut Gl. (5.2.3) nur $\varepsilon_1 - \varepsilon_2$ bestimmen. Die Bestimmung von ε_1 und ε_2 einzeln ist durch *schiefe Durchstrahlung* möglich (vgl. S. 86). Das

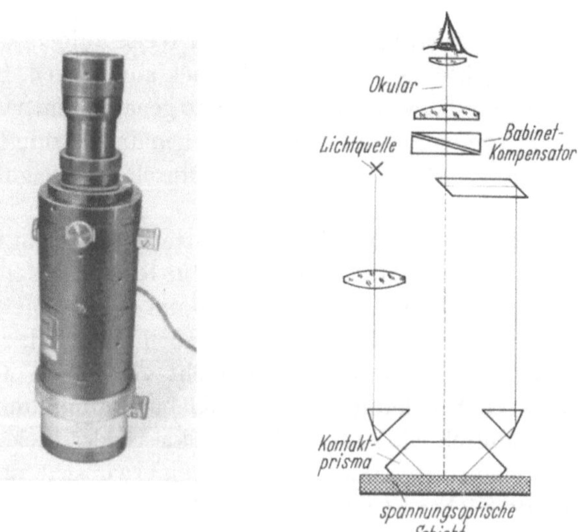

Abb. 5.2.1 „Clinopolariscope" von ACLOQUE. Rechts: Strahlengang bei den Schrägdurchstrahlungen

bekannteste Gerät hierfür ist das „Clinopolariscope" von ACLOQUE [3], Abb. 5.2.1, das in Deutschland durch die Firma Dr. Heinrich Schneider, Bad Kreuznach, verkauft wird. Das Gerät wird mit einem Kontaktprisma unter Immersion auf die spannungsoptische Schicht aufgesetzt.

Die Schrägdurchstrahlung erfolgt in zwei Ebenen, die aufeinander und auf der Schicht senkrecht stehen, unter 45° zur Schicht. Das Gerät wird zunächst nach den Hauptrichtungen orientiert; dann können die Isochromatenordnungen für die zwei Durchstrahlungen an Babinet-Kompensatoren abgelesen und damit ε_1 und ε_2 berechnet werden.

Die vollständige Auswertung mittels *Interferometer* wurde von CHESIN und SACHAROW [28] durchgeführt (vgl. auch S. 156).

Eine dritte Möglichkeit, die nur ein gewöhnliches Reflexionspolariskop erfordert, ist die Verwendung von „Streifenschichten" (MÖNCH

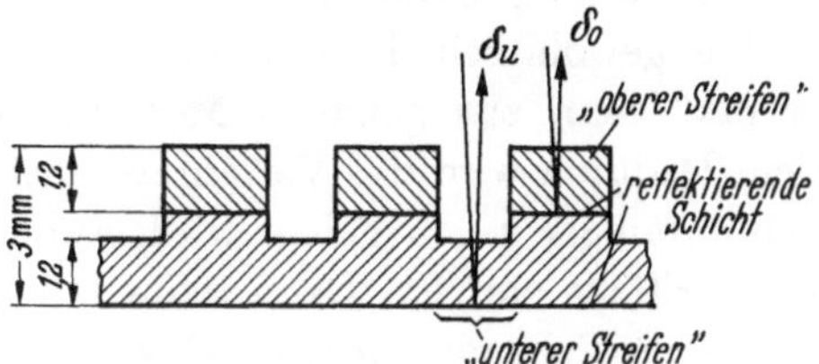

Abb. 5.2.2 Profil einer spannungsoptischen Streifenschicht. Lichtwege bei der Messung der Isochromatenordnungen δ_o und δ_u, schematisch

[130] und GALSTER [73]). Die Schicht hat dabei ein Profil nach Art der Abb. 5.2.2. Sie besteht demnach aus einem System sich abwechselnder gerader Streifen. Durch die Isochromatenordnung δ_0 in den „oberen Streifen" wird angenähert die Dehnung ε_l in Streifenrichtung gemessen, durch die Ordnung δ_u der „unteren Streifen" angenähert $\varepsilon_1 - \varepsilon_2$. Zusammen mit dem Orientierungswinkel α_u der Dehnungen in den unteren Streifen (Isoklinenparameter) und δ_0 und δ_u kann der Mohrsche Dehnungskreis und damit ε_1 und ε_2 bestimmt werden. Die genauen Formeln hierfür, die auch die gegenseitige Beeinflussung der beiden Streifensysteme berücksichtigen, findet man in den zitierten Arbeiten. Ene Anwendung bei plastischen Formänderungen von Beton behandeln MÖNCH und TREPTE [136].

5.2.4 Grenzen der Anwendbarkeit und Genauigkeit

Das Oberflächenschichtverfahren besticht durch den Hauptvorzug der Spannungsoptik, daß ein einziges Bild einen Überblick über die Verteilung der Dehnungen vermittelt und insbesondere die Stellen hoher Beanspruchung sofort offenbart. Daraus darf jedoch nicht, wie dies manchmal geschieht, der Anspruch abgeleitet werden, daß das Verfahren auch immer ein zuverlässiges Verfahren für quantitative Dehnungsmessungen sei. Es gibt nämlich eine Reihe von Umständen, die die Genauigkeit beeinträchtigen und zu Meßfehlern führen können. Bei Anwendungen des Oberflächenschichtverfahrens müssen immer alle Versuchsbedingungen sehr sorgfältig geprüft werden, um zu beurteilen, ob und wie genaue quantitative Ergebnisse erwartet werden können.

Die Brauchbarkeit des Oberflächenschichtverfahrens zur Messung *elastischer* Spannungen wird dadurch beschränkt, daß der dabei erzielbare optische Effekt ziemlich gering ist, wie eine einfache Überlegung zeigt. Die maximalen Dehnungen im Elastischen bewegen sich gewöhnlich bei Metallen in der Größenordnung von $1\%_0$, die höchsten bis jetzt bekannten dehnungsoptischen Werte E/S von Kunststoffen (s. S. 37) liegen bei etwa 3000 Ordn./cm. Eine Schicht eines solchen Materials von 2 mm Stärke ergibt bei $1\%_0$ Dehnung im Reflexionspolariskop (wenn einachsige Zugspannung in der Schicht angenommen wird) nach Gl. (1.8.1) die Isochromatenordnung $0{,}001 \cdot 3000 \cdot 2 \cdot 0{,}2 = 1{,}2$. Die Isochromaten werden daher gewöhnlich die Ordnung 1 kaum wesentlich überschreiten. Dann muß man zur genauen Messung Kompensationsmethoden anwenden. Dadurch wird das Verfahren umständlich. Schwerer wiegt, daß es auch anfälliger gegen Fehler wird, wenn nur ein geringer spannungsoptischer Effekt eintritt. Denn dann fallen die Fehler durch Vorspannungen der Schicht viel mehr ins Gewicht. Gewisse Vorspannungen beim Herstellen der Schicht, beim Aufkleben und durch Randeffekt sind aber unvermeidlich.

Besser geeignet als im elastischen Gebiet ist das Oberflächenschichtverfahren zum Sichtbarmachen von *plastischen* Spannungszuständen. Denn hier entfällt der Nachteil der geringen optischen Wirksamkeit des Überzugs, weil die Dehnungen viel größer sind. Man erreicht hier schon mit Schichten von etwa 1 mm leicht eindrucksvolle Isochromaten von höheren Ordnungen, wie Abb. 5.2.3 zeigt.

Beträchtliche Meßfehler können beim Oberflächenschichtverfahren dann auftreten, wenn sich die Dehnungen nicht gleichmäßig über die Schicht verteilen, wie es bei der Ableitung der Gl. (5.2.3) vorausgesetzt wurde. Da die Ungleichmäßigkeit und damit der Fehler mit steigender Schichtdicke wächst, ist dieser Fragenkomplex unter dem Namen „Dickeneffekt" in die Literatur eingegangen und war schon Gegenstand zahlreicher Untersuchungen, von denen die Arbeiten von DUFFY und MYLONAS [44, 45] hervorgehoben seien. Die ungleichmäßige Verteilung kann verschiedene Ursachen haben. Wenn eine Dehnung nur in einem sehr kleinen Bereich der auszumessenden Oberfläche auftritt, ist es leicht einzusehen, daß dies für die Schicht nur einer örtlichen Störung gleichkommt, die sich nicht in voller Größer über die Dicke fortsetzt. In ähnlicher Weise überträgt sich auch eine schroffe Dehnungsänderung nicht gleichmäßig über die Schicht. Man kann daher einigermaßen gleichmäßige Dehnungen über die Schicht nur erwarten, wenn die Dehnungen längs der Oberfläche nicht stark veränderlich sind. Eine andere Ursache für ungleichmäßige Dehnungsverteilung ist ein Dehnungsgradient senkrecht zur Oberfläche, ins Innere des beanspruchten Körpers hinein. In diesem Fall verkrümmt sich nämlich die Oberfläche und der Dehnungsgradient setzt sich auch in der Schicht fort. Die Dehnung an der Oberseite der Schicht kann dann kleiner oder größer sein als an der Klebefläche. Schließlich ist noch darauf hinzuweisen, daß auch die Krümmung der Oberfläche, wenn eine solche vorhanden ist, zur Ungleichmäßigkeit der Dehnungsverteilung, u. U. sehr erheblich, beiträgt.

Eine weitere Quelle der Unsicherheit beim Oberflächenschichtverfahren ist der Umstand, daß die aufgeklebte Oberflächenschicht durch ihre Steifigkeit die Ausbildung des Spannungszustandes in dem zu

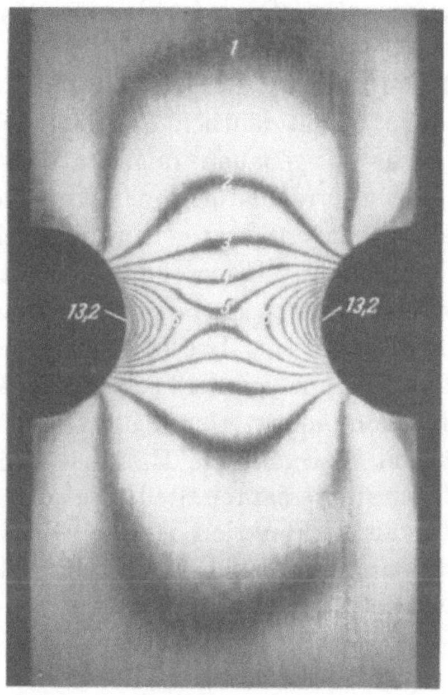

Abb. 5.2.3 Plastische Verformungen in einem gekerbten Zugstab aus Al-Legierung, durch 1 mm starke Oberflächenschicht aus Araldit im Reflexionspolariskop sichtbar gemacht

untersuchenden Objekt selbst behindern kann, so daß auf diese Weise der auszumessende Spannungszustand nicht einmal auf der Oberfläche des Objekts einwandfrei vorhanden ist. Auch dieser sogenannte „Versteifungseffekt" (reinforcing effect) war schon mehrfach Gegenstand von Untersuchungen. Auf eine neuere Arbeit von YEW und BLACKBURN [193], in der man weitere Literaturangaben findet, sei hingewiesen.

Auch mangelnde Haftfähigkeit der Schicht kann eine Fehlerquelle sein. Zwar kleben die meist verwendeten Epoxidharze sehr gut, so daß bei Messungen im elastischen Gebiet die Schicht praktisch nie abplatzt. Doch ist bei Messungen im Plastischen mit großen Verformungen Vorsicht am Platze.

Ferner können Kriechen des Schichtmaterials und Temperatureinflüsse Anlaß zu Meßfehlern sein.

Eine Schwäche des Oberflächenschichtverfahrens ist auch, ähnlich wie es bei den anderen spannungsoptischen Verfahren der Fall ist, daß man auf einfache Weise nur die Differenz der Hauptdehnungen ε_1 und ε_2 messen kann. Dies reicht aber vielfach für den Festigkeitsnachweis nicht aus. Nun kann man zwar (s. oben, Abschn. 5.2.3) durch Schrägdurchstrahlung ε_1 und ε_3 einzeln bestimmen, aber dieses Verfahren arbeitet einigermaßen gut nur bei ebenen Schichten. Bei gekrümmten Oberflächen ist es praktisch kaum möglich, einen genau definierten Schrägdurchstrahlungswinkel zu erreichen. Dann ist aber eine genaue Messung nicht möglich.

Die vorstehende Aufzählung aller Faktoren, die die Meßgenauigkeit beeinträchtigen können, macht deutlich, daß die Stärke des Oberflächenschichtverfahrens nicht in genauen quantitativen Messungen liegen kann. Dagegen ist es hervorragend geeignet, um eine qualitative Übersicht über den Spannungszustand zu geben und Stellen maximaler Beanspruchung zu offenbaren. Insbesondere werden Stellen starker plastischer Beanspruchung durch Farbeffekte anschaulich sichtbar. Man sieht sofort, wo „etwas los ist". In der technischen Praxis wird das Oberflächenschichtverfahren meist nicht selbständig angewandt, sondern mit Dehnmeßstreifen kombiniert. Durch die Oberflächenschicht erhält man die Übersicht und bestimmt die Hauptrichtungen; hierauf klebt man an den gefundenen interessanten Stellen für die genaue Messung die Meßstreifen auf. In dieser Funktion ist die Oberflächenschicht dem bekannten Reißlackverfahren überlegen, weil die Belastung beliebig oft wiederholt und variiert werden kann.

5.3 Besondere Verfahren zur vollständigen Auswertung des ebenen Spannungszustandes

In der ebenen Spannungsoptik erhält man auf einfache Weise, durch die Isochromaten, nur die *Differenz* der beiden Hauptspannungen σ_1 und σ_2 an jedem Punkt. Um die Werte von σ_1 und σ_2 *einzeln* zu bestimmen, muß man ein Verfahren der „vollständigen Auswertung" oder, wie man auch sagt, der „Trennung der Hauptspannungen" zu Hilfe nehmen. Das meist angewandte, das Schubspannungsdifferenzverfahren, wurde in Abschn. 1.11 ausführlich behandelt. Dort wurde aber bereits erwähnt, daß es noch eine große Anzahl anderer Verfahren gibt. Dies ist darauf zurückzuführen, daß die Trennung der Hauptspannungen nicht so einfach ist wie die Auswertung der Isochromaten. Daher hat dieses Problem die Theoretiker und Experimentatoren seit Anbeginn der Spannungsoptik beschäftigt und beschäftigt sie heute noch. In folgendem wird versucht, einen Überblick über die Verfahren der vollständigen Auswertung zu geben.

5.3.1 Ergänzung zum Schubspannungsdifferenz-Verfahren

Die Durchführung des in Abschn. 1.11 erläuterten Schubspannungs-differenz-Verfahrens ist ziemlich mühsam und zeitraubend. Man ist daher bemüht, es, soweit möglich, zu automatisieren. Arbeiten in dieser Richtung liegen bisher vor von SCHMID [166] und GERLACH [75].

Da die Genauigkeit des Verfahrens vor allem von der Genauigkeit der Ausgangswerte — Isochromatenordnung δ und Isoklinenparameter α — abhängt, empfiehlt ROBERT [162] ein Polariskop, das er für die Präzisions-messung dieser Werte entwickelt hat. Es arbeitet photoelektrisch und mit einem Servomechanismus, so daß man δ und α an Voltmetern direkt ablesen kann. Bei diesem Gerät verwendet man Plexiglasmodelle und arbeitet nur mit Bruchteilen einer Isochromatenordnung. Wegen der hohen Meßgenauigkeit genügt dieser kleine optische Effekt. Zu bedenken ist allerdings dabei, daß dann auch der Anspruch an die Vor-spannungsfreiheit der Modelle entsprechend wächst. Das Gerät wird von der Firma Jobin-Yvon, Arcueil/Frankreich, gebaut. Siehe auch Ab-schnitt 5.6.5.

5.3.2 Andere Verfahren, die auf den Isochromaten und Isoklinen aufbauen

Bei dem in Abschn. 1.11 erläuterten Schubspannungsdifferenz-Ver-fahren werden im Innern eines ebenen Spannungsfeldes die Hauptspan-nungen σ_1 und σ_2 bestimmt, indem man, von einem Randpunkt be-kannter Spannung ausgehend, längs einer ins Innere laufenden *Geraden* den Spannungszustand auf Grund einer Gleichgewichtsbetrachtung in kleinen endlichen Abständen schrittweise bestimmt. Als Unterlage werden die Isochromaten und Isoklinen benötigt.

Das Schubspannungsdifferenzverfahren ist nicht das einzige dieser Art. Es wurden vielmehr im Laufe der Zeit eine große Anzahl solcher Verfahren der „schrittweisen Integration" angegeben, bei denen längs anderer Linien integriert wird. Wir haben jedoch nur das Schubspan-nungsdifferenzverfahren ausführlich behandelt, da es am meisten an-gewandt wird, und zwar einfach deshalb, weil man gewöhnlich mit der Ermittlung des Spannungszustandes längs einer Geraden zugleich auch seine anschaulichste Darstellung gewinnt.

Von den übrigen Verfahren sollen hier nur einige erwähnt werden. Im einzelnen muß auf die Literatur [c, e, 105] verwiesen werden. Unter den rechnerischen Verfahren ist eines der ältesten das von Filon angegebene, das eine Integration längs einer *Hauptspannungslinie* durchführt. Zu diesem Zweck geht man von den beiden Gleichgewichtsgleichungen in Richtung der beiden Hauptspannungslinien, den sogenannten Lamé-Maxwellschen Gleichungen (s. z. B. [e], S. 28):

$$\frac{\partial \sigma_1}{\partial s_1} = -\frac{\sigma_1 - \sigma_2}{\varrho_2}\,; \qquad \frac{\partial \sigma_2}{\partial s_2} = \frac{\sigma_1 - \sigma_2}{\varrho_1} \tag{5.3.1}$$

aus. Hierin bedeuten s_1 und s_2 Wegelemente längs der Hauptspannungslinien und ϱ_1 und ϱ_2 deren Krümmungsradien, die als bekannt anzusehen sind. Mit

$$p = \frac{\sigma_1 + \sigma_2}{2}\,; \qquad q = \frac{\sigma_1 - \sigma_2}{2} \tag{5.3.2}$$

kann man die Gln. (5.3.1) auch schreiben:

$$\frac{\partial p}{\partial s_1} = -\frac{\partial q}{\partial s_1} - \frac{2q}{\varrho_2}\,, \qquad \frac{\partial p}{\partial s_2} = \frac{\partial q}{\partial s_2} + \frac{2q}{\varrho_1}\,. \tag{5.3.3}$$

Da q an jeder Stelle aus dem Isochromatenfeld entnommen werden kann, läßt sich mit Hilfe dieser beiden Gleichgewichtsgleichungen, die man für die Auswertung zweckmäßig als Differenzengleichungen schreibt, die Integration schrittweise durchführen. Dabei geht man gewöhnlich von einem Randpunkt aus, wo σ_1 oder σ_2 mit Hilfe der zugehörigen Isochromate bestimmt werden können.

Statt sich auf das rechtwinklige Netz der Hauptspannungslinien zu beziehen, ist es mitunter zweckmäßiger, das dagegen überall unter 45° gedrehte Netz der *Hauptschubspannungslinien* zugrunde zu legen, das man aus dem Netz der Hauptnormalspannungslinien leicht gewinnen kann, da sich beide Netze überall unter 45° schneiden. Denken wir uns dieses zweite Netz konstruiert und bezeichnen die zugehörigen Linienelemente mit dt_1 bzw. dt_2, so lauten die Gleichgewichtsgleichungen

$$\frac{\partial p}{\partial t_1} = \frac{\partial q}{\partial t_2} - \frac{2q}{R_1}\,, \qquad \frac{\partial p}{\partial t_2} = \frac{\partial q}{\partial t_1} + \frac{2q}{R_2}\,, \tag{5.3.4}$$

wobei R_1 und R_2 die Krümmungsradien der Hauptschublinien bedeuten.

Es zeigt sich, daß häufig an den Stellen, wo die auf das Netz der Hauptspannungen bezogenen Gleichgewichtsgleichungen wegen zu großer Werte der Krümmungsradien ϱ_1 und ϱ_2 für die Integration zu ungenau werden, die auf das Netz der Schubspannungslinien bezogenen Gleichgewichtsgleichungen sich besser eignen und umgekehrt.

Das von L. Föppl angegebene Verfahren der Integration geht von einem anderen Liniensystem aus, das dadurch gewonnen wird, daß man den Winkel ψ, den die Isokline mit der Hauptspannungslinie *1* einschließt, beiderseits der Hauptspannungslinie *2* abträgt (s. Abb. 5.3.1.) Bezeichnet man die Linienelemente auf diesen letzteren Linien mit ds bzw. dt, so erhält man eine einfache Abhängigkeit zwischen p und q beim

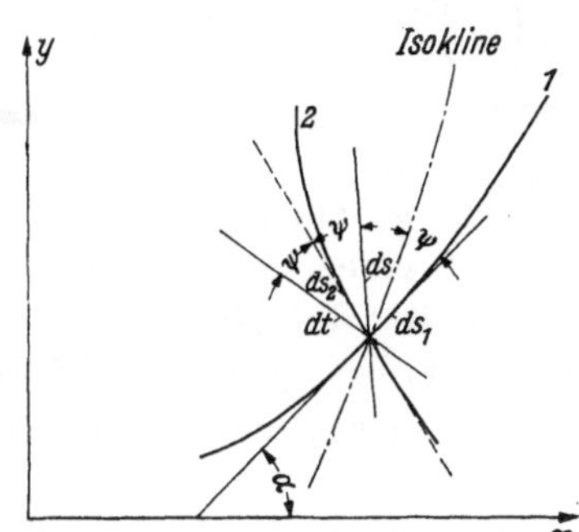

Abb. 5.3.1 Das *s-t*-Verfahren zur vollständigen Auswertung des ebenen Spannungszustandes

Fortschreiten längs dieser Linien. Um sie abzuleiten, gehen wir von den oben auf das Netz der Hauptspannungen bezogenen Gleichgewichtsgleichungen aus, die wir wegen

$$\frac{\partial \alpha}{\partial s_1} = \frac{1}{\varrho_1} \quad \text{und} \quad \frac{\partial \alpha}{\partial s_2} = \frac{1}{\varrho_2}$$

auch so schreiben können:

$$\frac{\partial p}{\partial s_1} + \frac{\partial q}{\partial s_1} + 2q\,\frac{\partial \alpha}{\partial s_2} = 0; \qquad \frac{\partial p}{\partial s_2} - \frac{\partial q}{\partial s_2} + 2q\,\frac{\partial \alpha}{\partial s_1} = 0.$$

Indem man die erste Gleichung mit $\sin \psi$ und die zweite mit $\cos \psi$ multipliziert und addiert, erhält man

$$\frac{\partial p}{\partial s_1} - \frac{\partial q}{\partial t} + 2q\left(\frac{\partial \alpha}{\partial s_2}\sin \psi + \frac{\partial \alpha}{\partial s_1}\cos \psi\right) = 0$$

oder, da die Klammer die Änderung des Winkels α längs der Isokline angibt und diese Änderung gleich null ist, folgt schließlich die einfache Beziehung

$$\frac{\partial p}{\partial s} = \frac{\partial q}{\partial t}. \tag{5.3.5}$$

Wenn q überall bekannt ist und die *s-t*-Linien mit Hilfe der Isoklinen gezeichnet sind, kann man aus dieser Beziehung p bestimmen. Die *t*-Linien stehen überall senkrecht auf den Isoklinen und können daher eingezeichnet werden, sobald die Isoklinen gefunden sind.

Es kann allgemein gezeigt werden [60], daß man den Integrationsweg überhaupt längs *beliebiger Linien* wählen kann. Die allgemeine Formel hierfür lautet [60]:

$$p_1 - p_0 = \int\limits_0^1 \left(-\frac{\partial q}{\partial s_1}\cos\beta + \frac{\partial q}{\partial s_2}\sin\beta\right) ds - 2\int\limits_0^1 q\left(\frac{\partial\alpha}{\partial s_1}\sin\beta + \frac{\partial\alpha}{\partial s_2}\cos\beta\right) ds.$$

$$(5.3.6)$$

Dabei bedeutet p_0 einen bekannten Randwert, p_1 einen Wert im Innern, der auf einem beliebigen Weg mit den Elementen ds erreicht wird. α ist die Neigung des Hauptspannungslinienelements ds_1 (Isoklinenparameter), β die Neigung des Wegelements ds gegen ds_1. q und seine Gradienten sind aus dem Isochromatenbild zu entnehmen.

BUFLER [24] schlägt eine Modifikation des Schubspannungsdifferenzverfahrens vor, bei welcher er die *Neigung* der Isochromaten und Isoklinen benützt, wodurch die beiden parallelen Hilfsschnitte überflüssig werden.

Beim *Neuberschen Verfahren* [c] werden durch eine geometrische Konstruktion die Kurven $p = $ const, die sogenannten Isopachen (s. S. 151), ermittelt, die zusammen mit den Isochromaten $q = $ const an jeder Stelle die Hauptspannung σ_1 und σ_2 bestimmen. Man benötigt hierzu das orthogonale Netz der Hauptspannungslinien sowie die Isoklinen und Isochromaten nebst ihren Gradienten.

Ein Verfahren anderer Art, das von FROCHT [g] II, S. 238, ausgearbeitet wurde, besteht darin, die Werte p durch ein numerisches Näherungsverfahren aus den Randwerten allein zu *berechnen*, indem man die Tatsache benützt, daß p eine Potentialfunktion ist, daß also die Laplacesche Differentialgleichung gilt:

$$\frac{\partial^2(\sigma_1 + \sigma_2)}{\partial x^2} + \frac{\partial^2(\sigma_1 + \sigma_2)}{\partial y^2} = 0.$$

$$(5.3.7)$$

Wenn die Randwerte von p bekannt sind, ist p auch im ganzen Gebiet eindeutig festgelegt. Die Randwerte sind aber aus dem Isochromatenbild bekannt. Die Feldwerte ermittelt man, indem man über das Feld ein Netz mit endlichem Maschenabstand legt und p in den Maschenpunkten berechnet mit Hilfe der bekannten Tatsache, daß der Wert des Potentials in jedem Punkt gleich dem Mittelwert aus vier symmetrisch um ihn liegenden Punkten ist. Über die Durchführung dieser Rechnungen mit Hilfe von *Rechenautomaten* siehe eine Arbeit von CARTER [26]. Mit den so ermittelten Werten von p erhält man auch hier zusammen mit den q-Werten der Isochromaten σ_1 und σ_2.

5.3.3 Das Verfahren der mechanischen Messung der Dickenänderung

Bei der schrittweisen Integration wird das Ergebnis um so ungenauer, je weiter der auszuwertende Punkt vom Rand entfernt ist. Dies ist der Grund, warum man bestrebt war, Verfahren auszuarbeiten, bei denen die Auswertung auf einer unmittelbaren Messung am Punkt selbst beruht.

Ein naheliegendes Verfahren, das sich bei sorgfältiger Anwendung gut bewährt, besteht darin, daß die Änderung der Dicke des Modells, die bei der Belastung eintritt, durch einen Feindehnungsmesser bestimmt wird.

Die Änderung Δd der Dicke d des Modells ist nach dem Hookeschen Gesetz, wenn E den Elastizitästmodul, ν die Querkontraktionszahl bedeuten:

$$\Delta d = - \frac{\nu}{E}\,(\sigma_1 + \sigma_2)d, \qquad (5.3.8)$$

somit proportional der Spannungssumme $\sigma_1 + \sigma_2$. Zusammen mit dem Ergebnis $\sigma_1 - \sigma_2$ des Isochromatenbildes erhält man die Hauptspannungen σ_1 und σ_2 einzeln.

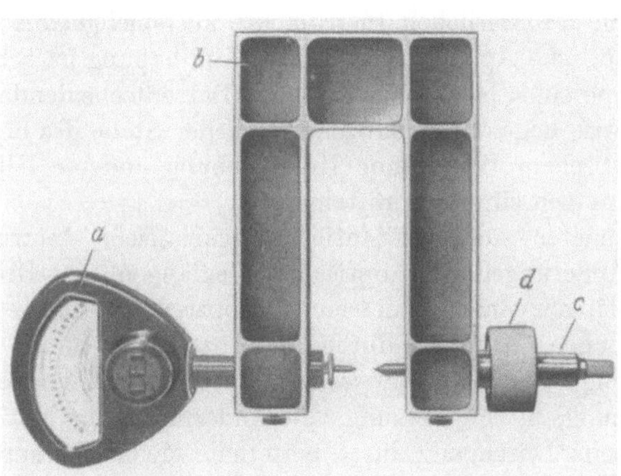

Abb. 5.3.2 Lateralextensometer nach HILTSCHER
a Feinmeßgerät „Mikrokator"; b Bügel; c Mikrometerschraube; d Gegengewicht

Das Verfahren wurde 1901 von MESNAGER [120] angegeben und seither von verschiedenen Forschern, namentlich auch von COKER [a], benutzt. Später hat es HILTSCHER [82] wieder mit gutem Erfolg aufgegriffen. Sein Lateralextensometer zeigt Abb. 5.3.2. Es besteht aus einem Bügel, der auf der einen Seite das schwedische Feinmeßinstrument „Mikrokator", auf der anderen Seite eine Gegenspitze mit Mikrometerschraube trägt. Das Extensometer wird über eine Rolle an der Zimmerdecke durch ein Gegengewicht ausbalanciert und ist in bezug auf den Meßpunkt kardanisch aufgehängt, so daß es bei der Belastung jeder Bewegung des Modells folgen kann.

Die Messung erfolgt punktweise, wobei jedesmal entlastet und belastet werden muß.

Auf eine weitere Arbeit von HILTSCHER [86], in der alle Umstände, die zwecks Erzielung genauer Messungen beim Lateralextensometer beachtet werden müssen, ausführlich diskutiert werden, sei hingewiesen.

Beim Lateralextensometer kann man natürlich, statt mechanisch, auch *elektrisch* messen. Ein solches Instrument hat R. K. MÜLLER [137] gebaut. Es besteht wie das Hiltschersche aus einem Bügel, der ebenfalls kardanisch aufgehängt und mit einem Spitzenpaar gegen das Modell gedrückt wird. Bei Querdehnung des Modells verformt sich der Bügel; diese Verformung wird durch aufgeklebte Dehnmeßstreifen elektrisch gemessen.

5.3.4 Interferometrische Verfahren

Diese sind die genauesten Verfahren zur vollständigen Auswertung, doch sind die erforderlichen Instrumente kostspieliger als die einfache spannungsoptische Apparatur und ihre Handhabung ist schwieriger als die Aufnahme eines Isochromatenbildes. Der entscheidende Vorteil der Interferometrie liegt darin, daß man an jeder Stelle des ebenen Feldes auf rein optischem Wege ohne Heranziehung anderer Hilfsmittel die Hauptspannungen einzeln ermitteln kann.

Interferometer sind bekanntlich physikalische Instrumente, die gestatten, Änderungen von „optischen Weglängen" auf Bruchteile von Lichtwellenlängen genau zu messen. Als „optische Weglänge" bezeichnet man eine Länge, gemessen durch die Anzahl der in ihr enthaltenen Wellenlängen. Interferometer werden in der Physik verwendet 1. zur Längenmessung, 2. zur Messung von Änderungen der optischen Weglänge, die beim Durchgang durch materielle Medien entstehen. Zu den letzteren Anwendungen gehören die spannungsoptischen Messungen.

Interferometertypen. Von den mannigfachen Interferometeranordnungen der Physik ist für vier in der Spannungsoptik hauptsächlich verwendete Typen in Abb. 5.3.3 der Strahlengang skizziert. (Über weitere Typen s. POST [157].) Bei jedem Interferometer wird ein parallelgerichtetes monochromatisches Lichtbündel (die zu dessen Erzeugung notwendigen Vorrichtungen, wie Linsen, Blenden usw., sind in der Abb. 5.3.3 weggelassen) an einer teildurchlässigen Oberfläche, dem „Strahlteiler", in zwei Strahlen, den „Referenz-Strahl" (RS) und den „aktiven Strahl" (AS), zerlegt. Diese Strahlen durchlaufen verschiedene Wege. Der aktive

Strahl enthält in seiner optischen Länge die physikalischen Veränderungen, die gemessen werden sollen; in der Spannungsoptik den durch die Belastung hervorgerufenen optischen Effekt. Da beide Strahlen von derselben Quelle, nämlich dem Strahlteiler, ausgehen, sind sie „kohärent", d. h. sie schwingen im gleichen Takt. Infolgedessen können sie, wieder auf einen gemeinsamen Weg zusammengebracht, miteinander „interferieren": ist ihre Phasenverschiebung ein ungerades ganzzahliges Vielfaches einer halben Wellenlänge, so schwächen sie sich gegenseitig; bei gleichen Amplituden löschen sie sich sogar vollständig aus. Für den Beobachter erscheinen daher alle Stellen, an denen dies eintritt, durch einen dunklen „Interferenzstreifen" miteinander verbunden.

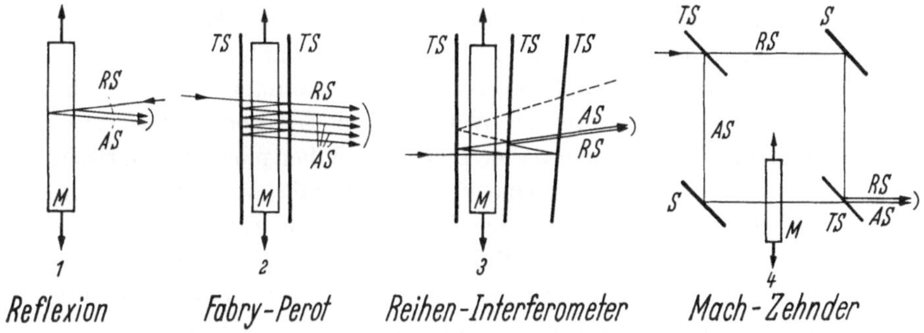

Abb. 5.3.3 Interferometer-Typen.

M Modell, S Spiegel, TS teildurchlässige Spiegel, RS Referenzstrahl, AS aktiver Strahl

Beim einfachsten Interferometer, Abb. 5.3.3, Typ 1, auch Fizeau-Interferometer genannt, fungiert die vordere Oberfläche des spannungsoptischen Modells als Strahlteiler; der aktive Strahl wird an der rückwärtigen Oberfläche reflektiert und vereinigt sich nach zweimaligem Durchlaufen des Modells wieder mit dem Referenzstrahl. Durch Verspiegelung der Oberflächen (Vorderseite teilverspiegelt, Rückseite vollverspiegelt) kann die Lichtausbeute gesteigert werden. Anstatt das Modell zu verspiegeln, kann man entsprechende Spiegel auch vom Modell getrennt anordnen. Dies hat auch den Vorteil, daß dann Bewegungen des Modells die Einstellung des Interferometers weniger beeinflussen.

Typ 2 (Fabry-Perot-Interferometer) arbeitet bei durchfallendem Licht. Hier geht auch der Referenzstrahl, im Gegensatz zum Typ 1, einmal durch das Modell, der aktive Strahl dagegen dreimal. Die Spiegel müssen in ihrer Durchlässigkeit so bemessen sein, daß die beiden austretenden Strahlen ungefähr gleiche Intensität haben. Außer den beiden primär austretenden Strahlen treten auch noch weitere Strahlen aus, die mehrfach reflektiert worden sind. Man spricht vom „Vielstrahl-Interferometer". Die Superposition der beiden Grundstrahlen mit den mehrfach reflektierten (man muß sich in der Abbildung alle Strahlen kollinear vorstellen) ergibt einen „Streifen-Verschärfungs-Effekt" (fringe sharpening). Dieser kommt dadurch zustande, daß sich an den Interferenzminima die Minima aller Strahlen an derselben Stelle überlagern. Dadurch erscheinen die Interferenzstreifen verschmälert. Die Streifenverschärfung, die auch bei den Interferometertypen 1 und 3 auftreten kann, nicht aber bei einem reinen „Zweistrahl-Interferometer", wie Typ 4, ist besonders charakteristisch für das Fabry-Perot-Interferometer. Für bestimmte Zwecke der Physik wird sie bei diesem durch Verwendung stark reflektierender Spiegel sehr weit getrieben, so daß sehr schmale Streifen entstehen. Die Streifenverschärfung kann aber auch unerwünscht sein.

Typ 3, „Reihen-Interferometer" genannt, wurde von POST [154] in die Spannungsoptik eingeführt. Es ist in mehrfacher Hinsicht bemerkenswert. Bei den Typen 1 und 2 beträgt der Wegunterschied zwischen aktivem und Referenzstrahl bei den in der Spannungsoptik üblichen Modelldicken einige zehntausend Wellenlängen. Um noch Interferenzen zu bekommen, benötigt man daher Licht von hoher monochromatischer Reinheit, z. B. Niederdruck-Quecksilberlicht mit Monochromatfilter oder, noch besser, Laser-Licht. Bei Typ 3 dagegen wählt man die Abstände der drei teildurchlässigen Spiegel so, daß die optischen Weglängen des aktiven und des Referenzstrahls etwa gleich sind. Man nennt dieses Prinzip „Weg-Kompensation". Dadurch erhält man Interferenzen niedrigerer Ordnung und braucht an die Lichtquellen nicht so hohe Anforderungen bezüglich Kohärenz zu stellen.

Die Spiegel werden ferner so einjustiert, daß der aktive und der Referenzstrahl das System in gleicher Richtung, etwas gegen die Einfallsrichtung geneigt, verlassen. Alle anders reflektierten Strahlen, z. B. der in der Abbildung gestrichelte, werden in anderem Winkel abgelenkt und scheiden damit, da ein optisches System mit parallelem Strahlengang verwendet wird, für die Abbildung aus. Das Instrument arbeitet so als reines Zweistrahl-Interferometer. Man kann es aber jederzeit auch in ein Vielstrahl-Interferometer mit Streifenverschärfung umwandeln, indem man die Spiegel parallel stellt. Schließlich kann man es auch durch geeignete Stellung und Abstände der Spiegel erreichen, daß der aktive Strahl mehrmals durch das Modell geht und mit seinem Referenzstrahl interferiert [157]. Dies ergibt eine Vervielfachung des optischen Effekts wie beim Verfahren der „Isochromatenvervielfachung" (s. S. 162).

Das Reihen-Interferometer ist für großes Gesichtsfeld besonders geeignet.

Das Mach-Zehnder-Interferometer, Typ 4, ist eines der klassischen Interferometer der „geteilten Lichtwege". Das Licht wird mit Hilfe von zwei Voll- und zwei Teilspiegeln zerlegt, auf verschiedenen Wegen geführt und wieder vereinigt. Es handelt sich also um ein reines Zweistrahl-Instrument. Die Lichtwege sind gleich lang; durch Einschalten geeigneter Körper in sie können völlige Gleichheit der optischen Längen, also völlige Weg-Kompensation erreicht werden. Das Instrument erfordert einen sehr massiven Aufbau, und das Gesichtsfeld ist naturgemäß bei ihm beschränkt; auch ist es nicht einfach zu handhaben. In der Spannungsoptik ist das Mach-Zehnder-Interferometer bis heute das erfolgreichste Gerät geblieben. FAVRE [51] und seine Schüler erzielten mit ihm die ersten großen Erfolge der Interferometrie in der Spannungsoptik. Die Methode wurde aber damals und in der Folgezeit von wenigen Forschern übernommen. Die Favresche Methode arbeitete bei einem kleinen Gesichtsfeld mit punktweiser Ausführung der Messungen, indem der Durchgang der Interferenzstreifen durch den Meßpunkt bei der Belastung des Modells beobachtet wurde. Durch das notwendige dauernde Be- und Entlasten war das Verfahren besonders umständlich. Erst nachdem es gelang, bei erträglichem experimentellem Aufwand Interferenzbilder wie beim Isochromatenverfahren in einem größeren Gesichtsfeld aufzunehmen und auszuwerten, wobei dann das ständige Be- und Entlasten entfällt, hat man sich der Interferometrie in der Spannungsoptik wieder mehr zugewandt. Heute wird sie von verschiedenen Seiten und in steigendem Maße, auch für Fälle der technischen Praxis, eingesetzt.

Isopachen durch Interferometrie. Anwendung der Moiré-Technik. Ein erster Schritt zur Interferometrie bei großem Gesichtsfeld war die interferometrische Ermittlung der „Isopachen". Der Name bedeutet wörtlich Linien gleicher Dicke; herkömmlicherweise versteht man aber in der Spannungsoptik darunter Linien gleicher Dicken*änderung*. Da diese laut Gl. (5.3.8) proportional $\sigma_1 + \sigma_2$ ist, sind die Isopachen somit gleichbedeutend mit Linien gleicher Hauptspannungssumme $\sigma_1 + \sigma_2$. Kennt man für ein ebenes Feld die Isopachen und damit $\sigma_1 + \sigma_2$ an jeder Stelle, so kann man, wie bereits in den Abschn. 5.3.2 und 3 erläutert wurde, zusammen mit einer Isochromatenaufnahme, σ_1 und σ_2 einzeln bestimmen.

Interferometrisch kann man Isopachen direkt erhalten, indem man Modelle benützt, deren Oberflächen optisch plan sind, d. h. deren Oberflächenrauhigkeiten nur Bruchteile einer Lichtwellenlänge betragen. Man kann entweder die zwischen den Oberflächen eines durchsichtigen Modells unter Last durch die Dickenänderung entstehenden Interferenzen benützen oder diejenigen des Luftspaltes zwischen dem Modell und einer optisch planen Glasplatte. Im ersteren Fall darf das Modellmaterial keine oder doch nur eine geringe Spannungsdoppelbrechung besitzen, da der optische Effekt nur von der Dickenänderung herrühren soll, im zweiten Fall muß die Oberfläche reflektieren, das Modell kann daher auch aus Metall sein. Solche Versuche wurden u. a. von FABRY [49] 1930, TESAR

[182] 1932 und FROCHT [g] (II. S. 220) 1939 durchgeführt, doch haben sie keinen Eingang in die technische Praxis finden können, weil die Herstellung optisch planer Modelle schwierig und teuer ist. Der Weg zu technisch einfach herstellbaren Isopachenbildern wurde erst frei durch Benützung der sogenannten *Moiré-Technik*, weil dann optisch plane Modelle nicht mehr notwendig sind. Dieser Kunstgriff wurde erstmals

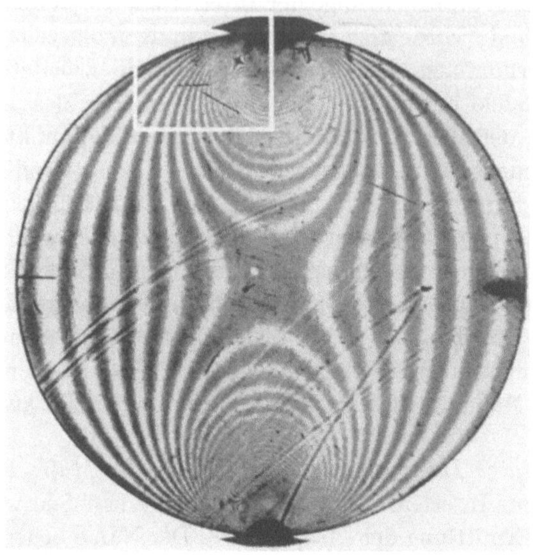

Abb. 5.3.4 Isopachen einer beiderseits gedrückten Kreisscheibe nach D. POST [154]

1949 von LANDWEHR und DOSE [110, 111] angewandt, die ein Interferometer vom Typ 1 (Abb. 5.3.3) benützten. Wir zeigen in folgendem die Moiré-Technik anhand einer Arbeit von POST [154]. Er verwendete ein Reihen-Interferometer, Typ 3, und erhielt für eine diametral gedrückte Kreisscheibe die Isopachen von Bild 5.3.4. Das Modell bestand aus Perspex, ein dem Plexiglas ähnliches Material mit geringer Spannungsdoppelbrechung.

Bei Anwendung der Moiré-Technik erhält man das Isopachenbild dadurch, daß man die Interferenzlinien des verformten und des unverformten Modells aufnimmt und beide übereinanderkopiert (Abb. 5.3.5 a, b, c). In Gebieten, wo in den Negativen die (hellen) Interferenzlinien des belasteten Modells auf dieselben Stellen fallen wie die des unbelasteten, kann dann Licht durchfallen, die dazwischenliegenden lichtundurchlässigen Streifen der halben Interferenzordnungen überdecken sich ebenfalls. Das Gebiet erscheint daher im Positiv als Raster dunkler Striche. Es bezeichnet eine Stelle, wo der Unterschied zwischen der

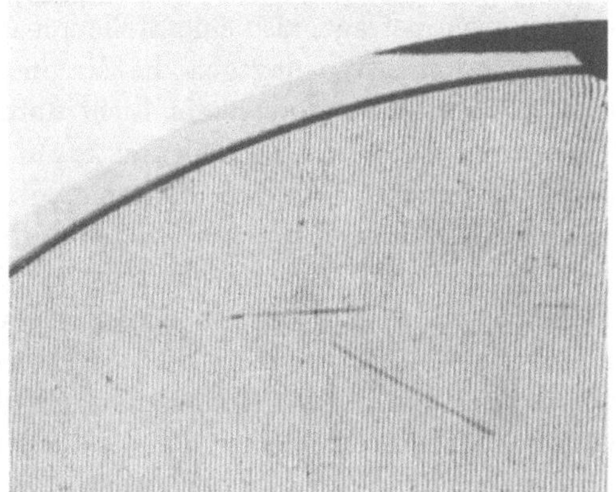

a

b

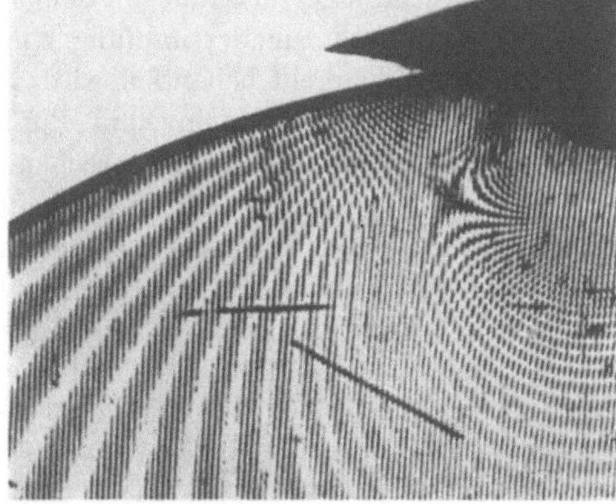

c

Abb. 5.3.5a–c Das Zustandekommen der Isopachen durch den Moiré-Effekt.
a) Interferenzlinien des unbelasteten, b) des belasteten Modells, c) Überlagerung von a) und b)
(Ausschnitt aus Abb. 5.3.4)

doppelten Dicke des belasteten und des unbelasteten Modells eine ganze Zahl von Lichtwellenlängen beträgt, also eine Stelle konstanter Dickenänderung, d. h. eine Isopache. Wo dagegen die Maxima und Minima der Interferenzen sich überdecken, kann kein Licht durchdringen. Die Isopachen erscheinen daher im Positiv als Linienraster auf hellem Hintergrund (Abb. 5.3.5c). Durch das Übereinanderkopieren wird gewissermaßen photomechanisch die Subtraktion der Dicken des belasteten und unbelasteten Zustandes besorgt. Bei Anwendung der Moiré-Technik braucht das Modell nicht nur nicht optisch plan zu sein, sondern soll sogar bereits im unbelasteten Zustand ein dichtes Interferenzstreifen-System aufweisen (Abb. 5.3.5a). Die Streifenabstände des Ausgangszustandes müssen um ein Vielfaches kleiner sein als die der später durch die Überlagerung sich ergebenden Isopachen, wenn diese klar hervortreten sollen. Arbeitet man mit dem interferometrischen System vom Typ 1, so muß man sich zur Modellherstellung aus der betreffenden Platte ein Stück aussuchen, das von sich aus im unbelasteten Zustand genügend Streifen zeigt. Günstiger ist ein Interferometer, bei dem die Spiegel vom Modell getrennt angeordnet sind, wie bei den Typen 2, 3 und 4. Zeigt nämlich das unbelastete Modell durch seine Dickenunterschiede allein ein nicht genügend enges Streifenmuster, so können diese so einjustiert werden, daß ein günstiges System von Anfangsstreifen entsteht.

Es darf nicht verschwiegen werden, daß die Durchführung der Moiré-Technik etwas umständlich ist und auch Schwierigkeiten in sich birgt. Vor allem kann es vorkommen, daß bei großen Verformungen die beiden Interferenzaufnahmen nicht — wie es sein muß — an allen Stellen gleichzeitig zur Deckung gebracht werden können. In solchen Fällen muß man die photomechanische Superposition gebietsweise vornehmen.

Die geschilderte Moiré-Technik ist verwandt mit dem Moiré-Verfahren der „mechanischen Interferenzen" zur Bestimmung von Verformungszuständen, das in unserem Buche nicht behandelt wird. Bei diesem Verfahren werden künstlich hergestellte Linien- und Punktraster superponiert, während in der Interferometrie die entsprechenden Raster von selbst entstehen. Ein bekanntes Beispiel der Anwendung mechanischer Interferenzen ist die Methode von LIGTENBERG [116] zur Lösung von Problemen der Plattenbiegung. In den letzten Jahren hat die Moiré-Methode der mechanischen Interferenzen als Dehnungsmeßverfahren, unter Verwendung sehr feiner Raster, große Verbreitung gefunden und eine umfangreiche Literatur hierüber ist entstanden. Eine ausgezeichnete Gesamtdarstellung findet man in dem Buch von HOLISTER [x].

Die Interferenzstreifen bei Vorhandensein von Doppelbrechung. Besteht das Modell aus doppeltbrechendem Material, so existieren, wenn es belastet ist, für die Lichtfortpflanzung nach Gl. (1.5.1) zwei verschiedene Brechungsindizes n_1 und n_2, je nachdem das Licht in Richtung der Hauptspannung σ_1 oder σ_2 *polarisiert* ist. Infolgedessen hat die Modelldicke d dann zwei verschiedene optische Längen, und die Ordnung der Interferenzstreifen ändert sich unter Last in verschiedener Weise, je nachdem das Licht in der einen oder anderen Hauptrichtung schwingt. Ordnet man den Richtungen von σ_1 und σ_2 die Ordnungsänderungen δ_1 und δ_2 bei Belastung zu, so können diese wegen des linearen Zusammenhangs von Brechung und Spannung in Gl. (1.5.1) und weil das Material dem Hookeschen Gesetz gehorcht, immer ausgedrückt werden durch die linearen Gleichungen:

$$\delta_1 = (a\,\sigma_1 + b\,\sigma_2)d, \qquad \delta_2 = (a\,\sigma_2 + b\,\sigma_1)d, \qquad (5.3.9)$$

wobei d die Modelldicke bedeutet. In die Konstanten a und b gehen außer den Hauptbrechungsindizes n_1 und n_2 wegen der Dickenänderung auch der Elastizitätsmodul und die Querkontraktionszahl sowie je nach Interferometertyp auch der Brechungsindex des umgebenden Mediums ein. Die diesbezügliche Rechnung sei hier übergangen; man findet sie z. B. bei POST [157].

Es entsteht also bei Belastung des Modells ein Streifensystem mit den Phasenverschiebungen δ_1 oder ein anderes mit δ_2, je nach Schwingungsrichtung des Lichts. Verwendet man *unpolarisiertes* Licht, so entstehen beide Systeme gleichzeitig, denn das Licht wird beim Auftreffen auf das doppeltbrechende Material in zwei aufeinander senkrecht stehende linear polarisierte Wellen zerlegt, die das Modell mit verschiedener Geschwindigkeit durcheilen und hernach für sich mit dem Referenzstrahl, den man sich in zwei entsprechende Schwingungen zerlegt vorstellen kann, interferieren. Will man die beiden Streifensysteme getrennt erhalten, so muß man *polarisiertes* Licht verwenden und mit seiner Schwingungsrichtung in die Hauptrichtung orientieren.

In dieser Weise wird in der spannungsoptischen Interferometrie meistens vorgegangen. Man schaltet vor das Interferometer einen Linearpolarisator. Dann erhält man in denjenigen Gebieten des Spannungsfeldes, wo die Polarisationsrichtung ungefähr mit der σ_1-Richtung übereinstimmt, die Linien $\delta_1 = \text{const}$, wo sie die σ_2-Richtung hat, die δ_2-Linien. Da im Spannungsfeld die Hauptrichtungen variieren, braucht man, um überall δ_1 und δ_2 zu erhalten, im allgemeinen vom belasteten Modell mehrere Interferenzaufnahmen mit verschiedenen Polarisatorstellungen, die gebietsweise ausgewertet werden müssen. Meist wird mit der Moiré-Technik gearbeitet, d. h. die Interferenzbilder unter Last werden mit der Nullaufnahme, die ohne Last gemacht wurde, photomechanisch überlagert (vgl. vorigen Abschnitt). Zum Schluß kann man

dann die für die einzelnen Gebiete von annähernd gleicher Spannungsrichtung gewonnenen Bilder der δ_1- bzw. δ_2-Linien in Gesamtbilder durch
Photomontage zusammenstellen.

Besitzt man so durch diese Bilder die Werte δ_1 und δ_2 an jeder Stelle,
so kann durch Auflösung der Gln. (5.3.9) σ_1 und σ_2 an jeder Stelle berechnet werden.

Dieses Verfahren hat in der geschilderten Weise erstmals POST [155]
mit dem Reihen-Interferometer (Typ 3) durchgeführt. Wir zeigen in

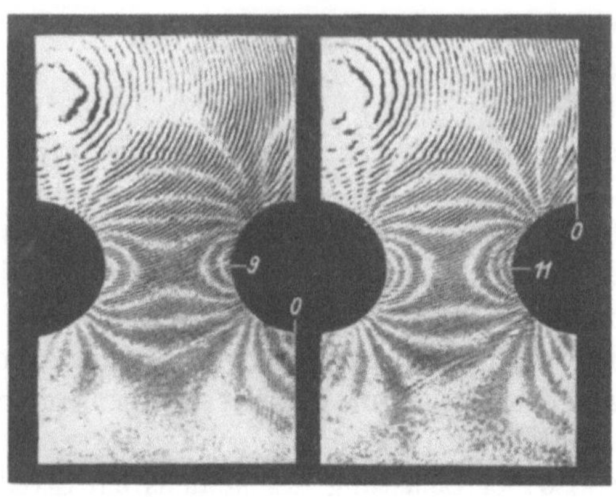

Abb. 5.3.6 Streifen $\delta_1 =$ const (links) und $\delta_2 =$ const (rechts) bei gekerbtem Zugstab mit Oberflächenschicht. Mit Moiré-Technik. Nach CHESIN und SACHAROW

der Abb. 5.3.6 eine Anwendung aus einer Arbeit von CHESIN und
SACHAROW [28]. Dort wurde das Verfahren mit dem Oberflächenschichtverfahren kombiniert, um die Hauptdehnungen zu messen. Die aufgeklebte Oberflächenschicht ist auf der Rückseite voll-, auf der Vorderseite teilverspiegelt. Das Anwendungsbeispiel ist ein beiderseits gekerbter
Zugstab aus Duralumin mit einer Oberflächenschicht aus Epoxid-Harz.

Das vorstehend erläuterte Prinzip der Spannungsmessung mit Hilfe
der Gln. (5.3.9) lag bereits dem von FAVRE [51] 1929 angegebenen, mit
dem Mach-Zehnder-Interferometer durchgeführten Verfahren zugrunde,
nur wurde damals, wie erwähnt, nur punktweise gemessen.

NISIDA und SAITO [140] haben gezeigt, daß es auch möglich ist,
mit diesem Interferometer Isopachen und Isochromaten gleichzeitig in
einem einzigen Bild aufzunehmen, wenn man mit nicht polarisiertem
Licht arbeitet. Als Beispiel zeigt die Abb. 5.3.7 ein solches Interferogramm.
Es handelt sich um eine Scheibe mit Kreisloch. Durch dieses ist ein genau
sitzender Bolzen gesteckt, der vertikal belastet wird.

In dem entstehenden Interferenzmuster sind die kontrastreichen
Schwarz-Weiß-Bänder die Isopachen. Diese werden von den Isochro-

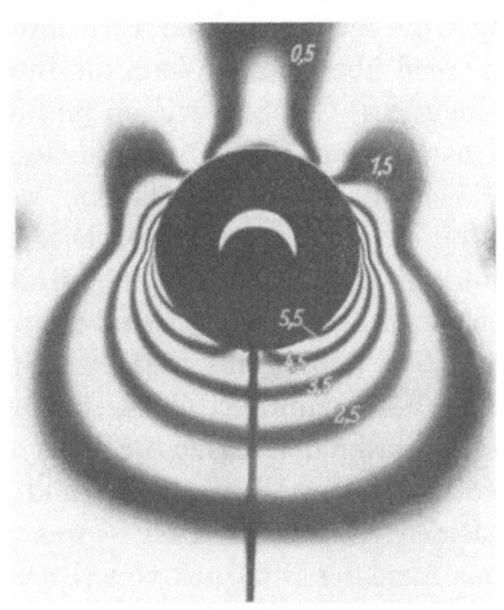

Abb. 5.3.7 Interferogramm der Umgebung eines Kreislochs mit Bolzen. Nach NISIDA und SAITO

Abb. 5.3.8 Konventionelles Isochromatenbild zu Abb. 5.3.7. Nach NISIDA und SAITO

maten der Ordnung 0,5, 1,5 usw. als Halbtonstreifen durchkreuzt. Die Isopachen wechseln beim Überschreiten jeder solchen Isochromate von Dunkel auf Hell und umgekehrt. Man vergleiche das Interferogramm der Abb. 5.3.7 mit dem konventionellen Isochromaten-Hellfeldbild,

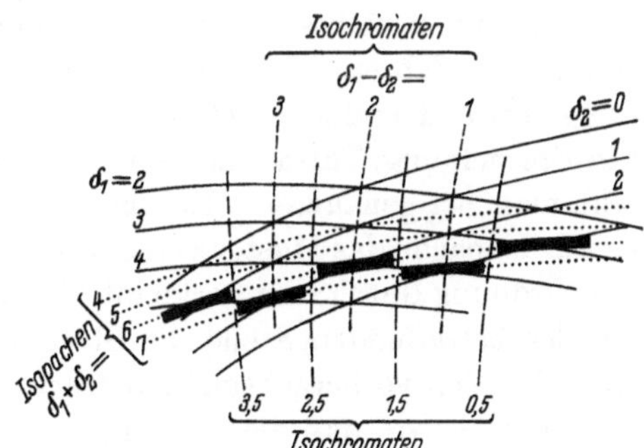

Abb. 5.3.9 Entstehung der Isopachen und Isochromaten aus den δ_1- und δ_2-Streifen

Abb. 5.3.8, für denselben Spannungszustand: die Isochromaten sind mit den Halbtonstreifen der Abb. 5.3.7 identisch.

Zur Erklärung der beschriebenen Erscheinungen diene die Abb. 5.3.9. Wie verwähnt, entstehen im nichtpolarisierten Licht die Streifen δ_1 und $\delta_2 = $ const gleichzeitig. Sie mögen die durch die ausgezogenen Linien dargestellten Verläufe und Ordnungszahlen haben. Nun sind wegen der Gln. (5.3.9) die Linien $\delta_1 - \delta_2 = $ const Linien $\sigma_1 - \sigma_2 = $ const, sie sind also die Isochromaten. In Abb. 5.3.9 ergibt sich für sie der gestrichelt gezeichnete, etwa vertikale Verlauf. Verfolgt man eine der Isochromaten der Zwischenordnungen 0,5, 1,5 usw., so erkennt man, daß längs ihr sich die zwei variablen Lichtintensitäten der δ_1- und δ_2-Streifen alternierend überlagern. Wenn die Intensitäten längs der Isochromaten nach einem $\cos^2$-Gesetz variieren und die Maxima gleich groß sind, ergibt die Überlagerung eine konstante Gesamtintensität, die halb so groß ist wie diejenige, die dort entsteht, wo sich die Helligkeitsmaxima beider Streifensysteme addieren. Die Isochromaten der Zwischenordnungen müssen also tatsächlich als Halbtonstreifen konstanter Intensität erscheinen. Die Isopachen sind die Linien $\sigma_1 + \sigma_2 = \text{const}$, also auf Grund der Gln. (5.3.9) die Linien $\delta_1 + \delta_2 = \text{const}$. Ihr Verlauf ist in der Abb. 5.3.9 punktiert eingezeichnet. Man erkennt, daß sich die Maximalintensitäten der beiden Streifensysteme längs einer Isopache alternierend voll addieren. Wenn die δ_1- und δ_2-Streifen sich unter verhältnismäßig kleinen Winkeln kreuzen — was meistens der Fall ist —, so entsteht für das Auge der Eindruck von abwechselnden Streifenstücken voller Helligkeit und voller Dunkelheit, wie dies in der Abbildung für die Isopachen der 6. und 7. Ordnung vergröbert dargestellt ist. Die Trennlinie bildet, wie man sieht, jeweils eine Isochromate der Zwischenordnungen.

Nisida und Saito haben das Interferogramm der Abb. 5.3.7 mit einem Modell mit optisch planen Oberflächen erhalten. Sie haben aber in ihrer Arbeit auch gezeigt, daß man natürlich auch die Moiré-Technik anwenden kann, dann sind optisch plane Oberflächen nicht nötig.

Es sei noch bemerkt, daß auch das Isopachenbild der Abb. 5.3.4 im Grunde genommen nichts anderes ist als ein Interferogramm nach dem Nisida-Saito-Verfahren. Nur wurde hier ein Material geringer Doppelbrechung verwendet; daher treten die Isochromaten auf den ersten Blick nicht in Erscheinung. Tatsächlich sind sie aber vorhanden: in Abb. 5.3.5c bemerkt man bei genauerem Hinsehen, daß, von links gerechnet, etwa bei der 12. Isopache das Muster verschwimmt: hier läuft die Isochromate der 0,5. Ordnung durch: man erkennt dies auch in Abb. 5.3.5b daran, daß an der betreffenden Stelle die Streifen von Dunkel auf Hell umspringen. Aus den vorhergehenden Betrachtungen über die Nisida-Saito-Technik geht hervor, daß die Störung durch die kreuzende Isochromate keinen Fehler im Isopachenverlauf mit sich bringt; man hat nur zu beachten, daß die Isopachenordnung beim Überschreiten einer Isochromate um den Wert 0,5 springt.

Die vorstehenden Ausführungen des Abschn. 5.3.4 sollten zeigen, daß die spannungsoptische Interferometrie in ihrem heutigen Stand auch für die Anwendung auf Probleme der technischen Praxis reif ist. Zwar wird der Aufwand für die Geräte immer größer bleiben als beim Isochromatenverfahren, und die Durchführung der Messungen wird auch in Zukunft schwieriger sein. Aber man kann, wenn man die Schwierigkeiten einmal auf sich genommen hat, die vollständige Auswertung des ebenen Feldes mit einer Genauigkeit ausführen, die man sonst nicht erreicht.

Wegen weiterer Einzelheiten sei, außer der bereits angegebenen Literatur, auch auf die gründliche systematische Arbeit von DE LAMOTTE [40] hingewiesen.

Holographie in der Spannungsoptik. Eine besondere Art der Interferometrie ist die Interferometrie mittels *Holographie.* Die Holographie hat bekanntlich in letzter Zeit durch die Einführung des *Lasers* einen entscheidenden Auftrieb erfahren. Über ihre Anwendung in der Spannungsoptik liegen bereits eine Reihe von Veröffentlichungen vor, so von FOURNEY und Mitarbeitern [64, 65], HOVANESIAN und Mitarbeitern [89, 90], HOSP und WUTZKE [88], LOISEAU [117], CLARK und DURELLI [30].

Bei der Holographie wird durch eine Interferometeranordnung in einer Photoplatte Information gespeichert, die hernach, indem man die Platte wieder in die Anordnung bringt, rekonstruiert werden kann. Der Informationsinhalt eines solchen „Hologramms" ist größer als der einer gewöhnlichen Photographie, weil im Hologramm außer der Intensität des Lichts auch seine Phase durch Interferenzen festgehalten wird. Dadurch ist es z. B. möglich, in einer einzigen Platte räumliche Bilder zu speichern. In der Spannungsoptik kann man im Hologramm nicht nur Isochromaten, Isoklinen, Isopachen und kombinierte Isopachen-Isochromaten-Bilder festhalten, sondern z. B. auch Normal- und Schrägeinfall-Bilder in einer einzigen Aufnahme speichern [64].

Die Holographie erfordert einen erschütterungsfreien Versuchsaufbau. Welche Bedeutung die holographischen Methoden in der praktischen Spannungsoptik noch erlangen werden, läßt sich heute noch nicht absehen.

5.3.5 Verfahren der schiefen Durchstrahlung

Wie schon auf S. 86 bemerkt wurde, kann man den ebenen Spannungszustand vollständig auswerten, wenn man zu der normalen Isochromatenaufnahme noch Beobachtungen bei schiefer Durchleuchtung hinzufügt. Das Verfahren wurde erstmals von DRUCKER [42] auf Symmetrieschnitte angewandt. Dabei wurde für den Schrägeinfall das ganze Modell um die Symmetrieachse um 45° gedreht. Für die Ausrechnung der Hauptspannungen aus den Isochromatenordnungen an einem Punkt gelten dann die Gln. (2.2.10) und (2.2.11) auf S. 86. Das Verfahren kann auch auf die Auswertung beliebiger Punkte ausgedehnt werden [142], doch hat es keine praktische Bedeutung erlangt, weil die genaue Zuordnung entsprechender Punkte in den beiden Isochromatenbildern äußerst schwierig ist und außerdem die Genauigkeit stark von der

Orientierung der Hauptspannungen gegen die Drehachse abhängt. Es ist daher zweckmäßiger, die Untersuchungen unmittelbar am belasteten Modell punktweise vorzunehmen und dann die Messung bei Schrägeinfall nach den Hauptrichtungen zu orientieren. Ein Gerät für diese Art der Messung ist das bereits in Abschn. 5.2.3 besprochene „Clinopolariscope" von Acloque.

Die Messungen bei Schrägdurchstrahlung haben alle den grundsätzlichen Nachteil, daß der dabei benutzte optische Effekt wegen des schiefen Lichtdurchgangs und der endlichen Modelldicke nicht aus der zu untersuchenden Stelle allein, sondern aus einer gewissen Umgebung stammt, deren Durchmesser z. B. beim Clinopolariscope mehr als das Doppelte der Modelldicke ausmacht. Daher versagt das Verfahren an Stellen starken Spannungsgefälles und wird aus diesem Grunde in der ebenen Spannungsoptik wenig angewandt.

5.3.6 Ergänzung durch die elektrische Analogie

Die Spannungssumme $(\sigma_1 + \sigma_2)$ des ebenen Spannungszustandes ist, wie bereits auf S. 146 bemerkt wurde, eine Potentialfunktion. Sie unterliegt daher derselben Differentialgleichung wie die elektrische Potentialverteilung in einem homogenen Leiter. Diese Tatsache kann man benützen, um experimentell die Verteilung von $(\sigma_1 + \sigma_2)$ zu finden und damit die aus den Isochromaten gewonnene Aussage über $(\sigma_1 - \sigma_2)$ zur vollständigen Auswertung zu ergänzen. Hierzu müssen an einem scheibenförmigen Leiter, der die Kontur des Modells besitzt, die Randwerte des Potentials durch ein System von Regulierwiderständen aufgebracht werden. Die Potentialverteilung kann dann im Innern des Feldes punktweise durch eine Sonde mit Meßinstrument abgegriffen werden. Die Randwerte des Potentials sind durch das Isochromatenbild gegeben. Nach dem Verfahren von Meyer und Tank [13] verwendet man als Modellkörper eine schlecht leitende Flüssigkeit in einem elektrolytischen Trog. Die Modellkontur wird aus einer Isolierstoffplatte ausgeschnitten und am Rand eine Halbleiterschicht eingebrannt, auf die die gegebenen Potentialwerte aufgebracht werden. Stokey und Hughes [176] verwenden als Modellkörper ein für Zwecke der elektrischen Nachrichtentechnik hergestelltes halbleitendes graphitiertes Papier. Diese Methode war lange Zeit in ihrer Genauigkeit dadurch beeinträchtigt, daß das zur Verfügung stehende Graphitpapier stark anisotrop war. Nach Behebung dieses Mangels wird es seit den letzten Jahren in England viel angewendet. Dort wird eine Ausrüstung für das Verfahren von der Firma Sharples Photomechanics Ltd., Preston, Lancashire, hergestellt. Eine Anleitung zur Durchführung des Verfahrens enthält das Buch von Hendry [u].

5.3.7 Anbohrverfahren

Zur Durchführung dieses Verfahrens wird an dem auszuwertenden Punkt ein feines Loch in das Modell gebohrt. Bei der Belastung erfährt dann der Spannungszustand an der betreffenden Stelle eine Störung. Wenn das Loch genügend klein ist, breitet sich diese Störung nur in einem Bereich aus, in dem der zu untersuchende Spannungszustand als gleichmäßig angesehen werden kann. Die Störung ist dann dieselbe wie in einer unendlich ausgedehnten gleichmäßig zweiachsig beanspruchten Scheibe, ein Spannungszustand, der auf Grund der bekannten Lösung von KIRSCH (s. z. B. [55] I, S. 313) sehr einfach streng beherrscht werden kann. Aus der Symmetrie der durch die Störung verursachten Isochromaten ergeben sich sofort die Hauptrichtungen, und auf Grund der Messung zweier Isochromatenordnungen lassen sich dann die beiden Hauptspannungen mittels der theoretischen Lösung berechnen. Diese beiden Isochromatenwerte entnimmt man besser nicht dem Lochrand, wo sie an sich am größten wären, weil die Ordnung dort wegen des großen Spannungsgefälles und der unvermeidlichen Vorspannungen nicht genau festgestellt werden kann, sondern der unmittelbaren Umgebung des Loches.

Da das Anbohrverfahren nur an Stellen geringen Spannungsgefälles anwendbar ist, kommt es für die Auswertung eines ganzen Feldes oder auch nur eines Querschnitts nicht in Frage. Es bewährt sich jedoch in manchen Fällen bei der Spannungsbestimmung an einzelnen Punkten, z. B. zur Kontrolle von weit im Innern liegenden Punkten, an denen über einem langen Integrationsweg vom Rand her die Spannungen ausgewertet worden sind.

Eine ausführliche Darstellung des Anbohrverfahrens findet sich bei MESMER [e].

5.4 Einige Ergänzungen für die Praxis des Einfrierverfahrens

5.4.1 Einfrierverfahren mit kleinen Verformungen; Isochromatenvervielfachung

Auf S. 91 wurde darauf hingewiesen, daß man beim Einfrierverfahren die Modelle sehr stark verformen muß, wenn man in den Schnitten eine Isochromatenzahl erreichen will, wie sie für eine bequeme Auswertung erwünscht ist. Dann entstehen aber Meßfehler durch unzulässige Änderung der geometrischen Form des Modells. Wenn man dies vermeiden will, darf man nicht stark verformen und muß dann, da nur ein geringer spannungsoptischer Effekt entsteht, dafür bei der Auswertung Methoden anwenden, die gestatten, diesen Effekt genau auszuwerten. Dies kann

z. B. durch Kompensieren (s. Abschn. 1.9.3) geschehen. Die Messung wird dadurch natürlich umständlicher.

Es gibt auch noch ein anderes Verfahren, mit dem man kleine optische Effekte genauer messen kann: die sogenannte *Isochromatenvervielfachung* (fringe multiplication) nach POST [155]. Es handelt sich dabei um ein allgemein in der Spannungsoptik anwendbares Verfahren, das aber in der Praxis hauptsächlich bei der Auswertung von eingefrorenen

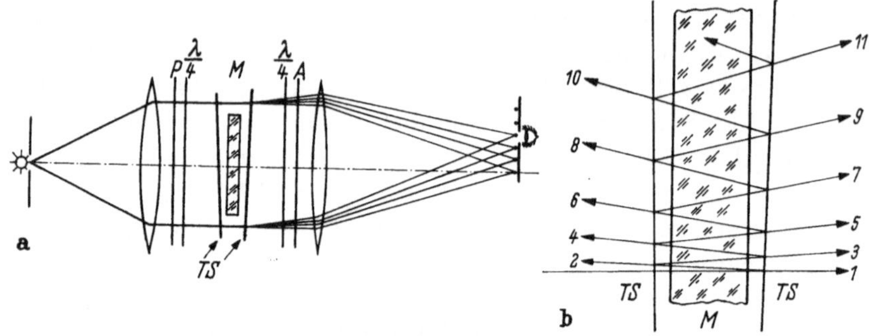

Abb. 5.4.1 Isochromatenvervielfachung nach POST
(a Polariskop-Anordnung; b) Strahlengang durch die teilreflektierenden Spiegel *TS*. *M* Modell *P* Polarisator, *A* Analysator, λ/4 Viertelwellenplatten

Spannungen in Schnitten benutzt wird. Das Gerät für die Isochromatenvervielfachung ist in Abb. 5.4.1, links, skizziert. In ein Zirkular-Polariskop mit punktförmiger Lichtquelle und gerichtetem Strahlengang sind vor und hinter das spannungsoptische Objekt *M* teildurchlässige Spiegel *TS* geschaltet, die ein wenig gegeneinander geneigt sind. Zwischen diesen Spiegeln werden die Lichtstrahlen mehrfach reflektiert (Bild rechts); die direkt durchfallenden Strahlen (*1*) gehen dabei gerade durch das Polariskop, die mehrfach reflektierten treten um so mehr gegen die Einfallsrichtung geneigt aus, je öfter sie reflektiert worden sind. Der optische Effekt und damit die Isochromatenordnung vervielfacht sich um die Anzahl der Durchgänge des Lichts durch das Modell (Ziffern *2, 3* usw. bei den entsprechenden Strahlen). Da wegen der verschiedenen Neigung der Strahlen die Optik der Apparatur die zu den verschiedenen Vervielfachungen gehörigen Strahlen auf Punkte unterschiedlicher Höhe konvergieren läßt, kann man eine bestimmte Vervielfachung ausblenden; z. B. sieht das in der Abbildung angedeutete Auge des Beobachters die siebenfach vervielfachten Isochromaten. Im Durchlichtpolariskop erhält man Vervielfachungen ungerader Anzahl; man kann die Anordnung auch als Reflexionspolariskop bauen, dann ergeben sich gerade Vielfache. Da bei dem Strahlengang viel Licht verlorengeht, ist das vervielfachte Isochromatenbild sehr lichtschwach; Vervielfachungen bis zu etwa 9 sind jedoch technisch gut möglich. Ein gewisser Nachteil des Verfahrens ist, daß wegen des leicht schrägen Strahlengangs die Bilder in einer Richtung unscharf werden.

Geräte für Isochromatenvervielfachung sind heute komplett käuflich.

Es muß jedoch ausdrücklich festgestellt werden, daß die Meinungen darüber geteilt sind, ob es wirklich besser ist, beim Einfrierverfahren nur gering zu verformen. Man vermeidet so zwar Fehler, die durch Änderung der geometrischen Form entstehen. Es ist aber zu bedenken, daß andererseits, wenn nur ein geringer optischer Effekt vorhanden ist, Fehler, die dann entstehen, wenn das Modell vor der Belastung nicht ganz vorspannungsfrei war, bei einer kleinen Gesamtdoppelbrechung viel mehr ins Gewicht fallen und das Meßergebnis erheblich fälschen können. Es gelingt ja nie, das Modell ganz vorspannungsfrei herzustellen. Vorspannungen können beim Abkühlen, durch Randeffekt und durch die Nachbearbeitung entstehen. Es können auch Schlieren vorhanden sein (s. S. 101), die durch ihren Doppelbrechungseffekt das Ergebnis fälschen. Die große Gefahr besteht darin, daß man über das Vorhandensein und die Größenordnung von überlagerten Vorspannungen in Schnitten aus einem Modell mit eingefrorenem Spannungszustand sich gar keine Rechenschaft ablegen kann, weil man den Schnitt nie im unbelasteten Zustand sieht. Eine weitere Fehlerquelle kann dadurch hinzukommen, daß man den Schnitten zur Auswertung bei Isochromatenvervielfachung wegen der dazu nötigen Mehrfachreflexionen im Polariskop gute glatte Oberflächen geben muß. Man muß sie polieren. Die dabei auftretende Erwärmung kann den eingefrorenen Spannungszustand verändern.

Aus diesen Gründen zieht man es in vielen Laboratorien vor, die Modelle stärker zu verformen. Auch im Münchner Institut nehmen wir diesen Standpunkt ein. Dann können unkontrollierbare Vorspannungen das Meßergebnis nicht so sehr fälschen. Man hat dann allerdings mit Fehlern durch Änderung der geometrischen Form zu rechnen, diese sucht man dann nach Möglichkeit durch Überlegungen der Art, wie sie in Abschn. 4.6 angedeutet sind, rechnerisch abzuschätzen und damit wenigstens teilweise zu eliminieren.

Im Zusammenhang mit der Isochromatenvervielfachung durch das Gerät nach Abb. 5.4.1 sei noch erwähnt, daß man mit dieser Anordnung, wie ebenfalls POST [155] gezeigt hat, noch einen anderen Effekt, die sogenannte Isochromatenverschärfung (fringe sharpening) erzielen kann, wenn man die Spiegel TS parallel stellt. Dann sind alle zwischen den Spiegeln reflektierten Strahlen an der polarisationsoptischen Abbildung beteiligt. Die Isochromaten werden in diesem Fall nicht vervielfacht, sondern erscheinen als scharfe Linien. Es ist dies dieselbe Erscheinung, die auch in bestimmten Interferometern (s. S. 149) auftritt.

5.4.2 Modelle aus Teilen verschiedenen Elastizitätsmoduls

In der Modellstatik hat man oft Objekte zu untersuchen, die sich aus
Teilen verschiedenen Elastizitätsmoduls zusammensetzen. Dann sollte
auch das Modell aus entsprechenden Teilen bestehen, deren Elastizitätsmoduln zueinander im gleichen Verhältnis stehen wie die entsprechenden

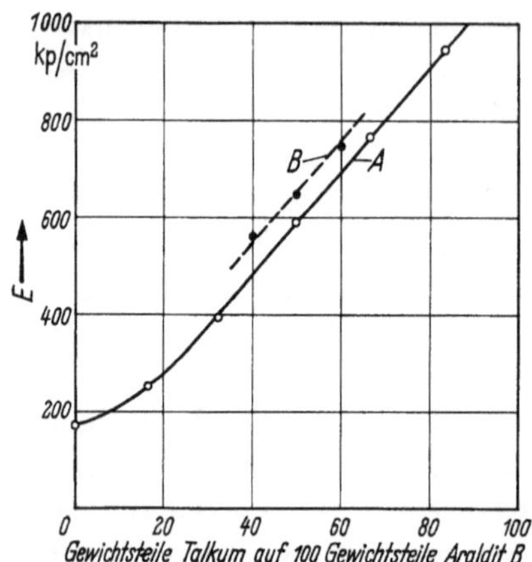

Abb. 5.4.2 Effektiver Elastizitätsmodul E von
Araldit B beim Einfrierverfahren in Abhängigkeit von der beigemischten Menge Talkum.

A Aushärtetemperatur 110 °C,
B Aushärtetemperatur 120 °C

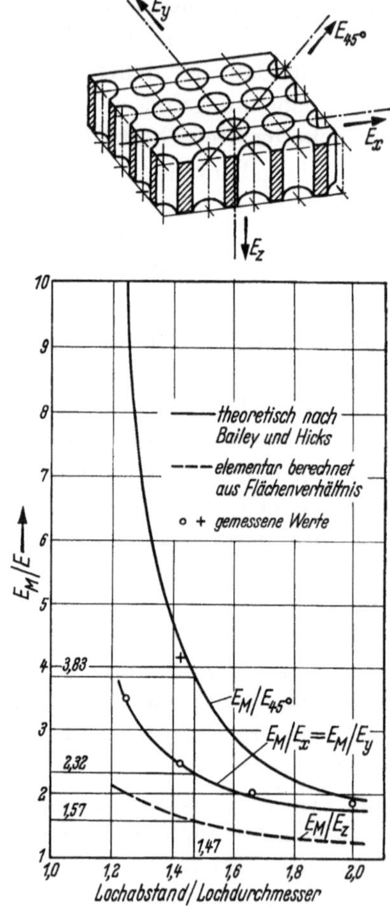

Abb. 5.4.3 E-Modul in gelochten Körpern. Nach
FICKER [54]. Fall: Lochabstand/Lochdurchmesser
= 1,47 s. Abschn. 6.6.2

Teile der wirklichen Ausführung. Hierzu gibt es beim Einfrierverfahren
verschiedene Möglichkeiten.

FICKER [54] fand, daß man durch Beimengung von *Talkumpulver*
zum Araldit den effektiven Elastizitätsmodul beim Einfrierverfahren bis
auf etwa das Fünffache des Normalwerts erhöhen kann, wie die Abb. 5.4.2
zeigt. In diesem Bild wird auch deutlich, daß der erzielte E-Modul von
den Herstellungsbedingungen abhängig ist: Kurve B zeigt z. B., daß bei

höherer Aushärtetemperatur sich ein höheres E ergibt. Da natürlich auch verschiedene Herstellungschargen des Araldits unterschiedlich reagieren, ist es, wenn genaue Werte von E erzielt werden müssen, immer notwendig, einige Vorversuche zu machen. Ein Anwendungsbeispiel der Talkumbeimischung findet sich in Ziff. 6.9.

Modellteile mit beigemischtem Talkum haben den Nachteil, daß ihre Wärmedehnzahl sich von der des reinen Araldits unterscheidet. Dadurch können Meßfehler verursacht werden, wenn beim Abkühlen eines zusammengesetzten Modells sich seine Teile unterschiedlich zusammenziehen und dabei ein unerwünschter zusätzlicher thermischer Spannungszustand überlagert wird. Dieser Mißstand läßt sich bei einem von PERLA [151] ausgearbeitetem Verfahren vermeiden. Er hat durch umfangreiche systematische Versuche festgestellt, daß man bei Epoxidharz den E-Modul des Einfrierverfahrens und, weitgehend unabhängig davon, die Wärmedehnzahl durch Art und Anteil des *Härters* beeinflussen kann. Die Werte des E-Moduls bewegen sich dabei zwischen etwa 90 und 450 kp/cm². Als Ergebnis der genannten Versuche hat er ein Arbeitsdiagramm aufgestellt, aus dem man entnehmen kann, in welcher Menge man dem Epoxidharz die Härter Maleinsäureanhydrid und Phthalsäureanhydrid beifügen muß, damit man eine Paarung von Harzen mit vorgegebenem E-Modul-Verhältnis und gleicher Wärmedehnzahl erhält.

Eine dritte Art, den E-Modul zu variieren, die schon von verschiedenen Seiten bei praktischen Festigkeitsuntersuchungen angewandt wurde, besteht darin, in die Modellteile, die niedrigeren E-Modul besitzen sollen, ein regelmäßiges System von parallelen *Bohrungen* einzubringen. Auch bei dieser Methode sind Fehler durch unterschiedliche Wärmedehnungen ausgeschlossen, jedoch werden die so bearbeiteten Teile anisotrop. Abb. 5.4.3 zeigt für quadratische Lochfelder, im Falle des ebenen Spannungszustandes, das Verhältnis des Elastizitätsmoduls E_M des Materials zum effektiven Elastizitätsmodul in den verschiedenen Richtungen. Die ausgezogenen Kurven sind von BAILEY und HICKS [10] berechnet worden; experimentelle Nachprüfung durch Dehnungsmessungen an gelochten Platten ergab, wie die Abbildung zeigt, eine ausgezeichnete Übereinstimmung [54]. Das Verhältnis E_M/E_z (gestrichelte Linie) ist gleich dem Verhältnis der Flächen der ungelochten und der gelochten Platte. Die Abbildung lehrt, daß man mit dieser Methode bis zur Verminderung des Elastizitätsmoduls auf etwa die Hälfte von E_M noch praktisch mit Isotropie in der Ebene senkrecht zu den Lochachsen rechnen kann; dagegen weicht in z-Richtung der E-Modul auch bei größeren Lochabständen schon merklich von dem der anderen Richtungen ab.

Bei Modellen, die zwecks Verminderung des Elastizitätsmoduls in der geschilderten Weise mit einem Lochsystem versehen worden sind, kann die Lochung auch zur Spannungsbestimmung an inneren Punkten des Spannungsfeldes herangezogen werden. Man benützt dabei, ähnlich wie beim Anbohrverfahren der ebenen Spannungsoptik (Abschn. 5.3.7), die Isochromaten um die Lochränder (vgl. Anwendungsbeispiel Abschnitt 6.6.2)[1].

5.4.3 Schrumpf- und Preßverbindungen

Entgegen vielerorts bestehenden Zweifeln ist es durchaus möglich, im Einfrierverfahren Vorgänge beim Aufschrumpfen von Stahlteilen modellstatisch einwandfrei nachzubilden und die dabei auftretenden Spannungen zu bestimmen. Man erhitzt zu diesem Zweck den äußeren Teil des Aralditmodells der Schrumpfpaarung möglichst hoch, auf 160 bis 170 °C, bringt dann den Innenteil, der auf Raumtemperatur belassen wurde, ein und läßt nun die Temperaturen sich bei der üblichen Ofentemperatur von 150 °C ausgleichen. Der Spannungszustand, der sich dann bei dieser Temperatur, also oberhalb des Erweichungspunktes, bei Hochelastizität, infolge des Übermaßes des Innenteils einstellt, ist dem elastischen Schrumpfungszustand der Hauptausführung aus Stahl vollkommen ähnlich. Die verhältnismäßig kurze Aufheizung auf 170 °C schadet dem Araldit noch nicht. Da das Araldit bei Hochelastizität praktisch nicht kriecht, bleibt der aufgebrachte Spannungszustand beliebig lange erhalten und kann, wie jeder Spannungszustand, durch Abkühlen eingefroren werden. Voraussetzung ist dabei natürlich, daß alle Teile des Modells dieselbe Wärmedehnzahl besitzen, also aus völlig gleichem Material bestehen, da sonst beim Abkühlen ein zusätzlicher thermischer Eigenspannungszustand einfriert.

Der Aufschrumpfvorgang wird also praktisch auf dieselbe Weise abgewickelt wie bei der Hauptausführung aus Stahl. Dank den verhältnismäßig hohen Ausdehnungszahlen von Araldit, $\alpha_R = 7 \cdot 10^{-5}$/grd bei Raumtemperatur und $\alpha_H = 18 \cdot 10^{-5}$/grd bei Hochelastizität [128], ist es dabei möglich, obwohl im allgemeinen eine geringere Temperaturdifferenz zwischen den Teilen zur Verfügung steht als bei Stahl, trotzdem eine für die Auswertung recht brauchbare Isochromatenzahl erreichen, wie die folgende Überschlagsrechnung zeigt.

Es sei angenommen, daß bei der Stahlausführung der äußere Teil der Paarung für das Aufschrumpfen eine Übertemperatur $\Delta t = 400$ °C erhält. Bei einer angenommenen Ausdehnungszahl $\alpha_{St} = 1,4 \cdot 10^{-5}$ für Stahl erhält man dabei eine thermische Dehnung ε_{th}:

$$\varepsilon_{th} = \alpha_{St}\,\Delta t = 1,4 \cdot 10^{-5} \cdot 400 = 5,6 \cdot 10^{-3}. \qquad (5.4.1)$$

---

[1] Weitere Untersuchungen über Lochfelder werden von Herrn Dr.-Ing. E. FICKER an anderer Stelle veröffentlicht werden.

Beim Araldtmodell werde der Außenteil auf 170 °C erwärmt. Man hat dann, gegenüber dem Innenteil, der bei der Raumtemperatur von 20 °C verbleibt, eine Temperaturdifferenz $\Delta t = 150$ °C zur Verfügung. Die thermische Dehnung des Außenteils berechnen wir mit den oben angegebenen Ausdehnungszahlen als einen Anteil unterhalb des Erweichungspunktes mit $\Delta t_1 = 80$ °C und einem Anteil oberhalb mit $\Delta t_2 = 70$ °C:

$$\varepsilon_{th} = \alpha_R \, \Delta t_1 + \alpha_H \, \Delta t_2 = 18{,}2 \cdot 10^{-3}.$$

Der Vergleich mit Gl. (5.4.1) zeigt, daß diese Wärmedehnung etwa dreimal so groß ist wie bei der Hauptausführung aus Stahl. Dies bedeutet, daß man im Modellversuch das Schrumpfmaß mindestens dreimal so groß ausführen kann, wie es der strengen Ähnlichkeit entsprechen würde, was wiederum heißt, daß man dann beim Schrumpfspannungszustand dreimal größere Formänderungen hat als bei strenger Ähnlichkeit. Nun arbeitet man zwar gewöhnlich beim Einfrierverfahren mit noch stärkerer Überhöhung der Formänderungen (s. S. 91), doch erhält man auch schon mit dreifach überhöhtem Schrumpfmaß einen für die Auswertung durchaus brauchbaren optischen Effekt.

Eine weitere Überhöhung des Schrumpfmaßes ist, wenn man das Aufschrumpfen thermisch durchführen will, kaum möglich. Es wurde schon versucht, dies zu erreichen, indem der Innenteil der Schrumpfpaarung mit Kohlensäureschnee oder flüssiger Luft abgekühlt wurde, doch zeigte die Erfahrung, daß dann beim Temperaturausgleich der Außenteil springt. Dies ist damit zu erklären, daß in diesem Fall die Kontaktregion des Außenteils sich während des Temperaturausgleichs unter den Erweichungspunkt abkühlt. Dann ist aber dort die Bruchdehnung des Materials zu klein, um der Beanspruchung durch den sich ausdehnenden Innenteil standzuhalten.

Praktisch beliebig hohe Übermaße des Innenteils lassen sich dagegen anwenden, wenn man nicht aufschrumpft, sondern im hochelastischen Zustand, bei 150 °C, aufpreßt. Denn dann ist die Bruchdehnung des Araldits sehr hoch, und das Aufpressen gelingt auch verhältnismäßig leicht, weil wegen des niedrigen Elastizitätsmoduls bei Hochelastizität keine sehr großen Kräfte aufzuwenden sind. Allerdings entspricht in diesem Fall der entstehende Eigenspannungszustand nicht dem des thermischen Aufschrumpfens, sondern mehr dem, der auch in Stahlteilen durch Aufpressen entsteht. Eine vollkommene Ähnlichkeit dürfte sich hier jedoch wegen der unterschiedlichen Reibungsverhältnisse in Hauptausführung und Modell kaum erreichen lassen. Will man den Einfluß der durch die Reibung verursachten Schubspannungen möglichst gering halten und sich so mehr dem Schrumpfspannungszustand nähern, so kann man die Aralditteile mit Silikonfett schmieren.

Es mag in diesem Zusammenhang von Interesse sein, auch die Möglichkeiten der Untersuchung von Aufschrumpfvorgängen in der *ebenen* Spannungsoptik, wenn unterhalb des Erweichungspunktes gearbeitet wird, zu überschlagen. Hier liegen die Verhältnisse noch etwas günstiger. Zwar darf man hier den Außenteil der Schrumpfpaarung höchstens bis 70 °C erwärmen, jedoch kann man ohne Gefährdung des Modells den Innenteil mit flüssiger Luft auf −170 °C abkühlen. Rechnet man überschläglich mit der Ausdehnungszahl α_R für Raumtemperatur, so ergibt sich eine verfügbare thermische Dehnung:

$$\varepsilon_{th} = \Delta t\, \alpha_R = 240 \cdot 7 \cdot 10^{-5} = 16{,}8 \cdot 10^{-3},$$

also auch hier etwa das Dreifache der bei der Hauptausführung nach Gl. (5.4.1) zur Verfügung stehenden Dehnung. Man kann also die Formänderungen dreifach überhöhen. Dies liegt etwa in dem Bereich, in dem man in der ebenen Spannungsoptik gewöhnlich arbeitet.

5.4.4 Einfrieren von Gravitationsbeanspruchungen

Auch Spannungszustände, die durch das Eigengewicht, z. B. von Bauwerken, hervorgerufen werden, kann man im Einfrierverfahren untersuchen. Die durch die Gravitation entstehenden Dehnungen sind zwar bei den üblichen Modellgrößen und einem Elastizitätsmodul von 200 kp/cm² gering, man kann sie aber erhöhen, indem man das Modell in eine große Zentrifuge setzt und die Spannungen während der Rotation einfriert. Solche Versuche sind schon von mehreren Seiten mit Erfolg durchgeführt worden. Da die Fliehkräfte, weil sie die Erdanziehung nachahmen sollen, einigermaßen gleichmäßig sein sollen, muß man das Modell auf einem großen Radius rotieren lassen. Dies bedeutet die Notwendigkeit entsprechend großer Anlagen, die wegen der Gefahr durch eventuelles Herausfliegen von Teilen durch massive Wände abgesichert werden müssen. Über eine solche Anlage in Japan und einen Versuch mit einem Modell einer Bogenstaumauer, das gleichzeitig auch durch Flüssigkeitsdruck belastet war, berichtete z. B. Tuzi 1961 in Chicago [185]. Das Modell war 280 × 200 × 150 mm groß. Ein besonderer Kunstgriff bestand darin, die Flüssigkeitsbelastung durch Wachs aufzubringen. Damit erreicht man einerseits ziemlich gut das durch die Ähnlichkeit vorgeschriebene Verhältnis der spezifischen Gewichte von Flüssigkeit und Modellkörper entsprechend der Raumgewichte von Wasser und Beton. Andererseits gelingt das Aufbringen der Flüssigkeitsbelastung dadurch leicht, daß man die Anordnung erst, wenn sie bereits rotiert, erwärmt und damit das Wachs zum Schmelzen bringt.

5.5 Das allgemeine optische Gesetz bei veränderlichem Spannungszustand

Die so bemerkenswert einfache Grundgleichung (1.5.3) der ebenen Spannungsoptik stellt nur den Sonderfall des optischen Gesetzes für solche Hauptspannungen σ_1 und σ_2 dar, die sich längs des Lichtweges nach Größe und Richtung nicht ändern. Auch beim Einfrierverfahren läßt sich, wie wir sahen, ein ähnlich einfaches Grundgesetz, Gl. (2.1.4), für die sekundären Hauptspannungen σ_1' und σ_2' aufstellen, wenn der aus dem Modell herausgenommene Schnitt so dünn ist, daß die Spannungen über die Schnittdicke noch praktisch unveränderlich sind.

Nun bedeutet aber die Notwendigkeit des Zerschneidens des Modells beim Einfrierverfahren eine schwerwiegende Einengung der Experimentiermöglichkeiten: man kann nur einen einzigen Lastfall bei einer einzigen Modellform untersuchen. Außerdem ist das Einfrierverfahren langwierig und wegen der notwendigen großen Verformungen, wie wir sahen, ungenauer als die Spannungsoptik bei Raumtemperatur.

Aus diesen Gründen ist man bemüht, Auswertungsmöglichkeiten von räumlichen Modellen zu suchen, bei denen diese als Ganzes durchstrahlt werden, so daß das Einfrieren und Zerschneiden nicht nötig ist. Dazu braucht man ein optisches Gesetz in allgemeiner Form. Die Grundlagen hierfür sind teilweise in der Kristalloptik und der Theorie der elektromagnetischen Wellen seit langem bekannt, man hat aber erst in neuerer Zeit damit begonnen, sie auch für die praktische Spannungsoptik nutzbar zu machen. Die allgemeine Theorie des optischen Effekts ist sehr schwierig und wird deshalb, und außerdem weil noch experimentelle Schwierigkeiten hinzukommen, für technische Festigkeitsprobleme bisher wenig angewandt. Erfolge sind vor allem bei Untersuchungen an Platten und Schalen (Abschn. 5.6.3 u. 5.6.4) und beim Streulichtverfahren (Abschn. 5.6.5) festzustellen. Wegen der Schwierigkeit des ganzen Fragenkomplexes müssen wir uns hier mit einigen Hinweisen begnügen und verweisen im übrigen auf die angegebene Literatur, insbesondere auf die Arbeiten von ABEN [1].

5.5.1 Poincaré-Kugel

Die allgemeinste Schwingungsform des Lichts ist das elliptisch polarisierte Licht. Es kann z. B. zustande kommen, wenn (Abb. 5.5.1) eine monochromatische, linear polarisierte Welle, dargestellt durch den Schwingungsvektor L, durch eine doppeltbrechende Scheibe (S), z. B. ein spannungsoptisches Modell, fällt. Die Blickrichtung gehe im folgenden in Richtung der sich fortbewegenden Lichtwellen. Die Orientierung der Hauptrichtungen x und y der Scheibe zu einer Bezugsrichtung (in

Abb. 5.5.1 zur Horizontalen) sei durch den Winkel ϱ festgelegt; die Schwingungsrichtung der einfallenden Welle L sei um φ gegen die x-Richtung der Scheibe geneigt. Wegen des Brewsterschen Gesetzes

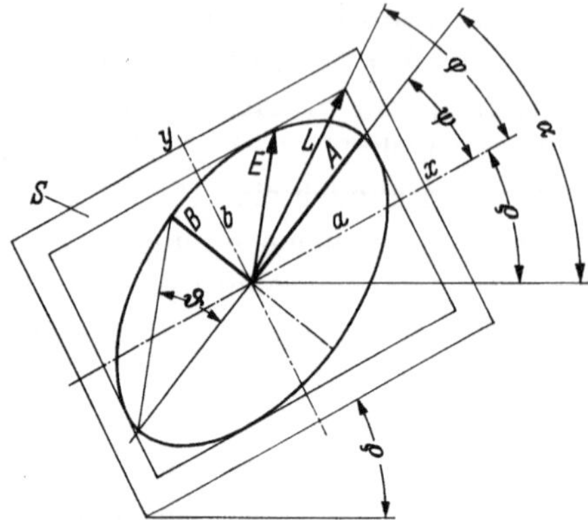

Abb. 5.5.1 Entstehung von elliptisch polarisiertem Licht (E) aus linear polarisiertem (L) in doppeltbrechender Scheibe (S)

(s. S. 14) wird der Lichtvektor L in zwei Wellen zerlegt, die in x- bzw. y-Richtung schwingen; das Verhältnis ihrer Amplituden b und a ist

$$\frac{b}{a} = \tan \varphi. \tag{5.5.1}$$

Nach Passieren der doppeltbrechenden Scheibe haben die beiden Wellen eine Phasendifferenz, so daß sie in einer raumfesten senkrecht zur Lichtrichtung liegenden Ebene beschrieben werden können durch

$$y = b \sin \omega t, \qquad x = a \sin (\omega t - \Delta). \tag{5.5.2}$$

Dabei haben wir für die Phasenverschiebung $2\pi\delta$ abkürzungsweise Δ geschrieben (δ = Isochromatenordnung). Setzt man die beiden Schwingungsvektoren x und y zu einem Vektor der Größe $E = \sqrt{y^2 + x^2}$ zusammen, so bewegt sich dessen Spitze auf einer Ellipse (Abb. 5.5.1). Man legt sich leicht zurecht, daß der Vektor E dabei im Uhrzeigersinn rotiert, wenn $\pi > \Delta > 0$ ist. Diesen Fall nennt man „links elliptisch polarisiertes Licht", denn dabei bilden die Feldvektoren des Lichtes eine Links-Schrauben-Fläche, die sich mit Lichtgeschwindigkeit bewegt und bei der Durchdringung mit der raumfesten Ebene die geschilderte Drehung des Vektors E ergibt. Hingegen erhält man rechts elliptisch polarisiertes Licht für $0 > \Delta > -\pi$. In den Sonderfällen $\Delta = 0$ und $\Delta = \pm\pi$ entartet die Schwingungsellipse zu einer Geraden; dies bedeutet linear polarisiertes Licht. Ist $\varphi = \pi/4$ und $\Delta = \pm\pi/2$, so hat man links bzw. rechts zirkular polarisiertes Licht (vgl. S. 18).

In der Kristalloptik (s. z. B. POCKELS [152], S. 7ff., oder BORN [20], S. 21ff.) wird gezeigt, wie man aus den Gleichungen (5.5.2) durch Eliminieren von ωt und Koordinatendrehung die Halbachsen A und B der Lichtellipse und ihre Neigung ψ gegenüber der x- und y-Achse errechnen kann. Man erhält, indem man noch die Hilfsgröße ϑ durch die Beziehung

$$\tan \vartheta = \frac{B}{A} \tag{5.5.3}$$

(vgl. Bild 5.5.1) einführt, folgende Gleichungen zwischen der Darstellung durch Gln. (5.5.1 u. 5.5.2) und der Halbachsendarstellung:

$$\sin \Delta \sin 2\varphi = \sin 2\vartheta, \tag{5.5.4}$$

$$\cos 2\psi \cos 2\vartheta = \cos 2\varphi. \tag{5.5.5}$$

$$\cos \Delta \tan 2\varphi = \tan 2\psi. \tag{5.5.6}$$

Diese Beziehungen kann man nun durch ein rechtwinkeliges sphärisches Dreieck auf der Einheitskugel geometrisch darstellen. Man verdankt

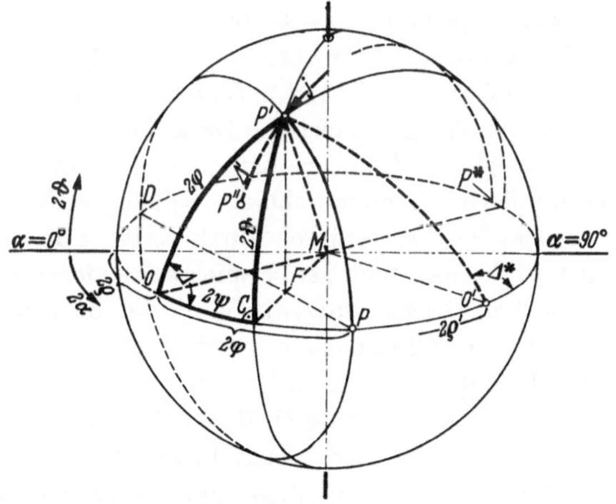

Abb. 5.5.2 Poincaré-Kugel

diese Darstellung dem großen Mathematiker HENRI POINCARÉ [153]. Siehe auch [169].

Alle Punkte auf der Oberfläche der „Poincaré-Kugel" (Abb. 5.5.2) stellen alle Schwingungsformen des Lichtes dar, die möglich sind. Der Längenwinkel 2α eines Punktes der Kugel gibt die Neigung der Lichtellipse gegen die Horizontale, der Breitenwinkel 2ϑ ist nach Gl. (5.5.3) ein Maß für das Halbachsenverhältnis B/A. Es werden also jeweils die doppelten Winkel abgetragen. Alle Punkte oberhalb des Äquators repräsentieren links elliptisch polarisiertes Licht, alle Punkte unterhalb rechts polarisiertes. Am oberen und unteren Scheitelpunkt hat man wegen $\tan \vartheta = \pm 1$ zirkular polarisiertes, am Äquator linear polarisiertes Licht. Hier wird die Neigung α gleichbedeutend mit der Schwingungsrichtung.

Den Punkt auf der Poincaré-Kugel, welcher den Schwingungszustand des Lichtes wiedergibt, das aus unserer doppeltbrechenden Scheibe S (Abb. 5.5.1) austritt, findet man nun wie folgt. Die Neigung ϱ der Hauptrichtung x der Scheibe wird (mit doppeltem Wert) auf dem Äquator abgetragen, Punkt O. Von hier trägt man weiter, wieder mit doppeltem Wert, den Neigungswinkel φ des einfallenden eben polarisierten Lichts L gegen die x-Achse auf. Der so erhaltene Punkt P auf dem Äquator gibt den Schwingungszustand des einfallenden Lichts (Schwingungsrichtung $\alpha = \varrho + \varphi$) wieder. Den Schwingungszustand des austretenden Lichts erhält man schließlich, indem man um O durch P einen Kreis schlägt und auf diesem Kreis um den Winkel $\varDelta$ (Phasenverschiebung durch die Doppelbrechung) fortschreitet (bzw. die Poincaré-Kugel um diesen Winkel um die Achse OM rotieren läßt). Der so erhaltene Punkt P' bestimmt mit seinen Koordinaten $2(\varrho + \psi) = 2\alpha$ und 2ϑ die Schwingungsellipse des austretenden Lichts. Der Beweis dafür ergibt sich daraus, daß für das sphärische Dreieck OCP' die Gln. (5.5.4 bis 5.5.6) gelten (die 1. und 2. Gleichung sind der Sinus- und Kosinussatz für rechtwinkelige sphärische Dreiecke).

Der besondere Wert der Poincaré-Kugel liegt darin, daß man bei einer Folge von doppeltbrechenden Scheiben beliebiger Orientierung die Folge der sich ergebenden Lichtellipsen durch einfache Fortsetzung des eben erläuterten Verfahrens erhält. Ist beispielsweise hinter die Scheibe S eine weitere S' mit dem Orientierungswinkel ϱ', die die Phasenverschiebung $\varDelta'$ erzeugt, in den Strahlengang geschaltet (Abb. 5.5.3), so hat man lediglich durch Abtragen von $2\varrho'$ einen neuen Drehpunkt O' zu fixieren und die Kugel um die Achse $O'M$ um $\varDelta'$ zu drehen und erhält mit Punkt P'' die neue Lichtellipse. Zum Beweis stelle man sich vor, daß die durch P' definierte Lichtellipse anstatt durch die doppeltbrechende Scheibe S', durch eine andere Scheibe mit der Orientierung ϱ', welche die Phasenverschiebung $\varDelta^*$ erzeugt, unter Einfall eben polarisierten Lichts, das durch den Punkt P^* gekennzeichnet ist, entstanden ist. Dann erhält man den Punkt P'' für die neue Ellipse einfach durch Hinzufügen der zusätzlichen Phasenverschiebung $\varDelta'$, also durch Weiterdrehen der Kugel um $\varDelta'$.

Als Beispiel für zwei Scheiben betrachten wir den Fall, daß die erste Scheibe horizontal ($\varrho = 0$) liegt, das linear polarisierte Licht unter $\varphi = 45°$ zu ihr einfällt und die zweite Scheibe unter 45° liegt. Wir haben also für die Konstruktion auf der Poincaré-Kugel (Abb. 5.5.4) abzutragen:

$$1.\ \text{Scheibe:}\quad 2\varrho = 0;\quad \varDelta;\quad 2\varphi = 90°;$$

$$2.\ \text{Scheibe:}\quad 2\varrho' = 90°;\quad \varDelta'.$$

Der Spezialfall $\varDelta' = 45°$ ergibt die Anordnung bei der Sénarmont-Kompensation (Abschn. 1.9.3); die 2. Scheibe ist die Viertelwellenplatte. Dann fällt der Punkt P'' als P_8'' auf den Äquator. Dies bedeutet, daß

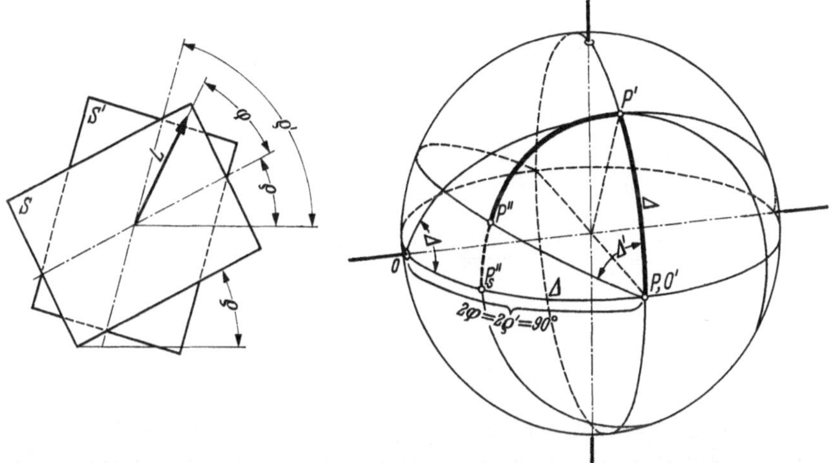

Abb. 5.5.3 Zwei hintereinandergeschaltete doppeltbrechenden Scheiben S und S' von verschiedener Orientierung

Abb. 5.5.4 Beispiel für die Poincaré-Kugel bei zwei doppeltbrechenden Scheiben

linear polarisiertes Licht, unter dem Winkel $\varDelta/2$ gegen das eintretende Licht geneigt, aus der Viertelwellenplatte austritt; durch Drehen des Analysators auf Dunkelstellung kann daher $\varDelta$ gemessen werden, wie in Abschn. 1.9.3 erläutert wurde.

5.5.2 j-Kreis

Für graphische Lösungen von Polarisationszuständen muß man die Vorgänge auf der Poincaré-Kugel auf die Ebene projizieren. KUSKE [107], [m] hat als graphische Methode, aufbauend auf eine Arbeit von MENGES [119], den „j-Kreis" eingeführt. Die Fläche des j-Kreises ist die Äquatorfläche der Poincaré-Kugel, auf die die Punkte der Kugeloberfläche senkrecht projiziert werden. Beispielsweise entsteht durch diese Projektion aus Abb. 5.5.2 die j-Kreis-Konstruktion der Abb. 5.5.5. Die Verbindungsgerade des Kugelmittelpunktes M mit der Projektion des Punktes P' heißt „j-Vektor"; seine Orientierung 2α gibt die Neigung α der Ellipsenachse; seine Länge hat den Betrag $\cos 2\vartheta$ und ist damit ein Maß für das Achsenverhältnis B/A der Lichtellipse. Die graphische Konstruktion des j-Vektors aus den gegebenen Werten ϱ, φ und $\varDelta$ erfolgt, wie aus Abb. 5.5.5 ersichtlich ist, mittels Umklappen des Halbkreises $DP'P$ (Abb. 5.5.2) in die j-Kreis-Ebene (Abb. 5.5.5).

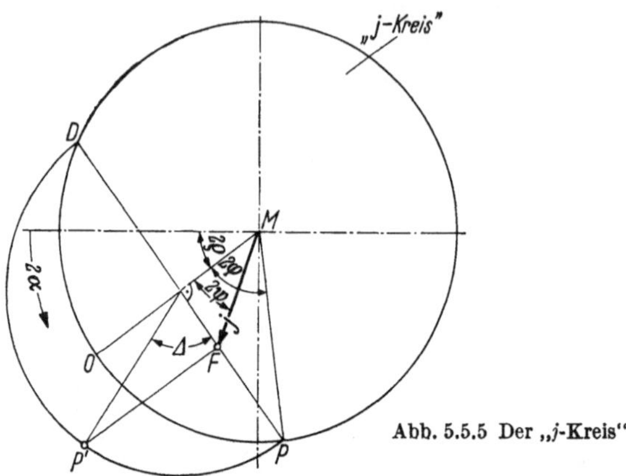

Abb. 5.5.5 Der „j-Kreis"

5.5.3 „Wulff-Netz"

Die j-Kreis-Methode wird ungenau bei Polarisationszuständen in der Nähe des Äquators der Poincaré-Kugel, weil dort die Projektionsrichtung nahezu die Kugeloberfläche tangiert. SCHWIEGER [169] hat darauf aufmerksam gemacht, daß man diese Unsicherheit vermeiden kann, wenn man anstatt der Parallelprojektion eine stereographische Projektion der Poincaré-Kugel benützt, die in der Kristallographie unter der Bezeichnung „Wulff-Netz" bekannt ist.

5.5.4 Kontinuierlich veränderlicher Spannungszustand

Auch bei einem kontinuierlich längs des Lichtweges veränderlichen Spannungszustand ist die Poincaré-Kugel für das Studium der Änderung der Polarisation oft sehr nützlich, zumindest für qualitative Betrachtungen. Der die Lichtellipse beschreibende Punkt bewegt sich dann auf einer Kurve auf der Kugel. Quantitativ läßt sich allerdings dann meist für den optischen Effekt kein einfaches Gesetz mehr angeben. Um den optischen Effekt zu ermitteln, muß man die Änderung der Polarisation auf der Poincaré-Kugel nach dem Vorgang von Absatz 5.5.1 anhand von unendlich vielen Scheiben mit infinitesimaler Phasenverschiebung und infinitesimaler Änderung der Orientierung ϱ verfolgen. Die Orientierung ist in jeder infinitesimalen Scheibe die der sekundären Hauptspannungen, die Phasenverschiebung wird durch deren Differenz bewirkt. Die dabei entstehenden Differentialgleichungen müssen dann über den Lichtweg integriert werden. Solche Differentialgleichungen hat bereits 1841 Neumann [138] aufgestellt. Kuske [m] hat in Anlehnung an die j-Kreis-Methode ein anderes System von Differentialgleichungen aufgestellt, das von seinem Schüler Kayser zur Aufstellung von Nomogrammen für die spannungsoptische Untersuchung von Schalen benützt wurde [99]. Seine Nomogramme beziehen sich auf Schalen mit Spiegelschicht in der Mittelfläche (vgl. Abschn. 5.6.4). Mit ihnen ist die Bestimmung von Richtung und Differenz der Hauptspannungen, getrennt für Membran- und Biegespannungszustand, möglich. Aben hat in seiner erwähnten Arbeit [1] ein anderes, lineares System von Differentialgleichungen für den optischen Effekt aufgestellt und u. a. Nomogramme für den Fall der gleichmäßigen Rotation der Hauptspannungsrichtungen berechnet.

5.6 Räumliche Spannungsoptik ohne Einfrieren der Spannungen

Auf die Vorteile, die sich bieten, wenn es gelingt, räumliche Spannungszustände am belasteten Modell bei Raumtemperatur zu analysieren, wurde bereits in der Einleitung zu Abschn. 5.5 hingewiesen.

5.6.1 Das Zwischenschichtverfahren

Schon vor Einführung des Einfrierverfahrens hat Favre [52] vorgeschlagen, räumliche Spannungszustände an Modellen aus optisch inaktivem Glas herzustellen, bei denen nur an den zu untersuchenden Stellen kleine Stücke eines Glases mit Spannungsdoppelbrechung eingeschmolzen sind. Bei der Durchleuchtung im Polariskop geben dann nur diese Stellen einen optischen Effekt und können leicht ausgewertet werden. Diese Idee erlangte aber erst mit der Einführung der Kunststoffe in die Spannungsoptik praktische Bedeutung, weil die Modellherstellung viel einfacher ist als bei Glas. Das Verfahren ist u. a. von Lamble und Bayoumi [109] angewendet worden, und zwar mit Modellen aus Perspex (Plexiglas), in die Stücke aus Catalin 800 (einem Phenolharz) eingekittet waren.

Das Zwischenschichtverfahren ist in dieser Art noch unvollkommen, weil es bis heute noch keinen Kunststoff gibt, der völlig frei von Spannungsdoppelbrechung wäre. Infolgedessen beteiligen sich auch die Modellpartien, die sich optisch neutral verhalten sollten, bei der Durchleuchtung am Gesamteffekt und fälschen das Ergebnis. Man kann diese Fehler jedoch vermeiden, wenn man an den zu untersuchenden Stellen mit der optisch wirksamen Zwischenschicht, und zwar auf deren Vorder- und

Rückseite, *Polarisatoren und Viertelwellenplatten mit eingießt*. Dann kann auch das ganze Modell aus demselben doppelbrechenden Material, z. B. Araldit, hergestellt werden, weil nur die zwischen den Polarisatoren befindliche Schicht optisch wirksam ist. So wird auch erreicht, daß das ganze Modell sich elastisch völlig gleich verhält. Das Verfahren eignet sich natürlich nur für solche Fälle, in denen lediglich bestimmte Stellen untersucht werden müssen, die von vornherein bekannt sind. Es arbeitet sicher einwandfrei, wenn die eingegossenen Polarisationsfolien bei der Belastung auf Druck beansprucht werden. Bis zu welcher Grenze sie auch Zug oder Schub aushalten, ist noch nicht näher untersucht worden. HILTSCHER [t] hat mit diesem Verfahren erfolgreich praktische Probleme behandelt. Siehe auch eine neuere Arbeit über dieses Verfahren von PAPIRNO und BECKER [148] sowie eine Arbeit von BRILLHART und DALLY [22], wo das Zwischenschicht-Verfahren auf ein dynamisches Problem angewandt wird.

5.6.2 Modelle mit eingelagerten Spiegelschichten

An der *Oberfläche* von räumlichen Modellen kann man den Spannungszustand untersuchen, indem man in geringer Tiefe unter der Oberfläche eine Spiegelschicht einbettet und das belastete Modell im Reflexionspolariskop untersucht. Das Prinzip ist dasselbe wie beim Oberflächenschicht-Verfahren (Abschn. 5.2), nur mit dem Unterschied, daß beim letzteren die spannungsoptisch wirksame Schicht auf ein Objekt, das aus beliebigem Material bestehen kann, aufgeklebt wird, während im vorliegenden Fall das ganze Modell aus dem photoelastischen Material, z. B. Araldit, besteht und nur im Innern die eingebettete Spiegelschicht enthält. Ein solches Modell gibt den auszumessenden Spannungszustand besser wieder als das Oberflächenschichtverfahren. Denn es ist frei von den Fehlern, die beim Oberflächenschicht-Verfahren durch die Heterogenität des Materials (Dickeneffekt) und den Umstand entstehen können, daß die aufgeklebte Schicht den Spannungszustand verändert (Versteifungseffekt). Vgl. hierüber S. 141.

Das Einbetten der Spiegelschicht geschieht dadurch, daß man die Oberflächenschicht getrennt vom übrigen Modell für sich herstellt, auf der Unterseite verspiegelt und dann die Teile zusammenklebt. Das Aufgießen von Schichten auf bereits auspolymerisierte Teile ist weniger zu empfehlen, da hierbei durch das Schwinden der Schicht beim Polymerisieren und auch durch thermische Einflüsse Eigenspannungen entstehen.

Das Verspiegeln kann durch Aufdampfen, chemisch, durch Einkleben einer Aluminiumfolie oder durch Beimengen von Aluminiumpulver zum Kleber erfolgen. Durch die letztere Methode erhält man diffus reflektierende Spiegel, die den beim Reflexions-Polariskop, S. 134, erläuterten Vorteil besitzen, daß man sie, zur Vermeidung von unerwünschten Reflexionen an der Modelloberfläche, unter leicht geneigtem Lichteinfall beleuchten kann. Ist jedoch ein exakt definierter Strahlengang mit möglichst geringen Verlusten nötig, z. B. bei Auswertung mit Schrägdurchstrahlung, so muß man glatte Spiegelflächen, am besten aufgedampfte Spiegel, verwenden.

Man kann auch Spiegelschichten in verschiedene Tiefen des Modells einbringen. In Spezialfällen kann man mit dieser Methode den Spannungszustand auch ins Innere des Modells hinein verfolgen, nämlich dann, wenn der zu untersuchende Spannungszustand in gleicher Weise an mehreren Stellen des Modells auftritt. Liegt die Spiegelschicht an diesen Stellen in verschiedener Tiefe, so kann man den optischen Effekt der äußeren Schichten von dem der tiefer liegenden abziehen und so den der letzteren allein erhalten und auswerten. DAFFNER [34] hat auf diese Weise symmetrische Querbohrungen an gebogenen Wellen untersucht. Das Spannungsmaximum an der Bohrung tritt in diesem Fall an vier Stellen auf und konnte dementsprechend mit Hilfe von vier in verschiedener Tiefe angeordneten Spiegelschichten analysiert werden. Unabhängig davon haben auf dieselbe Weise PAPIRNO und BECKER [149] die Spannungsmaxima an randverstärkten kreisförmigen Öffnungen, die in Platten eingebracht sind, unter zweiachsiger Biegung der letzteren, untersucht.

Die Ermittlung der Spannung in der Tiefe durch einfache Subtraktion der optischen Effekte der verschiedenen Schichtdicken ist bei dieser Methode nur möglich, wenn die Hauptspannungsrichtungen aller Schichten koaxial sind. Am Rande von Bohrungen trifft dies zu, wenn parallel zur Bohrungsachse durchstrahlt wird. Schwieriger ist die Subtraktion der optischen Effekte, wenn die Hauptrichtungen längs des Lichtweges rotieren. Formeln für diesen allgemeinen Fall hat ABEN [2] angegeben.

5.6.3 Untersuchung von Platten

Festigkeitsaufgaben gebogener Platten sind ein räumliches Problem und können daher durch das Einfrierverfahren spannungsoptisch behandelt werden. Solche Versuche sind von KUHN [104] und von KUFNER [101] durchgeführt worden. Nun sind aber gegen das Einfrierverfahren gerade bei der Anwendung auf Platten Bedenken zu erheben, weil beim Einfrierverfahren im allgemeinen im Modell sehr viel größere Formänderungen angewandt werden müssen, als es der strengen Ähnlichkeit entspricht und weil die Querkontraktionszahl des Modells von der der Hauptausführung wesentlich verschieden ist. Beide Umstände können gerade bei Plattenproblemen, erhebliche Maßstabfehler verursachen, wie das auf S. 129 durchgerechnete Beispiel zeigt. Bei Platten sind also spannungsoptische Verfahren, die bei Raumtemperatur durchgeführt werden, besonders erwünscht, und man war schon frühzeitig bemüht, solche zu entwickeln.

Dabei wird davon ausgegangen, daß bei den typischen Fällen der Plattenbiegung die Biegespannungen linear über die Dicke verteilt vorausgesetzt werden können und ihren Nullpunkt in der Mittelfläche haben, daß also Biegung ohne überlagerten Membranspannungszustand vorliegt. Wenn dies der Fall ist, genügt es, zur Beschreibung des Spannungszustandes an jeder Stelle den Mittelwert der Spannungen über eine Plattenhälfte festzustellen. Dies kann auf mehrfache Weise geschehen.

Eine erste Methode ist die der Einbettung einer Spiegelschicht (vgl. vorigen Abschnitt), z. B. in die Mittelfläche der Platte, und Beobachtung im Reflexionspolariskop.

1941 haben GOODIER und LEE [76] erstmals über Versuche dieser Art berichtet. Vgl. auch DANTU [39].

Man kann die Mittelfläche des Modells auch, wie bei Schalenuntersuchungen (s. S. 185), halbdurchlässig verspiegeln. Bei einem solchen Modell hat man dann die Möglichkeit einer Kontrolle, ob wirklich ein reiner Biegespannungszustand vorliegt, indem man das belastete Modell im normalen Polariskop bei durchfallendem Licht betrachtet. Bei reiner Biegung, d. h. bei linear verteilten Biegespannungen, die in der Mittelfläche verschwinden, muß sich nämlich dann der optische Effekt der Zugseite gegen den der Druckseite aufheben, also die Isochromatenordnung im ganzen Feld Null sein. Wenn dies nicht der Fall ist, sondern Aufhellung beobachtet wird, bedeutet dies entweder, daß ein überlagerter Membranspannungszustand vorhanden ist, oder daß keine lineare Verteilung der Biegespannung über die Dicke mehr vorliegt, z. B. in der Nähe von Lastangriffen. Man hat also damit beim Versuch eine Kontrollmöglichkeit darüber, ob die Kirchhoffschen Voraussetzungen der Plattenbiegung erfüllt sind, was insofern besonders wertvoll ist, weil man auch beim spannungsoptischen Versuch bei Zimmertemperatur meist mit etwas überhöhten Formänderungen arbeiten muß und also die Ähnlichkeit nicht streng herstellen kann.

Die Abb. 5.6.1 bis 5.6.3 erläutern Versuche an einer Kreisplatte mit halbverspiegelter Mittelfläche unter einer zentrischen Einzellast. Abb. 5.6.1 zeigt die Belastungsvorrichtung. Die Kreisplatte p wird auf der Rückseite über einen Hebel belastet, an dessen Ende e die Last eingeleitet und zugleich durch den Kraftmesser k gemessen wird. Die Schrauben s dienen zur Herstellung der Auflagerbedingungen. Bei Einzelstützung ruht die Platte direkt auf den Schraubenenden, bei gleichmäßiger Auflagerung ist noch ein Aralditring dazwischengeschaltet, der mit Hilfe der Schrauben einjustiert wird. Abb. 5.6.2a und b zeigen die Isochromatenbilder bei Dreipunktauflagerung der Platte im reflektierten und im durchfallenden Zirkularlicht. Bei b ist aus den Aufhellungen zu ersehen, daß in einem schon ziemlich großen Bereich der Mittelpartie und in der Nähe der Auflager keine reine Biegung mehr vorliegt. (Die schwache Andeutung von Isochromaten rührt von inneren Reflexionen her.) Im Falle einer am Rand gleichmäßig frei aufliegenden Platte mit Einzellast (Abb. 5.6.3a u. b) zeigt die Rechnung, daß die Differenz der Hauptbiege-

Abb. 5.6.1 Belastungsvorrichtung für Kreisplatten mit zentrischer Last.
p Plattenmodell, e Ende des Belastungshebels, k Kraftmesser, s Schrauben

momente konstant ist. Dies bestätigt die konstante Isochromatenordnung im Reflexionspolariskop (Abb. 5.6.3a). Nur im Mittelteil hat man eine Abweichung vom elementaren Spannungszustand, die sich auch im durchfallenden Licht wieder durch Aufhellung und Isochromaten äußert (Abb. 5.6.3b).

Eine zweite Möglichkeit der Plattenuntersuchung bietet sich dann, wenn man die Platte aus zwei Schichten mit verschiedener spannungsoptischer Konstante zusammenklebt. Dieses Zweischichtverfahren wurde von HIRSCHFELD und KUSKE [87] und etwa gleichzeitig von FAVRE und GILG [53] angegeben. Wenn die beiden Plattenhälften verschiedene optische Wirksamkeit haben, heben sich im durchfallenden Licht die optischen Effekte von Zug- und Druckseite nicht mehr auf. Sie können sich sogar addieren, wenn man für die eine Schicht Material mit negativer Doppelbrechung, z. B. Plexiglas, verwendet. Jedenfalls entsteht ein optischer Effekt, der, wie beim Reflexionsverfahren, den Biegemomenten proportional ist.

Durch ein Isochromatenbild einer Platte nach einem der beiden geschilderten Verfahren erhält man noch nicht die Hauptbiegemomente, sondern nur deren Differenz an jeder Stelle, genauso wie sich bei Schei-

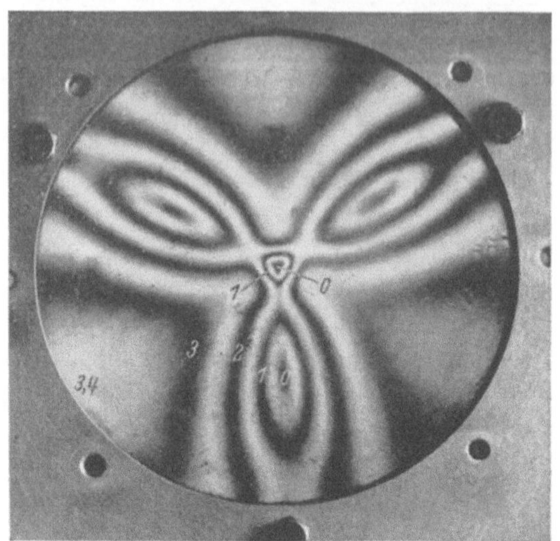

a

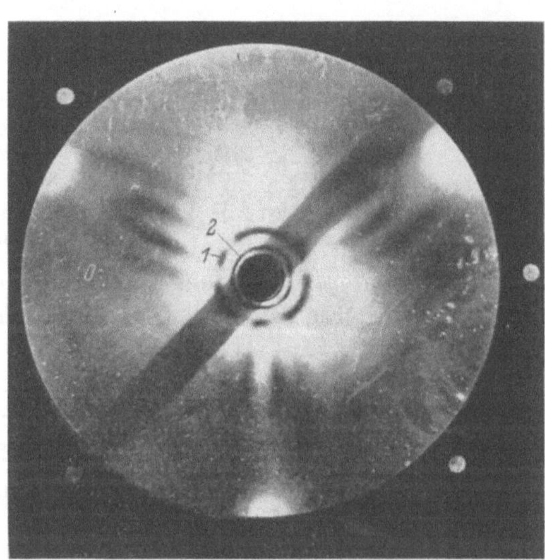

b

Abb. 5.6.2a und b Kreisplatte mit halbspiegelnder Mittelschicht unter Einzellast bei Dreipunkt-Auflagerung. Zirkularpolarisiertes Licht.

a) im Reflexionspolariskop. Die Isochromaten geben die Differenz der Hauptbiegemomente,
b) im durchfallenden Licht

benaufgaben nur die Hauptspannungsdifferenz ermitteln läßt. Will man die vollständige Auswertung durchführen, d. h. die Momente einzeln bestimmen, so kann man nach SCHWIEGER und HABERLAND [170] eine

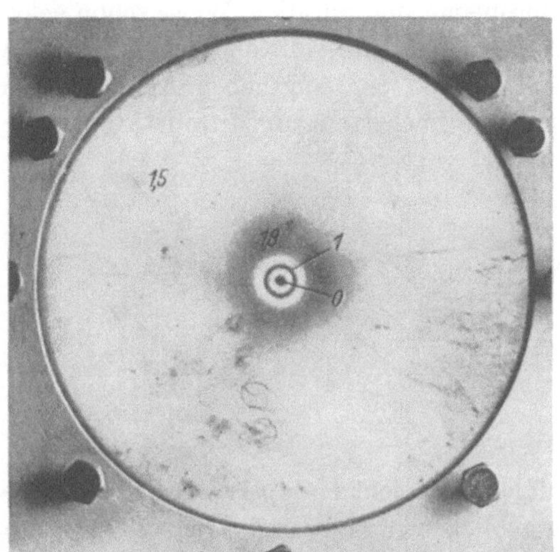

a

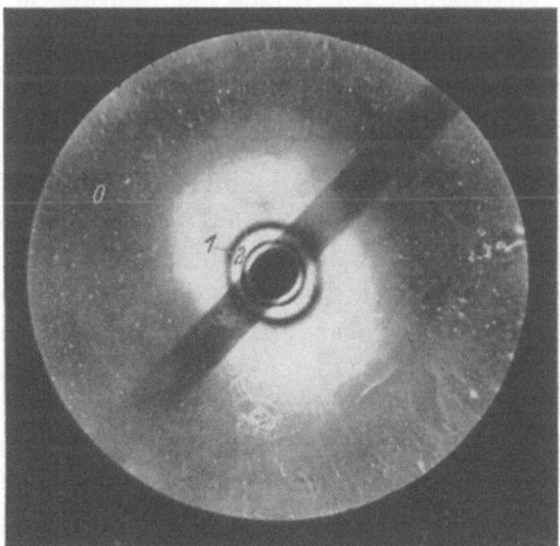

b

Abb. 5.6.3a und b Kreisplatte mit halbspiegelnder Mittelschicht unter Einzellast, am Rand gleichmäßig frei aufliegend. Zirkular polarisiertes Licht.
a) im Reflexionspolariskop. Die Isochromatenordnung ist konstant, b) im durchfallenden Licht

dem Schubspannungsdifferenzverfahren ähnliche Methode verwenden, bei der von den Plattenrändern her schrittweise integriert wird. Dabei können sich jedoch, wie HABERLAND [79] später gezeigt hat, an den Rändern Schwierigkeiten ergeben. Denn das Verfahren setzt die Kirchhoffschen

Bedingungen voraus, und diese sind gerade an den Rändern oft nicht erfüllt. FAVRE und GILG [53] verwendeten zur vollständigen Auswertung das Favresche Interferometer (s. S. 151) und erhielten damit dank der großen Genauigkeit des Verfahrens ausgezeichnete Ergebnisse. Eine Reihe technischer Plattenprobleme sind auf diese Weise schon gelöst worden.

Ein anderes Verfahren zur vollständigen Auswertung von Plattenproblemen hat HILTSCHER [85] angegeben und erprobt. Er bohrt in die Platte einseitig kleine Löcher bis zur Mittelfläche. In der Bohrung wird

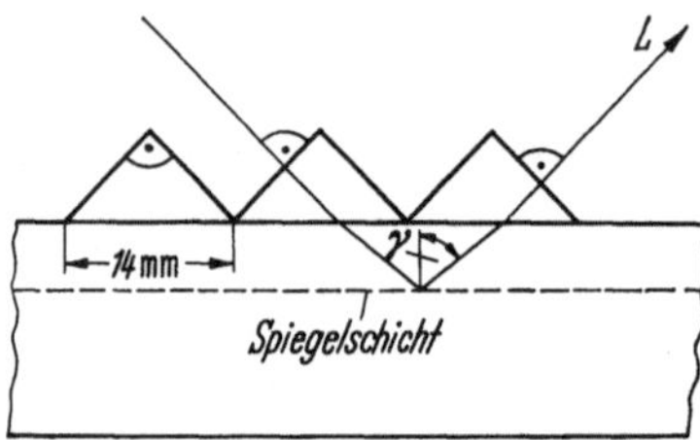

Abb. 5.6.4 Strahlengang bei einer mit Prismen belegten Zweischichtplatte nach KNORR.

dann im durchfallenden Licht ein optischer Effekt beobachtet, der von der vollständig gebliebenen Plattenseite herrührt. Er gibt die Differenz und die Orientierung der Hauptbiegemomente. Dazu wird noch die zugehörige Dickenänderung am Grunde der Bohrung mit dem Lateralextensometer (s. S. 147) gemessen, die die Momentensumme liefert. KNORR [100] führt die vollständige Auswertung an Platten mit eingebetteter Spiegelschicht mit Hilfe flächenweiser Schrägdurchstrahlung durch. Dabei werden (Abb. 5.6.4) zur Erzielung eines möglichst großen und genau definierten Schrägeinfallswinkels γ auf die Platte Prismen unter Ölimmersion aufgelegt. Die Abb. 5.6.5 und 6 zeigen die Momentenbestimmung nach diesem Verfahren am Beispiel des Modells einer schiefwinkeligen Fahrbahnplatte, die an der linken und rechten Seite aufgelagert und in der Mitte der oberen Seite durch eine Einzelkraft belastet ist. Es werden Isochromatenbilder (Abb. 5.6.5) bei Normaldurchstrahlung (oben) und unter Schrägdurchstrahlung von zwei Seiten aufgenommen. Bei den letzteren Aufnahmen ist die Platte mit den Prismen bedeckt. Aus den drei Isochromatenwerten, die aus den Aufnahmen für jeden Plattenpunkt entnommen werden, können punktweise die Hauptbiegemomente berechnet werden. Das Ergebnis ist in Abb. 5.6.6 in Höhenlinien für die Hauptbiegemomente M_1 und M_2 festgehalten. Die Abbildung zeigt außerdem (oben) die Hauptmomententrajektorien, die aus den Isoklinen bei Normaldurchstrahlung gewonnen wurden.

Messungen an Platten unter Schrägdurchstrahlung können natürlich auch punktweise mit dem „Clinopolariscope" von ACLOQUE (Abschn. 5.2.3) durchgeführt werden, wenn die Spiegelschicht in einer Tiefe eingebettet ist, wie sie der Konstruktion dieses Geräts entspricht.

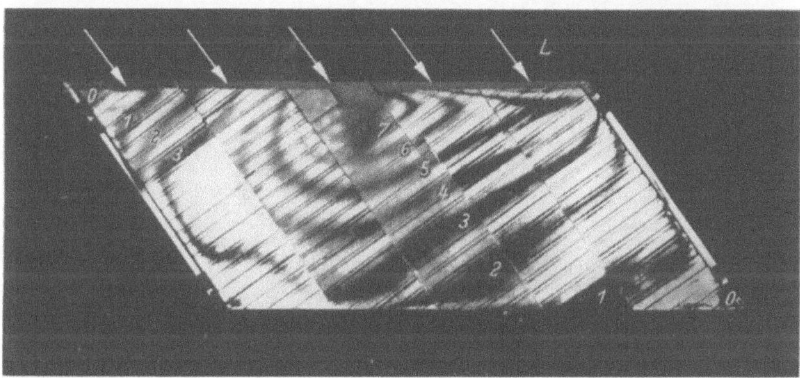

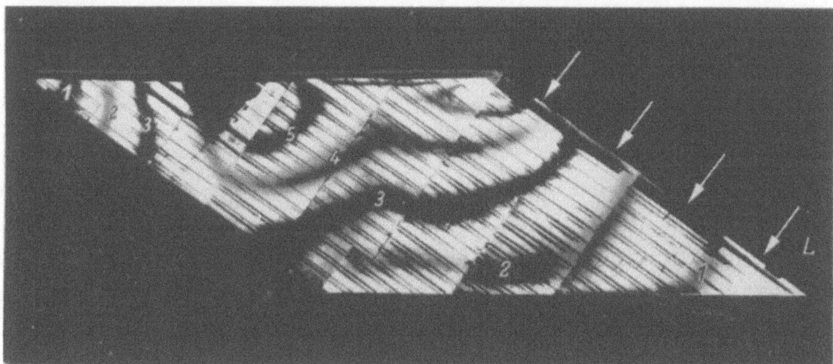

Abb. 5.6.5 Isochromaten einer Platte mit eingebetteter Spiegelschicht im reflektierten Licht, bei senkrechtem (oben) und schrägem Lichteinfall. Bei letzterem Belegung mit Prismen. L = Lichteinfall.

(Die Schrägeinfall-Bilder sind aus mehreren Aufnahmen durch Photomontage zusammengesetzt. Es standen nicht genügend Prismen zur Verfügung, um die ganze Platte damit zu belegen)

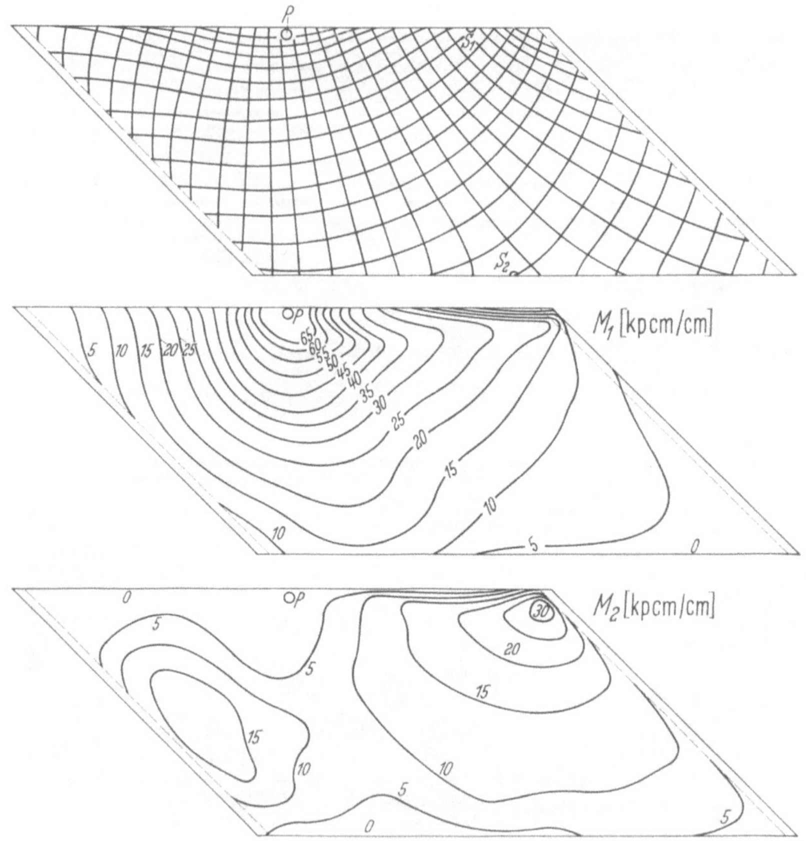

Abb. 5.6.6 Hauptmomenten-Trajektorien und Linien konstanter Hauptbiegemomente M_1 und M_2 bei schiefwinkeliger Fahrbahnplatte. Auflager: linke und rechte Seite; Lastangriff in P

5.6.4 Untersuchung von Schalen

Auch Schalen wird man spannungsoptisch im allgemeinen im *Einfrierverfahren* untersuchen. Dank der weitgehenden Möglichkeiten der Modellherstellung durch Gießen können heute viele technische Schalenprobleme auf diese Weise gelöst werden. Ein Beispiel wird in Abschn. 6.8 behandelt. Weitere Beispiele finden sich in den Arbeiten [128] und [129].

Zur *zerstörungsfreien* Untersuchung von Schalen bei Raumtemperatur kann man, wie bei Platten, Modelle verwenden, in deren Mittelfläche eine Spiegelschicht eingebettet ist. Das Prinzip der Messungen sei, zunächst für den Fall der Spannungsbestimmung an lastfreien Rändern, in Abb. 5.6.7 erläutert.

Bei nicht zu starker Schalenkrümmung kann man annehmen, daß die Spannungen sich linear über die Schalendicke verteilen. Sie gehen jedoch in der Mittelfläche nicht durch Null, da bei Schalen im allgemeinen nicht nur ein Biegespannungszustand, sondern auch ein Membranspannungszustand (σ_m) vorhanden ist. Die Außenseite der Schale sei oben. Ein von außen normal zur Schale in der Nähe des Randes einfallender polarisierter Lichtstrahl (A) wird an der Spiegelschicht S reflektiert. Er trifft auf

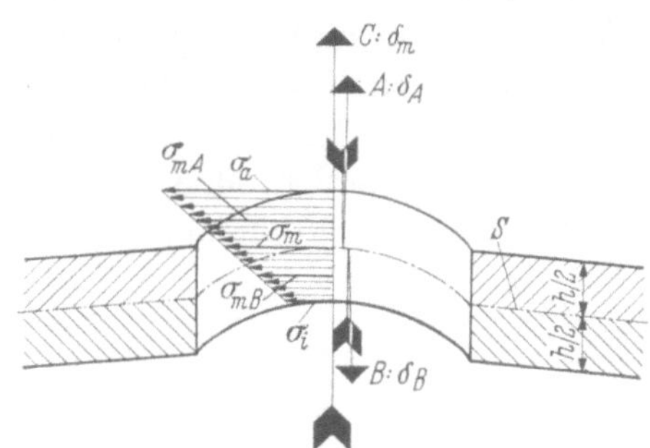

Abb. 5.6.7 Prinzip der Spannungsmessung an lastfreien Rändern von Schalenmodellen mit spiegelnder Mittelfläche.

S = Spiegelschicht, δ = beobachtete Isochromatenordnungen

seinem ganzen Weg im Modell nur auf einachsige Spannungszustände gleicher Richtung. Daher addieren sich die zugehörigen optischen Effekte algebraisch und durch den Gesamteffekt (die Isochromatenordnung) δ_A wird im Reflexionspolariskop die mittlere Spannung σ_{mA} der Außenhälfte der Schale gemessen. In gleicher Weise ist bei Beobachtung von der Innenseite her (B) die Isochromatenordnung δ_B ein Maß für die mittlere Spannung σ_{mB} in der Innenhälfte. Sind auf diese Weise zwei Punkte des linearen Spannungsverlaufes ermittelt, so ist der ganze Verlauf über die Dicke bekannt. Insbesondere lassen sich, indem man noch den Zusammenhang zwischen den mittleren Spannungen und den Isochromatenordnungen durch die optische Grundgleichung für den einachsigen Spannungszustand, Gl. (1.6.2), ausdrückt, die extremalen Spannungen σ_a und σ_i an der äußeren und inneren Schalenwand, sowie die Membranspannung σ_m berechnen zu

$$\sigma_a = \frac{S}{2h}\,(3\,\delta_A - \delta_B) \quad \sigma_i = \frac{S}{2h}\,(3\,\delta_B - \delta_A) \quad \sigma_m = \frac{S}{2h}\,(\delta_A + \delta_B) \quad (5.6.1)$$

Dabei ist S die spannungsoptische Konstante, h die Schalenstärke.

Manchmal ist es versuchstechnisch nicht möglich, die Schale beidseitig mit dem Reflexionspolariskop zu beobachten. In solchen Fällen kann man sich dadurch helfen, daß man die Spiegelschicht der Mittelfläche *teildurchlässig* ausführt [127]. Dann kann man die Spannungen aus einer Beobachtung der Isochromatenordnung im reflektierten Licht, z. B. δ_A, und einer solchen im durchfallenden Licht ermitteln. Die letztere liefert durch die Isochromatenordnung δ_m die Membranspannung σ_m; die Extremalspannungen σ_a und σ_i erhält man, wie leicht abzuleiten ist, zu

$$\sigma_{a,i} = \frac{S}{h}\left[\delta_m \pm 2(\delta_A - \delta_m)\right]. \qquad (5.6.2)$$

Die Beobachtung im durchfallenden Licht beim Modell mit Teilspiegelschicht kann, wenn die Auswertung aus beidseitiger Beobachtung im Reflexionspolariskop mittels der Gln. (5.6.1) durchführbar ist, als zusätzliche Messung zur Kontrolle dienen.

Teilreflektierende Spiegelschichten können aufgedampft, oder chemisch aufgebracht werden. Man kann sie aber auch als diffus reflektierende Schichten aus Aluminiumpulver herstellen. Zu diesem Zweck

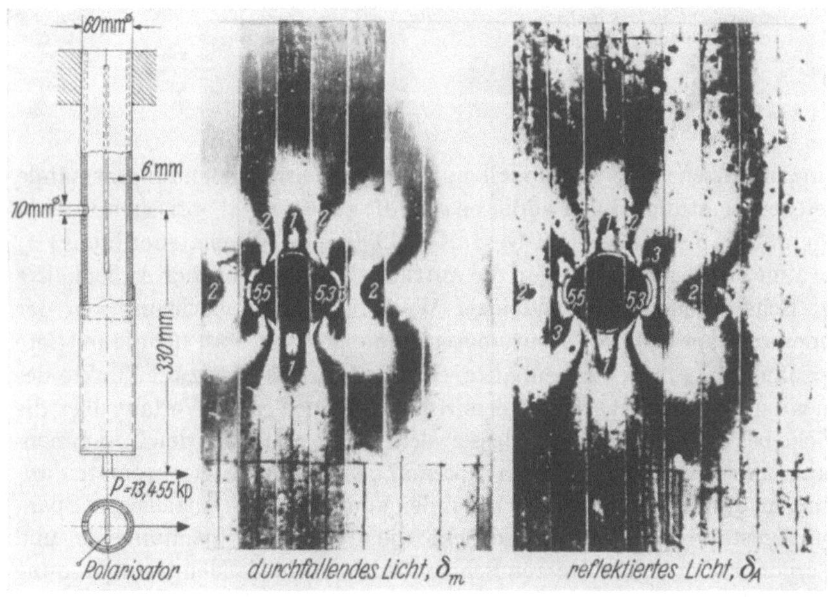

Abb. 5.6.8 Biegung eines Rohrs mit kreisrundem Loch. Modell mit halbreflektierender Mittelschicht.

bestreicht man vor dem Zusammenfügen der beiden Schichthälften der Schale die eine sehr dünn mit Kleber (kalthärtendes Epoxidharz), streut Aluminiumpulver darauf und saugt mit einem Staubsauger das nicht haftende Pulver ab oder bläst es weg. Man kann sich dann sofort überzeugen, ob die so entstandene Pulverschicht genügend durchlässig ist. Hierauf läßt man den Kleber anhärten und klebt dann, nach nochmaligem Bestreichen mit Kleber, die zweite Schichthälfte auf. Diese Herstellungsmethode des Teilspiegels erfordert allerdings viel Erfahrung und Übung.

Die Abb. 5.6.8 bis 5.6.10 erläutern die Anwendung des Verfahrens der teilspiegelnden Mittelschicht an einem Rohr mit zweierlei seitlichen Öffnungen. Zur Herstellung wurde zunächst die äußere Hälfte der Wand aus Araldit gegossen, dieses Rohr dann innen chemisch teildurchlässig versilbert und schließlich die innere Wandhälfte angegossen. (Bei dieser Herstellungsweise muß man einen leichten Vorspannungszustand des Modells infolge des Schrumpfens beim Polymerisieren in Kauf nehmen.)

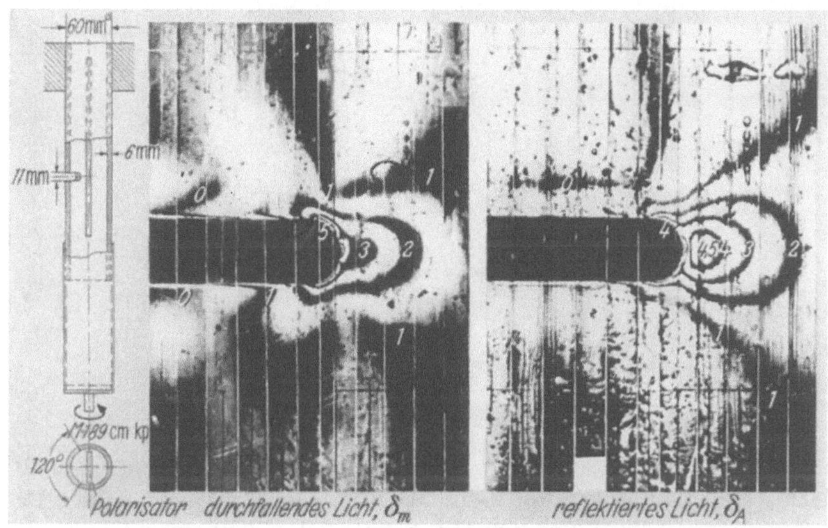

Abb. 5.6.9 Torsion eines geschlitzten Rohres. Modell mit halbreflektierender Mittelschicht.

Da das Rohr sehr eng war, konnte von der Innenseite aus nicht mit dem Reflexionspolariskop beobachtet werden. Dank der teilverspiegelten Mittelfläche konnten aber im durchfallenden Licht die Isochromaten beobachtet werden. Zu diesem Zweck war ein Polarisator von entsprechenden Abmessungen im Innern des Rohrs aufgehängt (siehe linke Seite der Abb. 5.6.8 und 5.6.9). Es konnten also die Isochromatenordnungen δ_A und δ_m bestimmt und nach Gl. (5.6.2) ausgewertet werden. Die Isochromatenbilder der Abb. 5.6.8 und 5.6.9 sind mittels Photomontage aus vielen Streifen zusammengesetzt, deren jeder normal zum Rohr aufgenommen ist.

Abb. 5.6.8 zeigt die Untersuchung des Rohres mit kreisförmiger seitlicher Öffnung unter Biegung. Beide Isochromatenbilder sind praktisch gleich. Dies bedeutet nach Gl. (5.6.2) reinen Membranenspannungszustand. (Die angegebenen höchsten Ordnungen sind in den Bildern nicht feststellbar, da die Wandung der Bohrung nicht normal zur Schale liegt; die genauen Werte sind durch visuelle Beobachtung ermittelt.)

Auch nachdem die Öffnung zu einem waagerechten Schlitz von 120°
erweitert worden war, ergab sich bei Biegung noch ein reiner Membranspannungszustand. Dagegen waren bei Torsion (Abb. 5.6.9) dieses Modells
die beiden Isochromatenbilder bemerkenswert verschieden. Abb. 5.6.10
zeigt die mit Hilfe von Gl. (5.6.2) ausgewerteten Spannungsmaxima. An
den beiden Spannungsspitzen (I, II) am Lochrand ist die Ordnung im
reflektierten Licht niedriger. Dies bedeutet, daß die maximale Spannung
innen auftritt. Dagegen befindet sich an der dritten Spannungskonzentration (III), die nicht am Lochrand liegt, das Maximum auf der Außen-

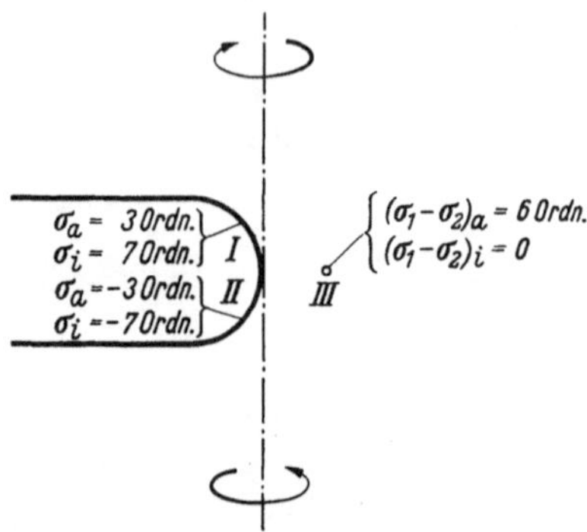

Abb. 5.6.10 Die Spannungskonzentrationen beim Torsionsversuch der Abb. 5.6.9

fläche. Innen ist überhaupt keine Beanspruchung vorhanden. Zur Berechnung der beiden Spannungen konnte Gl. (5.6.2), wobei links die
Hauptspannungsdifferenzen geschrieben zu denken sind, näherungsweise
angewendet werden, weil dort Biegungs- und Membranspannungszustand
genügend genau koaxial sind. Es kann nämlich angenommen werden,
daß die Membranspannungen reiner Schub sind und die Biegungsbeanspruchung in reiner Drillung besteht.

Das Untersuchungsverfahren mit spiegelnder oder halbspiegelnder
Mittelschicht könnte grundsätzlich bei jeder Schale angewandt werden,
praktisch ist es jedoch wegen der Schwierigkeiten der Modellherstellung
auf einfache Schalenformen, vor allem Zylinder- und Kegelschalen,
beschränkt. Denn es muß gelingen, die Spiegelschicht wirklich genau in
die Mittelfläche zu legen.

Eine praktische Anwendung bei einer Kegelschale wird unter
Abschn. 6.10 gezeigt.

In den Gln. (5.6.1) und (5.6.2) ist der Einfluß der Schalenkrümmung
vernachlässigt. Er ist im allgemeinen klein, kann jedoch, wenn nötig,
berücksichtigt werden [127].

Im Vorstehenden wurde die zerstörungsfreie Spannungsmessung bei
Schalen nur für den Fall behandelt, daß der Biege- und der Membran

spannungszustand koaxial sind, was vor allem am lastfreien Rand immer zutrifft. An Punkten der Schale, die abseits vom Rand liegen, sind Membran- und Biegespannungen im allgemeinen Fall nicht mehr koaxial. Dann sind aber die Hauptrichtungen des Spannungszustandes über die Dicke nicht mehr konstant; sie „rotieren". In der Mittelfläche sind die Hauptrichtungen diejenigen des Membranspannungszustandes, während sie sich gegen die Schalenoberfläche zu, je nach Stärke des Biegespannungszustandes, mehr oder weniger der Richtung des letzteren annähern.

Bei Rotation des Spannungszustandes addieren sich die optischen Effekte nicht mehr algebraisch, so daß die Gln. (5.6.1) und (5.6.2) nicht mehr anwendbar sind. Es muß dann vielmehr das optische Gesetz in seiner allgemeinen Form angewandt werden. Die Auswertung des Spannungszustandes der Schalen wird dann sehr schwierig. Arbeiten hierüber von ABEN [1], KUSKE [m] und KAYSER [99] wurden bereits unter Abschn. 5.5.4 erwähnt, der Leser sei außerdem auf eine Arbeit von RIERA und MARK [160] hingewiesen.

5.6.5 Das Streulichtverfahren

Fällt ein Lichtbündel durch ein durchsichtiges Medium, so wird immer auch seitlich zur Strahlrichtung etwas Licht abgestrahlt. Diese Erscheinung ist bei trüben Medien besonders augenfällig und wird bekanntlich als *Tyndalleffekt* bezeichnet. Das seitlich ausfallende Licht ist, auch wenn das primär eingestrahlte Licht unpolarisiert ist, mehr oder weniger polarisiert, am stärksten das senkrecht zum Primärstrahl abgestrahlte. Läßt man ein schmales Lichtbündel in einen doppeltbrechenden Körper, z. B. ein spannungsoptisches Modell, einfallen und beobachtet das Bündel von der Seite durch einen Analysator, so hat man durch den Tyndalleffekt längs des Primärbündels Quellen polarisierten Lichts im Innern des Modells und der beobachtete optische Effekt rührt von der Summe der Veränderungen her, die das polarisierte Licht auf dem Wege von seinem Entstehungsort bis zum Austritt an der Modelloberfläche erfahren hat. Man kann aber auch polarisiertes Primärlicht einfallen lassen. Dann wirkt der Tyndalleffekt als Analysator und man erhält bei seitlicher Beobachtung Helligkeitsunterschiede wie bei den Isochromaten, die durch die Veränderungen des polarisierten Lichts längs seines Weges im Modell zustande kommen. Dieses Verfahren wird meistens angewandt.

Man erkennt, daß man durch dieses sogenannte Streulichtverfahren grundsätzlich eine Möglichkeit hat, Aufschlüsse über den Spannungszustand im Innern eines spannungsoptischen Modells zu gewinnen, ohne daß es zerschnitten werden muß.

Die ersten Veröffentlichungen über Streulichtverfahren waren etwa gleichzeitig, und unabhängig voneinander, 1939 in Amerika die Arbeit von WELLER [189], die auch schon praktisch bedeutsame Versuche enthält, und 1940 in Deutschland die Arbeit von MENGES [119]. Die letztere brachte schon damals eine vollständige exakte Theorie des Verfahrens: die Arbeit wurde aber nicht fortgesetzt und fand merkwürdigerweise wenig Beachtung. Das Streulichtverfahren blieb dann lange Zeit wegen der Schwierigkeiten, die seiner praktischen Durchführung entgegenstehen, im Stadium des Experimentierens: die Veröffentlichungen zeigten, wenn überhaupt, immer nur Anwendungsbeispiele, die auf herkömmliche Art leichter hätten gelöst werden können, und nur zeigen sollen, daß das Verfahren theoretisch in Ordnung ist. Oft wurde dabei der im Anwendungsbeispiel gezeigte Spannungszustand zwecks leichterer Untersuchung eingefroren. Dadurch geht dann einer der Hauptvorteile des Verfahrens verloren. Denn wenn man das belastete Modell bei Raumtemperatur untersuchen würde, was beim Streulichtverfahren prinzipiell möglich ist, würde man mit kleinen Verformungen arbeiten können sowie mit einer Querkontraktionszahl, die den technischen Anwendungen näherkommt; dagegen hat man beim Einfrieren der Spannungen den bekannten Nachteil großer Verformungen und einer Querdehnzahl ν von etwa 0,5. 1947 zeigten DRUCKER und FROCHT [43], daß sich das Streulichtverfahren besonders zur Untersuchung von Torsionsproblemen eignet. Man kann z. B. ein scheibenförmiges polarisiertes Lichtbündel senkrecht zur Stabachse seitlich einstrahlen und in Richtung dieser Achse beobachten. Dabei zeigen sich Isochromaten, deren Abstände proportional der Schubspannung sind. Sie sind also den Höhenlinien bei der Seifenhautanalogie gleichwertig. 1951 gab JESSOP [95] eine systematische Beschreibung des Streulichtverfahrens. FROCHT und SRINATH [70] haben 1957 gezeigt, daß es durch Kombination des Streulicht- mit dem Schubspannungsdifferenzverfahren grundsätzlich möglich ist, das allgemeine räumliche Spannungsproblem ohne Zerstörung des Modells zu lösen.

Die Schwierigkeiten beim Streulichtverfahren sind einesteils experimenteller Art. Vor allem muß das Modell praktisch immer in eine Flüssigkeit gleicher Brechung eingetaucht untersucht werden, da es sonst nicht gelingt, das Primärlichtbündel in genau vorgeschriebener Richtung einzustrahlen. Es muß also die Belastungsvorrichtung in ein Immersionsgefäß eingebaut werden, außerdem die Möglichkeit bestehen, das Modell in bestimmten vorgeschriebenen Richtungen zu beobachten. Eine weitere Schwierigkeit besteht darin, daß die zu beobachtenden optischen Effekte im Vergleich zum eingestrahlten Primärlicht äußerst lichtschwach sind. Daher können unkontrollierbare Streuungen und Reflexionen des Primärlichts leicht das beabsichtigte Streulichtbild völlig überdecken. Aus diesem Grunde sind die Streulichtaufnahmen, die man, vor allem in der älteren Literatur, findet, meist sehr kontrastarm, wenn die Verfasser nicht lieber überhaupt auf eine photographische Reproduktion verzichtet haben.

Das Streulichtverfahren ist aber auch von der Theorie her nicht einfach. Denn die Veränderung des Lichts (der Lichtellipse) längs des Weges im Modell muß auf Grund des allgemeinen optischen Gesetzes, wie es in Abschn. 5.5 angedeutet wurde, erfaßt werden. Dabei zerfällt der optische Effekt in jedem Wegelement in eine Phasenverschiebung und eine Rotation der Hauptachsen. In vielen früheren Arbeiten wurde dieser Rotationseffekt vernachlässigt. Eine solche Theorie ist dann unbefriedigend, weil sie nur bedingt anwendbar ist und zu schwer kontrollierbaren Fehlern führen kann. Mit dem Rotationseffekt beschäftigt sich u. a. eine neuere Arbeit von ADERHOLDT und Mitarbeitern [4]. Siehe auch eine Arbeit von SRINATH [174].

ROBERT [162] verwendet sein Prinzip der Präzisionsmessung des optischen Effekts mit Hilfe eines Servomachanismus, das bereits in Abschn. 5.3.1 erwähnt wurde, auch für das Streulichtverfahren. Er benützt auch hier Plexiglas als Modellmaterial, während sonst meist Epoxidharz verwendet wird. Ferner ist bei ihm das Prinzip des Verfahrens ein anderes: das eingestrahlte Primärlicht ist unpolarisiert; dafür erfolgt die Beobachtung durch einen Analysator.

Eine Teilautomatisierung des Streulichtverfahrens hat auch CHENG [27] durchgeführt.

In der Sowjetunion wurden grundlegende Arbeiten über das Streulichtverfahren von Frau BOKSTEIN [18, 19] veröffentlicht.[1]

In neuerer Zeit scheint das Streulichtverfahren durch die Verwendung des *Lasers* als Lichtquelle einen unerwarteten Aufschwung zu nehmen. Denn mit dem scharf gebündelten Laserlicht erzielt man bessere Streulichtbilder. Eine Reihe von Arbeiten der letzten Zeit zeigen, daß das Streulichtverfahren nunmehr beginnt, praktische Bedeutung zu erlangen. So untersuchten ADERHOLT und Mitarbeiter [6] einen Rohranschluß an einen Kugelkessel. Das Modell bestand aus Polyurethan, dem Kieselgurpulver zwecks stärkerer Streuung zugesetzt war. Dieselben Verfasser untersuchten auch einen Feststoff-Raketenmotor [5]. Weitere Anwendungen werden in Arbeiten von SWINSON und BOWMAN [178], von JENKINS [94] und von BHONSLE und WORK [15] beschrieben. Seit der Einführung des Lasers findet man jetzt auch in der Literatur eindrucksvoll-kontrastreiche Streulichtbilder. Siehe z. B. die zitierte Arbeit [94].

Bedeutung wird das Streulichtverfahren vielleicht noch für die Untersuchung von räumlichen *Strömungen* gewinnen. Dabei benützt man als strömende Flüssigkeit eine solche, die die Eigenschaft der „Strömungs-Doppelbrechung" hat, d. h. das Geschwindigkeitsgefälle (die Schubspannung) durch einen polarisationsoptischen Effekt anzeigt. Durch das Streulichtverfahren wird jeder Punkt der Strömung der Untersuchung zugänglich. Die Methode hat gegenüber anderen Messungen der Strömungsmechanik den großen Vorteil, daß das Meßorgan die Strömung nicht stört. Über einen ersten Versuch mit dem Verfahren berichtet AHIMAZ [7].

5.7 Dynamische Untersuchungen

Die Spannungsoptik eignet sich besonders gut zur Messung dynamischer Spannungen, da bei ihr das Meßorgan, nämlich das Licht, völlig trägheitsfrei ist und daher Meßfehler durch Massenträgheit ausgeschlossen sind. Deshalb wird die Spannungsoptik schon seit langem zu dynamischen Messungen herangezogen.

5.7.1 Zeitlich unveränderliche Zustände durch Zentrifugalkräfte

Rotationssymmetrische Scheiben können während der Rotation im gewöhnlichen spannungsoptischen Verfahren bei Raumtemperatur beobachtet und aufgenommen werden, denn sie zeigen ein stehendes Isochromatenbild [59].

Bei nicht rotationssymmetrischen Körpern, wie Scheiben mit Löchern, Turbinenläufern usw., kann man den durch Zentrifugalkräfte erzeugten Spannungszustand *einfrieren* lassen, indem man die erwärmte Scheibe unter gleichbleibender Rotation langsam auf Zimmertemperatur abkühlt. Viele solche Versuche sind veröffentlicht worden, z. B. schon 1939 von HETENYI [80]. Weitere Hinweise finden sich bei HEYWOOD [q].

Daß das Einfrierverfahren unter Schleuderkräften auch zur Vervielfachung der Gravitation bei der Behandlung von Eigengewichtsproblemen verwendet werden kann, wurde bereits unter Abschn. 5.4.4 erwähnt.

5.7.2 Periodische Vorgänge

Periodische Spannungszustände, wie sie z. B. durch ungedämpfte Schwingungen zustande kommen, kann man *stroboskopisch* untersuchen, indem man als Lichtquelle für das Polariskop periodische Lichtblitze von sehr kurzer Dauer und hoher Intensität verwendet. Diese müssen mit der Schwingung synchronisiert werden, so daß jeder Blitz das gleiche wiederkehrende Bild beleuchtet.

Auf diese Weise kann man auch rotierende Scheiben anstatt, wie vorher erwähnt, im Einfrierverfahren, bei Raumtemperatur im laufenden

Zustand untersuchen. Derartige Versuche sind z. B. von EDMUNDS [47] und von LEIST [112, 113] beschrieben worden. Abb. 5.7.1 zeigt ein Beispiel.

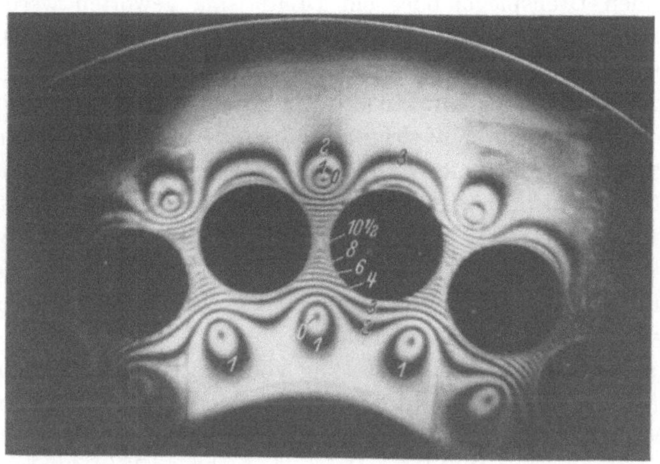

Abb. 5.7.1 Stroboskopisches Isochromatenbild einer mit 6000 U/min rotierenden Scheibe mit 16 Löchern. Nach LEIST [112]

5.7.3 Nichtstationäre Vorgänge

Im allgemeinsten Fall eines zeitlich veränderlichen Vorgangs muß, wenn er vollständig beschrieben werden soll, der ganze Ablauf verfolgt werden. Das naheliegende Mittel hierfür sind *Filmaufnahmen* des Isochromatenbildes. Solche Aufnahmen mit der normalen Frequenz von 16 Bildern/s hat erstmals TUZI [184] 1928 veröffentlicht. Für typisch dynamische Vorgänge, bei denen die Massenkräfte eine wesentliche Rolle spielen, sind jedoch viel höhere Frequenzen erforderlich. Die Verfasser haben 1943 den Schlag auf einen beiderseits gestützten Balken mit einer Frequenz von 3000 Bildern/s aufgenommen. Die Versuche wurden erst 1949 veröffentlicht [58] und waren in der 1. Auflage unseres Buches beschrieben. Sie hatten gezeigt, daß der dynamisch interessante Vorgang, nämlich die Ausbreitung der Stoßwellen, sich auf die drei ersten Bilder beschränkte, daß also die Bildfolge noch zu langsam war.

Zur Erfassung von solchen ausgesprochen dynamischen Vorgängen sind Verfahren der eigentlichen *Hochfrequenzkinematographie* erforderlich. Über die Hochfrequenzkinematographie im allgemeinen bis hinauf zu Bildfrequenzen von 10^8/s informieren ausgezeichnet drei Aufsätze von FRÜNGEL [72]. Vgl. auch eine Arbeit von FROCHT und Mitarbeitern [67], in deren Einleitung eine Übersicht über Hochfrequenzkinematographie mit Bezug auf die Spannungsoptik gegeben wird.

Für Bildfrequenzen bis zu etwa 10^4 pro Sekunde sind heute verhältnismäßig preiswerte Kameras verschiedenen Fabrikats für 16-mm-Film im Handel, bei denen auf den kontinuierlich durchlaufenden Film die Bilder durch einen Drehspiegel oder ein Drehprisma geworfen werden. Für dynamische spannungsoptische Aufnahmen reicht diese verhältnismäßig kleine Frequenz in manchen Fällen aus, wenn man die Schnelligkeit der Vorgänge durch einen Kunstgriff verlangsamt. Man stellt das Modell aus einem Material von *niedrigem Elastizitätsmodul* her. Da die Fortpflanzungsgeschwindigkeit von elastischen Wellen der Wurzel aus dem Elastizitätsmodul proportional ist, sind bei niedrigem Elastizitätsmodul alle dynamischen Vorgänge langsamer. Mit dieser Methode haben PERKINS [150] 1953, sowie DURELLI und RILEY [46] 1957 elastische durch ein Modell laufende Wellen untersucht. In Europa veröffentlichte 1964 MANZELLA [118] solche Versuche.

Zur spannungsoptischen Erfassung von dynamischen Vorgängen in den üblichen Kunststoffen von Elastizitätsmoduln der Größenordnung von 30000 kp/cm² sind Bildfrequenzen im Bereich von 10^5 bis 10^6/s notwendig. Das primäre Problem solcher Aufnahmen liegt in der *Belichtungszeit*, die wegen der schnellen Veränderung des Isochromatenbildes so kurz wie möglich sein muß, damit die Isochromaten noch aufgelöst werden. Die Belichtungszeiten liegen also zwischen 10^{-6} und 10^{-8} s. Hat man ein Blitzgerät mit sehr kurzer Blitzdauer zur Verfügung, so kann der photographische Teil der Ausrüstung verhältnismäßig einfach sein: das Bild kann durch eine rotierende Trommel, auf die der Film aufgespannt ist, aufgenommen werden. Bei sehr kurzer Blitzdauer werden die Bilder trotz der rotierenden Trommel scharf. Beleuchtet man mit einem Gerät, das eine Serie von aufeinanderfolgenden Blitzen erzeugt, so erhält man auf der Trommel eine kinematographische Serie von Bildern.

In der Spannungsoptik allerdings wird dieser Weg, wie die Literatur der letzten Jahre zeigt, meist nicht beschritten. Es stellt sich nämlich heraus, daß in der dynamischen Spannungsoptik meist gar kein Interesse daran besteht, eine sehr große Folge von Bildern aufzunehmen, sondern es genügen oft einige wenige, die das Charakteristische des Vorgangs enthalten.

Die einfachste Methode besteht dann darin, mit *Einzelaufnahmen* zu arbeiten. Dies ist möglich, wenn der betreffende Vorgang beliebig oft wiederholt werden kann, was oft der Fall ist, z. B. bei elastischen Stoßvorgängen. Das Bild wird dann auf eine stehende photographische Platte mit einer gewöhnlichen Kamera durch einen Einzelblitz aufgenommen. Man benötigt dann nur noch ein Verzögerungsgerät („retarder"), das gestattet, den Belichtungsblitz eine bestimmte, genau einstellbare, Zeitspanne nach dem Stoß auszulösen. Durch Wiederholung des Versuchs mit variierter Verzögerungszeit, kann man so eine kinematographische Folge von Bildern des Vorgangs erhalten. In Deutschland verwendeten diese Methode DIETRICH [41], SCHWIEGER und TRÄGER [172], sowie KUSKE [106, 108]; ferner sei auf eine amerikanische Arbeit von OKADA, CUNNINGHAM und GOLDSMITH [145] hingewiesen, in der zur Untersuchung von räumlichen Stoßwellen in Pyramiden die geschilderte Methode der Einzelblitze mit dem Zwischenschichtverfahren mit eingebetteten Polarisatoren verwendet wird.

Viel verwendet wurde in der Spannungsoptik bis in die jüngste Zeit die Cranz-Schardin-Technik [32] mit Mehrfachfunkenstrecke. Mit dieser Methode kann man eine beschränkte Anzahl (bis zu 16) von zeitlich aufeinanderfolgenden Blitzbildern auf eine einzige stehende Photoplatte aufnehmen. Das 1928 angegebene und seither auf verschiedenen Gebieten angewandte Verfahren besteht im Prinzip darin, daß eine Anzahl von Funkenstrecken nebeneinander quer zur Aufnahmerichtung angeordnet sind, die nacheinander gezündet werden. Auf der anderen Seite des Objekts, in unserem Fall des spannungsoptischen Modells, befindet sich die gleiche Zahl von Linsen, deren jede das zu einem Funken gehörige Bild auf die Platte wirft. SCHARDIN selbst [164] hat 1954 mit dieser Apparatur bei einer Bildfrequenz von 126000/s die Ausbreitung eines Risses in Plexiglas spannungsoptisch untersucht. EMSCHERMANN [48] nahm 1954 den Biegestoß auf einen Balken mit 250000 Bildern/s auf. WELLS und POST [190] untersuchten 1957 ebenfalls die Ausbreitung von Rissen, indem sie das Schardinsche Verfahren mit der Isochromatenvervielfachung (s. S. 162) und dem Interferometer (s. S. 150) kombinierten. BRILLHART und DALLY [22] verwendeten die Methode neuerdings in Verbindung mit dem Zwischenschichtverfahren mit eingebetteten Polarisatoren zur Untersuchung von Stoßwellen in Kegeln, BRADLEY und KOBAYASHI [21] zur Untersuchung der Ausbreitung von Rissen.

Eine andere Methode dynamischer spannungsoptischer Untersuchungen besteht darin, daß man nicht das ganze Isochromatenbild aufnimmt, sondern einen schmalen *Streifen*, beispielsweise einen Querschnitt eines Balkens ausblendet und auf eine rotierende Filmtrommel abbildet. Dann gibt der Film den kontinuierlichen zeitlichen Ablauf der Spannungen in dem Streifen. Das Verfahren wurde erstmals 1935 von TUZI und NISIDA angewandt [186] und von FROCHT und Mitarbeitern [67] unter der Bezeichnung „streak photography" verfeinert.

Blendet man nur einen einzelnen Punkt aus, so kann man dort den optischen Effekt auch durch eine Photozelle messen und zur Darstellung des zeitlichen Ablaufs auf einen Oszillographen übertragen. So haben SCHWIEGER und Mitarbeiter in einer Reihe von Arbeiten [168, 171] Stoßvorgänge untersucht.

Allgemeine Betrachtungen über die Datenerfassung bei der dynamischen Spannungsoptik hat DALLY [37] angestellt, speziell mit der

Frage des Auflösungsvermögens befaßt sich eine weitere Arbeit von DALLY und Mitarbeitern [38].

Über die Verwendung von *Laser*-Blitzen in der dynamischen Spannungsoptik siehe die Arbeiten von TAYLOR und Mitarbeitern [180] sowie ROWLANDS und Mitarbeitern [163].

Für alle dynamischen Untersuchungen müssen die mechanischen und spannungsoptischen Eigenschaften des Werkstoffs in Abhängigkeit von der Belastungsgeschwindigkeit untersucht werden, da sie von denjenigen bei ruhender Beanspruchung verschieden sind. Im allgemeinen stellt man fest, daß der dehnungsoptische Effekt wenig geschwindigkeitsabhängig ist, während der Elastizitätsmodul und daher auch der spannungsoptische Effekt mit der Belastungsgeschwindigkeit ansteigt, zuweilen auf mehr als das Doppelte. Untersuchungen hierfür finden sich z. B. in den Arbeiten [14, 29, 173, 177].

Geräte für die Hochfrequenzkinematographie wie Blitzgeräte, Trommelkameras und auch Cranz-Schardin-Geräte werden in Deutschland von der Firma Impulsphysik GmbH, Hamburg (Leiter: Dr. F. FRÜNGEL) hergestellt.

5.8 Spannungsoptik jenseits der Elastizitätsgrenze (Photoplastizität)

Bei allen bisher behandelten Verfahren verhält sich der spannungsoptische Werkstoff elastisch im Sinne einer linearen Abhängigkeit zwischen Spannung und Dehnung. Seit etwa 20 Jahren hat man sich aber auch bemüht, spannungsoptische Verfahren auszuarbeiten, die gestatten, solche Spannungs- und Verformungszustände zu analysieren, wie sie vor allem in Metallen auftreten, wenn die Elastizitätsgrenze überschritten wird, wenn also bleibende (plastische) Verformungen auftreten. Meist bleibt dabei ein Teil des verformten Stückes innerhalb der Elastizität; man spricht dann von „elastoplastischem Spannungszustand". Das Gesamtgebiet der einschlägigen spannungsoptischen Methoden nennt man „Photoplastizität". Es gibt zwei grundsätzlich verschiedene Möglichkeiten der Photoplastizität:

Gruppe I schließt sich an das klassische Vorgehen der ebenen Spannungsoptik an. Man stellt das *ganze Modell* aus einem geeigneten *Kunststoff* mit plastischen Eigenschaften her und durchleuchtet es im Polariskop. Dabei ist noch zu unterscheiden, ob die Versuche dem Studium von plastischen Vorgängen, die im Kunststoff selbst auftreten, dienen sollen, oder ob sie zu dem Zweck unternommen werden, ein Modellverfahren zu entwickeln, das in der Lage sein soll, plastische Spannungszustände in Metallen wiederzugeben. Die meisten neueren Arbeiten haben das letztere Ziel, offenbar weil hier ein stärkeres Bedürfnis der technischen Praxis vorliegt.

Gruppe II. Die zweite Möglichkeit besteht darin, das *Oberflächenschichtverfahren* (s. Abschn. 5.2) anzuwenden. Ein Modell aus Metall mit spiegelnder Oberfläche wird mit einer fest haftenden Schicht aus photoelastischem Stoff belegt und im Reflexionspolariskop untersucht. Das spannungsoptisch wirksame Material dient also hier nur als Dehnungsmesser und verformt sich dabei selbst elastisch. Dieses Vorgehen hat den Vorteil, daß man als Modellmaterial genau den Stoff wählen kann, dessen plastische Eigenschaften dem untersuchten Problem zugrunde gelegt werden sollen.

5.8.1 Ebener Spannungszustand

Modelle aus Zelluloid. Als man mit photoplastischen Versuchen begann, lag es nahe, sich zunächst, der Tradition der Spannungsoptik folgend, am ebenen Spannungszustand mit Modellen aus photoplastischem Werkstoff (Gruppe I) zu versuchen. Wir beschreiben im folgenden zuerst den Weg, der in unserem Laboratorium beschritten wurde, und sich in einer Reihe von Arbeiten niedergechlagen hat [126, 133, 134, 97, 25, 175]. Dabei wurde *Zelluloid* als Modellwerkstoff verwendet, und es wurden nur Spannungszustände herangezogen, bei denen entweder nur Zugspannungen vorhanden waren oder doch Zug vorherrschte.

Um für elastoplastische spannungsoptische Versuche geeignet zu sein, muß das Modellmaterial (a) eine Spannungs-Dehnungs-Kurve von gleicher Form besitzen wie das Material der Hauptausführung, z. B. Stahl, und (b) dem gleichen Fließkriterium unterworfen sein.

Die letztere Bedingung ist für Zelluloid in brauchbarer Weise erfüllt. Es wurde nämlich das v. Misessche Fließkriterium als erfüllt nachgewiesen [25, 133], d. h., das Fließen beginnt in jedem Spannungszustand bei einer bestimmten Höhe der oktaedralen Schubspannung oder, was dasselbe bedeutet, der spezifischen Gestaltänderungsarbeit.

Dagegen stößt man mit der Forderung, daß die Spannungs-Dehnungs-Linien in Modell und Hauptausführung ähnlich sein müssen, auf eine grundsätzliche Schwierigkeit, weil zwischen dem plastischen Verhalten von Kunststoffen und dem von Metallen ein wesentlicher Unterschied besteht. Während Metalle gewöhnlich nur, als Folge der Beanspruchungssteigerung, fließen, zeigen Kunststoffe dazu noch die Erscheinung des „Kriechens". Ihre Spannungs-Dehnungs-Kurve ist daher, im Gegensatz zu Metallen, stark von der Dehngeschwindigkeit abhängig. Deshalb kann man den Spannungszustand an einem Modellpunkt nur einem Eichversuch, der mit derselben Dehngeschwindigkeit durchgeführt wurde, zuordnen. Nach dem Vorschlag von MÖNCH [126] wird der photoplastische Versuch mit konstanter Dehngeschwindigkeit durchgeführt. Bei dem gewünschten Verformungsgrad, der zur Zeit $t = t_1$ erreicht sein möge, wird das Isochromatenbild aufgenommen. Als Eichversuch werden mehrere Zugstäbe mit verschiedenen Geschwindigkeiten $\dot{\varepsilon}_1$ der Dehnung ε_1 in Stabrichtung verformt und ihre Spannungs-Dehnungs-Linien aufgetragen (Abb. 5.8.1). Die Punkte auf diesen Linien, die der Zeit t_1 ent-

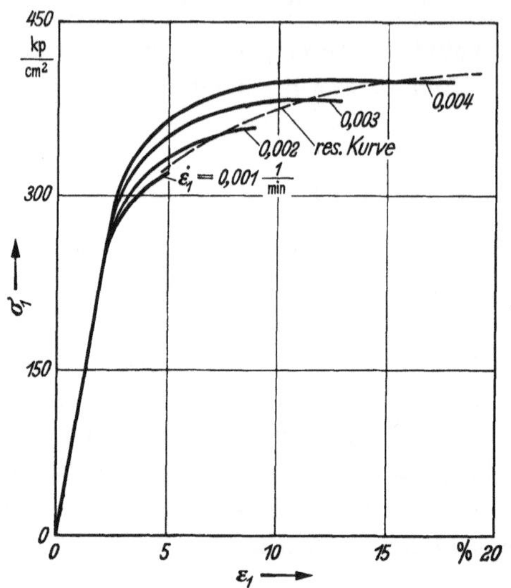

Abb. 5.8.1 Spannungs-Dehnungslinien von photoplastischen Eichversuchen. „Resultierende" Kurve für $t_1 = 38$ min

sprechen, werden miteinander verbunden. Diese „resultierende" Kurve (Abb. 5.8.1) ist die für den Versuch maßgebende Spannungs-Dehnungs-Linie. In der Abb. 5.8.1 ähnelt sie derjenigen eines Kohlenstoffstahles; es gibt aber auch Zelluloidsorten mit Plastizitätseigenschaften, die weicheren Stählen oder Aluminiumlegierungen entsprechen [134]. Das Verfahren setzt voraus, daß die Verformungsgeschwindigkeiten in jedem Modellpunkt konstant bleiben. Bei Spannungsfeldern, deren größerer Teil noch elastisch ist, ist dies gewöhnlich in genügender Weise der Fall; bei wesentlich plastischen Vorgängen können sich jedoch die Dehngeschwindigkeiten stark ändern oder sogar das Vorzeichen wechseln. Dann wird das Verfahren unzuverlässig.

Auch für den optischen Effekt erhält man bei verschiedenen Dehngeschwindigkeiten $\dot{\varepsilon}_1$ verschiedene Kurven. Abb. 5.8.2 zeigt solche Kurven, bei denen die Isochromatenordnung δ noch mit der Wellenlänge λ multipliziert wurde. Es wurde also der Gangunterschied der beiden Wellen, in die das Licht aufgespalten ist, aufgetragen. Dies ist für

Natriumlicht (Na) und blaues Quecksilberlicht (Hg) geschehen. Man erkennt, daß die Kurven mit steigender Plastifizierung zunehmend voneinander abweichen. Es liegt also Dispersion der Doppelbrechung vor. Diese Erscheinung kann man zur Bestimmung des Plastizitätsgrades

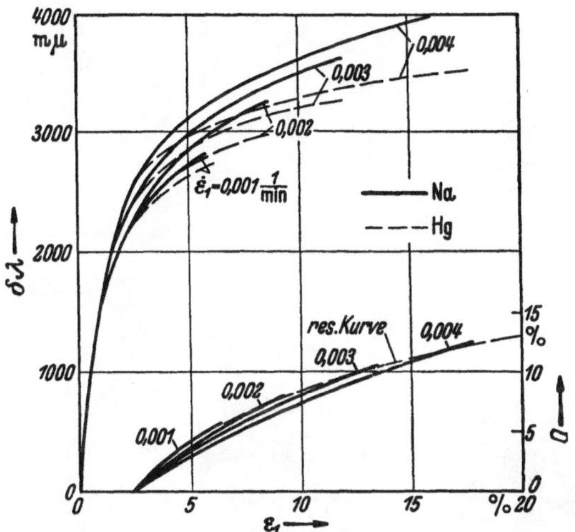

Abb. 5.8.2 Gangunterschieds- und Dispersionskurven zu den Eichversuchen der Abb. 5.8.1

benützen („photoplastischer Effekt"). Nach STAHL [175] ist die Dispersion ein Maß für die oktaedrale Schiebung. In Abb. 5.8.2, unten, ist als „Dispersion D" die Größe

$$D = \frac{(\delta\lambda)_{\mathrm{Na}} - (\delta\lambda)_{\mathrm{Hg}}}{(\delta\lambda)_{\mathrm{Na}}}\, 100\ \% \qquad (5.8.1)$$

aufgetragen, zunächst wieder für verschiedene Dehngeschwindigkeiten. Daraus wurde, analog zur Abb. 5.8.1, die „resultierende Kurve" bestimmt.

Mittels dieser resultierenden Kurve für D kann nunmehr im Modell die oktaedrale Schiebung an jeder Stelle bestimmt werden. Dies wird am Beispiel des gelochten Zugstabes in den Abb. 5.8.3 und 5.8.4 erläutert. Abb. 5.8.3 zeigt die Isochromaten des mit konstanter Verformungsgeschwindigkeit durchgeführten Zugversuchs in drei aufeinanderfolgenden Verformungsstadien entsprechend den Versuchsdauern t_1 von 11, 28 und 38 Minuten. Man erkennt die Dispersion deutlich daran, daß an der stärkstbeanspruchten Stelle am Lochrand das Verhältnis der Isochromatenordnungen für blaues und gelbes Licht mit steigender Verformung kleiner wird. Längs geeigneter Linien wird nun aus den Isochromatenbildern D nach Gl. (5.8.1) bestimmt. Dies ermöglicht die Aufstellung der Linien gleicher Dispersion D (Abb. 5.8.4). Sie sind Linien gleicher oktaedraler Schiebung und können daher als Linien gleichen Plastizitäts-

Abb. 5.8.3 Isochromaten eines gelochten Zugstabs nach verschiedenen Versuchsdauern bei gelbem Natriumlicht (oben) und bei blauem Quecksilberlicht (unten)

grades angesehen werden. Insbesondere trennt die Linie $D = 0$ elastischen und plastischen Bereich. Am lastfreien Rand kann der Span-

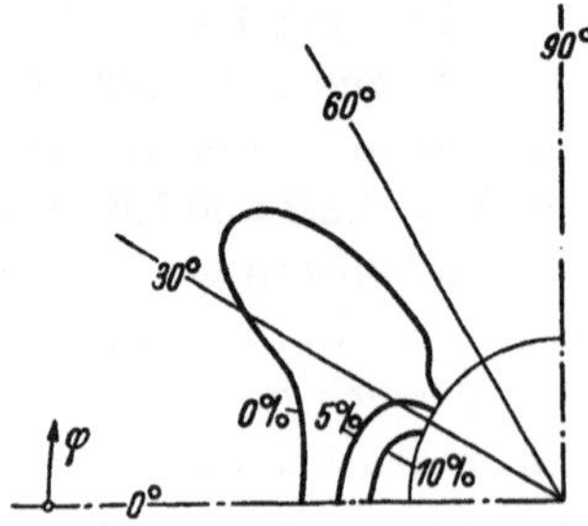

Abb. 5.8.4 Linien gleicher Dispersion der Doppelbrechung beim gelochten Zugstab

nungszustand mittels der Eichkurven vollständig bestimmt werden, da er dort einachsig ist.

Die Genauigkeit der Bestimmung des Plastizitätsgrades mit der vorstehend geschilderten Benützung der Dispersion der Doppelbrechung kann noch gesteigert werden, wenn man für die Isochromatenaufnahmen Lichtwellenlängen verwendet, die möglichst weit auseinanderliegen. In den Arbeiten von MÖNCH und LORECK [134] und STAHL [175] wurde daher an Stelle des Natriumlichts rotes Licht verwendet.

Das photoplastische Verfahren, das mit Hilfe der Aufstellung „resultierender Kurven" (Abb. 5.8.1 und 5.8.2) die Störungen durch das Kriechen ausmerzt, ist recht umständlich. Denn es müssen für jeden Versuch mehrere Eichversuche ausgeführt werden. Diese Mühe kann

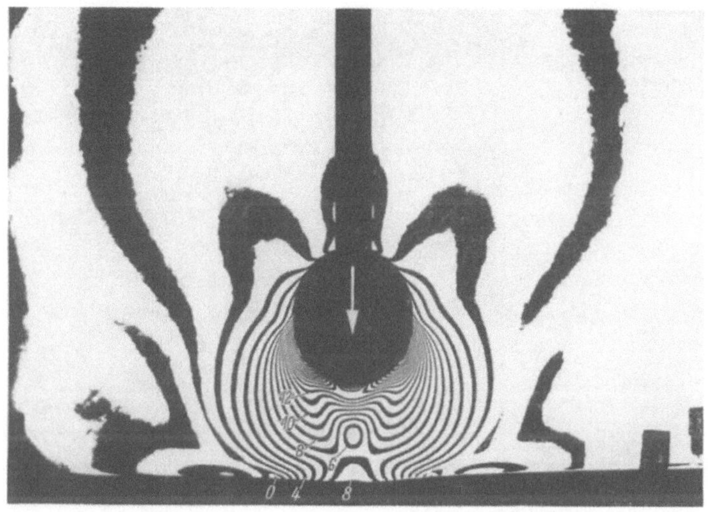

Abb. 5.8.5 Gelochte Halbscheibe aus Zelluloid, durch Zugkraft senkrecht zum Rand belastet. Photoplastisches Isochromatenbild. Blaues, zirkular polarisiertes Licht

man sich ersparen, wenn man die Versuche mit sehr *kleiner Belastungsgeschwindigkeit* durchführt. Dann fallen in den Abb. 5.8.1 und 5.8.2 die σ-ε-Kurven sowie die Kurven von $\delta\lambda$ und D für die unterschiedlichen $\dot{\varepsilon}$ praktisch zusammen, so daß es genügt, anstatt die „resultierenden" Kurven zu ermitteln, einen einzigen Eichversuch durchzuführen und daraus die Eichkurven für σ und D zu bestimmen. Die Versuche dauern dann allerdings mehrere Tage. Auf die Möglichkeit der Durchführung photoplastischer Versuche mit sehr kleinen Verformungsgeschwindigkeiten haben erstmals NISIDA und Mitarbeiter [141] hingewiesen. Im Münchener Laboratorium haben STAHL [175] und BUSCH [25] davon Gebrauch gemacht.

In der Arbeit von STAHL wird für Zelluloid-Modelle mit Hilfe der Dispersion der Doppelbrechung ein Verfahren zur „vollständigen Auswertung" entwickelt. Man kann damit an jedem Punkt eines elastoplastischen Spannungszustandes Größe und Richtung der Hauptspannungen einzeln ermitteln, ohne die Integration vom Rand her zu Hilfe nehmen zu müssen. Abb. 5.8.5 zeigt die Blaulicht-Isochromaten eines Demonstrationsbeispiels: Es handelt sich um eine Halbscheibe, in die in

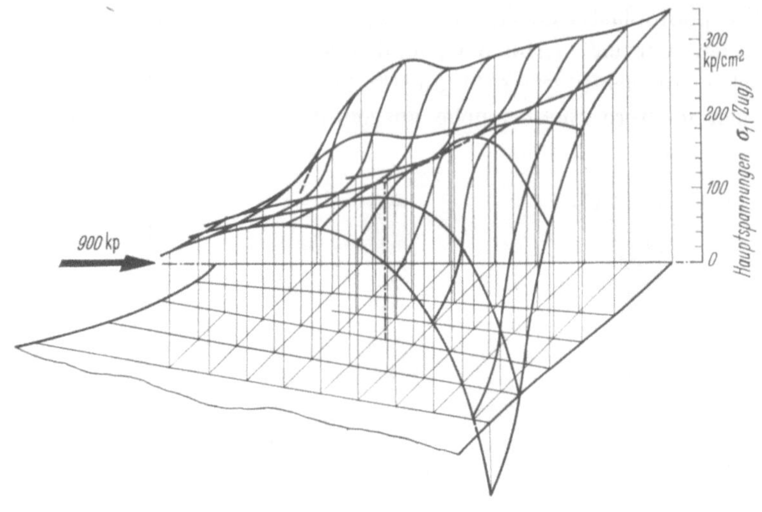

Abb. 5.8.6

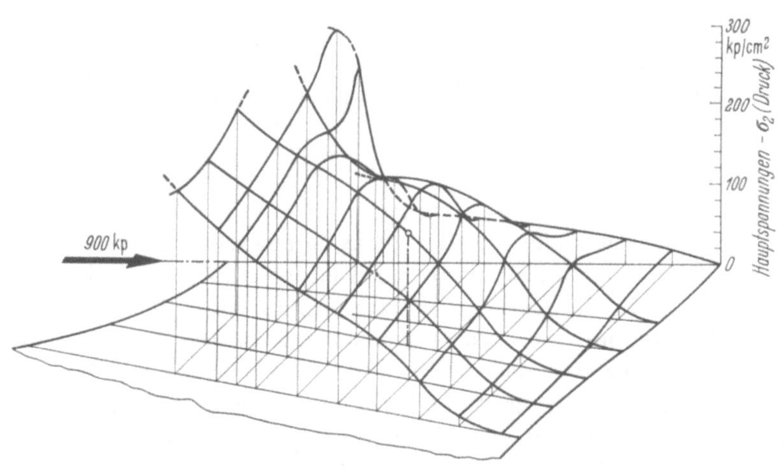

Abb. 5.8.7

Abb. 5.8.6 und 5.8.7 Hauptspannungen σ_1 und σ_2 beim photoplastischen Versuch „gelochte Halbscheibe" (Abb. 5.8.5). Rechts: Scheibenrand, links: Lochrand

der Nähe des Randes ein Loch gebohrt ist. Ein durch das Loch gesteckter Bolzen übt eine Zugkraft senkrecht zum Rand aus. Die ermittelten Hauptspannungen des entstehenden plastischen Spannungszustandes sind in den Abb. 5.8.6 und 5.8.7 dargestellt.

BUSCH [25] führt die „vollständige Auswertung" mit Hilfe eines Lateralextensometers durch.

In Amerika wurden photoplastische Versuche mit Zelluloid durch FROCHT und Mitarbeiter [71, 66, 183], in der Tschechoslowakei von JAVORNICKY [93] durchgeführt. In Japan erschien eine Arbeit von ITO [91] und eine Reihe von Arbeiten von OHASHI und Mitarbeitern [143, 144].

Zelluloid als photoplastischer Modellwerkstoff hat den Nachteil, daß es kaum völlig homogen erhältlich ist. Dies hängt mit der Art seiner Herstellung zusammen und ist wahrscheinlich nicht zu ändern. Außerdem ist Zelluloid wegen des Entweichens von Kampfer anfällig gegen Randeffekt. Wegen dieser Mängel wird am Münchener Laboratorium gegenwärtig ein anderes Zellulosederivat, das Fabrikat „Cellidor" der Farbenfabriken Bayer, Leverkusen, als Modellmaterial erprobt. Es zeigt zwar eine geringere Dispersion der Doppelbrechung, hat aber keinen Randeffekt. Veröffentlichungen über die Ergebnisse sind in Vorbereitung.

Andere Modellwerkstoffe. HILTSCHER [84] verwendete *Polystyrol* als Modellwerkstoff, das einen anderen photoplastischen Effekt zeigt. Die Isochromatenordnung nimmt nämlich bis zur Elastizitätsgrenze zu, bei weiterer Steigerung der Belastung wieder ab und wechselt im weiteren Verlauf das Vorzeichen. Nach HILTSCHER läßt sich damit die Grenze des elastischen Bereichs, gekennzeichnet durch das Isochromatenmaximum, und der Beginn der Vollplastizität, angezeigt durch den Isochromatennullpunkt, feststellen. Polystyrol kann nur bei Druckspannungszuständen verwendet werden.

Einen ähnlichen photoplastischen Effekt wie Polystyrol zeigt das in der UdSSR in der Spannungsoptik bekannte sogenannte „optisch unempfindliche Glas", eine besondere Art des Dibutylphthalats (siehe Photoplastitschnost [192], S. 66). Dieser Kunststoff zeichnet sich dadurch aus, daß er im Elastischen so gut wie gar keinen optischen Effekt aufweist. Im Plastischen verhält er sich dagegen ähnlich wie Polystyrol.

Aus der Sowjetunion stammt auch der Gedanke, Metallhalogenide, vor allem *Silberchlorid*, als photoplastisches Modellmaterial zu verwenden. Diese Stoffe haben alle Eigenschaften eines kristallinen bildsamen Metalls und sind durchsichtig. Man kann mit ihnen außer der Plastizität z. B. auch die durch Walzen hervorgerufene Anisotropie, interkristalline Spannungen bei grobkörnigem Material und ähnliches untersuchen. Die ersten Versuche dieser Art wurden auf Anregung von STEPANOW von SCHITNIKOW [165] durchgeführt. In der Folgezeit erschienen in der Sowjetunion eine große Anzahl weiterer Arbeiten. Siehe hierüber Photoplastitschnost [192], S. 73ff., sowie die Kongreßberichte Leningrad 1958 und 1964, Tallinn 1971 [ae].

Oberflächenschichtverfahren. Die ersten Veröffentlichungen über die Anwendung des Oberflächenschichtverfahrens auf elasto-plastische ebene Spannungszustände waren die etwa gleichzeitig erschienenen Arbeiten von D'AGOSTINO und Mitarbeitern [35] in Amerika und von ZANDMAN [194] in Frankreich. In der Folgezeit erschienen von verschiedener Seite weitere Arbeiten, so z. B. in Japan von KAWATA [98]. In der Arbeit von MÖNCH und LORECK [134] wird das Verfahren mit photoplastischen Versuchen an Zelluloidmodellen verglichen und die Genauigkeit durch Vergleich mit theoretischen Lösungen untersucht. Siehe auch Abb. 5.2.3.

Am Oberflächenschichtverfahren besticht, wie erwähnt, vor allem, daß das plastische Materialverhalten des Metalls selbst unmittelbar erfaßt wird. Infolgedessen eignet es sich auch besonders zum Sichtbarmachen remanenter Verformungen. Außerdem können, im Gegensatz zu den Verfahren der Gruppe I, nicht nur ebene Spannungszustände, sondern beliebige räumliche Körper an ihrer Oberfläche untersucht werden. Über die Möglichkeit, damit ebene Formänderungszustände zu untersuchen, siehe den nächsten Abschnitt.

5.8.2 Ebener Formänderungszustand

Der vorige Abschnitt hat gezeigt, daß es heute bereits mannigfache Möglichkeiten gibt, den ebenen elasto-plastischen *Spannungs*zustand spannungsoptisch zu erfassen. Nun kann aber kein Zweifel darüber bestehen, daß für die technische Praxis plastische ebene Spannungszustände von untergeordneter Bedeutung sind. Die einzigen wichtigen Anwendungen sind Kerbprobleme, aber auch hier wären die räumlichen wichtiger. Ein noch wichtigeres Anwendungsfeld der Photoplastizität wären die Probleme der Umformtechnik, wie des Schmiedens, des Walzens usw. Diese bestehen aber immer in räumlichen Spannungszuständen oder zumindest in ebenen *Formänderungs*zuständen. Worauf die Technik also wartet, das wäre ein Einfrierverfahren für den elasto-plastischen Spannungszustand. Ein solches scheitert aber bisher am Modellwerkstoff. Ein allgemeines räumliches photoplastisches Verfahren gibt es also noch nicht, wohl aber Verfahren für den ebenen Formänderungszustand. Die einschlägigen Veröffentlichungen stammen aus der Sowjetunion und haben bereits zum Erscheinen von zwei Büchern über Photoplastizität [77, 192] geführt.

Probleme des viskosen Fließens. Bei vielen Vorgängen der Umformtechnik kann man ihren wesentlichen Teil als viskoses Fließen ansehen, z. B. beim Strangpressen oder wenn das Umformen bei hohen Temperaturen erfolgt. Für Probleme des viskosen Fließens haben GUBKIN und Mitarbeiter eine (der Gruppe I zugehörige) Methode entwickelt und damit verschiedene Umformvorgänge untersucht und in dem Buch „Fotoplastitschnost" [77] ausführlich beschrieben. Als Modellmaterial dient eine Mischung von Kolophonium und Terpentinöl, die durch eine dem Problem entsprechende Vorrichtung gepreßt wird. Diese ist auf der Vorder- und Rückseite durch starke Glasplatten abgeschlossen. Wenn auch der Versuchsablauf durch die Reibung an den Glaswänden etwas gestört wird, kann mit einer solchen Vorrichtung doch näherungsweise ein ebener Formänderungszustand des viskosen Fließens bewerkstelligt und untersucht werden. Als Modellwerkstoffe wurden später auch Kunststoffe, wie Epoxidharze oder Glyzerin-Phthalsäure-Harze ([192], S. 49) verwendet.

Modelle aus plastischen Metallen in Verbindung mit dem Oberflächenschichtverfahren. Viele Umformprozesse kann man nicht als Vorgänge des reinen viskosen Fließens auffassen, sondern muß das genauere Verhalten des bildsamen Metalls in Rechnung stellen. Dies gilt vor allem für die Kaltverformung. Um das wirkliche Materialverhalten einzubeziehen, haben WORONZOW und POLUCHIN [192] eine sehr bemerkenswerte Methode zur Untersuchung plastischer ebener Verformungszustände erdacht, die das Oberflächenschichtverfahren benützt. Die zu untersuchende Probe, z. B. ein Schmiedestück, wird zweiteilig aus bildsamem Metall ausgeführt. Die Trennfuge ist die Symmetrieebene. Eine der sich in dieser gegenüberliegenden Oberflächen der beiden Hälften des Stücks wird mit der spannungsoptischen Oberflächenschicht überzogen. Bei der Belastung wird dafür gesorgt, daß die beiden Oberflächen immer aufeinandergepreßt bleiben. So kann das Material nicht seitlich ausweichen, und in der Symmetrieebene entsteht mit guter Annäherung ein ebener Formänderungszustand. Nach der Belastung wird die eine Hälfte der Probe entfernt, so daß die Oberflächenschicht der anderen mit dem Reflexionspolariskop untersucht werden kann. WORONZOW und POLUCHIN haben in ihrem Buch „Fotoplastitschnost" [192] nicht nur Umformvorgänge, wie Schmieden und Walzen, in allen Einzelheiten quantitativ untersucht, sondern daraus auch Verbesserungen der Form der Werkzeuge mit dem Zweck der Optimierung der Umformverfahren abgeleitet.

Dritter Teil

Anwendungen

6 Praktische Anwendungen der Spannungsoptik

Wir beginnen mit einfachen Versuchen der ebenen Spannungsoptik. Besonders die ersten drei Anwendungsbeispiele, Abschn. 6.1 bis 6.3, sollen zeigen, daß manche Ingenieuraufgaben der Praxis, auch wenn sie strenggenommen räumliche Spannungszustände darstellen, mit geringem experimentellen Aufwand durch die ebene Spannungsoptik behandelt werden können, wenn man sie auf das Wesentliche zurückführt.

6.1 Spannungen in Fundamenten

Es soll der Spannungszustand in Fundamenten untersucht werden, deren Länge wesentlich größer ist als die Querschnittsabmessungen und die in ihrer Längsausdehnung gleichmäßig belastet werden, so daß sich in Scheiben, die man sich durch Ebenen senkrecht zur Längsachse herausgeschnitten denken kann, ein ebener Formänderungszustand ausbildet. Wenigstens gilt dies in guter Annäherung für Scheiben aus dem mittleren Teil des Fundaments, nicht zu nahe den beiden Endquerschnitten. Die vier verschiedenen Querschnittsformen, die in Abb. 6.1.1 dargestellt sind, sollen bei gleicher Belastung der Krone miteinander verglichen werden. Es genügt dabei zum Vergleich die Angabe der Spannung σ an der Sohle des Fundaments im Symmetrieschnitt. Da es sich um einen nachgiebigen Boden handelte, auf dem ein Betonfundament errichtet werden sollte, ist die Annahme als gute Näherung anzusehen, daß sich der Druck p längs des Querschnitts der Sohle gleichmäßig verteilt. Schubspannungen zwischen Boden und Fundament kommen nicht in Betracht; denn würden sie etwa am Anfang, bis sich das Fundament gesetzt hat, auftreten, so würden sie bald infolge von unvermeidlichen Erschütterungen wieder verschwinden. Die Modelle aus Dekorit wurden im Maßstab $1:100$ in den Querschnittsabmessungen und mit einer Dicke $d = 1$ cm hergestellt. Abb. 6.1.2 zeigt die Versuchsanordnung: Auf das Modell (*1*) wird mit Hilfe eines geeichten Kraftmessers (*2*) vermittels eines Dekoritstückes (*3*) ein Druck P ausgeübt. Um diesen Druck möglichst gleichmäßig zu verteilen, wurde zwischen Druckstück und Modell ein dünner Gummistreifen gelegt. Um den gleichmäßigen Druck p zwischen Fundament und Boden zu gewährleisten, wurde als Auflagerung des Fundaments ein Gummischlauch (4) unter innerem Wasserüberdruck verwendet. Der Gummischlauch lag in einer Nut, die etwas

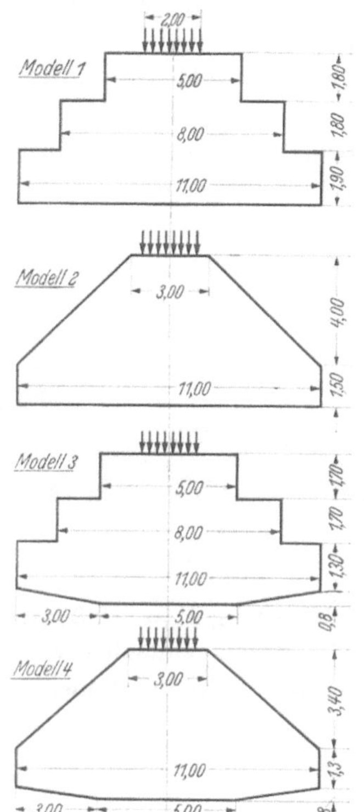

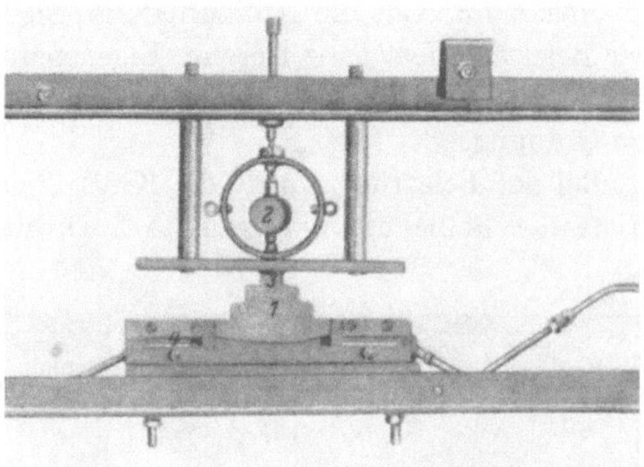

Abb. 6.1.2 Belastungseinrichtung für Fundamentmodelle

Abb. 6.1.1 Abmessungen von verschiedenen Ausführungen eines Fundaments. Maße in m

breiter war als die Modelldicke. Ihre Seitenwände wurden durch Plexiglasplatten gebildet, die die Oberkante des Schlauches um ca. 1 $^1/_2$ cm überragten und dort als Fenster die Sicht durch das Modell, das sich mit seinem unteren Teil zwischen den Platten befand, freigaben. Auf diese Weise war ein Herausquellen des Schlauches und ein seitliches Abgleiten des Modells unmöglich gemacht; es wurde jedoch bei den Versuchen darauf geachtet, daß das Modell die Plexiglasscheiben nicht berührte. Die Biegebeanspruchung der Plexiglaswände ruft keinen merklichen, das Isochromatenbild störenden optischen Effekt hervor, was auch aus den Abb. 6.1.4, 5, 7 und 8 hervorgeht: die Isochromaten kreuzen ungestört die in den Bildern sichtbare Oberkante der Plexiglasscheiben.

Der Druck im Gummischlauch wurde mit Hilfe einer Pumpe so reguliert, daß er der an der Fundamentkrone eingeleiteten Druckkraft P Gleichgewicht hielt.

6.1.1 Versuchsergebnisse

Modell 1 (s. Abb. 6.1.3 und 6.1.4).

Abb. 6.1.3 zeigt die Nullaufnahme. Sie beweist, daß das Modell vor der Belastung fast ganz frei von Eigenspannungen war.

Der Eichversuch ergab eine spannungsoptische Konstante $S = 11{,}8$ kp/cm Ordnung.

Bei der Belastung wurde die Kraft P so lange gesteigert, bis in der Mitte der Sohle die Isochromate 3. Ordnung erreicht wurde. Dicsem

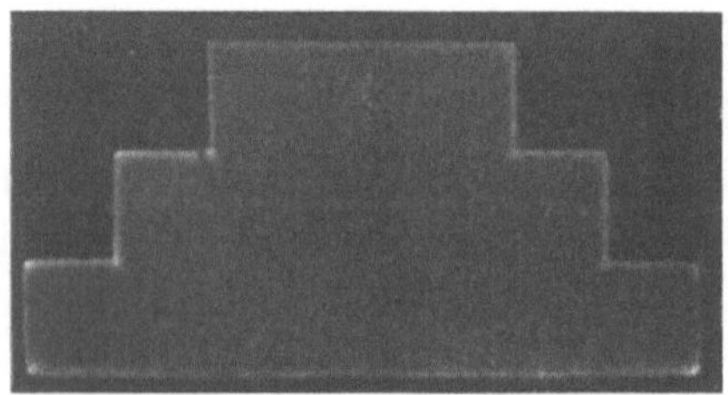

Abb. 6.1.3 Nullaufnahme von Modell 1   Abb. 6.1.4 Modell 1, belastet

Zustand entspricht Abb. 6.1.4. Die zugehörige Last betrug $P = 112{,}3$ kp. Da sich die gesamte Last gleichmäßig über die Fundamentsohle von 11 cm² verteilt, erhält man als spezifischen Druck auf die Fundamentsohle

$$p = \frac{112{,}3}{11} = 10{,}2 \text{ kp/cm}^2.$$

Die höchste Ordnung tritt, wie zu erwarten war, in der Mitte der Sohle auf. Wird die Spannung an dieser Stelle der Fundamentsohle für einen Schnitt senkrecht zum Rand mit σ bezeichnet, so erhält man ihre Größe aus der Betrachtung des zugehörigen Mohrschen Spannungskreises, für den σ und der dort herrschende Sohlendruck p Hauptspannungen sind. Während p eine Druckspannung ist, ist σ eine Zugspannung, so daß gilt

$$\sigma = 3 \cdot 11{,}8 - 10{,}2 = 25{,}2 \text{ kp/cm}^2$$

oder

$$\sigma = 2{,}47\, p.$$

Modell 2 (s. Fundamentskizze Abb. 6.1.1).

Das Modell wurde aus derselben Dekoritplatte geschnitten wie Modell 1 und ebenso behandelt, so daß auch dieselbe Eichkonstante gilt.

Die Nullaufnahme vor der Belastung war einwandfrei. *Abb. 6.1.5* zeigt das Isochromatenbild bei einer Last $P = 130{,}8$ kp, wobei in der Mitte der Fundamentsohle gerade die dritte Isochromatenordnung erreicht wurde. Dieser Last P entspricht der gleichmäßig verteilte

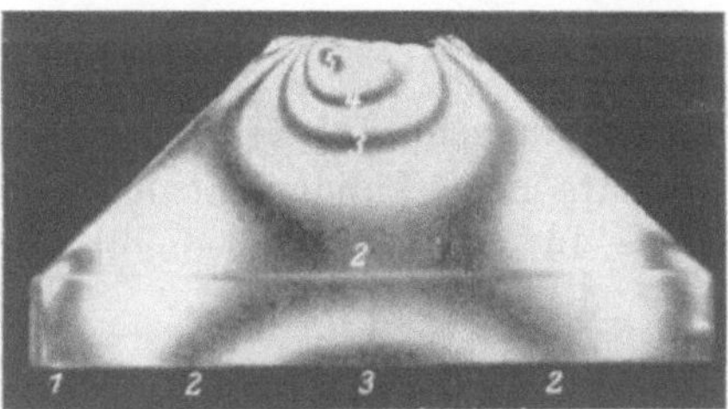

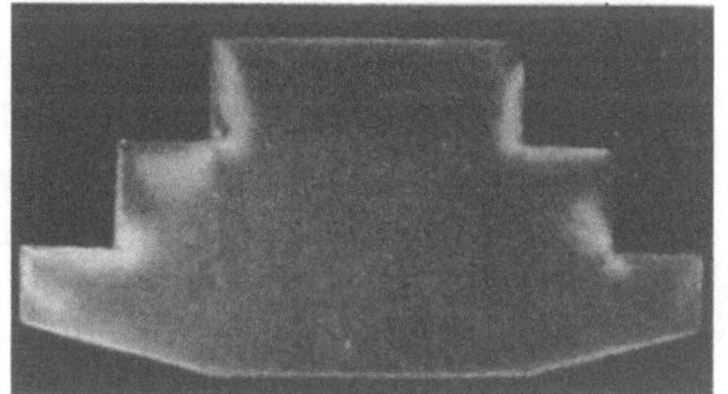

Abb. 6.1.5 Modell 2, belastet   Abb. 6.1.6 Nullaufnahme von Modell 3

Sohlendruck $p = 11{,}85$ kp/cm² und damit die Zugspannung in der Mitte der Sohle

$$\sigma = 3 \cdot 11{,}8 - 11{,}85 = 23{,}55 \text{ kp/cm}^2$$

oder

$$\sigma = 1{,}98\,p.$$

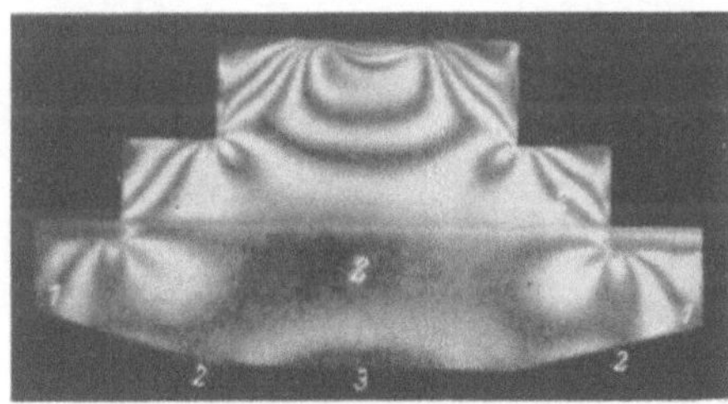

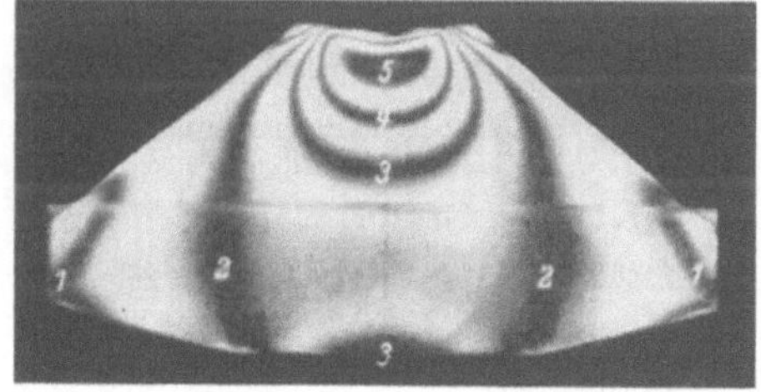

Abb. 6.1.7 Modell 3, belastet   Abb. 6.1.8 Modell 4, belastet

Modell 3 (s. Fundamentskizze Abb. 6.1.1).

Dieses Modell wurde aus einer neuen Dekoritplatte ausgeschnitten, für die sich beim Eichversuch die Eichkonstante $S = 12{,}0$ kp/cm Ordnung ergab.

Abb. 6.1.6 ist die Nullaufnahme ohne Last. Das Modell hat zwar, wie aus der Nullaufnahme hervorgeht, Eigenspannungen. Da sie aber nur an den treppenförmigen Ausschnitten und nicht im mittleren Teil der Fundamentsohle auftreten, stören sie uns hier nicht.

Abb. 6.1.7. Die Last P bis zum Auftreten der 3. Isochromate in der Mitte der Fundamentsohle betrug $P = 140{,}6$ kp, entsprechend

$$p = \frac{140{,}6}{11} = 12{,}75 \text{ kp/cm}^2;$$

damit erhält man

$$\sigma = 3 \cdot 12{,}0 - 12{,}75 = 23{,}25 \ \text{kp/cm}^2$$

oder

$$\sigma = 1{,}83 \, p .$$

Modell 4 (s. Fundamentskizze Abb. 6.1.1).

Die Nullaufnahme zeigte keinerlei Vorspannungen. *Abb. 6.1.8*: Bei der Last P bis zum Erreichen der 3. Isochromate in der Fundamentsohle ergibt sich $P = 162{,}3 \ \text{kp}$ entsprechend $p = 14{,}75 \ \text{kp/cm}^2$ und damit

$$\sigma = 3 \cdot 12{,}0 - 14{,}75 = 21{,}25 \ \text{kp/cm}^2$$

oder

$$\sigma = 1{,}44 \, p .$$

6.1.2 Zusammenfassung der Ergebnisse

Der Vergleich der vier Modelle zeigt, daß die Form nach Modell 4 die günstigste ist, wenn man die größte Zugspannung in der Fundamentsohle als Vergleichsmaßstab verwendet. Unter Zugrundelegung der Belastungsfälle, bei denen in allen vier Modellen in der Fundamentmitte die 3. Isochromate auftrat, ergibt der Vergleich folgende Zusammenstellung, wobei auch die zugehörigen Querschnittsflächen als Maß für den Werkstoffverbrauch angegeben sind:

Modell 1: Größte Randspannung: 2,47 p, Querschnittsfläche: 44,3 m²,
Modell 2:   ,,   ,,   : 1,98 p,   ,,   : 44,5 m²,
Modell 3:   ,,   ,,   : 1,83 p,   ,,   : 42,8 m²,
Modell 4:   ,,   ,,   : 1,44 p,   ,,   : 44,5 m².

Die Form nach Modell 4 hat ferner den Vorteil, daß die Zugspannungen von der Mitte der Fundamentsohle aus nach beiden Seiten schneller abklingen als etwa bei Modell 1, wie der Vergleich der Abb. 6.1.4 und 6.1.8 zeigt. Es sei noch darauf hingewiesen, daß die Berechnung von σ nach der Navierschen Biegungsformel unter der Annahme einer linearen Spannungsverteilung im Symmetrieschnitt des Fundaments zu gänzlich falschen Werten führen würde.

6.2 Plexiglashaube unter äußerem Überdruck

Eine achsensymmetrische Haube aus Plexiglas eines Unterwasserfahrzeugs von den aus Abb. 6.2.1a zu entnehmenden Abmessungen stand unter einem äußeren Überdruck von $p = 5 \ \text{kp/cm}^2$. Dabei traten

gelegentlich in der Nähe der Einspannstelle Risse auf. Es war zu untersuchen, durch welche Maßnahmen an der Einspannstelle oder deren
nächster Umgebung die Bruchgefahr beseitigt werden kann. Die Art der
Einspannung ist in Abb. 6.2.1b gesondert herausgezeichnet.

Es handelt sich bei der vorliegenden Aufgabe an sich um den räumlichen Spannungszustand in einer „Schale". Beim heutigen Stand der
Modelltechnik könnte man diese Schale ohne weiteres aus Araldit

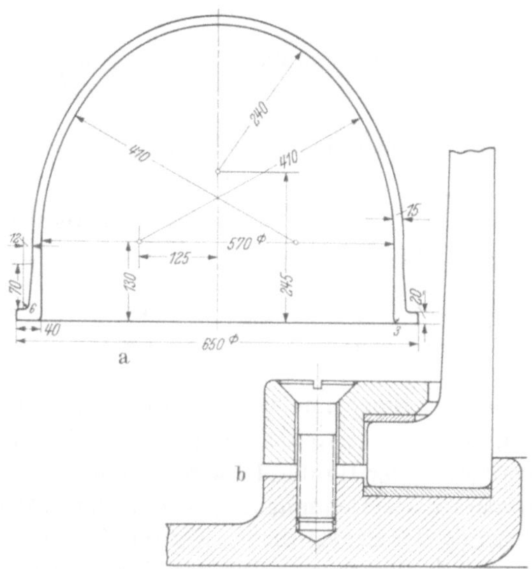

Abb. 6.2.1a u. b Abmessungen und Einspannung einer Plexiglashaube

gießen und den Spannungszustand in ihr mit Hilfe des Einfrierverfahrens
untersuchen. Diese Möglichkeit bestand aber damals, als wir die Untersuchung auszuführen hatten, noch nicht. Außerdem wäre hier das
Einfrierverfahren an einem vollständigen Schalenmodell ein ganz un-
nötiger Aufwand, wenn nur die Umgebung der Einspannstelle inter-
essiert. Vielmehr kann man in diesem Fall durch die folgenden Überlegungen das achsensymmetrische Schalenproblem auf eine sehr einfache
Aufgabe der ebenen Spannungsoptik zurückführen.

Der äußere Überdruck verursacht hauptsächlich eine Biegungsbeanspruchung im Übergangsbogen zum Fuß. Dazu kommt noch eine über
die Wandstärke gleichmäßige Druckbeanspruchung hinzu, die aber durch
Abänderung des Übergangsbogens nicht merklich geändert wird. Diese
gleichmäßige Druckbeanspruchung des Querschnittes überlagert sich in
allen Vergleichsfällen in gleicher Weise der Biegungsbeanspruchung, die
wir daher allein zu untersuchen brauchen.

Um die achsensymmetrische *Biegebeanspruchung* der Umgebung des Fußes der Plexiglashaube zu untersuchen, ist zu beachten, daß der Teil der Haube, der sich unmittelbar an den eingespannten Fuß anschließt (s. Abb. 6.2.1), zylindrisch ist. Wird der Halbmesser dieses zylindrischen Teiles mit r und die Wandstärke mit h bezeichnet, so wird sich in größerem Abstand vom eingespannten Fuß, wo der Einfluß der Einspannung des Fußendes schon abgeklungen ist, unter dem äußeren Überdruck p der bekannte zweiachsige *Membranspannungszustand* der Zylinderschale einstellen:

$$\text{Tangentialspannungen} \quad \sigma_t = -p\,\frac{r}{h}\,,$$

$$\text{Längsspannungen} \quad \sigma_l = -p\,\frac{r}{2h}\,.$$

Die letzteren stellen die erwähnte gleichmäßige Druckbeanspruchung dar. Die tangentiale Dehnung ist nach dem Hookeschen Gesetz

$$\varepsilon_t = \frac{\Delta r}{r} = \frac{1}{E}\,(\sigma_t - \nu\sigma_l) = -\frac{pr}{Eh}\,\frac{2-\nu}{2}\,.$$

Je mehr wir uns der Einspannstelle nähern, desto mehr verhindert die Einspannung diese negative Dehnung $\Delta r/r$ und damit wächst die Biegungsbeanspruchung der Haube. Es wird alsdann nur noch ein Teil q des äußeren Druckes p zur Dehnung $\Delta r/r$ verwendet, während der Rest $p - q$ zur Verbiegung der Schale dient. Während für größere Abstände von der Einspannstelle ungefähr $q = p$ ist, gilt an der Einspannstelle des Fußes selbst $q = 0$.

Auf Grund dieser Überlegung läßt sich die achsensymmetrische Aufgabe, den Spannungszustand in der Haube in der Umgebung des Fußes spannungsoptisch zu untersuchen, auf eine gleichwertige Aufgabe der ebenen Spannungsoptik zurückführen. Man denke sich einen von zwei nahe benachbarten Meridianebenen begrenzten Streifen der Haube herausgeschnitten und durch einen gleichmäßigen Überdruck belastet, so daß sich ein ebener Spannungszustand ausbildet. Diesen Streifen kann man als ebenes spannungsoptisches Modell untersuchen.

Hier können aber keine Spannungen σ_t auftreten wie in der vollen Haube und damit auch kein Gegendruck q, der dem äußeren Druck p ganz oder teilweise Gleichgewicht hält. Um die Verhältnisse in der Schale nachzuahmen, wurde der Meridianschnitt auf eine in bestimmter Weise nachgiebige Gummiunterlage gebettet, welche den Gegendruck q erzeugt, der den Ersatz der in der Vollhaube auftretenden Spannungen σ_t hinsichtlich ihres Einflusses auf die Biegungsbeanspruchung der Schale darstellt.

Die Dicke der als Unterlage zu verwendenden Gummischicht folgt aus obiger Gleichung, in der nur q statt p zu setzen ist:

$$\frac{\varDelta r}{q} = -\frac{2-\nu}{2}\frac{r^2}{Eh} = -0,32 \text{ mm/at}.$$

Darin ist $r = 29,25$ cm der Radius der Haube, $h = 1,5$ cm die Wandstärke der Haube, $E = 15000$ kp/cm² der Elastizitätsmodul des von uns verwendeten Dekorits und $\nu = 0,3$.

Es wurden nun Gummistreifen von je 1 bis 3 mm Stärke übereinandergelegt und die Zusammendrückung dieser Gummischicht bei $q = 1$ kp/cm²

Abb. 6.2.2 Belastungsvorrichtung für den unteren Teil der Plexiglashaube

gleichmäßiger Druckverteilung gemessen. Die Dicke der Schicht bestimmt sich aus der Bedingung, daß die Zusammendrückung den obigen für die Haube berechneten Betrag von 0,32 mm/at ergibt. Bei dem von uns verwendeten Gummi ergab dies eine Gummistärke von etwa 10 mm als Unterlage für die Meridianstreifen.

Abb. 6.2.2 zeigt die Versuchsvorrichtung mit dem eingespannten Modell aus Dekorit. An einem Stahlrahmen A ist ein Gleitstück B angeschraubt, gegen das sich das Modell C, das von rechts außen gedrückt wird, abstützen kann. Zwischen dem Modell und dem Gleitstück befindet sich der Gummistreifen D, dessen Dicke oben berechnet worden ist. Der Modellfuß ist zwischen zwei Gummistreifen gelagert, auf die durch die Traversen E und F mit Hilfe von zwei Schrauben der Einspanndruck übertragen wird. Das Druckstück G besitzt an der dem

Modell zugewendeten Begrenzung einen dünnen Gummischlauch, auf den von innen mittels einer bei H endigenden Bohrung ein Flüssigkeitsdruck ausgeübt werden kann. Dieser Druck, der sich durch den Gummischlauch auf die rechte Begrenzung des Modells gleichmäßig überträgt, stellt die Belastung des Modells dar.

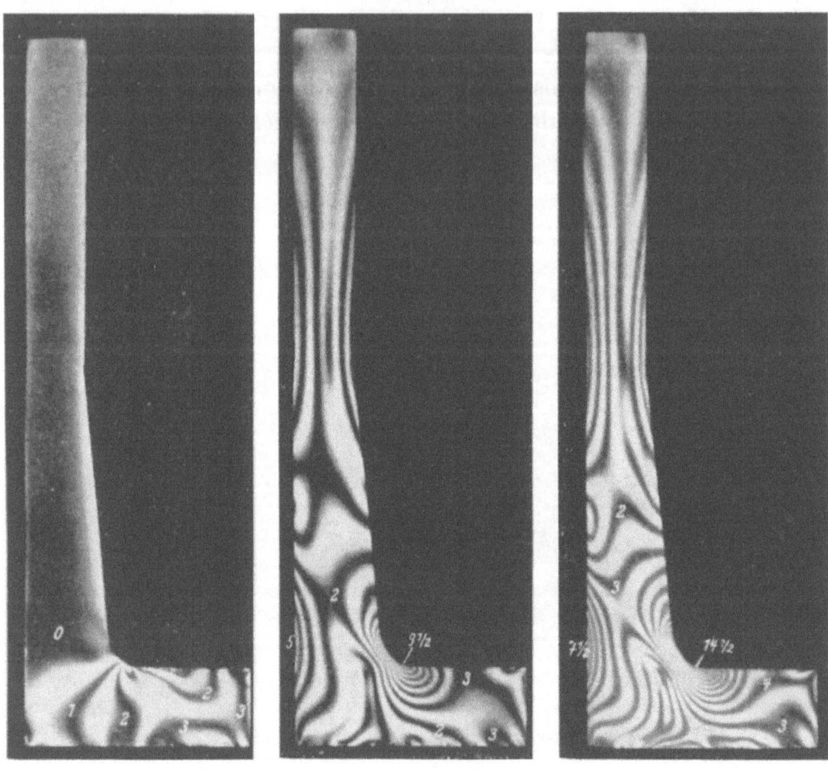

<table>
<tr><td align="center">Abb. 6.2.3</td><td align="center">Abb. 6.2.4</td><td align="center">Abb. 6.2.5</td></tr>
</table>

Abb. 6.2.3 bis 6.2.5 Isochromatenbilder des unteren Teils der Plexiglashaube

Es wurden nun verschiedene Modelle miteinander verglichen, bei denen teils die Länge des Fußes und teils die Abrundung am Übergangsbogen geändert wurden. Von den Isochromatenaufnahmen seien hier nur die eine Serie mit den Abb. 6.2.3 bis 6.2.5 wiedergegeben. In Abb. 6.2.3 ist nur der Fuß eingespannt, während die Abb. 6.2.4 und 6.2.5 zusätzlichen Belastungen von $p = 3\,\text{kp/cm}^2$ bzw. $5\,\text{kp/cm}^2$ entsprechen.

Als Ergebnis aller Versuche konnte festgestellt werden, daß es sich für den Spannungszustand in der Plexiglashaube günstig auswirkt, wenn die Einspannung des Fußes nicht zu stark ist und der Übergang in den Fuß keine zu scharfe Abrundung besitzt.

6.3 Statische Berechnung eines Stahlbetonrahmens mit Hilfe der Momentennullpunkte

Abb. 6.3.1 zeigt eine Luftaufnahme des Hochhauses einer Bank in São Paulo, Brasilien. Das Gebäude ist bis zum 10. Stockwerk auf rechteckigem Grundriß errichtet. Darauf sind drei Blöcke von weiteren 9 Stockwerken mit verkleinertem Grundriß aufgesetzt. Das Fundament

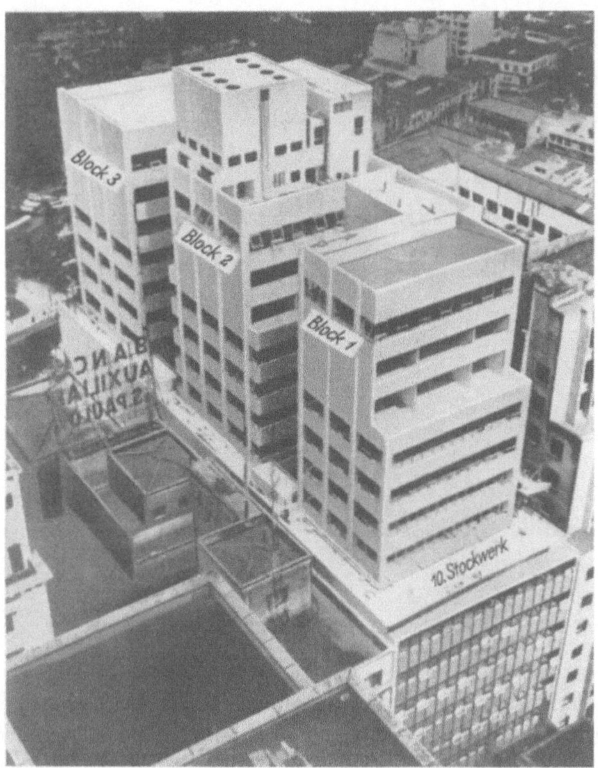

Abb. 6.3.1 Hochhaus einer Bank in São Paulo, Brasilien

dieser Blöcke liegt also gewissermaßen im 10. Stockwerk. Damit dieses die Belastung durch die drei Blöcke aushält und gleichzeitig sein Innenraum ausgenützt werden kann, wurde es aus zwölf parallelen, stark armierten Rahmenträgern konstruiert, von denen einer in Abb. 6.3.2 dargestellt ist. Die Statik des Gebäudes wurde von VASCONCELOS [188] gerechnet. Da die Festigkeitsrechnung der Träger nach Abb. 6.3.2 nur näherungsweise möglich ist, wurde zu deren Kontrolle im Festigkeitslaboratorium der Technischen Hochschule São Paulo (Direktor Prof.

Telemaco van Langendonck) ein ebener spannungsoptischer Versuch durchgeführt.

Der Rahmen nach Abb. 6.3.2 ist keine ebene Scheibe. Damit zwischen ihm und einem ebenen spannungsoptischen Modell Ähnlichkeit der Biegemomente besteht, muß Ähnlichkeit für die Trägheitsmomente der

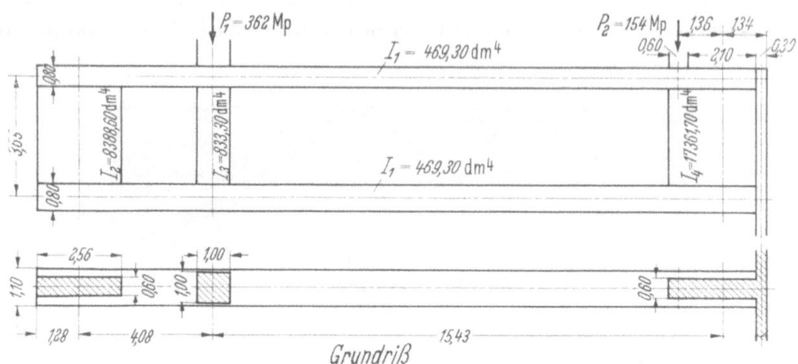

Abb. 6.3.2 Der Rahmenträger in der wirklichen Ausführung. Maße in m

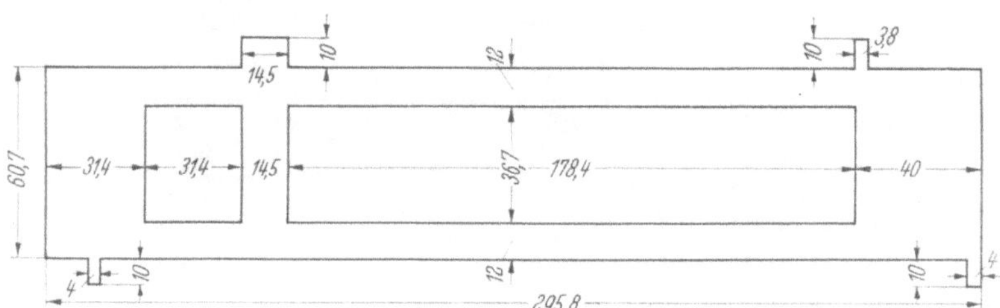

Abb. 6.3.3 Das ebene Modell des Rahmenträgers. Maße in mm

Stäbe, aus denen sich der Rahmen zusammensetzt, vorgesehen werden (vgl. Abschn. 4.4.3). Diese ist in dem ebenen Modell nach Abb. 6.3.3 eingehalten. Der Maßstab der Längen der Mittelachsen der Einzelstäbe ist

$$\lambda = 75,$$

die Breiten der Stäbe wurden so ausgeführt, daß zwischen den in Abb. 6.3.2 eingetragenen Trägheitsmomenten I der Hauptausführung und den entsprechenden I' des Modells das konstante Maßstabverhältnis

$$\frac{I}{I'} = 46{,}6 \cdot 10^6$$

besteht. Damit kommt man auf das Modell der Abb. 6.3.3.

Die Lasten, die durch die oberen Stockwerke auf den Rahmen wirken, sind (Abb. 6.3.2):

$$P_1 = 362\ \mathrm{Mp}, \qquad P_2 = 154\ \mathrm{Mp}.$$

Der Kräftemaßstab wurde zu $\varkappa = 15000$ angenommen. Dies ergibt die Kräfte auf das Modell zu

$$P_1' = 24{,}15\ \mathrm{kp}, \qquad P_2' = 10{,}25\ \mathrm{kp}.$$

Abb. 6.3.4 zeigt das Isochromatenbild des Modells unter diesen Lasten. Bei A bis D zeichnen sich Momentennullpunkte deutlich ab. Die Auswertung der Biegemomente ist mit Hilfe der in Abschn. 1.12 erläuterten Grundlagen auf verschiedene Weise möglich. Zum Beispiel kann man mit Benützung der Gl. (1.12.11) folgendermaßen vorgehen:

Zunächst bestimmt man nach den Regeln der Statik die Stützkräfte S_1' und S_2' (s. Abb. 6.3.4):

$$S_1' = 20{,}6\ \mathrm{kp}, \qquad S_2' = 13{,}8\ \mathrm{kp}.$$

Weiter kann man die Aufteilung der gesamten Querkraft im rechten Rahmenteil auf den oberen und unteren Gurt wie folgt ermitteln: Nach Gl. (1.12.11) ist die Querkraft V' in einem Gurt des Modells umgekehrt proportional dem Abstand $(x_1 - x_0)$ der Isochromateneinläufe in den

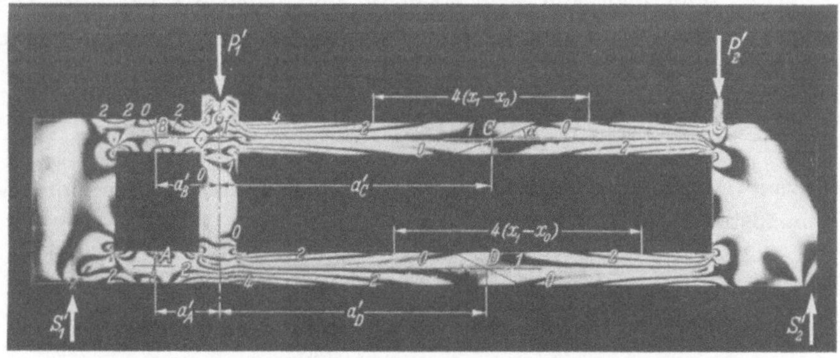

Abb. 6.3.4 Isochromatenbild des Rahmenmodells

Rand. Da Obergurt und Untergurt völlig gleich beschaffen sind, gilt für das Verhältnis der in den Momentennullpunkten C und D übertragenen Querkräfte V_C' und V_D'

$$\frac{V_C'}{V_D'} = \frac{(x_1 - x_0)_{\mathrm{Untergurt}}}{(x_1 - x_0)_{\mathrm{Obergurt}}}.$$

Die Abstände $(x_1 - x_0)$ mißt man aus dem Photo heraus, der größeren Genauigkeit halber, indem man mehrere (z. B. 4, Abb. 6.3.4) zusammenfaßt und außerdem auf der Ober- und Unterkante eines jeden Gurtes mißt und das Ergebnis mittelt. Man erhält:

$$\frac{V'_C}{V'_D} = 1{,}13\,.$$

Für das Gleichgewicht des Rahmenteils rechts der Momentennullpunkte C und D hat man:

$$V'_C + V'_D = S'_2 - P'_2;$$

aus den beiden letzten Gleichungen errechnen sich:

$$V'_C = 1{,}89\ \text{kp}, \qquad V'_D = 1{,}66\ \text{kp}\,.$$

In analoger Weise findet man die Querkräfte V'_A und V'_B in den Punkten A und B:

$$V'_A = 9{,}75\ \text{kp}, \qquad V'_B = 10{,}85\ \text{kp}\,.$$

Den Ort der Momentennullpunkte mißt man aus dem Isochromatenbild heraus; man erhält, im Maßstab des Modells, die Abstände von der Achse des Mittelpfeilers (Abb. 6.3.4):

$$a'_A = 23{,}8, \qquad a'_B = 24{,}5, \qquad a'_C = 104{,}1, \qquad a'_D = 103{,}0\ \text{mm}\,.$$

Jetzt kann man alle Biegemomente im Modell als Produkte aus Querkraft und Hebelarm berechnen. Zum Beispiel erhält man das im Knotenpunkt I von rechts her übertragene Moment zu

$$M'_{I\,\text{rechts}} = V'_C\, a'_C = 1{,}89 \cdot 10{,}41 = 19{,}7\ \text{cmkp}\,.$$

Zur Übertragung auf die wirkliche Ausführung ist mit dem Momentenmaßstab (siehe Abschn. 4.4.3)

$$\mu = M/M' = \varkappa\lambda = 1{,}125 \cdot 10^6$$

zu multiplizieren; beispielsweise ist $M_{I\,\text{rechts}}$ in der wirklichen Ausführung:

$$M_{I\,\text{rechts}} = \mu\, M'_{I\,\text{rechts}} = 222\ \text{Mpm}\,.$$

Die gesamte sich ergebende Momentenverteilung ist in Abb. 6.3.5 aufgetragen. Man sieht, daß auch im Mittelpfeiler ein Momentennullpunkt vorhanden ist, dieser tritt jedoch im Isochromatenbild (Abb. 6.3.4) nicht sehr ausgeprägt in Erscheinung, da hier das Biegemoment verhältnismäßig klein ist.

Man könnte jetzt sehr leicht auch noch die Normalkräfte ermitteln, entweder aus den Gleichgewichtsbedingungen oder mit Hilfe von Gl. (1.12.10), indem man die Kotangenten der α-Winkel (einer davon ist in Abb. 6.3.4 bei C eingezeichnet) aus dem Isochromatenbild herausmißt. Damit hat man eine Kontrollmöglichkeit.

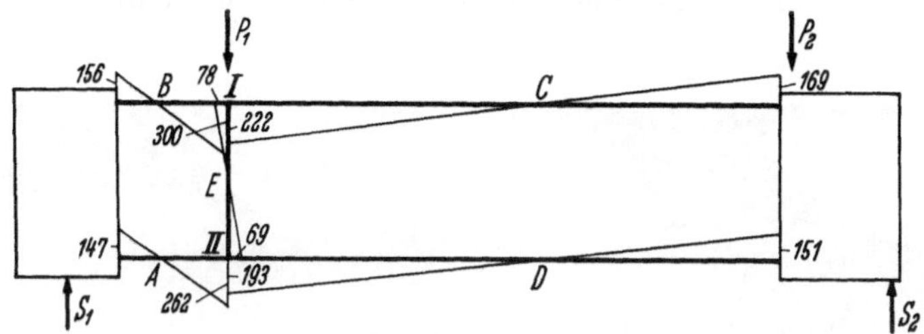

Abb. 6.3.5 Verteilung der Biegemomente im Rahmen in mMp

6.4 Der Spannungszustand in Zahnrädern

Die Zahnräder bilden ein für die Spannungsoptik besonders geeignetes Gebiet. Aus diesem Grund sind schon viele spannungsoptische Arbeiten hierüber veröffentlicht worden. Es soll daher hier nur ein kleiner Ausschnitt aus unseren zahlreichen spannungsoptischen Versuchen an Zahnradmodellen wiedergegeben werden.

6.4.1 Geradverzahnungen

In Geradverzahnungen im Eingriff bildet sich, außer wenn die Zahnräder sehr breit sind, ein ebener Spannungszustand aus. Sie können

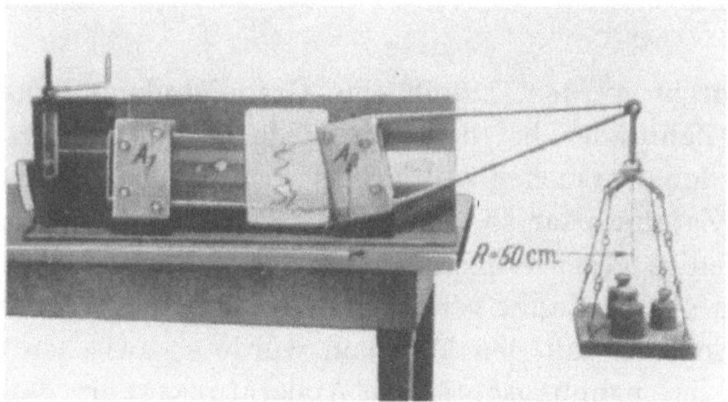

Abb. 6.4.1 Belastungsvorrichtung für Zahnradsegmente

daher mit den Mitteln der ebenen Spannungsoptik untersucht werden.
Die Abb. 6.4.1 zeigt eine Belastungsvorrichtung, die gestattet, die Eingriffsstellungen zweier Verzahnungen kontinuierlich zu verfolgen.

Die beiden Zahnradmodelle aus Dekorit wurden zwischen Backen
geklemmt, die um die Achsen A_1 und A_2 (s. Abb. 6.4.1) drehbar gelagert
sind. Das rechte Zahnrad wurde bei den im folgenden beschriebenen
Versuchen mit 6 kp an einem Hebelarm von $R = 50$ cm belastet. Das
rechte Zahnrad ist bei unseren Versuchen das treibende. Das linke
Zahnrad kann mit Hilfe einer Schraubenspindel mit Kurbel um seine

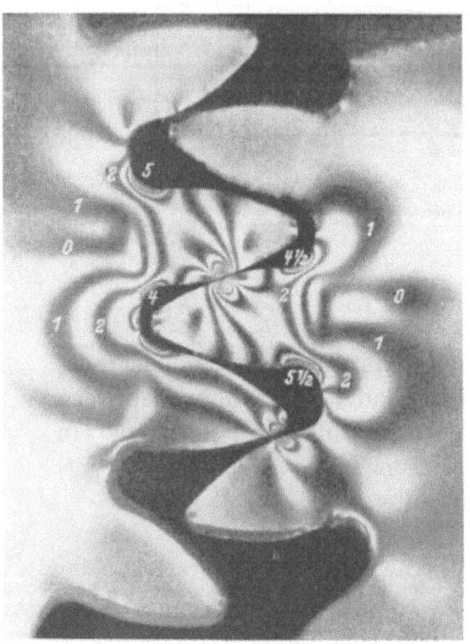

Abb. 6.4.2 Kraftübertragung durch zwei
Zähnepaare. Das untere kommt soeben in
Eingriff

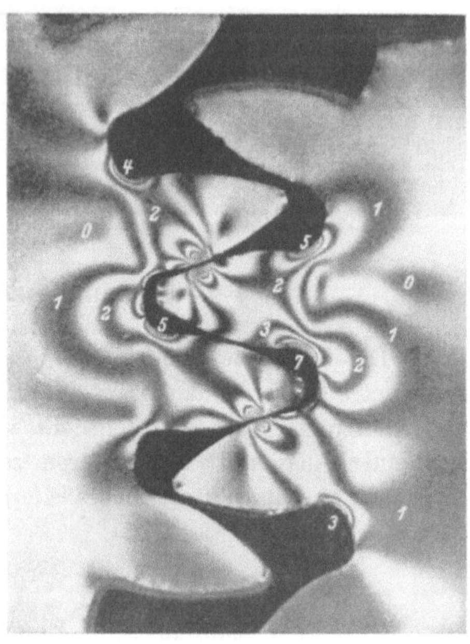

Abb. 6.4.3 Annähernd gleiche Belastung
zweier Zähnepaare

Achse A_1 gedreht werden. Durch eine Gradeinteilung links kann die
Stellung der Zahnräder bei den verschiedenen Aufnahmen festgelegt
werden. Bei den Versuchen wurde die verschiebliche Gradskala bei
jedem neuen Zahnradpaar so eingestellt, daß der 0°-Stellung der Skala
jedesmal diejenige gegenseitige Stellung der Zahnräder entsprach, bei
der die beiden oberen Zähne gerade am Ende des Eingreifens sind. Die
Einspannvorrichtung mit den Modellen wurde so zwischen die beiden
Polarisatoren der spannungsoptischen Apparatur gestellt, daß das Licht
nach dem Durchgang durch den Polarisator durch das Fenster der Einspannvorrichtung fiel und dann auf dem Weg durch das Modell und
den Analysator in den photographischen Apparat gelangen konnte.

Bei der Untersuchung von Zahnrädern im Eingriff müssen die Konturen der Modelle mit solchen Maschinen hergestellt werden, mit denen

auch in Wirklichkeit die Verzahnungen bearbeitet werden, z. B. mit Abwälzfräsern. Denn auf andere Weise ließe sich die Verzahnung unmöglich genau genug herstellen und es würden sich beim Versuch, wenn mehrere Zähne gleichzeitig eingreifen, unkontrollierbare Fehler in der Verteilung der Zahnkräfte einstellen. Im vorliegenden Fall wurden jedoch die Modelle nicht direkt bearbeitet, da sie sonst — es handelte

Abb. 6.4.4 Belastungsvorrichtung für ein Zahnradsegment

sich um Dekoritmodelle — auf dem Transport von der Zahnradfabrik ins Laboratorium durch Eintreten von Randeffekt gelitten hätten, sondern es mußte ein umständlicherer Weg beschritten werden. In der Fabrik wurden gehärtete Stahlschablonen hergestellt. Im spannungsoptischen Laboratorium wurde das Modellmaterial zwischen zwei solche Schablonen gespannt und die Verzahnung durch Ausfeilen hergestellt. So konnte sie unmittelbar nach Fertigstellung untersucht werden.

Die Abb. 6.4.2 und 6.4.3 zeigen aufeinanderfolgende Eingriffsstellungen bei der Drehung eines Zahnräderpaares. Die größten Beanspruchungen treten bei Zahnrädern immer an der Berührungsstelle der Zahnflanken und am Zahnfuß auf. In der unmittelbaren Umgebung der Berührungsstelle hat man das typische Isochromatenbild von Kontaktspannungen wie in Abb. 1.6.8, S. 30, während in der weiteren Umgebung der Verlauf infolge der endlichen Ausdehnung der Zähne davon abweicht. An den Zahnfüßen sind typische Kerbspannungen vorhanden, die hauptsächlich von der Größe des Zahndrucks und seines Biegehebelarms beeinflußt werden. In der Aufnahmeserie, aus der die Abb. 6.4.2 und 6.4.3 stammen, tritt die größte Zahnfußspannung in Abb. 6.4.3 mit der Ordnung 7 auf.

Die Abb. 6.4.4 bis 6.4.7 stammen aus einem umfangreichen Versuchsprogramm, das zum Ziel hatte, allgemeine Berechnungsgrundlagen für

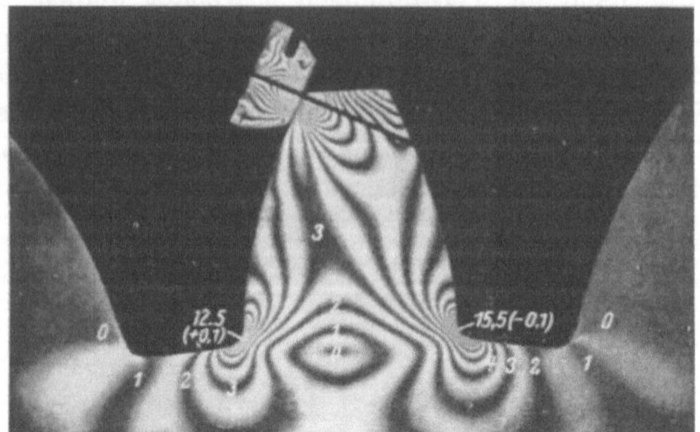

Abb. 6.4.5

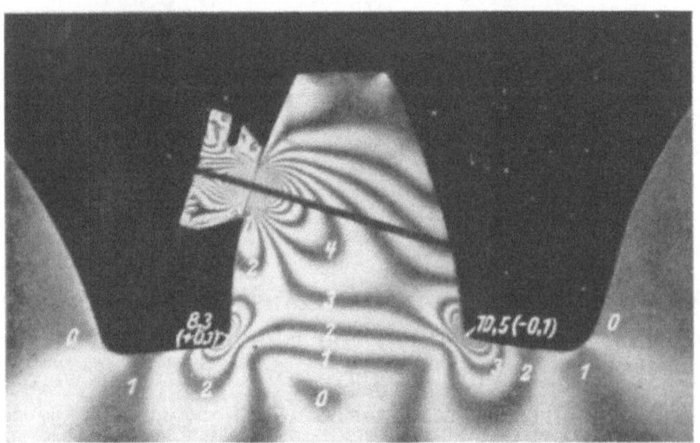

Abb. 6.4.6

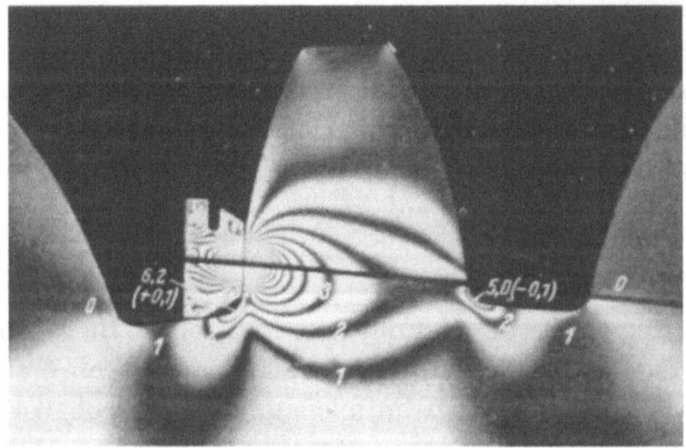

Abb. 6.4.7

Abb. 6.4.5 bis 6.4.7 Isochromatenbilder bei vier verschiedenen Eingriffstellungen

Zahnräder aufzustellen [139]. Dabei wurden die Einzeleinflüsse, die zur maximalen Beanspruchung führen, systematisch voneinander getrennt, und der Spannungsoptik fiel nur die Aufgabe zu, bei gegebener Verzahnungsform die Spannungsspitzen am Zahnfuß in Abhängigkeit vom Ort der Druckkraft auf die Zahnflanke möglichst genau zu ermitteln. Da somit keine Mehrfacheingriffe untersucht wurden, war eine vollkommen exakte Ausbildung der Zahnflanken nicht nötig, sondern es genügte, ihnen nach Anreißen der Kontur durch Feilen ihre Form zu geben. Dagegen war die genaue Ausbildung der Ausrundung am Zahnfuß wesentlich. Daher wurden die Modelle möglichst groß ausgeführt und als erster Arbeitsgang der Modellherstellung die Zahnfußausrundungen mittels Spiralbohrer hergestellt.

Abb. 6.4.4 zeigt die Belastungsvorrichtung im Polariskop; der Analysator ist weggenommen. Die Last wird durch ein Druckstück übertragen, das aus demselben Material besteht wie das Modell. Es ist auch in den Isochromatenbildern zu sehen. Auf das Druckstück wird die Last durch zwei Drähte übertragen, die gleichzeitig die Lastrichtung angeben. Die Drähte werden durch ein Spannschloß gespannt und die Höhe der Zugkraft durch einen zwischengeschalteten Ringkraftmesser festgelegt.

Wie auf der Nullaufnahme zu erkennen war, war das Modell vorspannungsfrei bis auf geringe Aufhellungen. Im Kerbgrund des Zahnfußes, wo hernach die größten Spannungen auftraten, war die Ordnung der Vorspannung 0,1. Durch Hin- und Herbiegen des Zahns von Hand konnte leicht festgestellt werden, daß es sich um Druckspannungen handelte.

Bei den Isochromatenbildern (s. die Abb. 6.4.5 bis 7) mußte daher der Betrag 0,1 an der Stelle, wo Zugspannung herrscht, zur beobachteten Isochromatenordnung zugezählt und an der Druckstelle abgezogen werden.

Durch Multiplikation der auf diese Weise korrigierten Isochromatenordnung mit der spannungsoptischen Konstanten $S = 12{,}85$ kp/cm Ordnung, die durch einen Eichversuch bestimmt worden war, wurde die Zahnfußspannung erhalten. Das Modell war 1 cm stark.

6.4.2 Schrägverzahnung

Der Spannungszustand in Schrägverzahnungen ist räumlich und muß daher im Einfrierverfahren untersucht werden. In unserem Laboratorium wurden 1956 solche Versuche durchgeführt [135]. Die technischen Daten der untersuchten Verzahnung waren:

Modul im Normalschnitt: $m_n = 10$ mm,
Zähnezahl: $z_1 = z_2 = 25$,

Zahnform: Evolvente,
Eingriffswinkel im Normalschnitt: $\alpha_{0n} = 20°$,
Schrägungswinkel: $\beta_0 = 27,5°$,
Radbreite: 81 mm,
Überdeckungsgrad im Stirnschnitt: $\varepsilon = 1,44$,
Schrägungswinkel im Eingriffsfeld: $\beta_g = 25° \, 40'$.

Es wurden zwei Viertelkreissegmente der Verzahnung aus Araldit untersucht. Abb. 6.4.8 zeigt die im Heizschrank aufgestellte Belastungsvorrichtung. Die Belastung erfolgt über die Achse des linken Segments

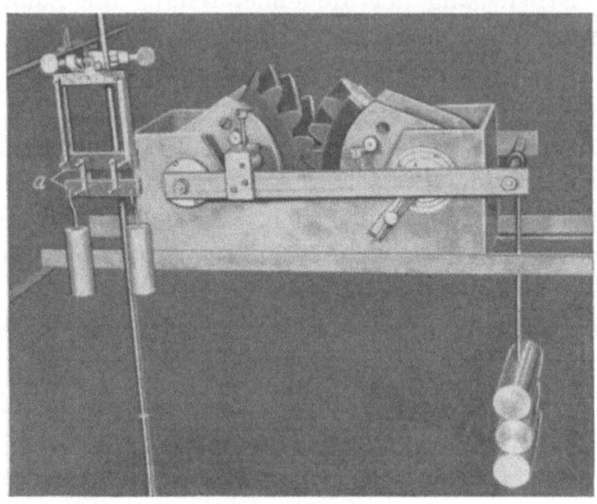

Abb. 6.4.8 Belastungsvorrichtungen der Schrägverzahnung und der zugehörigen Eichstäbe a
im Wärmeschrank

durch die rechts unten im Bild sichtbaren Gewichte. Diese Achse ruht in Kugellagern. Das rechte Zahnradsegment ist mit seiner Achse in exzentrischen Scheiben gelagert, durch die sich die Möglichkeit ergibt, die gegenseitige Lage der beiden Achsen genau zu justieren. Auch die Eingriffsstellung kann durch Drehen des rechten Segments um seine Achse beliebig eingestellt werden. Im linken Teil des Bildes sieht man die Eichvorrichtung, welche die Eichstäbe (a) für die beiden Segmente auf reine Biegung beansprucht.

Zum Verständnis der Auswertung müssen die geometrischen Verhältnisse bei einer Evolventenschrägverzahnung der untersuchten Form erläutert werden (Abb. 6.4.9). Bei schrägverzahnten Stirnrädern sind die Flankenlinien Schraubenlinien. Sie liegen nicht parallel zur Radachse wie bei Geradzahnrädern, sondern schräg. Die Tangenten an diese Schraubenlinien im Teilkreis schließen mit der Parallelen zur Radachse den Schrägungswinkel β_0 ein. Die Eingriffsfläche bei einer Evolventenschrägverzahnung ist eine Ebene, die den Grundkreiszylinder tangiert. Diese Ebene schneidet bei schrägverzahnten Stirnrädern die Flanken des Zahnes in einer Geraden. Die Berührungslinien (*B*-Linien) sind demzufolge Gerade. Bei einer Drehung der Räder wandern diese Linien parallel zu sich durch die stillstehende Eingriffsfläche. Sie laufen schräg über die Flankenlinie, weil die Zahnprofile in parallelen Stirnschnitten in Drehrichtung verschoben sind. In jeder Stellung sind mehrere Zähne

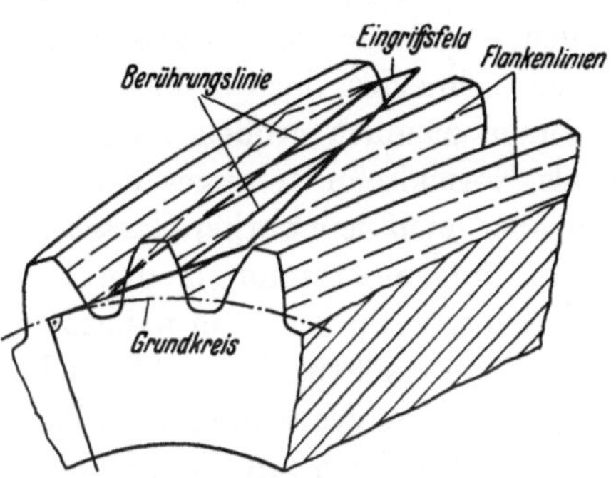

Abb. 6.4.9 Schrägverzahntes Stirnrad

ein Eingriff. Die Gesamtlänge der *B*-Linie ändert sich mit der Zahnstellung. Längs der *B*-Linie ändert sich der Biegehebelarm der Zahnkraft. Daher ist der Zahndruck längs der *B*-Linie veränderlich.

Wie aus dem Vorangehenden einleuchtet, war in den Zahnrädern qualitativ folgender Spannungszustand zu vermuten: An der *B*-Linie war das Spannungsbild eines konzentrierten Oberflächendruckes zu erwarten wie beim gegenseitigen Druck zweier Walzen, deren Achsen parallel zur *B*-Linie zu denken sind, und zwar normal zur Zahnflanke, da danach getrachtet wurde, die Reibung möglichst auszuschalten. Im übrigen wurden die Zähne vermutlich gebogen von Momenten, deren Achsen ungefähr in Richtung der Flankenlinien zu suchen waren. Insbesondere war wahrscheinlich, daß die größten Biegespannungen, erhöht durch Kerbwirkung, am Zahnfuß zu suchen und etwa senkrecht zur Flankenlinie des Zahnfußes gerichtet wären.

Dies gilt für Modellpartien in einigem Abstand von den Stirnflächen. Die Stirnflächen selbst müssen, da sie lastfreie Oberflächen sind, Hauptspannungsebenen sein, d. h., zwei Hauptspannungsrichtungen liegen in ihnen, die dritte steht senkrecht dazu. Es war daher anzunehmen, daß die Spannungsrichtungen, je näher die betrachtete Stelle den Stirnflächen lag, um so mehr von den oben geschilderten Verhältnissen abweichen und schließlich an den Stirnflächen in diese selbst fallen würden.

Nach S. 82 sollen die Schnitte, in die das Modell mit dem eingefrorenen Spannungszustand zerlegt wird, so gelegt werden, daß die

Richtungen der Spannungen, die für das betreffende Problem wichtig sind, möglichst in die Schnittebene fallen. In unserem Fall des Zahnrads sind die für den Festigkeitsnachweis wichtigen Spannungen diejenigen in der Umgebung der Stelle der Flankenpressung und die Kerbspannungen am Zahnfuß.

Das Modell wurde durch parallele Ebenen in solche Schnitte zerlegt, die sich in dem Bereich des Zahnrads, wo die Kraftübertragung stattgefunden hatte, möglichst gut Normalschnitten annäherten. Es ist natürlich nicht möglich, eine Ebene so zu legen, daß sie die Zahnflanken überall genau senkrecht schneidet, doch bleiben die Abweichungen vom rechten Winkel in einem ziemlich großen Bereich gering, so daß die Schnitte praktisch als Normalschnitte angesehen werden können. Von Normalschnitten war aber nach dem vorher Gesagten zu vermuten, daß, wenigstens an Stellen in einigem Abstand von den Stirnflächen, die Richtungen der besagten wichtigen Spannungen nahezu in der Schnittfläche lagen, während in der Nähe der Stirnfläche Abweichungen zu erwarten waren, maximal etwa im Betrag des Schrägungswinkels.

Die Aufgabe bestand also darin, an jedem Zahnschnitt die beiden Beanspruchungsmaxima, nämlich an der Berührungsstelle der Zahnflanken und am Zahnfuß, auszumessen, wobei die Orientierung des Spannungszustandes in bezug auf die Schnittfläche zunächst unbekannt war.

In diesem Fall muß die Methode des schrägen Lichteinfalls angewendet werden.

Zur Auswertung am Zahnfuß konnten dabei die Gleichungen von S. 82 verwendet werden, da die maximalen Spannungen längs der lastfreien Oberfläche laufen. Dagegen mußten für das Berührungsgebiet der Zahnflanken, weil dort die Oberfläche belastet ist und außerdem das Isochromatenmaximum nicht an der Oberfläche liegt, aus den Hertzschen Formeln eigene Beziehungen zur Ermittlung der Spannungen und ihrer Richtung abgeleitet werden, die in der genannten Arbeit [135] nachzulesen sind. Zur schiefen Durchstrahlung diente das auf S. 83 (Abb. 2.2.4) beschriebene Gerät.

Die Prüfung der Zahnradschnitte auf die Orientierung des Spannungszustandes hin mittels schiefer Durchstrahlung ergab in allen Fällen eine nur unbedeutende Neigung der Hauptspannungsebene gegen die Schnittebene. Bei den vermessenen Zahnfußkerben betrug die größte Neigung 7°. An den Druckstellen war die größte Abweichung zwar 18°, aber auch dies bedeutet nur einen Fehler von 4,75%, wenn anstatt mit schräger mit senkrechter Durchstrahlung ausgewertet wird. Auf Grund dieser Feststellung wurde es als genügend genau angesehen, wenn alle Scheiben, auch an der Druckstelle, wie Hauptschnitte ausgewertet wurden.

Dies vereinfacht die Auswertung bedeutend. Am Zahnfuß (lastfreie Oberfläche) wird die Spannung unmittelbar durch Multiplikation der

Isochromatenordnung δ mit der spannungsoptischen Konstanten S und Division durch die Schnittdicke d erhalten:

$$\sigma = \delta \, \frac{S}{d} \, . \qquad\qquad (6.4.1)$$

Zur Bestimmung des Zahndrucks P je Längeneinheit der Berührungslinie aus dem Isochromatenbild läßt sich aus den Hertzschen Formeln die Beziehung ableiten [135]:

$$P = 6{,}714\, z\, \tau_{\max}, \qquad\qquad (6.4.2)$$

wobei $\tau_{\max}$ die an einem Punkt dicht unter der Oberfläche auftretende maximale Schubspannung und z den Abstand dieses Punktes von der Oberfläche bedeuten.

$\tau_{\max}$ wird erhalten durch Multiplikation des Isochromatenmaximums mit $S/2$ und Division durch die Schnittdicke; der Abstand z des Isochromatenmaximums von der Zahnflanke wurde ausgemessen.

Die Abb. 6.4.10 bis 6.4.15 zeigen die Auswertung eines Zahnradsegments. Dem Segment wurden 10 parallele Schnitte von der Stärke $d = 3$ mm entnommen, die, wie erwähnt, so gelegt wurden, daß sie praktisch als normal zu den Zahnflanken anzusehen sind. Die Lage der Schnitte ist in den Abb. 6.4.14 und 6.4.15 ersichtlich. Isochromatenbilder von einigen der Schnitte sind durch die Abb. 6.4.10 bis 6.4.13 wiedergegeben. Der Eichversuch ergab eine effektive spannungsoptische Konstante (vgl. S. 90) von $S = 0{,}255$ kp/cm Ordnung. Damit konnten durch die Gln. (6.4.1) und (6.4.2) Kerbspannung und Druckverteilung längs der B-Linie bestimmt werden. Eine statische Kontrolle durch Ausplanimetrieren der P-Flächen über den B-Linien in Abb. 6.4.15 ergab eine um 7,5% zu kleine Gesamtlast; daher sind die P-Werte um 7,5% zu erhöhen. Das Ergebnis ist in den Abb. 6.4.14 und 6.4.15 niedergelegt. In Abb. 6.4.15 ist auch zum Vergleich die Druckverteilung nach einer üblichen Näherungsrechnung eingezeichnet. Der spannungsoptische Versuch ergibt also, daß die Druckverteilung in Wirklichkeit gleichmäßiger ist als nach der Näherungsrechnung.

Wichtig für die technische Praxis sind die Maximalwerte der Beanspruchungen und ihre Übertragung auf die Hauptausführung aus Stahl. Wir wollen diese Übertragungsformeln noch berechnen, wobei wir, nach dem Vorgang von Kapitel 4, alle Größen, die sich auf das Modell beziehen, mit einem ′ versehen. Der Flankendruck P ist eine Kraft, dividiert durch eine Länge; durch zweimalige Multiplikation mit einer Länge entsteht ein Moment. Die Division dieses Ausdrucks durch den entsprechenden des Modells (wobei jede Länge dividiert

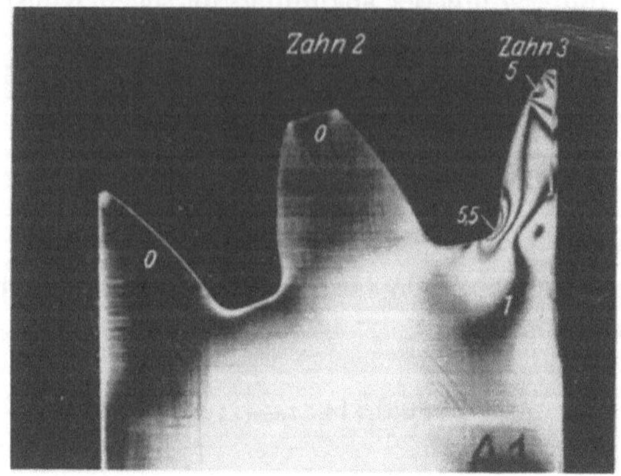

Abb. 6.4.10 Schnitt *A 1*

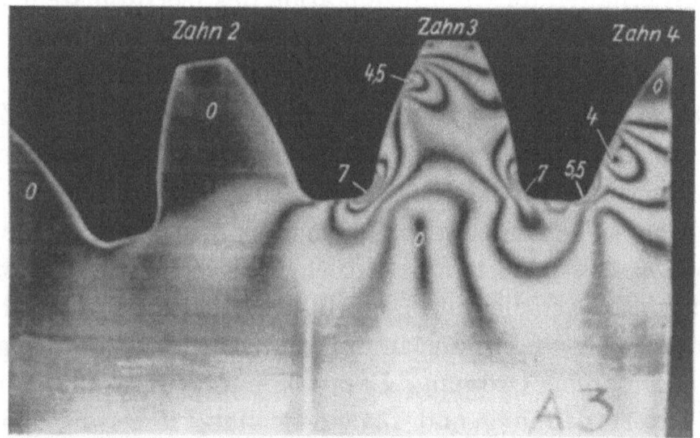

Abb. 6.4.11 Schnitt *A 3*

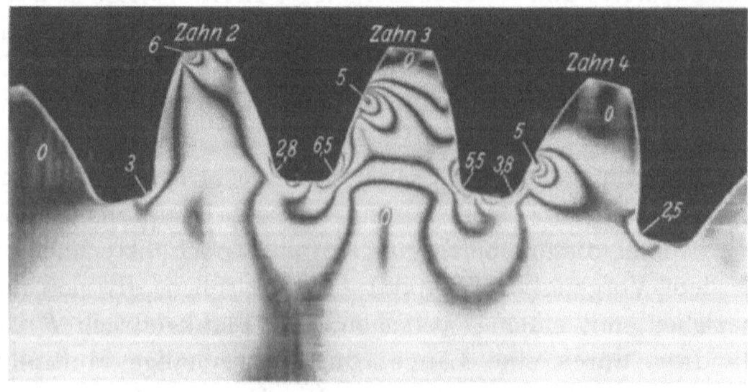

Abb. 6.4.12 Schnitt *A 6*

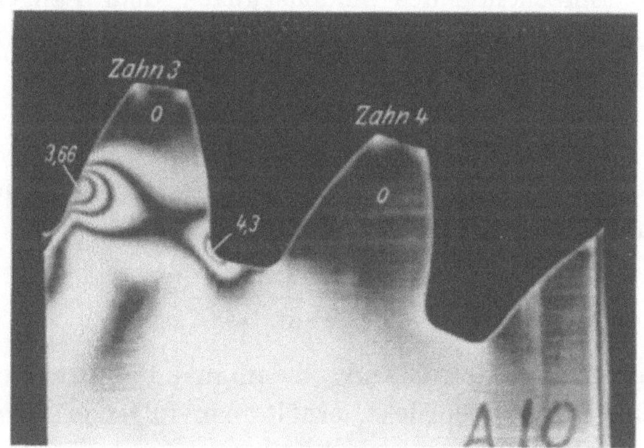

Abb. 6.4.13 Schnitt *A 10*

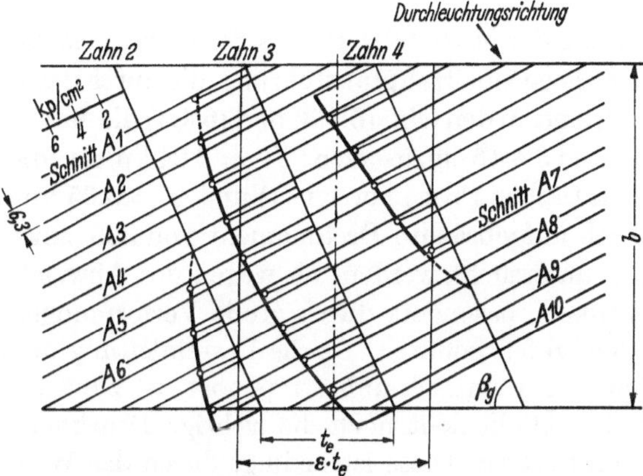

Abb. 6.4.14 Lage der Schnitte im Zahnradsegment und Kerbspannungsverlau auf der Zugseite des
Zahnfußes, aufgetragen längs der *B*-Linie; ° gemessene Werte

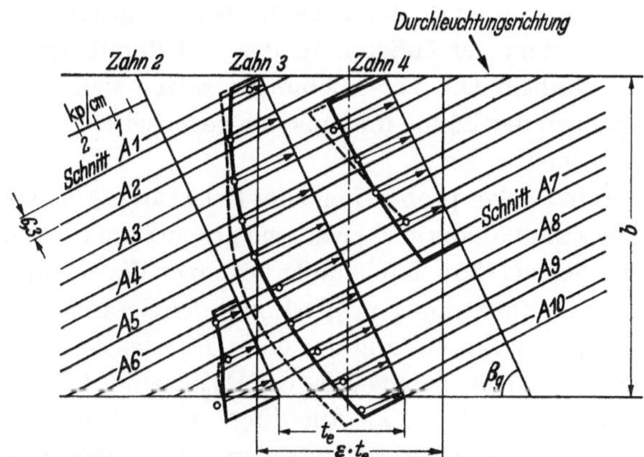

Abb. 6.4.15 Lage der Schnitte und Druckverteilung längs der *B*-Linie; ° gemessene Werte;
– – – – nach angenäherter Rechnung

durch die entsprechende des Modells gleich dem Längenmaßstab λ ist) ergibt den Momentenmaßstab M/M' [vgl. auch Gl. (4.2.2)]:

$$\frac{M}{M'} = \frac{P}{P'}\,\lambda^2.$$

Daraus folgt die Formel zur Berechnung des Flankendrucks P, wenn das Drehmoment M gegeben ist:

$$P = \frac{P'}{M'}\,\frac{1}{\lambda^2}\,M. \tag{6.4.3}$$

Durch eine analoge Betrachtung, indem man das Drehmoment durch Spannung und Länge ausdrückt, erhält man folgende Formel zur Berechnung der Spannungen:

$$\sigma = \frac{\sigma'}{M'}\,\frac{1}{\lambda^3}\,M. \tag{6.4.4}$$

Zur Berechnung der Maximalwerte des Flankendrucks und der Kerbspannung für eine gegebene Hauptausführung, die durch das Drehmoment M belastet wird, sind in den Gln. (6.4.3) und (6.4.4) die Maximalwerte aus den Abb. 6.4.14 und 6.4.15 einzusetzen: $P' = 2,24\ \mathrm{kp/cm}$ (dieser Wert ist auf Grund der statischen Probe korrigiert) und $\sigma' = 5,95\ \mathrm{kp/cm^2}$. M' ist das beim Versuch aufgebrachte Drehmoment von 325 cmkp.

Es soll noch untersucht werden, ob wegen des Abweichens von der strengen Ähnlichkeit, besonders durch große Verformungen, erhebliche Maßstabfehler auftreten konnten. Da die Lasteinleitung in das Segment längs der Zahnflanken statisch unbestimmt ist, ist zunächst zu prüfen, ob bei erweiterter Ähnlichkeit noch die richtige Druckverteilung längs der B-Linie garantiert ist. Diese ist bedingt durch das Wechselspiel der äußeren Kräfte (in diesem Fall des Zahndrucks) und der Verschiebungen ihrer Angriffspunkte. Besteht zwischen den Kräften und Verschiebungen ein linearer Zusammenhang, dann bleibt bei Vergrößerung der Verformungen das System der äußeren Kräfte und damit der Spannungszustand immer ähnlich. Die Verschiebungen setzen sich zusammen aus den Durchbiegungen der Zähne und aus den gegenseitigen Einsenkungen der Zahnflanken ineinander.

Die ersteren sind sicher proportional der Belastung. Aber auch die Einsenkungen in die Zahnflanken sind praktisch proportional dem Zahndruck, denn man kann zeigen [135], daß beim Druck einer Walze auf eine unendliche Halbebene die Einsenkung proportional der Gesamtlast ist. Da der Spannungszustand der Einsenkung nur einen Teil des Zahnes ergreift, ist es berechtigt, den Zahn näherungsweise der Halbebene gleichzuachten.

Die *Breite* der Druckfläche ist allerdings nicht dem Druck proportional. Dies beeinträchtigt jedoch nur den Spannungszustand in der unmittelbaren Umgebung der Druckfläche.

Eine weitere Möglichkeit der Störung der Ähnlichkeit, nämlich durch die Verschiedenheit der Poissonschen Konstanten im Modell und in der Hauptausführung, scheidet praktisch aus, weil der Biegespannungszustand in einem Zahn mit guter Näherung als ebener Formänderungszustand angesehen werden kann. Bei einem solchen wird durch die Poissonsche Konstante nur die Spannung senkrecht zur Scheibenebene beeinflußt, die aber im vorliegenden Fall nicht interessierte.

Schließlich bedingt noch die längere B-Linie des Modells eine Abweichung von der Ähnlichkeit. In Abb. 6.4.15 bedeutet εt_e die theoretische Höhe des Eingriffsfeldes, d. h. bei starren Zahnrädern. Man erkennt, daß beim Versuch die Berührungslinie infolge der Verformungen länger war als die theoretische. Die Verlängerung ist aber geringfügig und kann daher keine wesentliche Änderung der Druckverteilung verursachen.

Zusammenfassend kann festgestellt werden, daß bei Zahnradversuchen, auch wenn große Verformungen angewandt werden, die Ähnlichkeitsbedingungen gut erfüllt sind.

6.5 Windscheibe eines Stahlbeton-Skelettbaus

Abb. 6.5.1 zeigt eine vereinfachte Grundrißzeichnung eines 14stöckigen Hochhauses. Sein Stahlbetonskelett besteht aus sechs Stockwerk-

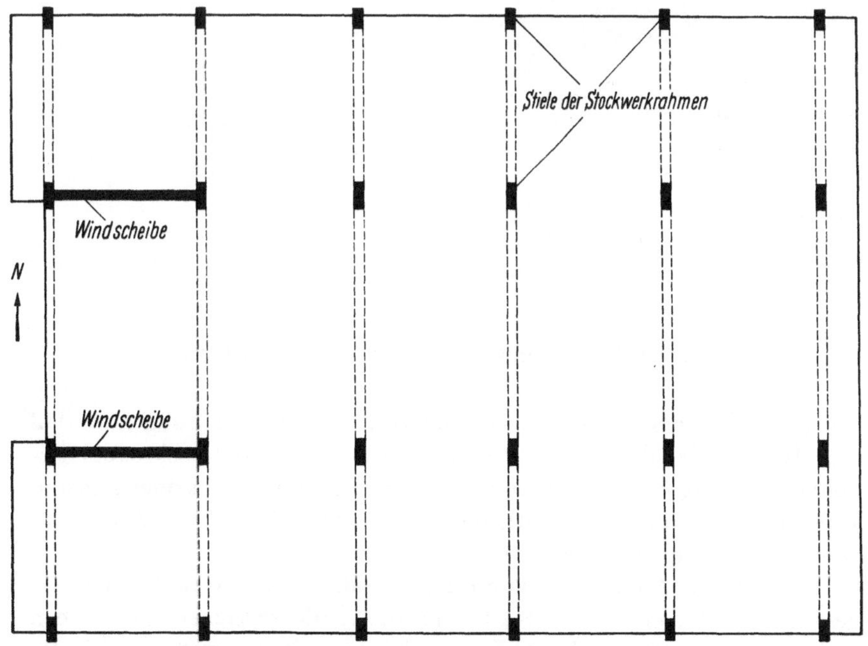

Abb. 6.5.1 Grundriß eines Stahlbeton-Skelettbaus

rahmen, die die Windkraftbelastung in Nord- oder Südrichtung aufzunehmen haben. Zur Versteifung des Gebäudes gegen westliche oder
östliche Windkraftkomponenten dienen zwei „Windscheiben" aus Stahlbeton von I-förmigem Querschnitt (Abb. 6.5.2). Diese Scheiben haben

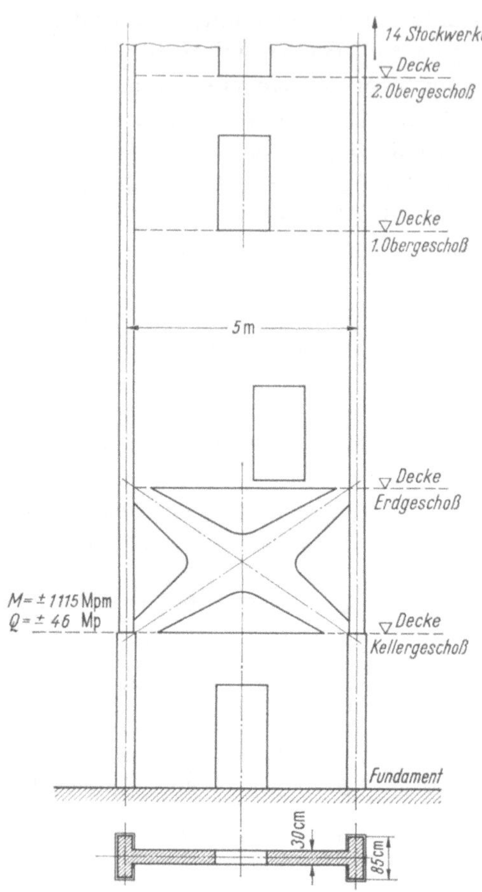

Abb. 6.5.2 Ansicht einer Windscheibe des Gebäudes der Abb. 6.5.1

im Erdgeschoß aus architektonischen Gründen Durchbrechungen, so daß
die stehenbleibenden Wandteile die Form eines Andreaskreuzes annehmen. Da der Spannungszustand in diesem Kreuz und seiner näheren
Umgebung mit üblichen Methoden der Statik schwer zu erfassen ist,
wurde er spannungsoptisch ermittelt.

Das Modell (Abb. 6.5.3) wurde aus Araldit im Maßstab 1 : 33,3 hergestellt. Die Scheibe war also 9 mm stark, die seitlichen Stiele oben
25,5 mm, unten 27 mm breit. Das Modell umfaßt den unteren Teil der

Windscheibe vom Fundament bis zur Decke des ersten Obergeschosses maßstäblich. Es wurde aus einer gegossenen 30 mm starken Platte aus dem Vollen gefräst. Unterhalb und oberhalb des maßstäblich ausgebildeten Teiles blieb das Material in der Tiefe der seitlichen Stiele stehen, unten, um das Modell einzuspannen (Abb. 6.5.3), oben, um einen Belastungshebel aus Stahl zum Aufbringen der Lasten anzuschrauben.

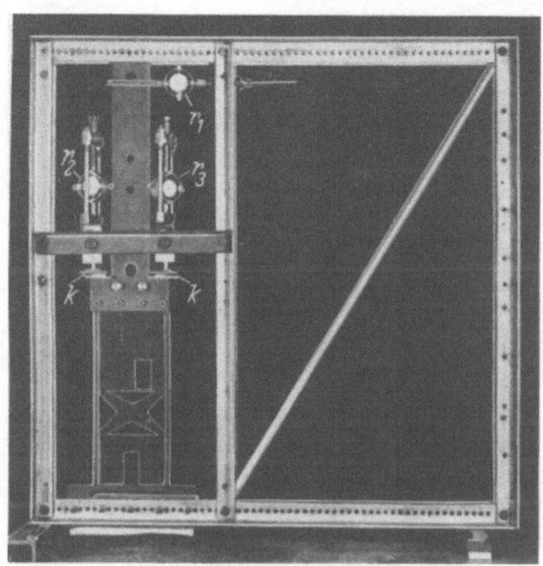

Abb. 6.5.3 Das Modell im Belastungsrahmen

Als Lasten waren auf Grund der statischen Berechnung des Gebäudes ein Biegemoment mit Querkraft und vertikale Kräfte in den Stielen (Normalkräfte) aufzubringen. Querkraft und Moment betragen in der Hauptausführung in Bodenhöhe (s. Abb. 6.5.2) 46 Mp und 1115 Mpm. Dies entspricht einer Kraft an einem Hebelarm von 24,25 m. Im Modell wirkt diese Kraft über den Kraftmesser r_1 (Abb. 6.5.3) an einem Hebelarm von $2425/33,3 = 72,8$ cm. Die beiden Normalkräfte wurden über die Kraftmesser r_2 und r_3 aufgebracht. Zur Vermeidung von seitlichen Komponenten erfolgte die Belastung über Kugeln. Es befanden sich je vier Kugeln zwischen ebenen Stahlplatten in einem Kugelkäfig k (Abb. 6.5.3).

Die Querkraft im Modell wurde zu 20 kp gewählt. Dies ergab eine genügende Isochromatenzahl. Damit ist der Kräftemaßstab zu $\varkappa = 2300$ festgelegt.

Für die Normalkräfte in den Stielen waren vier verschiedene Lastfälle zu untersuchen, deren jeder mit den beiden Fällen des Querkraftangriffs von links und von rechts zu kombinieren war. Von diesen acht Belastungsfällen wurden zunächst Isochromatenaufnahmen gemacht. Der ungünstigste Fall, nämlich der, bei dem die höchsten Isochromaten-

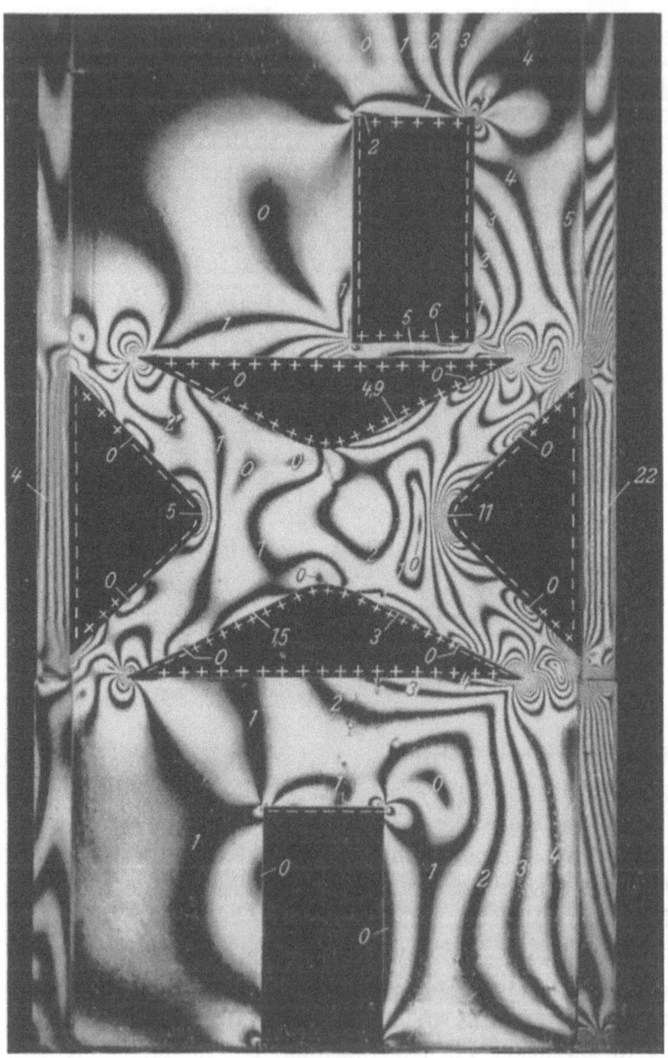

Abb. 6.5.4 Isochromaten beim ungünstigsten Belastungsfall der Windscheibe.
Lasten s. Abb. 6.5.5

ordnungen auftraten, wurde noch weiter ausgewertet. Er ergab sich dann, wenn die Querkraft von links nach rechts wirkte und gleichzeitig die Normalkraft im rechten Stiel höher war als im linken. Abb. 6.5.4

zeigt das zugehörige Isochromatenbild. Das Vorzeichen der Randspannungen wurde durch die „Nagelprobe" bestimmt.

Der Eichversuch ergab eine spannungsoptische Konstante (für grünes Licht) von $S = 9{,}8$ kp/cm Ordnung. Da der Spannungsmaßstab [vgl. Gl. (4.2.1), S. 116] $\chi = \varkappa/\lambda^2 = 2{,}07$ ist, errechnet sich somit aus der Isochromatenordnung δ die Hauptspannungsdifferenz $\sigma_1 - \sigma_2$ bzw. die Randspannung der Hauptausführung für Stellen in der Scheibe (d' im Modell $= 0{,}9$ cm) zu

$$\sigma_1 - \sigma_2 = \chi\,\frac{S}{d'}\,\delta = 22{,}5\delta \;\text{kp/cm}^2,$$

während für die Stiele, wo $d' = 2{,}55$ cm ist,

$$\sigma = 7{,}95\delta \;\text{kp/cm}^2$$

gefunden wird.

Die Spannungsermittlung bei Stahlbetonproblemen muß in erster Linie die Grundlagen für die Bemessung der Stahleinlagen liefern. Dazu reicht das Isochromatenbild im allgemeinen nicht aus. Für den Entwurf der Bewehrung ist es zunächst wichtig, die Spannungs*richtungen* zu kennen, weil die Einlagen möglichst in diese Richtungen gelegt werden sollen. Für die Dimensionierung der Stähle müssen vor allem in den Zugzonen die Spannungsresultierenden der Querschnitte bekannt sein, in denen die Stähle liegen. Beide Aussagen werden vom Isochromatenbild nicht geliefert. Daher muß, wenn der Festigkeitsnachweis durch die Spannungsoptik erbracht werden soll, zusätzlich zum Isochromatenbild auch noch mit Hilfe der Isoklinen das Hauptlinienbild ermittelt werden, und es ist auch gewöhnlich, zumindest an den hochbeanspruchten Querschnitten, erforderlich, die vollständige Auswertung durchzuführen, um die Spannungsresultierenden zu bestimmen, die von den Stählen aufgenommen werden sollen. Dagegen sind scharfe Spannungsspitzen an Kerben, im Gegensatz zu Problemen des Maschinenbaus, von untergeordneter Bedeutung, denn sie treten in Wirklichkeit gar nicht auf, weil dort der Beton entweder, wenn es sich um Druckspannungen handelt, plastisch wird oder, bei Zugspannungen, reißt. Es ist daher z. B. bedeutungslos, daß in Abb. 6.5.4 an den scharfen Ecken der Durchbrüche die Isochromaten nicht mehr abgezählt werden können, denn sie interessieren überhaupt nicht.

Für unser Problem gibt nun zunächst das Isochromatenbild (Abb. 6.5.4) zusammen mit den Hauptlinien (Abb. 6.5.5) folgenden Überblick über den Spannungszustand: Die beiden rechten Arme des „Kreuzes" werden stark auf Biegung beansprucht. Die aus den Armen austretenden Hauptlinien biegen sehr rasch in die vertikale Richtung ab. Daraus ist zu schließen, daß zwischen Stiel und Scheibe ober- und unter-

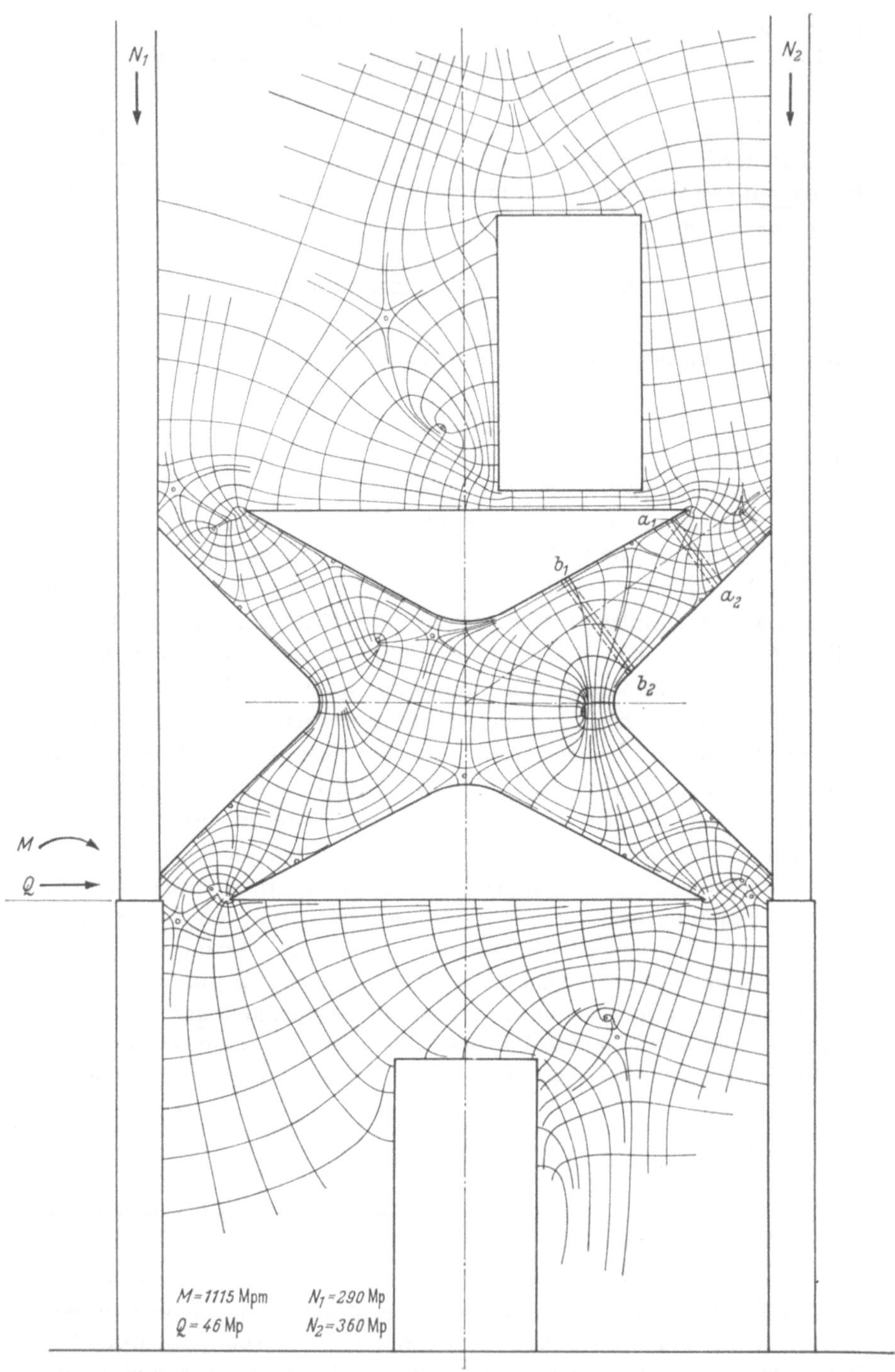

Abb. 6.5.5 Hauptspannungslinien in der Windscheibe beim ungünstigsten Belastungsfall

halb des Kreuzes keine wesentlichen Schubspannungen auftreten. Vielmehr verteilen sich die Kräfte des Kreuzes in einem örtlich sehr beschränkten Gebiet gleichmäßig auf Stiel und Scheibe. In dem schmalen Steg unterhalb der oberen Türöffnung tritt eine hohe Zugspannung auf.

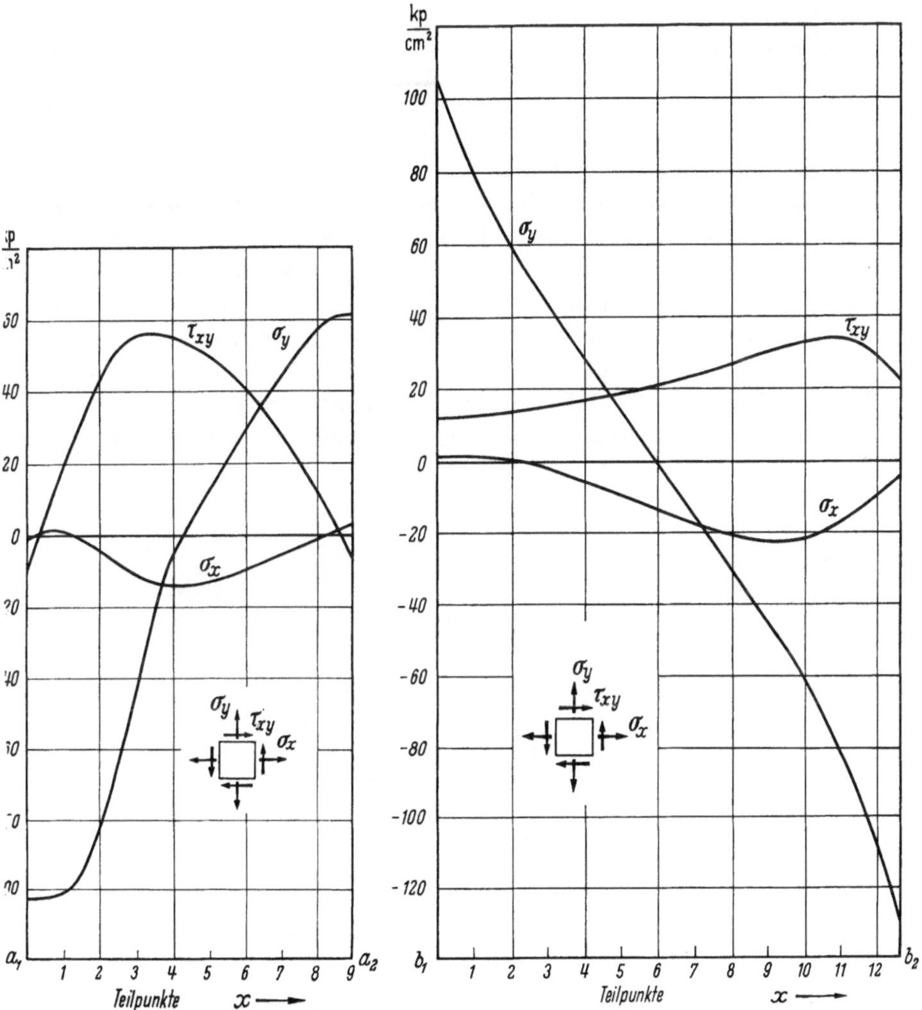

Abb. 6.5.6 Verlauf der Spannungen im Schnitt $a-a$ der Windscheibe, umgerechnet auf die Hauptausführung

Abb. 6.5.7 Verlauf der Spannungen im Schnitt $b-b$ der Windscheibe, umgerechnet auf die Hauptausführung

Wegen der starken Biegebeanspruchung des „Kreuzes" wurden zwei Querschnitte $a-a$ und $b-b$ (s. Abb. 6.5.5) vollständig ausgewertet. Das Ergebnis ist in den Abb. 6.5.6 und 6.5.7 dargestellt. Die Durchführung der Auswertung des Querschnitts $b-b$ ist auf S. 61 ff. ausführlich beschrieben. Die Spannungsdiagramme zeigen, namentlich im Schnitt

$a-a$, eine sehr hohe Schubspannung, die bei der Bewehrung zu beachten ist. Das Kreuz muß natürlich im linken Teil ebenso bewehrt werden wie im rechten, da bei Wind von rechts die starke Beanspruchung des Kreuzes in der linken Hälfte auftritt.

6.6 Pfeilerkopfmanschetten bei der Erneuerung der Trisannabrücke

Die Trisannabrücke der Arlbergbahn überspannt in 90 m Höhe das Tal der Trisanna in Tirol, Abb. 6.6.1. Der stählerne Mittelteil von 120 m Länge ruht auf den Hauptpfeilern aus Bruchstein-Mauerwerk. Im Jahre 1964 war es notwendig geworden, das stählerne Tragwerk, das in seinem Obergurt noch aus dem Jahre 1884 stammte, durch ein neues von größerer Tragkraft zu ersetzen. Dabei durfte der Zugverkehr nur kurzfristig stilliegen. Es wurde ein Gerüstturm errichtet (GT, Abb. 6.6.1), auf dem zunächst das neue Tragwerk, unmittelbar neben dem alten liegend, zusammengebaut wurde, so daß hernach, in einem Arbeitsgang, das alte Tragwerk, ebenfalls auf den Gerüstturm abgestützt, seitlich in Talrichtung heraus- und gleichzeitig das neue eingeschoben werden

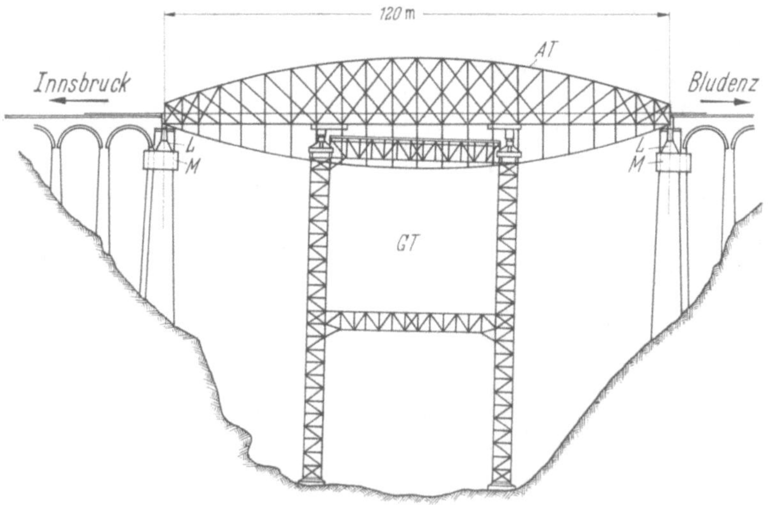

Abb. 6.6.1 Erneuerung der Trisannabrücke. Nach SCHMID [167].
AT Altes Tragwerk, GT Gerüstturm, L Lagerböcke, M Stahlbetonmanschetten

konnte. Zunächst aber mußten für das neue Tragwerk auf den Hauptpfeilern neue Auflagerbänke aufbetoniert werden. Während dieser Arbeiten war es notwendig, das alte Tragwerk vorübergehend außerhalb der Auflagerbank zu lagern, damit der Zugverkehr weitergehen konnte. Zu diesem Zweck wurden unter das alte Tragwerk Querträger unterge-

zogen. Diese wurden seitlich neben dem Pfeiler über Lagerböcke L auf
vorgespannte Stahlbetonmanschetten M abgestützt, die um die Pfeiler
herumgelegt waren. Auf diese Weise war es möglich, nach Fertigstellung
der neuen Auflager das Auswechseln der Tragwerke durch den seitlichen
Verschub in so kurzer Zeit durchzuführen, daß der Zugverkehr nur
14 Stunden unterbrochen war.

Die erwähnten Stahlbeton-Manschetten, die somit vorübergehend die
ganze Last des alten Tragwerks mit den Verkehrslasten seitlich in die
Pfeiler hinein übertragen mußten, waren nun Gegenstand eines spannungsoptischen Modellversuchs. Einesteils war es wichtig zu wissen, wie
sich die Schubspannungen, die von der Manschette auf den Pfeiler übertragen werden, auf den Umfang der Manschette und über ihre Höhe
verteilten. Es interessierten aber überhaupt die ganzen Beanspruchungs-
verhältnisse, vor allem die Biegebeanspruchung durch die seitlich angreifenden Lasten, damit die notwendigen Kräfte in den Vorspannankern
festgelegt werden konnten. Der entstehende Spannungszustand ist
wesentlich räumlich und konnte rechnerisch nicht mit befriedigender
Sicherheit erfaßt werden.

Die Spannungsverteilung in der Manschette wird natürlich vom
Elastizitätsmodul der Pfeiler beeinflußt. Da jedoch dieser — es handelt
sich um ein über 80 Jahre altes Bruchsteinmauerwerk — nicht bekannt
war, wurden zwei Versuche, bei denen Verhältnisse der Elastizitätsmoduln von Beton und Mauerwerk $E_B/E_M = 1$ und 2,32 angenommen
wurden, durchgeführt, um so den mutmaßlichen tatsächlichen Fall ein-
zugrenzen.

6.6.1 Versuch mit monolithischem Modell

Dieser Fall entspricht $E_B/E_M = 1$; das Modell wurde in einem Stück
aus Araldit B gegossen, Abb. 6.6.2. Es war maßstäblich ausgeführt, nur
wurde das obere aus der Manschette herausragende Pfeilerende weggelassen auf Grund folgender Überlegung: Beim Araldit-Modell, das
streng dem Hookeschen Gesetz folgt, würden sich unter der seitlichen
Vertikalbelastung im oben herausragenden Pfeilerende hauptsächlich
Zugspannungen einstellen. Diese können aber bei der wirklichen Ausführung durch das Mauerwerk kaum aufgenommen werden, so daß man
der Wirklichkeit wahrscheinlich näher kommt, wenn man die vorstehenden Pfeilerenden beim Aralditmodell wegläßt (Vgl. auch die Bemerkung über Spannungsspitzen in Beton beim vorhergehenden Anwendungsbeispiel, S. 235).

Der Längenmaßstab wurde zu $\lambda = 50$, die beiden aufzubringenden
Vertikallasten zu je $P' = 55$ kp gewählt. Dies entspricht einem Kräftemaßstab $\varkappa = 7820$. Der Spannungsmaßstab beträgt daher $\chi = \varkappa/\lambda^2$

Abb. 6.6.2 Araldit-Modell des Pfeilerkopfes mit Manschette (monolithisch)

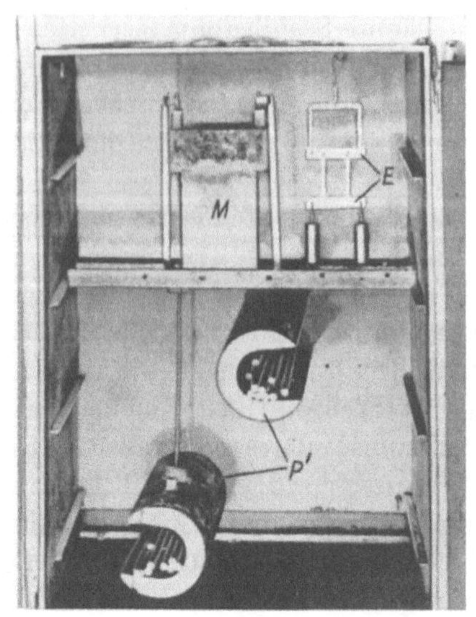

Abb. 6.6.3 Modell des Pfeilerkopfes mit Manschette im Wärmeschrank. M Modell (s. Abb. 6.6.2),

P' Gewichte, E Eichstäbe, auf reine Biegung belastet

$= 3{,}13$. Abb. 6.6.3 zeigt das monolithische Modell M zum Einfrieren der Spannungen im Heizschrank, belastet durch die beiden aus verschiedenen Eisenstücken zusammenimprovisierten Gewichte P'. Das

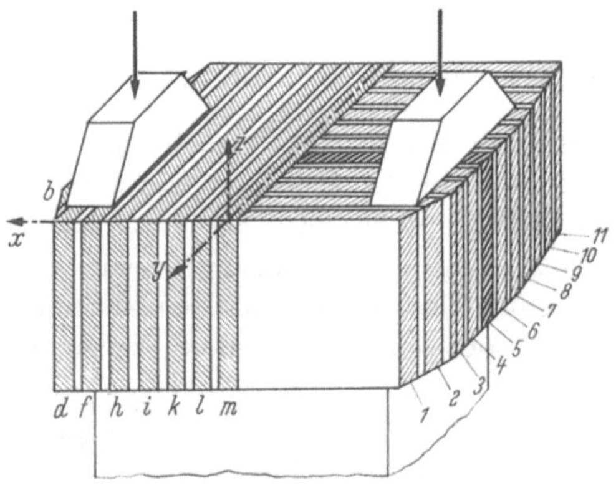

Abb. 6.6.4 Schnittplan für das monolithische Modell

Modell ruhte auf einer geschliffenen Stahlplatte unter Zwischenlage einer 2 mm starken Platte aus Silikonkautschuk.

Zur Auswertung der eingefrorenen Spannungen wurde das Modell so zerlegt (Abb. 6.6.4), daß in der einen Symmetriehälfte Schnitte

parallel zur x-Richtung, in der anderen parallel zur y-Richtung entstanden. Die optische Auswertung sei am Schnitt 5 erläutert, dem besondere Aufmerksamkeit zugewendet wurde, weil er im Gebiet der
stärksten Beanspruchung liegt. Die Isochromaten (Bild 6.6.5) zeigen
durch ihre Ordnung δ die Differenz $\sigma_1' - \sigma_2'$ der sekundären Haupt-

Abb. 6.6.5 Isochromaten im Schnitt Nr. 5 (vgl. Abb. 6.6.4).
Gestrichelt: Kontaktfläche Pfeiler/Manschette

spannungen an [Gl. (2.1.4)]. In unserem Problem interessierten nun zunächst die Schubspannungen, die in der Kontaktfläche zwischen Manschette und Pfeiler in vertikaler Richtung wirken. Diese gewinnt man,
verhältnismäßig einfach, in genau derselben Weise wie beim ebenen
Spannungszustand, aus Gl. (1.11.4), in der lediglich anstelle der Differenz
der Hauptspannungen $\sigma_1 - \sigma_2$ diejenige der sekundären Hauptspannungen $\sigma_1' - \sigma_2'$ zu setzen ist. Deren Richtung α erhält man durch
Beobachtung der Isoklinen.

Auf diese Weise wurden durch Auswertung aller in Abb. 6.6.4 ein-
gezeichneten Schnitte in der Kontaktfläche rund um den Pfeiler die
vertikal wirkenden Schubspannungen bestimmt. Abb. 6.6.6 zeigt einen
Teil der Ergebnisse, längs einer Pfeiler-Schmalseite. Es zeigt sich, daß
sich die Schubspannungen — abgesehen von den Spannungsspitzen am

unteren Manschettenrand, die aber in Mauerwerk und Beton nicht auftreten, weil sie plastisch abgebaut werden — ziemlich gleichmäßig sowohl über die Höhe als auch über die Breite der Pfeilerschmalseite ver-

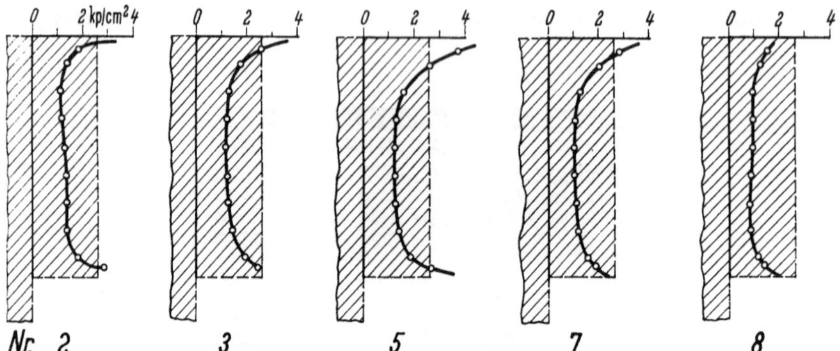

Abb. 6.6.6 Verlauf der Schubspannungen τ_{xz} in der Kontaktfläche zwischen Pfeiler und Manschette (auf die wirkliche Ausführung umgerechnet). Schnitt-Nummern s. Abb. 6.6.4

teilen. Für die Beurteilung der Festigkeit des Verbandes Pfeiler—Manschette war dies ein günstiges Ergebnis.

Im Schnitt 5, in dem die höchsten Beanspruchungen auftreten, wurden noch weitere Auswertungen vorgenommen. Zunächst wurden

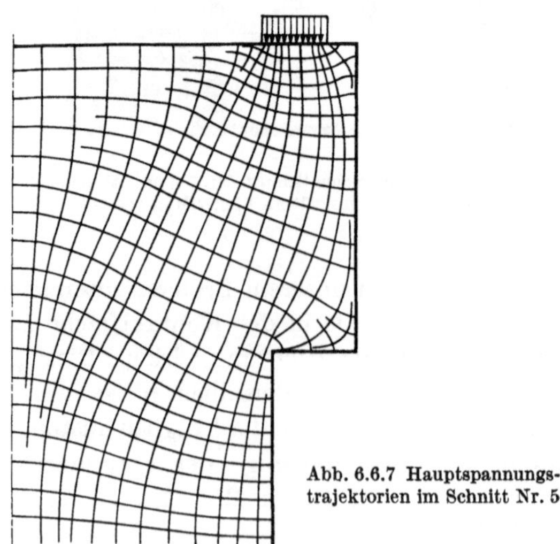

Abb. 6.6.7 Hauptspannungstrajektorien im Schnitt Nr. 5

mit Hilfe der Isoklinen die Hauptspannungstrajektorien gezeichnet, Abb. 6.6.7. (Genau genommen handelt es sich um die Trajektorien der sekundären Hauptspannungen, doch sind es praktisch Hauptspannungslinien, da der Schnitt 5 fast Symmetriecharakter hat.)

Ferner wurde in diesem Schnitt, in Pfeilermitte und in der Kontaktfläche, die „vollständige Auswertung" mit Hilfe des räumlichen Schubspannungs-Differenz-Verfahrens (FROCHT und GUERNSEY [68]) durchgeführt. Das Prinzip ist in Abb. 6.6.8 für die Auswertung an der Kontaktfläche erläutert. Man muß hier in der Gleichgewichtsbetrachtung außer der Schubspannung τ_{zx}, die, wie im ebenen Fall, Abschn. 1.11, mittels hori-

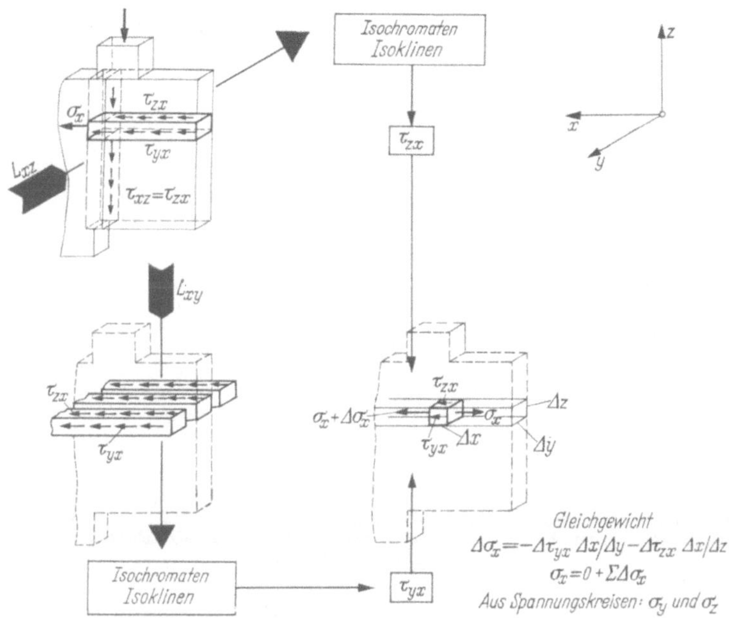

Abb. 6.6.8 Räumliches Schubspannungs-Differenzverfahren. Bestimmung der Normalspannungen σ_x, σ_y, σ_z

zontaler Durchleuchtung des Schnitts aus den Isochromaten und Isoklinen gewonnen wird, auch die Schubspannung τ_{yx} berücksichtigen. Um diese zu erhalten, muß man in vertikaler Richtung durchleuchten. Dazu zerlegt man alle Schnitte wieder in „Unterschnitte". Wenn man hernach die Unterschnitte wieder richtig zusammenlegt, beobachtet man in ihnen (Durchleuchtung L_{xy}) die Isochromaten und Isoklinen, die zur Bestimmung von τ_{yx} führen. Das Gleichgewicht mit den Schubspannungen liefert dann wieder den Normalspannungszuwachs $\Delta\sigma_x$ für das Weiterschreiten um Δx und die Summierung σ_x selbst. Die beiden anderen Normalspannungskomponenten σ_y und σ_z ergeben sich aus Spannungskreisen für die x-z- und x-y-Ebene. Auf diese Weise wurde zuerst vom lastfreien rechten Rand aus bis zur Kontaktfläche integriert und dann längs dieser nach oben und unten in analoger Weise ausgewertet.

16*

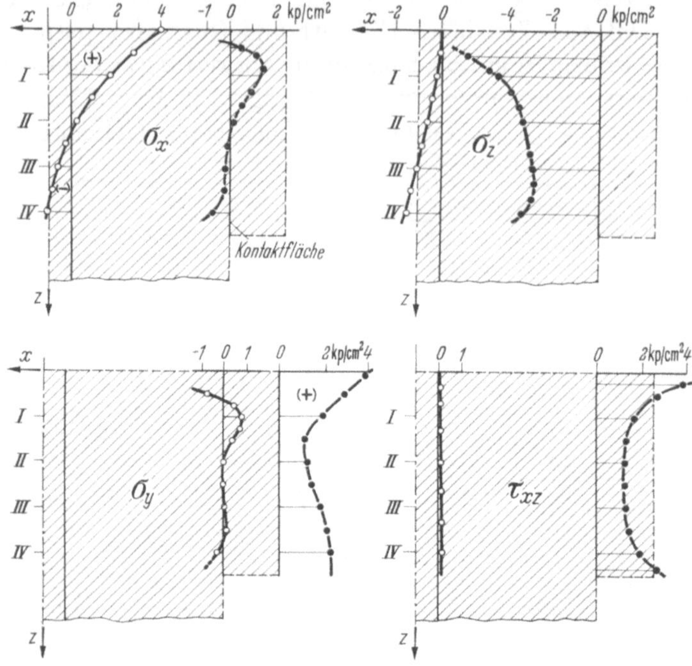

Abb. 6.6.9 Normalspannungen σ_x, σ_y, σ_z und Schubspannungen τ_{xz} im Schnitt Nr. 5 (vgl. Abb. 6.6.4), nahe der Mittelachse und in der Kontaktfläche zwischen Pfeiler und Manschette (auf die wirkliche Ausführung umgerechnet)

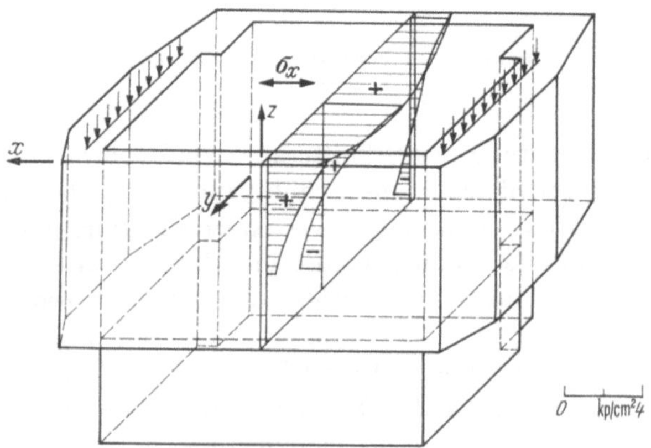

Abb. 6.6.10 Querzugspannungen im Mittelschnitt von Pfeiler und Manschette (auf die wirkliche Ausführung umgerechnet). Aus dem Aufsatz von SCHMID [167]

Abb. 6.6.9 zeigt das Ergebnis der „vollständigen Auswertungen" (Normalspannungen und Schubspannung τ_{xz}) im Schnitt 5.

Die dabei in Pfeilermitte gefundenen Querzugspannungen waren für die Dimensionierung der Spannanker der Manschette von Bedeutung.

Zur Ermittlung der Verteilung dieser Spannungen im Pfeiler wurden weitere Auswertungen durchgeführt. Ein Teil der Ergebnisse ist in Abb. 6.6.10 dargestellt.

6.6.2 Versuch unter Annahme eines kleineren E-Moduls im Pfeiler

Der spannungsoptische Versuch nach dem Einfrierverfahren, bei dem für den Pfeiler ein kleinerer E-Modul angenommen werden sollte, wurde mit einem Modell durchgeführt, in dessen Mittelteil ein quadratisches Raster von vertikalen Bohrungen von 7 mm Durchmesser eingebracht worden war (Abb. 6.6.11). Der Lochabstand betrug das 1,47fache des Lochdurchmessers. Mit dieser Teilung füllten die Bohrungen den Pfeilerquerschnitt gerade gut aus. Der E-Modul des Pfeilers in x- und y-Rich-

Abb. 6.6.11 Modell mit Bohrungsraster zur Verminderung des Elastizitätsmoduls im Pfeilerquerschnitt

tung (horizontal) ist dann laut Abb. 5.4.3 um den Faktor 2,32 kleiner als im vollen Material, d. h. in der Manschette.

Bei der optischen Auswertung der eingefrorenen Spannungen in diesem Modell konnte in dem Teil mit Vollquerschnitt, d. h. in der Manschette, genau so verfahren werden wie beim monolithischen Modell: so konnten insbesondere die Schubspannungen in der Kontaktfläche aus Vertikalschnitten, wie vorher durch Abb. 6.6.5 erläutert wurde, bestimmt werden. In Abb. 6.6.12, das einen Horizontalschnitt darstellt, ist zu erkennen, wo vorher die Vertikalschnitte aus der Manschette herausgenommen worden waren. (In dem Horizontalschnitt fehlten daher natürlich zunächst diese äußeren Partien; zur Aufnahme der Abb. 6.6.12 wurde, um das Bild des Horizontalschnitts vollständig zu

haben, dieser nachträglich wieder durch die fehlenden Teile, die durch
entsprechende Unterschnitte aus den inzwischen ausgewerteten Vertikalschnitten entnommen wurden, ergänzt.)

Bei der Spannungsbestimmung im Pfeiler, in dem sich das Bohrungsraster befindet, konnte dieses, ähnlich wie beim Anbohrverfahren (vgl.
Abschn. 5.3.7) zur Auswertung der Spannungen in der x-y-Ebene
herangezogen werden. Ausgewertet wurde hierbei nur in der Symmetrie-

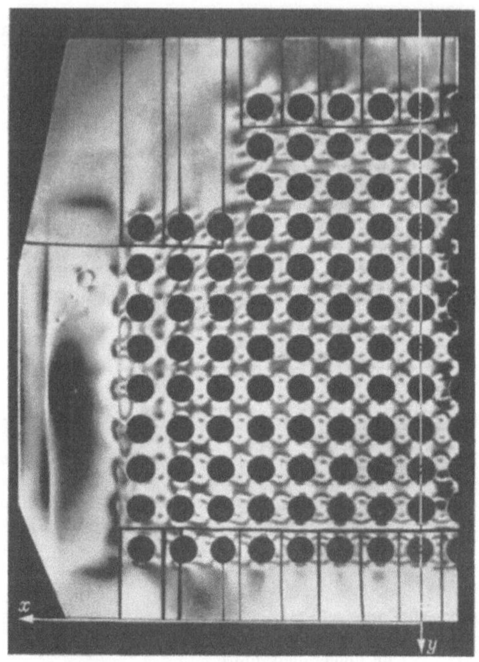

Abb. 6.6.12 Isochromatenbild eines Horizontalschnitts aus dem Modell mit Bohrungsraster (linke
Hälfte). Der Schnitt ist längs der oberen Stirnseite des Modells abgenommen

ebene $x = 0$ und in der dazu senkrecht stehenden Vertikalebene des
Schnittes Nr. 5 (s. Abb. 6.6.4 und 6.6.12), in der die beiden Lastangriffs-
punkte liegen und die sich praktisch auch wie eine Symmetrieebene
verhält. (Daß dies der Fall ist, erkennt man auch in Abb. 6.6.12 aus der
Symmetrie des Isochromatenmusters.)

Bei Symmetrie ist die Auswertung einfach und geht folgendermaßen
vor sich: In einem Eichversuch wird ein Flachstab (Dicke d_0, spannungsoptische Konstante S_0), der mit demselben Lochfeld versehen ist wie das
Modell und darüber ein genügend langes Stück ohne Löcher besitzt,
in dem sich die Spannung gleichmäßig verteilt, auf einachsigen Zug σ_0

beansprucht (Abb. 6.6.13). Dabei erscheint auf Grund von Gl. (1.6.2) im ungestörten Teil die Isochromatenordnung δ_0:

$$\delta_0 = \frac{d_0}{S_0}\,\sigma_0, \tag{6.6.1}$$

während man an den Lochrändern auf Grund der dort hervorgerufenen Maximal- und Minimalspannung σ_{max} und σ_{min} die zugehörigen Isochromatenordnungen

$$\delta_{max\,0} = \frac{d_0}{S_0}\,\alpha_1\sigma_0, \qquad \delta_{min\,0} = \frac{d_0}{S_0}\,\alpha_2\sigma_0 \tag{6.6.2}$$

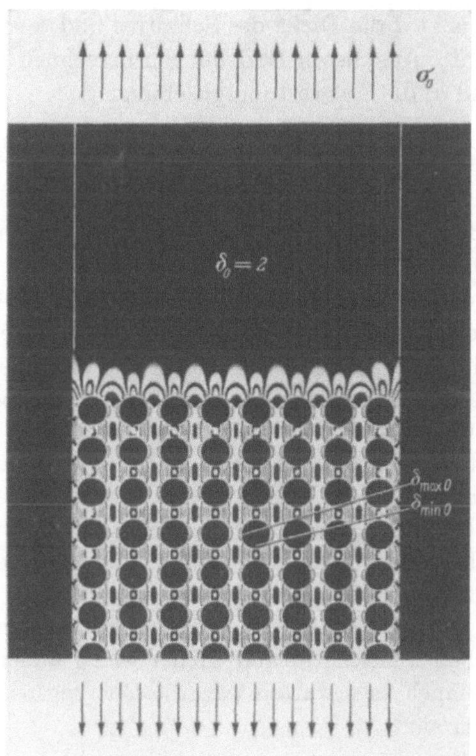

Abb. 6.6.13 Isochromaten im Zugstab mit Lochfeld (Eichversuch für die Auswertung im Lochfeld)

beobachtet. Die Konstanten (Formzahlen) α_1 und α_2 kann man somit aus den gemessenen Isochromatenordnungen und den Gln. (6.6.1 und 2) bestimmen zu

$$\alpha_1 = \delta_{max\,0}/\delta_0, \qquad \alpha_2 = \delta_{min\,0}/\delta_0.$$

In unserem Fall war $\alpha_1 = 4{,}05$; $\alpha_2 = -0{,}12$.

In den aus dem Modell herausgenommenen Horizontalschnitten, von denen Abb. 6.6.12 den obersten zeigt, wird das Lochfeld zweiachsig beansprucht; an den Stellen mit Symmetriecharakter, die ausgewertet wurden, in Richtung der Lochreihen durch die Spannungen σ_x und σ_y. Die Abhängigkeit der Isochromatenordnungen δ_x und δ_y, die an den Lochrändern in x- bzw. y-Richtung erscheinen, erhält man daher, indem man, unter sinngemäßer Anwendung der Gln. (6.6.2) die Einflüsse von σ_x und σ_y superponiert:

$$\delta_x = \frac{d}{S}\left(\alpha_1\sigma_x + \alpha_2\sigma_y\right), \qquad \delta_y = \frac{d}{S}\left(\alpha_1\sigma_y + \alpha_2\sigma_x\right). \qquad (6.6.3)$$

Dabei bedeuten jetzt d die Dicke des Schnittes und S seine spannungsoptische Konstante. Aus diesen Beziehungen berechnen sich durch Auflösen nach σ_x und σ_y die Auswertungsgleichungen:

$$\sigma_x = \frac{S}{d}\,\frac{\alpha_1\delta_x - \alpha_2\delta_y}{\alpha_1^2 - \alpha_2^2}, \qquad \sigma_y = \frac{S}{d}\,\frac{\alpha_1\delta_y - \alpha_2\delta_x}{\alpha_1^2 - \alpha_2^2}, \qquad (6.6.4)$$

mit denen an den genannten Stellen mit Symmetrieeigenschaften σ_x und σ_y bestimmt werden konnten.

Es ist besonders bemerkenswert, daß mit dieser Methode auch im Inneren dreidimensionaler Spannungszustände ausgewertet werden kann, ohne daß man die Integration vom Rand her zu Hilfe nehmen muß. So konnten in unserem Fall die Querzugspannungen, die beim monolithischen Modell (Abb. 6.6.10) im Inneren durch Integrieren vom Rand her hatten bestimmt werden müssen, beim Modell mit Bohrungsraster auf diese beschriebene einfachere Art ermittelt werden.

Ein Vergleich der Ergebnisse des Modells mit Bohrungsraster mit denen des monolithischen Modells (Abb. 6.6.9 und 6.6.10) ergab, daß sich, wenn der Elastizitätsmodul des Pfeilermaterials kleiner ist als der des Betons der Manschette, an der Schubspannungsverteilung in der Kontaktfläche zwischen Manschette und Pfeiler wenig ändert, daß aber in diesem Fall, was auch zu erwarten war, die Querzugspannungen in der Manschette größer sind.

6.7 Untersuchung des Spannungszustandes an einer Staumauer mit Hilfe eines Modells aus Gelatine

Wie auf S. 49 auseinandergesetzt wurde, werden Modelle aus Gelatine verwendet, wenn der Einfluß des Eigengewichts auf den Spannungszustand wesentlich ist. Dies trifft bei Schwergewichtsstaumauern zu. Hier rührt der Spannungszustand außer vom Eigengewicht beim Stau noch vom seitlichen Wasserdruck her.

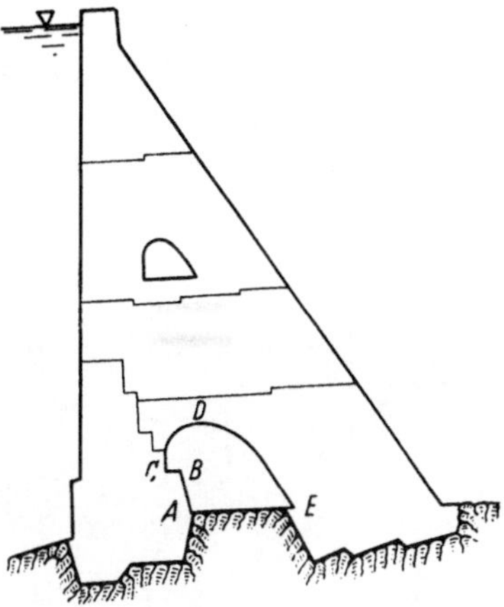

Abb. 6.7.1 Das Gelatinemodell eines Querschnitts der Staumauer

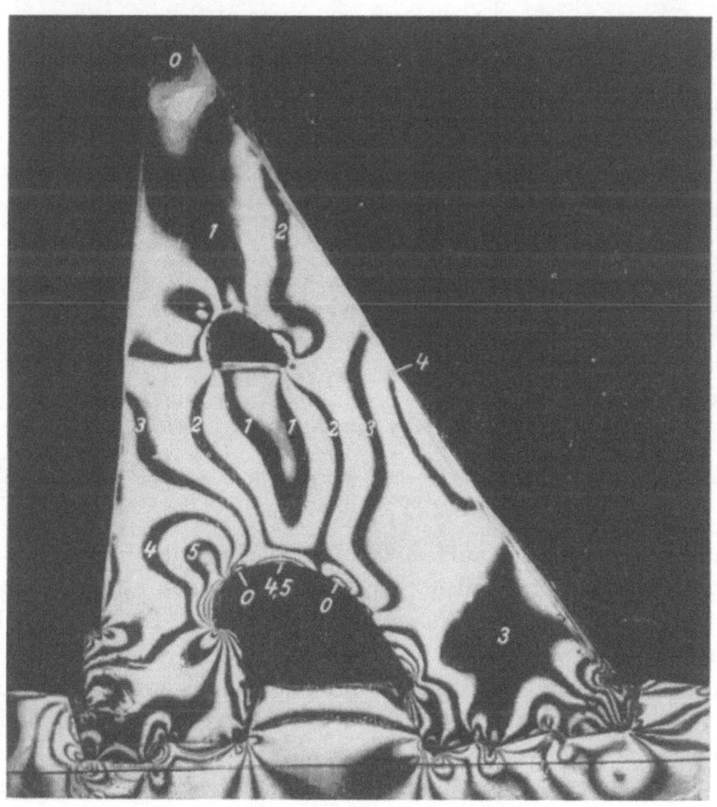

Abb. 6.7.2 Isochromatenbild des Staumauerquerschnitts unter Eigengewicht allein

Bei dem in Abb. 6.7.1 wiedergegebenen Gelatinemodell sollte vor allem der Spannungszustand in der Umgebung des unteren Hohlraumes, der als Werkgang in der ausgebauten Staumauer gedacht ist, untersucht werden. Das Gelatinemodell wurde im Maßstab 1 : 100 angefertigt und besaß eine Stärke von 5 cm. Es wurde zwischen zwei Glasplatten, die als

Abb. 6.7.3 Isochromaten im Staumauerquerschnitt bei zusätzlicher Seitenlast entsprechend dem Wasserdruck

seitliche Stützen dienten, aufgestellt. Das Isochromatenbild Abb. 6.7.2 rührt vom Eigengewicht allein her; das von Abb. 6.7.3 vom Eigengewicht und der seitlichen Wasserlast bei Vollstau. Die aus den Isochromatenordnungen längs des Hohlraumes $ABCDE$ (s. Abb. 6.7.1), mit Hilfe eines dazugehörigen Zugstabes für die Eichung, ermittelten Spannungen σ' sind in Abb. 6.7.4a für die beiden Belastungsfälle des Modells aufgetragen. Die Kurven beziehen sich auf den Fall des Modells ohne Fugen, wobei außerdem angenommen wurde, daß der Fels, auf dem sich die Staumauer abstützt, denselben Elastizitätsmodul E besitzt wie der Beton der Mauer. Die drei folgenden Spannungsverteilungen (s. Abb.

6.7.4 b—d) zeigen den Einfluß der durch Bauabschnitte hervorgerufenen Betonierungsfugen, wie sie in Abb. 6.7.1 eingetragen sind, insbesondere den der treppenförmigen zwischen den Punkten C und D des Hohlraumes einmündenden Fuge. Die Fuge veranlaßt den Sprung in den Spannungen der Abb. 6.7.4 b—d an der Stelle, wo sie auf den Hohlraum

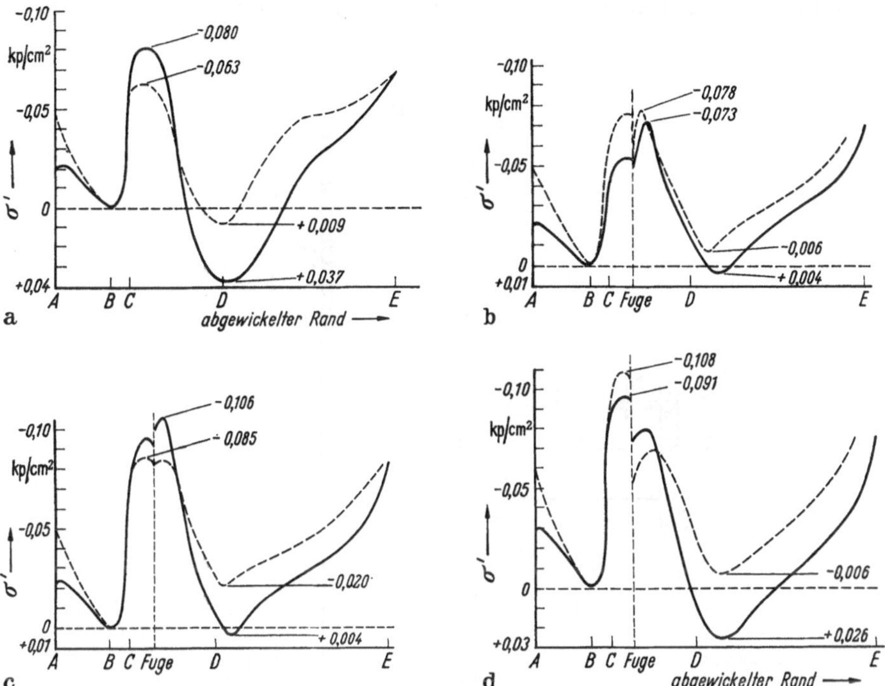

Abb. 6.7.4 a—d Spannungsverlauf am abgewickelten Rand des unteren Hohlraums des Staumauermodells.

Ausgezogene Kurven: Spannungen aus dem Eigengewicht allein;
gestrichelte Kurven: Spannungen aus Eigengewicht + Wasserlast bei Vollstau.
a) Modell aus einem Stück, $E_{\text{Fels}}/E_{\text{Beton}} = 1$,   b) Modell mit Fugen, $E_F/E_B = \infty$
c) Modell mit Fugen, $E_F/E_B = 1$,   d) Modell mit Fugen $E_F/E_B = {}^1/_{15}$

trifft. Der Einfluß dreier verschiedener Verhältnisse des Elastizitätsmoduls von Fels und Beton E_F/E_B kommt in den drei Spannungsverteilungen zum Ausdruck. Diese verschiedenen Auflagerbedingungen wurden beim Modellversuch dadurch erhalten, daß im Falle $E_F/E_B = {}^1/_{15}$ das Auflagerbett des Modells aus Gelatine mit einem geringen Gehalt an Trockensubstanz hergestellt wurde, während es im Falle $E_F/E_B = \infty$ aus Holz bestand.

Zur Übertragung der Spannungen σ' der Abb. 6.7.4 auf die wirkliche Ausführung sind sie mit dem Spannungsmaßstab $\chi = 200$ zu multiplizieren.

Die vorstehende Untersuchung wurde auch von KUFNER [103] veröffentlicht, der die Versuche durchgeführt hat.

6.8 Rohrverzweigung unter Innendruck

Um die Leistungsfähigkeit des Einfrierverfahrens bei der Untersuchung von Schalen zu zeigen, wurde von GAYMANN [74] der Spannungszustand in einer Rohrverzweigung bei Innendruck ermittelt. Die Abmessungen des Modells zeigt Abb. 6.8.1. Die Wandstärken sind so

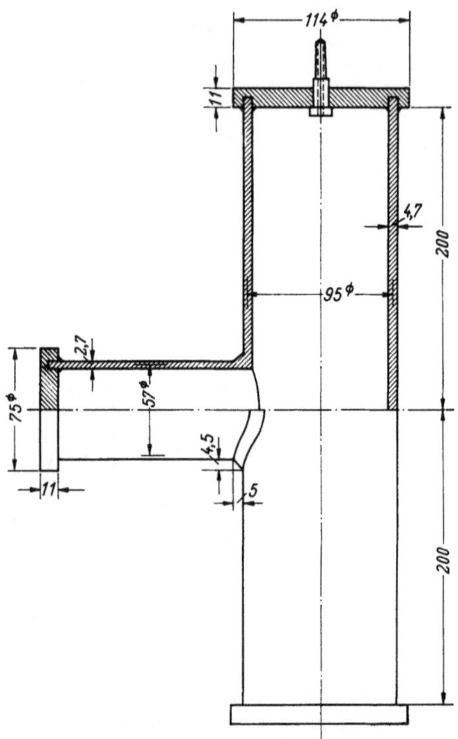

Abb. 6.8.1 Abmessungen des Modells der Rohrverzweigung. Maße in mm

gewählt, daß sich im ungestörten Bereich der Rohre ungefähr gleiche Festigkeit gegen Innendruck ergibt.

An der Verbindungsstelle der beiden Rohre wird eine Schweißnaht nachgeahmt. Um einen Innendruck erzeugen zu können, sind die drei Rohrenden durch Deckplatten verschlossen. Die Rohrenden sind so weit von der Verzweigungsstelle entfernt, daß die Beeinflussung des Spannungszustandes im interessierenden Gebiet durch die Verhinderung der Ausweitung an den Abdeckplatten vernachlässigbar klein wird.

Modellherstellung. Die gesamte Rohrverzweigung wurde in einem Stück gegossen, lediglich die Abdeckplatten wurden nachträglich aufgeklebt.

Die Gießform, die aus nahtlos gezogenen Stahlrohren hergestellt wurde, ist in Abb. 6.8.2 dargestellt. Der Kern besteht aus zwei Teilen. Das kleinere Rohr b, dessen Ende so ausgefräst ist, daß es genau auf dem großen Rohr a aufliegt, ist durch einen Zuganker z_2 am großen Rohr befestigt. Eine Scheibe S im kleinen Rohr verhindert ein Ver-

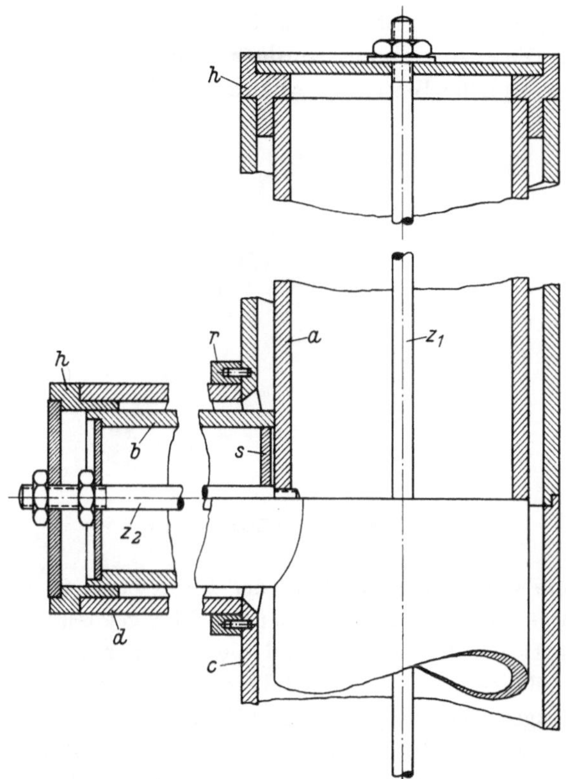

Abb. 6.8.2 Schnitt durch die Gießform für die Rohrverzweigung

schieben. Nach dem Gießen wird der Zuganker herausgeschraubt, und man kann beide Kernteile aus dem Modell herausziehen.

Das große Rohr c der äußeren Form hat eine Bohrung in Richtung der Achse des kleinen Rohrs d. Die Bohrung ist nach innen abgeschrägt; so entsteht die Nachbildung der Schweißnaht. Am Außenrand sitzt die äußere Form des kleinen Zylinders auf, die genau wie dessen Kern ausgefräst ist und die durch den gleichen Zuganker festgehalten wird. Ein Verschieben verhindert ein Ring r, der mit Stiften am größeren Rohr befestigt ist.

Das große Rohr muß wegen des Ausformens längs des mittleren Umfangs geteilt sein. An der Teilungsfläche der beiden Hälften ist eine kleine Stufe eingedreht, die eine radiale Verschiebung der Rohrhälften gegeneinander verhindert. Die beiden Hälften werden durch einen Zuganker z_1 zusammengehalten. Für die genaue Lage des Kerns in der Form sorgen die Abstandshülsen h an den drei Rohrenden, die gleichzeitig die Form verschließen. Die Lage der Form während des Gießens geht aus Abb. 6.8.3 hervor. Die Zuführung der Charge erfolgt durch ein Kupferrohr, das an der tiefsten Stelle in die Form mündet und dort festgelötet ist. Diese Anordnung wurde gewählt, um einen schlierenfreien Guß ohne jegliche Blasen zu erhalten. Das Kupferrohr ist so be-

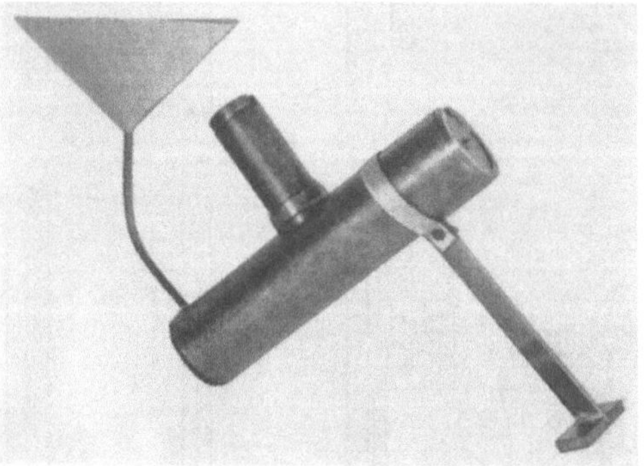

Abb. 6.8.3 Gießform mit Eingußtrichter

messen, daß die vollständige Füllung der Form etwa 40 min dauert. Die ganze Charge wird auf einmal in den Trichter gegossen. Der Spiegel im Trichter sinkt nur langsam ab und die Blasen haben Zeit, an die Oberfläche zu gelangen. Als Trennmittel wurde Silikonpaste P in dünner Schicht aufgetragen. Sie wurde auch gewählt, um nach dem Aushärten ein Abziehen der Formen durch eine dünne Schmierschicht zu erleichtern. Die Abdichtung an den Fugen erfolgte ebenfalls mit Silikonpaste.

Nach dem Aushärten wurde das Eingußrohr entfernt und der stehengebliebene Rückstand herausgebohrt. Beim Abkühlen entstehen nämlich infolge der verschiedenen Wärmedehnungen hohe Spannungen, die zu Spannungskonzentrationen am Rückstand des Eingußrohres führen. Das erste Modell war durch Risse zerstört worden, die von dieser Stelle ausgingen.

Nach langsamer Abkühlung auf 30 °C wurden die Zuganker herausgedreht und die äußeren Teile der Form entfernt. Anschließend wurde das Modell mit dem Kern auf 150 °C erhitzt. Bei dieser Temperatur gelang es ohne Schwierigkeiten, die Kernteile herauszuziehen. Die Abschlußplatten für die drei Rohrenden (s. Abb. 6.8.1), die ebenfalls aus Araldit B bestanden, wurden mit Araldit B bei 120 °C aufgeklebt. Zur Erzielung einer guten Verbindung waren in sie Kreisnuten eingedreht.

Versuchsdurchführung. Zum Einfrierversuch wurde das Modell so aufgestellt, daß das dicke Rohr vertikal stand. Auf diese Weise konnten sich in diesem nur geringfügige Spannungen durch Eigengewicht einstellen. Jedoch mußten Eigengewichtsbeanspruchungen durch den Anschlußstutzen verhindert werden. Dies geschah durch eine Bandage, die mit einer dem Gewicht des Stutzens entsprechenden Kraft nach oben gezogen wurde (Abb. 6.8.4). Der Innendruck während des ganzen Ein-

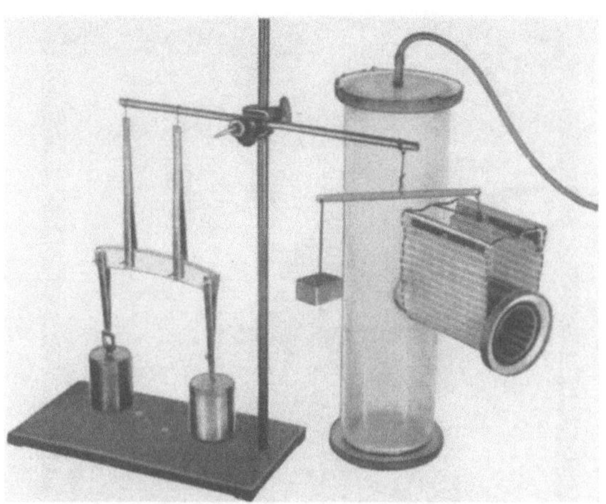

Abb. 6.8.4 Modell der Rohrverzweigung und Eichversuch

frierzyklus betrug 0,172 atü. Während des Abkühlvorgangs mußte Luft zugeführt und dabei der Druck konstant gehalten werden. Als Verdichter diente eine Kapselpumpe, die an einen Windkessel angeschlossen war. Auf diesem befand sich eine nach dem Prinzip des sogenannten Schrenkschen Reglers arbeitende Vorrichtung, die den Druck auf $\pm 1\%$ konstant hielt. Die Abkühlung erfolgte mit $3\,°C$ je Stunde.

Auswertung der eingefrorenen Spannungen. Zunächst wurde das große Rohr in mehrere Teile geschnitten, so daß es senkrecht zur Oberfläche durchleuchtet werden konnte. Abb. 6.8.5 zeigt das Isochromatenbild einer solchen Durchleuchtung. Die Aufnahme umfaßt, links bei der Mitte des Anschlußstutzens beginnend, fast ein Viertel des Umfangs des großen Rohres. Das Bild ist aus vielen Streifen zusammengesetzt, die alle bei senkrechter Durchleuchtung aufgenommen sind. Es stellt also eine Abwicklung dar. Der Anschlußstutzen samt Schweißnaht ist für diese Aufnahme so weggefräst worden, daß überall die gleiche Dicke vorhanden war.

In einer Aufnahme wie Abb. 6.8.5, bei der die ganze Schalenwand durchleuchtet wurde, stellt der optische Effekt einen Mittelwert über die Wanddicke dar. Er wird also verursacht durch die mittleren Spannungen, die man bei Schalen als die „Membranspannungen" bezeichnet. Über den Spannungsverlauf längs der Dicke, d. h. über eine eventuell überlagerte Biegung, sagt er nichts aus, also auch nichts über die maximalen Spannungen. Es können nicht einmal die Membranspannungen einzeln bestimmt werden, denn die Isochromatenordnung ist der Differenz der Hauptspannungen des Membranspannungszustandes propor-

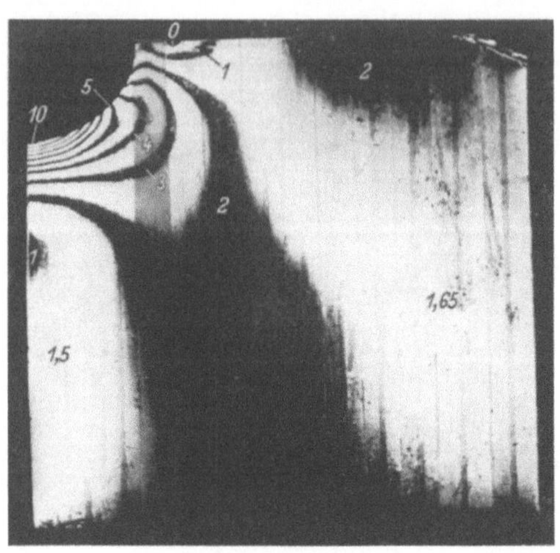

Abb. 6.8.5 Isochromaten des Membranspannungszustandes im großen Rohr (Abwicklung)

tional. Die Abb. 6.8.5 hat daher zunächst nur qualitativ informierenden Wert. Es zeigt sich eine starke Spannungskonzentration von der 10. Ordnung. Diese kommt auf ähnliche Weise zustande wie diejenige des gelochten Zugstabs (Abb. 1.6.10, S. 31). Man kann das große Rohr, wenn man von der Versteifung durch Schweißnaht und Anschlußstutzen absieht, angenähert als zweiachsiges Zugfeld ansehen, dessen größere Spannung die Umfangsspannung des Rohres ist (in der Abb. 6.8.5 waagrecht gerichtet). Durch die Öffnung wird der Spannungszustand gestört und eine Spannungskonzentration hervorgerufen. Auch diese Spannungsspitze kann zunächst, obwohl sie am Rand liegt, noch nicht quantitativ erfaßt werden, da, wie wir sehen werden, auch hier die Spannung nicht gleichmäßig über die durchleuchtete Dicke verteilt ist. Doch zeichnet sich der Ort des absoluten Spannungsmaximums bereits ab.

Um den Spannungsverlauf über die Rohrwand zu erhalten, muß weiter aufgeschnitten werden. Abb. 6.8.6 zeigt die Isochromaten der beiden Symmetrieschnitte. Man erkennt in der Umgebung der Durchdringungsstelle beider Rohre die überlagerte Biegung. Die Randspannungen, deren Richtung in der Bildebene liegt, können hier, da sie Hauptspannungen sind, unmittelbar aus der Isochromatenordnung bestimmt werden, wobei nur am Innenrand zu beachten ist, daß dieser nicht lastfrei ist, sondern der Innendruck p auf ihn wirkt. Eine Spannung am

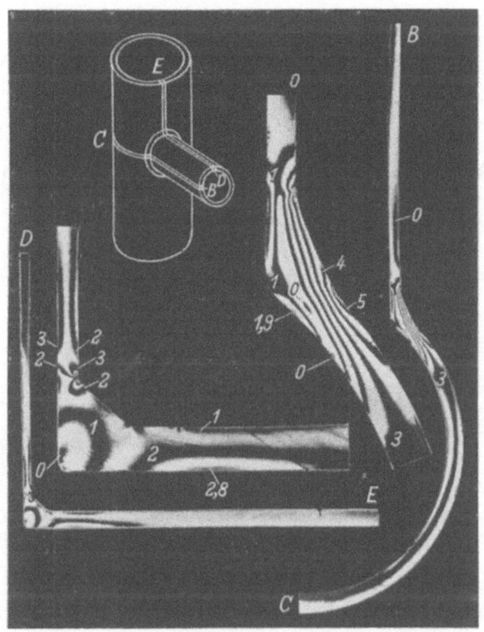

Abb. 6.8.6 Isochromatenbilder der Symmetrieschnitte. Umgebung der Durchdringungsstelle jeweils in vergrößertem Ausschnitt

Innenrand σ_i ist daher aus der Ordnung δ_i durch die Beziehung zu bestimmen:

$$\sigma_i = \delta_i \frac{S}{d} - p,$$

während am Außenrand der Abzug von p entfällt.

Die auf diese Weise durchgeführte Auswertung der Symmetrieschnitte lieferte nicht das absolute Spannungsmaximum. Dieses tritt vielmehr, wie schon vorher angedeutet, am oberen und unteren Scheitelpunkt der Durchdringungslinie der Rohrinnenflächen auf, also im linken unteren Eckpunkt des Schnittes $D-E$ auf Abb. 6.8.6, jedoch mit Richtung senkrecht zur Bildebene. Um dieses Maximum genau zu ermitteln, wurde die Ecke des Schnittes $D-E$ in mehrere „Unterschnitte" zerlegt, die in der durch Abb. 6.8.7, links, erläuterten Weise durchleuchtet wurden. Diese Messungen, bei denen ebenfalls der Innendruck berücksichtigt werden mußte, geben die Spannung jeweils in der Mitte des

durchleuchteten Unterschnittes; da mehrere Meßpunkte vorlagen, konnte
auf die Ecke extrapoliert werden (Abb. 6.8.7, rechts). Es ergab sich
$\sigma_{\mathrm{max}} = 36\,p$, das ist das 3,6fache der ungestörten Tangentialspannung
im großen Rohr. Abb. 6.8.7 lehrt, daß sich die Ringspannungen in dem

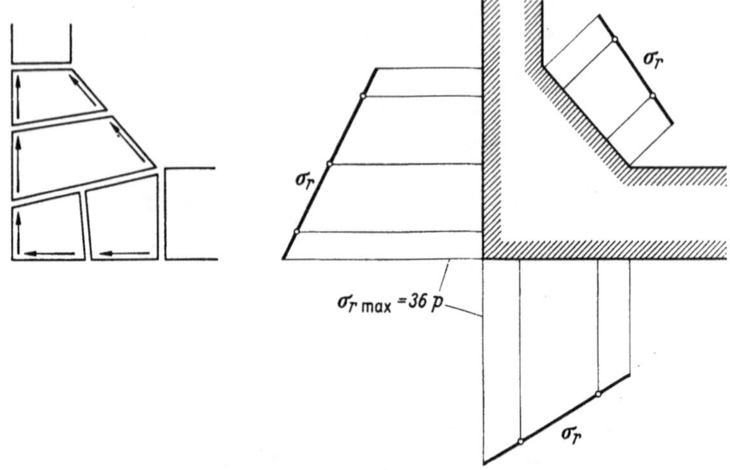

Abb. 6.8.7 Auswertung der Ringspannungen in der Ecke des Schnitts $D-E$ (Abb. 6.8.6) durch
Unterschnitte. ° die bei Durchleuchtung in Richtung der Pfeile gemessenen Werte

durch die „Schweißnaht" gebildeten Versteifungsring nicht gleichmäßig
verteilen. Er wird also nicht nur auf Zug beansprucht, sondern auch
verbogen.

Weitere an dem Modell durchgeführte Auswertungen und weitere
Einzelheiten der Versuchstechnik sowie einen Vergleich der Ergebnisse
mit einer Näherungstheorie findet man in der Originalarbeit [74].

6.9 Der Kraftfluß in einem Dieselmotorkolben

Im Kolben eines Verbrennungsmotors muß die durch den Gasdruck
erzeugte Kraft vom Kolbenboden auf den Kolbenbolzen übertragen
werden. Damit diese Aufgabe nicht der Kolbenwandung allein zufällt,
sind in herkömmlichen Kolbenkonstruktionen im Kolbeninneren Rippen
angegossen (s. Abb. 6.9.1), die den Kraftfluß vom Kolbenboden und der
Kolbenwandung auf das Bolzenauge leiten sollen. Der in folgendem
beschriebene, nach dem Einfrierverfahren durchgeführte Versuch hatte
die Aufgabe, die Spannungen zu bestimmen, die bei dieser Kraftübertragung entstehen[1].

---

[1] Der Versuch wurde für die Karl Schmidt GmbH, Neckarsulm, durchgeführt.

Abb. 6.9.1 zeigt die Abmessungen des aus Araldit B gegossenen Modells des Kolbens. Einige unwesentliche Einzelheiten der wirklichen Ausführung wurden beim Modell weggelassen. Für den Guß wurde eine stählerne Originalgießform, bestehend aus Kern und Büchse, wie sie

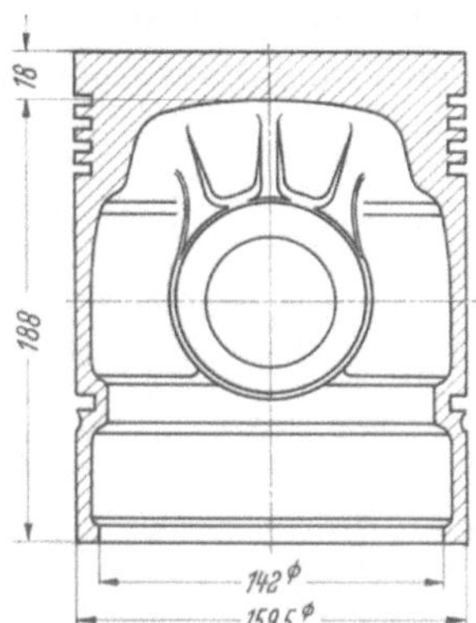

Abb. 6.9.1 Aus Araldit B gegossenes Modell
eines Dieselmotorkolbens. Maße in mm

beim Gießen von Aluminiumkolben gebraucht wird, verwendet. Die einzelnen Teile des Kerns wurden mit Silikonpaste eingefettet und nach dem Zusammenbau die oberen Fugen mit Silikonkautschuk abgedichtet,

Abb. 6.9.2 Kolbenmodelle aus Araldit, fertig bearbeitet

damit beim Gießen keine Luftblasen aus dem Kern aufsteigen konnten. Nach dem Guß wurde die Außenfläche des Kolbens und die Bohrung des Bolzenauges auf genaues Maß abgedreht. Fertig bearbeitete Kolbenmodelle zeigt Abb. 6.9.2.

Die Belastung zum Einfrieren der Spannungen (Abb. 6.9.3) erfolgte durch Gewichte $P/2$ über einen Bügel und ein Druckstück D aus Araldit, das dem Ende der Pleuelstange entspricht, auf den Kolbenbolzen B. Die Gegenkraft ist bei der wirklichen Ausführung der Gasdruck. Um dies im Modellversuch nachzuahmen, ruhte der Kolbenboden auf einer

Membran M aus Silikonkautschuk, auf die von unten ein gleichmäßiger Druck p_i wirkte. Dieser konnte durch Verändern der Höhe eines Ausgleichsgefäßes einreguliert werden (s. Abbildung). Als Druckflüssigkeit wurde Glycerin verwendet, das bei 150 °C noch nicht siedet und die ziemlich hohe Dichte von 1,26 g/cm³ hat.

Der Kolbenbolzen besteht in der wirklichen Ausführung aus Stahl, hat also einen rund 3mal größeren Elastizitätsmodul als die Aluminium-

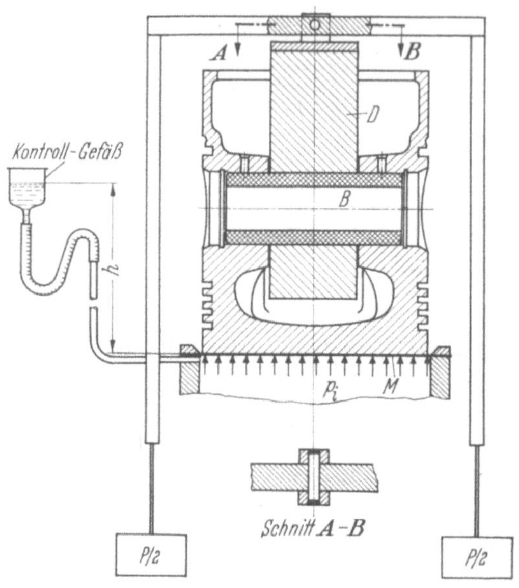

Abb. 6.9.3 Vorrichtung zur Belastung des Kolbenmodells im Einfrierverfahren

legierung des Kolbens. Da das E-Modul-Verhältnis den Spannungszustand beeinflußt, mußte es auch im Modellversuch berücksichtigt werden. Der Bolzen wurde aus Araldit hergestellt, dem Talkumpulver beigemischt war (vgl. Abschn. 5.4.2 und Abb. 5.4.2). Die Nachprüfung durch einen Eichversuch ergab, daß er einen effektiven E-Modul $E'_B = 645\ \mathrm{kp/cm^2}$ besaß, während der des Kolbens $E'_K = 220\ \mathrm{kp/cm^2}$ war. Das Verhältnis E'_B/E'_K war also 2,93.

In der wirklichen Ausführung wird zwischen Bolzen und Kolben eine Toleranz von $t = 0{,}007\ \mathrm{mm}$ zugelassen. Auch dies wurde im Modellversuch berücksichtigt. Hierfür ist der Formänderungsmaßstab λ_1 maßgebend. Der Längenmaßstab war, da das Modell Originalgröße hatte, $\lambda = 1$, der Kräftemaßstab wurde (unter der Annahme, daß der Gasdruck bei der Hauptausführung 70 kp/cm² beträgt), zu $\varkappa = 310$ gewählt, der in diesem Fall gleich dem Spannungsmaßstab χ ist. Damit berechnet sich, wenn der E-Modul der Al-Legierung der Hauptausführrung zu $E = 700\,000 \text{ kp/cm}^2$ angenommen wird, nach Gl. (4.2.1) der Formänderungsmaßstab λ_1 zu

$$\lambda_1 = \frac{\varkappa}{\lambda}\,\frac{E'_K}{E} = 0{,}0975\,.$$

Daher war, wenn dem Modellversuch das maximal tolerierte Spiel t zugrunde gelegt werden sollte, das Spiel beim Modell auszuführen zu

$$t' = \frac{t}{\lambda_1} = 0{,}07 \text{ mm}\,.$$

Von den Schnitten, die nach Einfrieren der Spannungen zur Auswertung aus dem Modell herausgenommen wurden, gibt zunächst ein quer durch das Bolzenauge und die Rippen geführter (Abb. 6.9.4) ein gutes qualitatives Bild über die Spannungsverhältnisse. Man erkennt die starke Beanspruchung der Rippen. Für die quantitative Auswertung reicht dieser Schnitt jedoch nicht aus, da er kein Hauptschnitt ist und die Spannungsmaxima nicht enthält. Wie das Modell zur quantitativen Auswertung zerschnitten wurde, zeigt die Abb. 6.9.5. Zunächst konnten einige Schnitte quer durch das Modell geführt werden (a bis d in der Abbildung), deren Auswertung einfach war, weil sie entweder Symmetrieschnitte waren (a und d) oder sich praktisch wie solche verhielten. Als Beispiel der Auswertung zeigt Abb. 6.9.6 das Isochromatenbild des Symmetrieschnittes a, der durch die Mittelrippe geht. Es interessieren nur die Randwerte. Die Isochromatenordnung hat am Rand den Maximalwert 7,3. (Dieser Randwert der Ordnung muß hier durch Extrapolation gegen den Rand gefunden werden, denn in der Randzone sind die Isochromaten verzerrt, weil der Scheitel der Rippe abgerundet ist. Infolgedessen liegt die Schnittkante, bis zu der konstante Schnittdicke vorhanden ist (gestrichelt eingetragen), etwas rechts vom Rand. An ihr knicken die Isochromaten ab; die Spannung steigt aber natürlich bis zum Scheitel der Rippe weiter an.) Der Verlauf der Spannung längs des ganzen Schnittrandes, auf die Hauptausführung umgerechnet, ist in Abb. 6.9.7 aufgetragen. Das Maximum an der Stelle der 7,3. Isochromatenordnung beträgt $-1\,120 \text{ kp/cm}^2$.

Auch der Schnitt c konnte im Bereich der Seitenrippe wie ein Symmetrieschnitt ausgewertet werden, ebenso der Schnitt b in dem zwischen den Rippen liegenden Bereich; im letzteren waren außerdem die Spannungen gering.

Mit der Auswertung dieser vier Schnitte war jedoch das Gesamtbild der Beanspruchung noch nicht genügend aufgeklärt. Vielmehr mußte vermutet werden, daß das absolute Spannungsmaximum irgendwo am

Übergang der Rippen zur Kolbenwand, wo Kerbwirkung im Spiel ist, auftreten könnte. Die im folgenden zu beschreibende Auswertung dieses Bereichs hat diese Vermutung bestätigt.

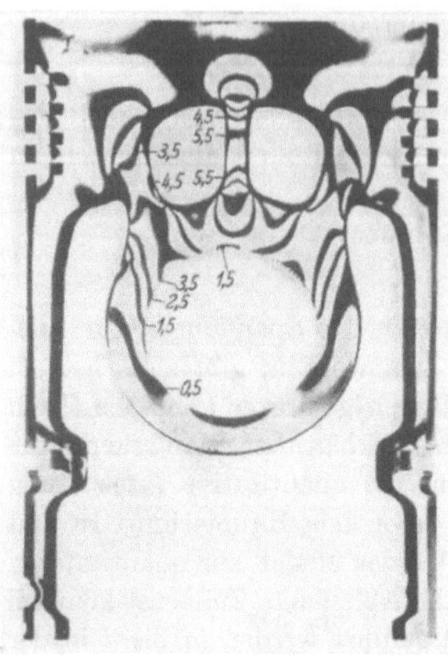

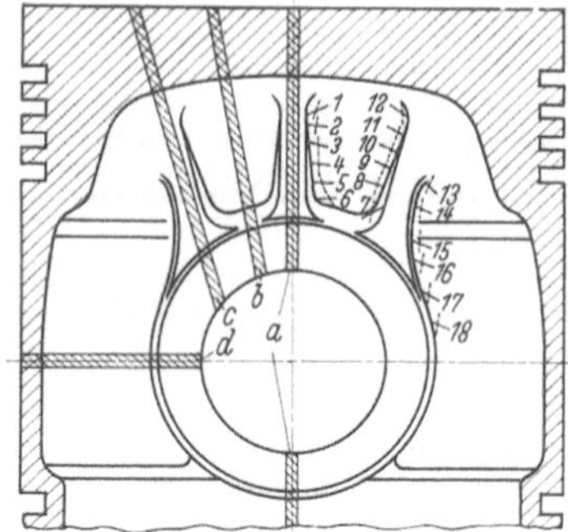

Abb. 6.9.5 Schnittplan für das Kolbenmodell

Abb. 6.9.4 Isochromatenbild eines durch Bolzenauge und Rippen geführten Schnittes (Hellfeldbild)

Tabelle 6.9 *Hauptspannungen σ_1 und σ_2 in den Punkten 1 bis 18 (Abb. 6.9.5)*

Richtung von	Nr. 1	2	3	4	5	6	7	8	9
σ_1 ———	+132	+284	+266	+240	+190	+107	−1220	−310	−230
σ_2 - - - - -	−300	−772	−925	−813	−670	−630	− 933	−643	−608

Richtung von	Nr. 10	11	12	13	14	15	16	17	18
σ_1 ———	−320	−298	−309	+ 88	−118	−239	−283	−290	+ 44
σ_2 - - - - -	−596	−590	−586	−945	−698	−678	−810	−630	−347

Die Auswertung erfolgte mit der am Schluß von Abschn. 2.2.4 beschriebenen Methode. Dazu mußte zunächst in dem interessierenden Bereich um die Rippen eine Schicht von etwa 5 bis 6 mm Stärke längs der inneren Oberfläche des Kolbens herauspräpariert werden. Praktisch gelingt dies nur, indem man alles übrige Material von außen her durch Abdrehen, Fräsen, Sägen und Feilen wegnimmt, so daß nur die Oberflächenschicht übrig bleibt — eine recht mühevolle Arbeit, die großes

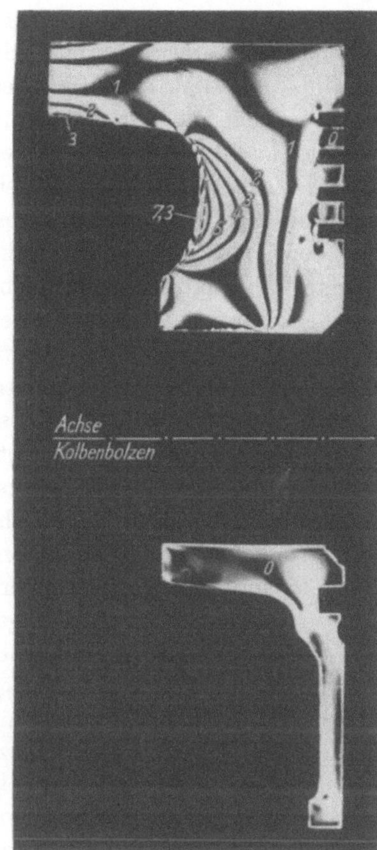

Abb. 6.9.6
Isochromaten in Schnitt a (Abb. 6.9.5)

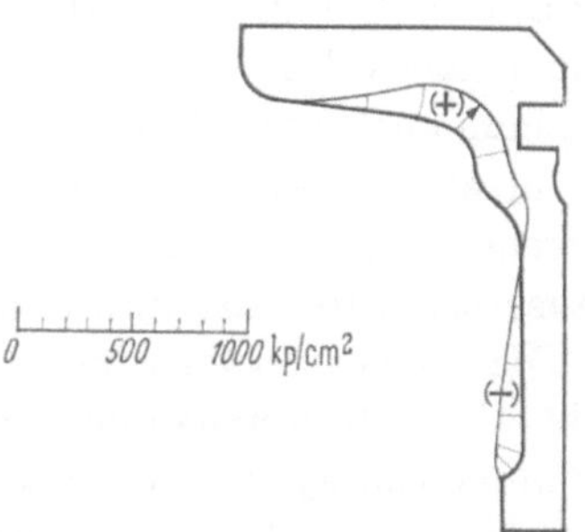

Abb. 6.9.7
Auswertung der Randspannungen von Schnitt a

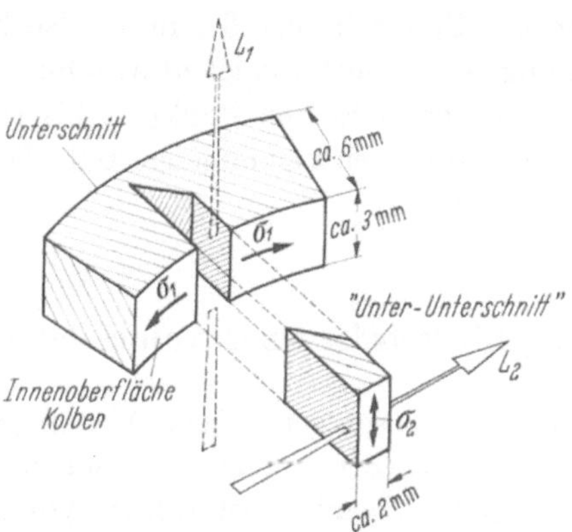

Abb. 6.9.8 Optische Auswertung an der Innenoberfläche des Kolbens durch Schnitte

Geschick erfordert. Auf genaue Konstanz der Dicke der Oberflächenschicht kommt es dabei aber nicht an, da zunächst nur die Spannungsrichtungen festgestellt werden müssen. Zu diesem Zweck hält man die Oberflächenschicht ins Linearpolariskop und markiert mit Hilfe der Isoklinen die Hauptspannungsrichtungen mit einem Fettstift. Durch die Inaugenscheinnahme im Polariskop kann man auch schon Stellen hoher Beanspruchung qualitativ feststellen. An den interessierenden Stellen werden sodann längs der durch Fettstift markierten Hauptrichtungen Unterschnitte von etwa 3 mm Breite aus der Oberflächenschicht senkrecht zur Oberfläche herausgeschnitten; man wählt dabei nach Möglichkeit als Schnittrichtung diejenige der beiden Hauptrichtungen, in der man die größere Hauptspannung vermutet. In Abb. 6.9.5 sind die Stellen, an denen solche Unterschnitte entnommen wurden, durch die Nummern 1 bis 18 bezeichnet; die Hauptrichtung, nach der geschnitten wurde, ist durch einen ausgezogenen Strich markiert; die in ihr wirkende Hauptspannung sei als σ_1 bezeichnet. Betrachtet man nun einen der so herausgenommenen Unterschnitte unter senkrechtem Lichteinfall (Lichtrichtung L_1 in Abb. 6.9.8) im Zirkularpolariskop, so liefert die Isochromatenordnung längs des Randes direkt die Hauptspannung σ_1, insbesondere kann man auch unmittelbar die Stelle ihres Maximums (die Spannungskonzentration) feststellen. An dieser Stelle wurde dann jeweils ein kleines Stückchen, gewissermaßen ein „Unter-Unterschnitt" mit der Laubsäge herausgeschnitten und dieser in σ_1-Richtung beobachtet (Lichtrichtung L_2). Die Isochromatenordnung am Rand dieses Schnittes liefert jetzt direkt die 2. Hauptspannung σ_2. Gewöhnlich ist dieser Wert auch ein Maximum von σ_2. In einigen zweifelhaften Fällen wurde überprüft, ob dies zutraf, indem beiderseits der untersuchten Stelle noch je ein weiterer „Unter-Unterschnitt" entnommen wurde.

Es ist sehr vorteilhaft, Schnitte von so kleinen Dimensionen spitz zulaufend herauszusägen, wie dies in Abb. 6.9.8 skizziert ist. Denn dann beobachtet man an der Spitze immer die nullte Isochromatenordnung und kann die Ordnungen von dort aus leicht abzählen.

Für die in Abb. 6.9.5 bezeichneten Punkte 1 bis 18 sind in Tab. 6.9 die ermittelten Hauptspannungen zusammengestellt. Der Ort der größten Beanspruchung ist Punkt 7.

6.10 Zungentellerfeder einer Automobilkupplung

Abb. 6.10.1 zeigt das spannungsoptische Modell (M) einer Zungentellerfeder in der Belastungsvorrichtung. Eine solche Zungentellerfeder ist eine flache Kegelschale, die mit einer Anzahl von radialen Schlitzen versehen ist, welche konzentrisch von der Kegelspitze ausgehen und, zwecks Verminderung der Kerbspannungen, in Löchern (L) enden. Damit besteht die Feder aus einem ringförmigen Randteil (R), der als normale Tellerfeder wirken kann, und einer Anzahl nach innen gerichteter Zungen (Z). Die Wirkungsweise dieser Feder in einer Automobil-Scheibenkupplung ist folgende: Das Anpressen der Kupplungsscheibe wird durch den ringförmigen Randteil bewirkt. Im eingerückten Zustand der Kupplung ist der Randteil etwa in „Planlage", d. h. die Kegelschale ist fast zu einer Platte elastisch verformt und übt als Tellerfeder die Kraft aus, die

Abb. 6.10.2 Gießen einer Kegelschale.
Z Zentrierbolzen, A Abstandsklötzchen

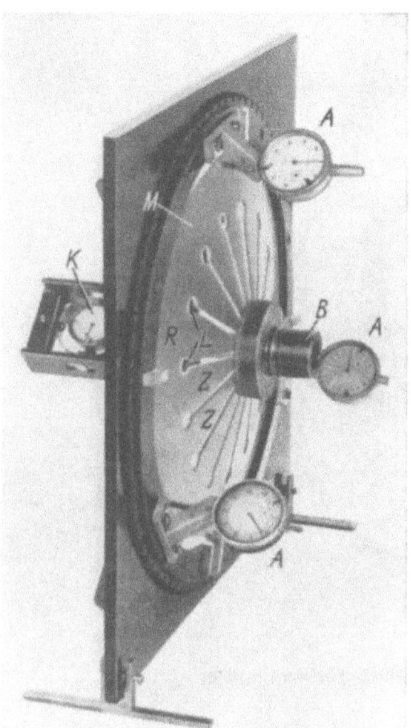

Abb. 6.10.1 Modell (M) einer Zungentellerfeder in der Belastungsvorrichtung.
L Endlöcher der Schlitze, R Randteil, Z Zungen, K Kraftmesser, B Mutter, A Meßuhren

zum Festhalten der Kupplungsscheibe notwendig ist. Zum Ausrücken der Kupplung dienen die Zungen. Durch Betätigung des Kupplungspedals wird auf die Enden der Zungen eine Kraft ausgeübt, die die Tellerfeder jetzt noch über die Planlage hinaus verbiegt. Dadurch hebt sich ihr äußerer Rand von der Unterlage ab und die Kupplung löst sich.

Dieser Vorgang des Durchdrückens der bereits in „Planlage" gespannten Feder über diese hinaus kann in der in Abb. 6.10.1 gezeigten Belastungsvorrichtung mit dem spannungsoptischen Modell völlig wirklichkeitsgetreu nachgeahmt werden. Es wird das in Abschn. 5.6.4 beschriebene Verfahren des Modells mit spiegelnder Mittelschicht angewandt. Dadurch ist es möglich, obwohl das Spannungsproblem an sich ein räumliches ist, das Modell bei Raumtemperatur zu belasten und spannungsoptisch zu untersuchen. Das Modell der Feder ruht in der Belastungsvorrichtung auf einer Kreisringplatte aus Plexiglas. Da diese auf Biegung beansprucht wird und die spannungsoptische Wirksamkeit des Plexiglases klein ist, erzeugt sie praktisch keinen optischen Effekt, der die Messungen stören könnte. Die zentrale Kraft, die die Zungen durchdrückt, wird durch den Kraftmesser K gemessen; das Belasten erfolgt durch Anziehen der Mutter B. Das Abheben des Randes der Tellerfeder kann durch drei Meßuhren A gemessen werden, durch eine weitere auf der Rückseite angeordnete der Federweg an den Zungenenden. Es können damit alle mechanischen Größen beim Vorgang des Durchdrückens der Feder, die von Interesse sind, vom Augenblick des Lösens der Kupp-

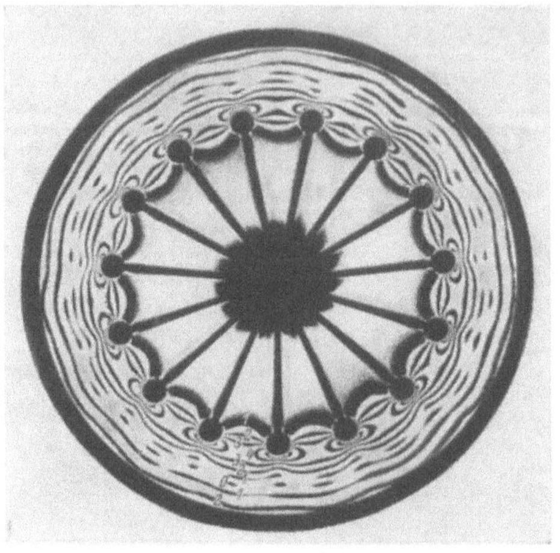

Abb. 6.10.3 Isochromatenbild der Zungentellerfeder von außen

lung an, verfolgt werden. Wir beschreiben hier nur die spannungsoptische Messung der dabei im Modell auftretenden Spannungen.

Das Modell wurde im Maßstab 2 : 1 geometrisch ähnlich zur wirklichen Ausführung auf folgende Weise hergestellt. Zunächst wurden zwei Kegelschalen aus Araldit B von 2,2 mm Stärke in einer geschliffenen Stahlform (Abb. 6.10.2) gegossen. Die untere Formhälfte besitzt einen geschliffenen Zentrierbolzen Z; um genau konstante Wandstärke zu erhalten, wurden ferner Abstandsklötzchen A aufgelegt. Zum Guß wurde eine genau dosierte Menge von Araldit-Schmelze in die untere Formhälfte eingegossen (s. Abbildung) und dann die obere Hälfte langsam aufgesetzt. Dabei wurde die Schmelze langsam nach außen gedrückt und es konnten sich keine Lufteinschlüsse bilden. Nach dem Auspolymerisieren wurden die beiden Kegelschalen mit Araldit B unter Beimengung von Aluminiumpulver, wie in Abschn. 5.6.4 beschrieben, zusammengeklebt.

Zur spannungsoptischen Auswertung wurden auf beiden Seiten des belasteten Modells mit Hilfe eines Reflexionspolariskops die Isochromaten aufgenommen. Abb. 6.10.3 zeigt eine Gesamtaufnahme der Isochromaten auf der Außenseite des Modells. Der dort wiedergegebeen Beanspruchungszustand entspricht nahezu der „Planlage" der Feder. Zur genauen Auswertung wurden von der Randzone des Modells noch Detailaufnahmen von außen und innen gemacht, Abb. 6.10.4. An den Modellrändern (Löcher und Außenrand) erfolgt die Auswertung,

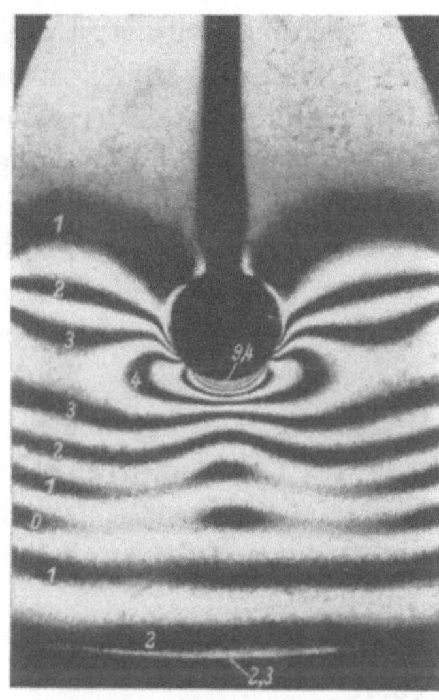

Abb. 6.10.4 a. Ausschnitt aus Abb. 6.10.3:
Isochromaten auf der Außenseite

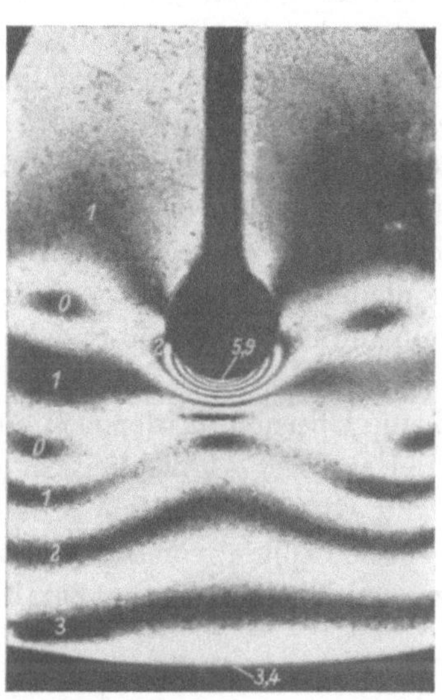

Abb. 6.10.4 b. Isochromaten auf der Innenseite

da dort der Spannungszustand einachsig ist, nach Gl. (5.6.1). Darin ist die Modelldicke $h = 0,44$ cm und die durch einen Eichversuch bestimmte spannungsoptische Konstante $S = 10,3$ kp/cm Ordnung einzusetzen. Die genauen Ordnungszahlen wurden durch Extrapolation zum Rand und zur Kontrolle auch durch Kompensieren nach Sénarmont festgestellt. Man hat, mit den Bezeichnungen von Abschn. 5.6.4, für den Lochrand:

$$\delta_A = -9{,}4, \qquad \delta_B = -5{,}9,$$

daher ergeben sich die Randspannungen auf der Modellaußen- und -innenseite nach Gl. (5.6.1) zu

$$\sigma_a' = -261 \text{ kp/cm}^2, \qquad \sigma_i' = -97 \text{ kp/cm}^2 \text{ (Druck).} \qquad (6.10.1)$$

Analog hat man für den Modellaußenrand:

$$\delta_A = 2{,}3, \qquad \delta_B = 3{,}4,$$

daher

$$\sigma_a' = 41 \ \text{kp/cm}^2, \qquad \sigma_i' = 92 \ \text{kp/cm}^2 \ (\text{Zug}). \qquad (6.10.2)$$

Aus den großen Unterschieden zwischen den σ_a' und σ_i' erkennt man, daß in der Tellerfeder dem Membranspannungszustand ein beträchtlicher Biegespannungszustand überlagert ist. Dieser hätte mit einem Modell ohne spiegelnde Mittelfläche nicht erfaßt werden können.

Was die Übertragung der Ergebnisse betrifft, so ist zunächst festzustellen, daß hier der in der Spannungsoptik seltene Fall der strengen Ähnlichkeit in den Verformungen vorliegt. Denn das Modell wurde geometrisch ähnlich ausgeführt und auch das Durchdrücken der Kegelschale erfolgte geometrisch ähnlich. Dies ist hier gar nicht anders möglich, weil die Beziehung der Verformung zur Kraft nichtlinear ist. Daher wäre erweiterte Ähnlichkeit in den Verformungen im vorliegenden Fall nicht erlaubt. Daß man trotzdem genügend hohe Isochromatenordnungen bekommt, rührt daher, daß man auch in der wirklichen Ausführung, weil sie aus Federstahl besteht, sehr hohe Dehnungen hat, so daß eine Überhöhung der Dehnungen im Modell gar nicht notwendig ist.

Bei strenger Ähnlichkeit ist der Maßstab der Dehnungen 1 : 1 und es gilt Gl. (4.1.7). Man erhält daher bei einem Elastizitätsmodul $E' = 33\,000\ \text{kp/cm}^2$ von Araldit, und wenn man den von Stahl $E = 2,1 \cdot 10^6$ setzt, den Übertragungsmaßstab für die Spannungen χ:

$$\chi = \frac{\sigma}{\sigma'} = \frac{E}{E'} = 63,5 \, .$$

Multipliziert man die Spannungen der Gln. (6.10.1 und 6.10.2) mit diesem χ, so kommt man auf Druckspannungen bis $16\,600\ \text{kp/cm}^2$ und Zugspannungen bis $5850\ \text{kp/cm}^2$ für die Hauptausführung. Beim Durchdrücken der Feder über die Planlage (Auskuppeln) ergeben sich noch höhere Spannungen. Man könnte zunächst meinen, daß das Material so hohe Spannungen gar nicht aushält. Tatsächlich rechnet man aber, auch theoretisch, bei Tellerfedern mit Spannungen dieser Größenordnung. Es ist nämlich folgendes zu bedenken: Das besagte Druckspannungsmaximum, das sich als Spannungskonzentration an den Löchern ergibt, tritt in Wirklichkeit nicht auf, da es durch örtliche Plastifizierung abgebaut wird. Die Zugspannung ist nicht so hoch, immerhin aber noch erheblich. Daß sie trotzdem in dieser Größenordnung bei Tellerfedern vom Material ertragen wird, hängt damit zusammen, daß die Federn zwar unter einer dauernden sehr hohen Vorspannung stehen, jedoch die wechselnde Beanspruchung um diese Vorspannung, die beim Betätigen der Kupplung sich überlagert, sich in ziemlich kleinen Grenzen bewegt. Die diesem Beanspruchungsvorgang entsprechende Dauerfestigkeit des Materials liegt dann ziemlich hoch.

6.11 Untersuchung von Stahlbetonbauteilen durch bewehrte Modelle

Die Spannungen in Stahlbetonkonstruktionen berechnet man gewöhnlich, als ob es sich um homogene isotrope elastische Körper handeln würde, und dimensioniert die Stahleinlagen hernach so, daß in den Zugzonen der Stahl allein, in den Druckzonen Stahl und Beton gemeinsam die inneren Kräfte aufnehmen. Auch wenn der Festigkeitsnachweis spannungsoptisch erbracht wird (s. Beispiele Abschn. 6.5 und 6.6), geht man gewöhnlich nach diesem Grundsatz vor, indem man den Spannungszustand feststellt, der in einem homogenen Kunstharzmodell auftritt. Eine solche Arbeitsweise ist immer bis zu einem gewissen Grade unbefriedigend, weil es sich schwer abschätzen läßt, wie weit die Spannungsverteilung in der bewehrten Konstruktion, die anisotrop und inhomogen ist, von der berechneten abweicht.

Man kommt der Wirklichkeit näher, wenn man in die Modelle Armierungen eingießt, was mit den heute zur Verfügung stehenden Gießharzen ohne größere Schwierigkeiten möglich ist. Es kommen hierzu nur Werkstoffe in Frage, die kalt vergossen werden, z. B. das kalthärtende Araldit D, denn in einem warm gegossenen Modell würden sich bei der Abkühlung auf Raumtemperatur Eigenspannungen einstellen.

Wir beschreiben im folgenden einige Beispiele von Untersuchungen an bewehrten Modellen, die der Münchener Dissertation VASCONCELOS [187] entnommen sind.

Die Einlagen eines bewehrten Modells sollen aus einem Werkstoff bestehen, dessen Elastizitätsmodul zu demjenigen des Gießharzes im gleichen Verhältnis steht wie die Elastizitätsmoduln von Stahl und Beton zueinander. Dann sind, vorausgesetzt daß die Bewehrung überall fest haftet, auch die Verhältnisse der Spannungen in Bewehrung und umgebendem Material in Modell und Hauptausführung gleich. Außerdem muß das Material für die Bewehrung möglichst großer elastischer Dehnungen fähig sein, damit man im Modell einen genügend hohen optischen Effekt erhält. Die letztere Forderung begrenzt hauptsächlich die in Frage kommenden Werkstoffe.

Das Verhältnis der Elastizitätsmoduln von Stahl und Beton $E_{st} : E_b$ schwankt zwischen 10 und 20. Bei statischen Berechnungen nimmt man gewöhnlich $E_{st} : E_b = 15$ an. Für die Modellarmierungen verwendete VASCONCELOS Duralumin oder Glasfaserstäbe. Das Duralumin hatte einen Elastizitätsmodul $E'_{st} = 628000$ kp/cm², seine Elastizitätsgrenze lag bei einer Dehnung von 3‰. Damit kommt man, wenn man für Araldit D einen Mittelwert $E'_b = 26000$ kp/cm² annimmt, im Modell auf ein Verhältnis $(E_{st}/E_b)'$ von etwa 24, das also noch etwas zu hoch ist.

Bessere Kennwerte wurden mit Glasfaserstäben erreicht. Ihr E-Modul war 290000 kp/cm², so daß das Verhältnis $(E_{st}/E_b)'$ etwa 11 wird. Die Elastizitätsgrenze liegt bei über 6‰ Dehnung. Leider sind die Glasfaserstäbe nur beschränkt brauchbar, da sich gebogene Armierungen mit ihnen kaum herstellen lassen.

Abb. 6.11.1a zeigt das Isochromatenbild einer durch zwei gegenüberliegende Zugkräfte belasteten Rahmenecke, die mit Duralumindrähten armiert ist. Zum Vergleich wurde eine kongruente nicht armierte

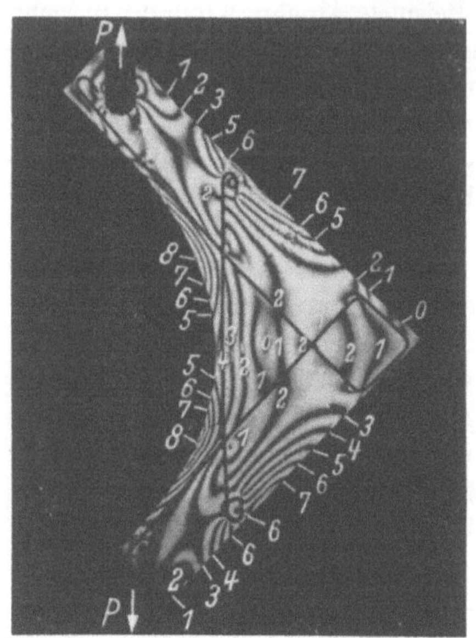
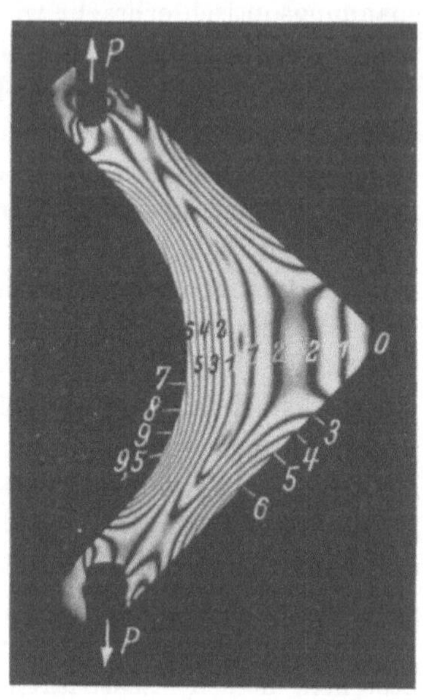

a   b

Abb. 6.11.1a u. b Bewehrte und nicht bewehrte Rahmenecke unter zwei Zugkräften P

Rahmenecke (Abb. 6.11.1b) auf gleiche Weise belastet. Man erkennt, wie durch die Bewehrung die Zugspannungsmaxima an der Ausrundung von der 9,5ten auf die achte Ordnung herabgesetzt werden. Auffallend sind auch die Sprünge der Isochromaten an den Armierungsdrähten, die durch Unstetigkeiten der Schubspannung verursacht sind.

Versuche nach Art der Abb. 6.11.1a sind für den Stahlbetonbau nur von untergeordneter Bedeutung. Denn in dem Modell der Rahmenecke nehmen auch in den Zugzonen die Armierung und das den Beton darstellende Araldit gemeinsam die Spannungen auf. Beim Stahlbeton dagegen trägt bei Zug nur die Armierung, weil der Beton bei stärkerer Belastung reißt. Das wirkliche Spannungsbild in Zugzonen kann man im spannungsoptischen Modell nur dadurch nachzuahmen versuchen, daß man die Risse, die in Wirklichkeit erst durch die Belastung entstehen, schon von vornherein künstlich im Modell ausbildet. Abb. 6.11.2 zeigt einen solchen Versuch mit einem auf reine Biegung beanspruchten

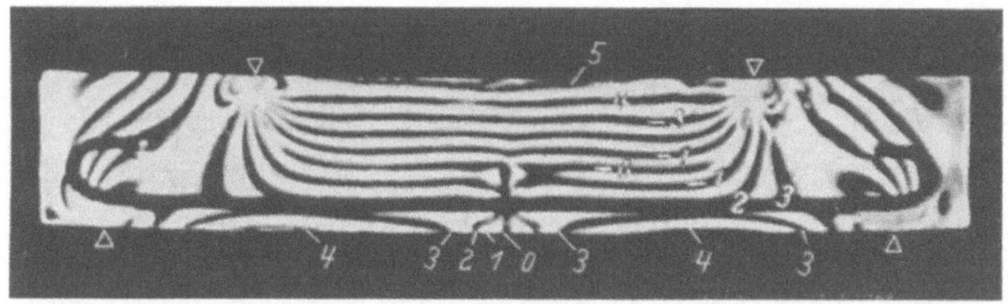

Abb. 6.11.2 Störung des Spannungszustandes eines armierten Biegebalkens durch einen Riß

armierten Balken. In der Mitte der Zugzone wurde beim Gießen des Modells durch Einlegen einer doppelten Aluminiumfolie ein Spalt ausgespart, der sich beim Belasten wie ein Riß im Beton auswirkt. Es zeigt

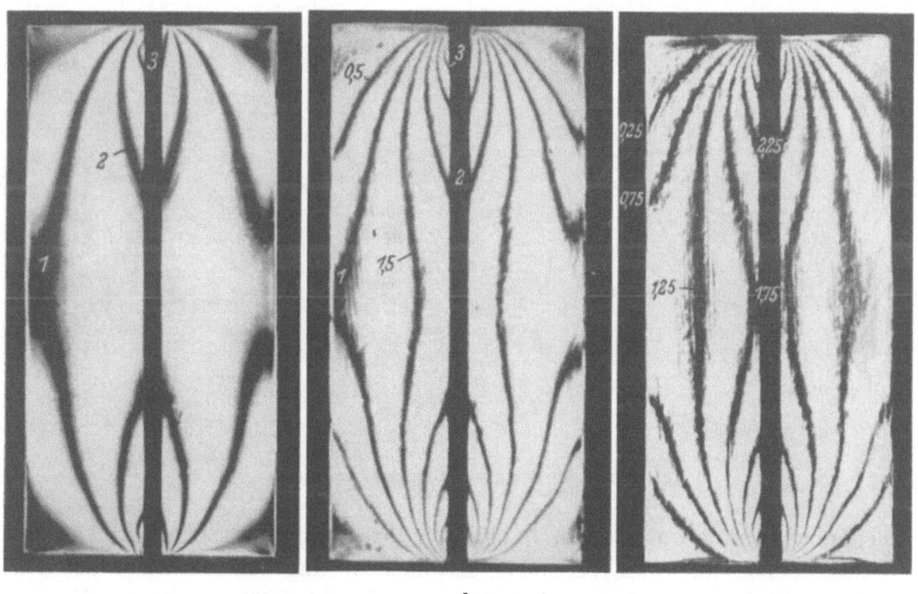

a   b   c

Abb. 6.11.3a—c   Isochromaten eines Rechtecks mit eingegossenem Glasfaserstab im Zugversuch.
a) Durchfallendes Licht, Dunkelfeld, b) Reflektiertes Licht, Dunkelfeld,
c) Reflektiertes Licht, Hellfeld

sich eine Störung des Spannungszustandes, deren Breite nach beiden Seiten ungefähr der Rißlänge entspricht.

Das Problem der Rißbildung ist im Stahlbetonbau von großer Wichtigkeit. Man ist bestrebt, möglichst viele Risse von geringer Breite zu

erhalten. Die Rißbildung hat man sich so vorzustellen, daß zunächst
nur einige wenige Risse auftreten, die den Beton, wenn es sich um ein
gerades Bauteil handelt, in mehr oder weniger rechteckförmige Teilstücke
zerlegen. Ob dann bei weiterer Steigerung der Belastung die Teilstücke

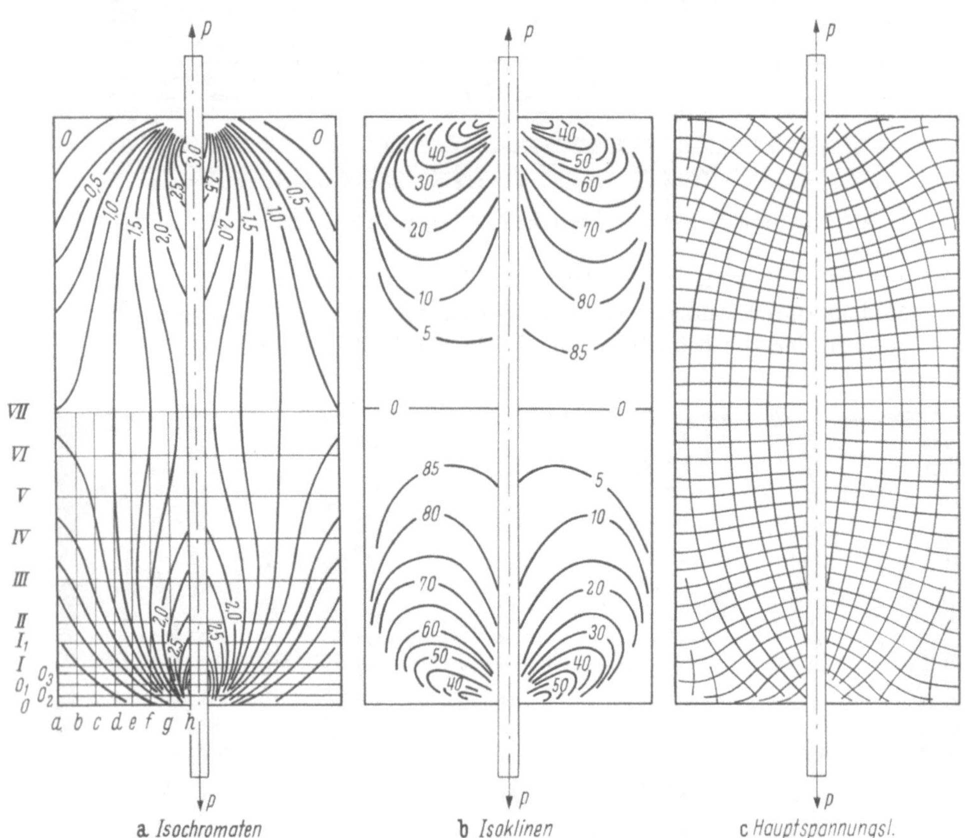

Abb. 6.11.4a—c Zur Auswertung des Zugversuchs

sich noch weiter unterteilen, hängt von ihrem Spannungszustand ab.
VASCONCELOS hat nun versucht, Einblick in den Mechanismus der
weiteren Teilung zu bekommen, indem er rechteckige Stücke aus Araldit
von verschiedenen Verhältnissen der Breite zur Länge, in die Glasfaser-
oder Duraluminstäbe eingegossen waren, spannungsoptisch untersuchte.
Bei allen Versuchen wurden durch die vollständige Auswertung die
Hauptspannungen bestimmt, da bei Beton für den Bruch die größte
Zugspannung maßgebend ist und daher ermittelt werden muß.

Die Abb. 6.11.3 bis 6.11.6 erläutern einen solchen Versuch mit einer
rechteckigen Scheibe aus Araldit, in die ein Glasfaserstab eingegossen

war. Dieser wurde durch eine Zugkraft belastet. Es sollte der Spannungszustand untersucht werden, der vorhanden ist, bevor noch die Haftung zwischen Armierungsstab und umgebendem Material überwunden wird. Daher konnte nicht sehr stark belastet werden, und es ergaben sich zu wenig Isochromaten (Abb. 6.11.3 a). Um sie zu verdoppeln, wurde das Modell mit einer auf seine Rückseite aufgelegten Aluminiumfolie auch

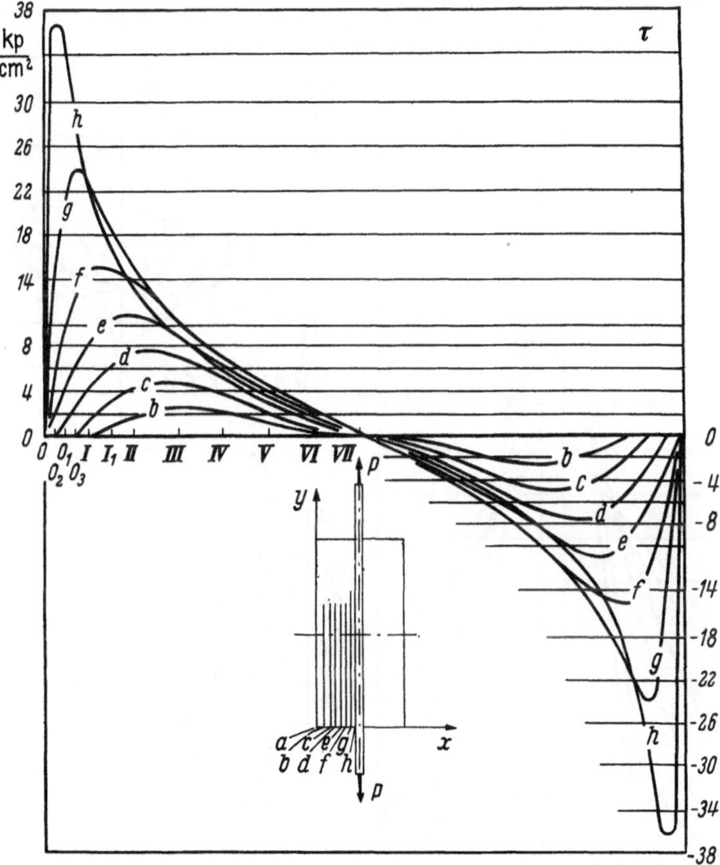

Abb. 6.11.5 Schubspannungsverlauf längs der Linien a, b, $c \ldots$

noch im reflektierten Licht (Abb. 6.11.3 b) photographiert. Ein schließlich noch dazu aufgenommenes Hellfeldbild ergab außerdem die dazwischenliegenden Isochromaten, so daß sie nunmehr vervierfacht für die Auswertung vorlagen (Abb. 6.11.4 a). Die Isoklinen und die daraus konstruierten Hauptspannungslinien zeigen die Abb. 6.11.4 b und c.

Als Ergebnis der vollständigen Auswertung des ganzen Feldes ist in den Abb. 6.11.5 und 6.11.6 der Verlauf der Schubspannungen längs vertikaler und derjenige der Hauptspannungen längs horizontaler Linien wiedergegeben. Es zeigt sich ein stark konzentriertes Maximum der Schubspannung und auch der größten Zugspannung am Bewehrungsstab in unmittelbarer Nähe des Modellrandes. Nun ist zu bedenken, daß der Versuch für vollkommene Haftung zwischen Stab und Umgebung gilt.

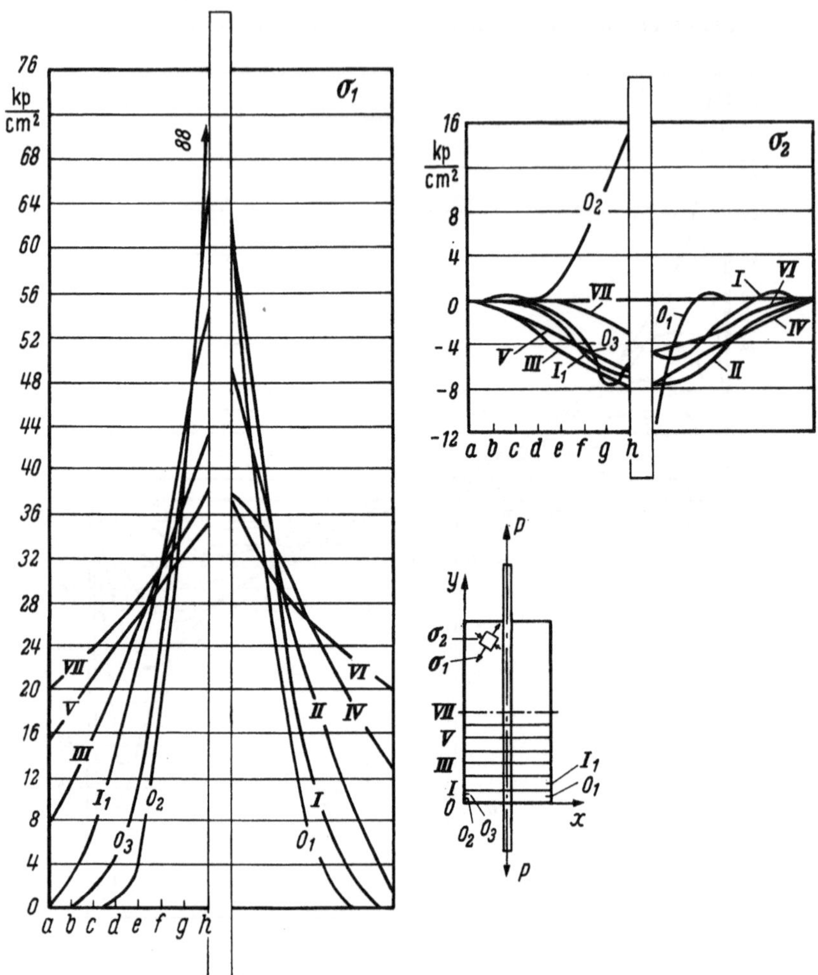

Abb. 6.11.6 Hauptspannungen σ_1 und σ_2 längs der Linien O_2, O_1, O_3, I ...

In der wirklichen Ausführung wird bei Steigerung der Last schon bald die Haftung zwischen Stahl und Beton, ausgehend von besagtem Maximum, örtlich zerstört und damit die Spannungskonzentration abgebaut. Dann kann schließlich, namentlich wenn das Rechteck lang ist, die Zugspannung in seiner Mitte (sie hat dort, wie aus den Kurven der Abb. 6.11.6 hervorgeht, ein flaches Teilmaximum) größer werden als die an den

Enden und es tritt dort der Bruch ein. Noch deutlicher wird dies bei einem exzentrischen Zugversuch, dessen Isochromatenbild Abb. 6.11.7 zeigt. Er wurde ebenfalls vollständig ausgewertet. Von den beiden Hauptspannungen, die am Armierungsstab auftreten, ist die größere in Abb. 6.11.8 längs des Stabes aufgetragen. Hier erhebt sich das Zugspannungsmaximum an den Enden nur mehr unbedeutend über den übrigen Verlauf. Nach Überwindung der Haftung wird die örtlich sehr

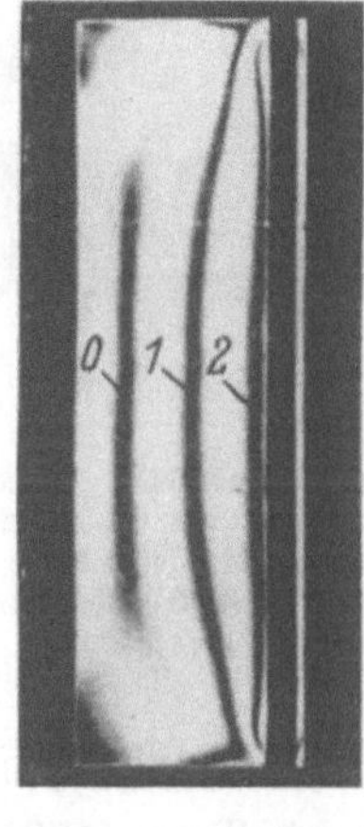

Abb. 6.11.7 Isochromaten bei exzentrischem Zug. Durchfallendes Licht, Dunkelfeld

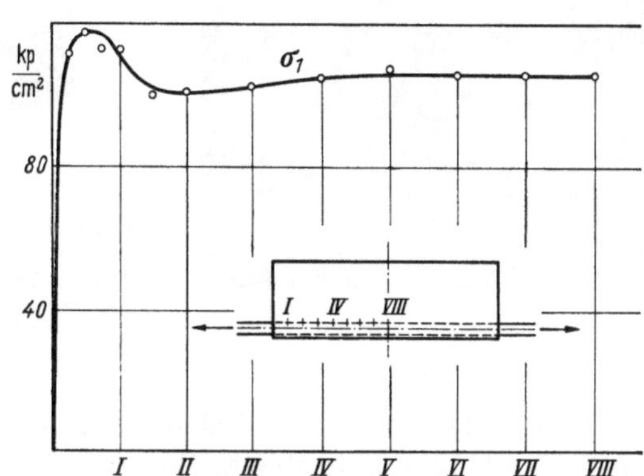

Abb. 6.11.8 Außermittiger Zugversuch. Verlauf der größeren Hauptspannung σ_1 längs des Drahtes

konzentrierte Spannungsspitze rasch ohne wesentliche Folgen für die Umgebung abgebaut. Dann liegt das Spannungsmaximum in der Mitte, und daher muß bei weiterer Belastungssteigerung dort der Bruch erfolgen und sich ein Riß bilden.

Zum Schluß sei noch auf ein weiteres wichtiges Problem des Stahlbetonbaus kurz hingewiesen, die Ausziehversuche. Sie dienen zur Bestimmung der Haftfähigkeit von Stählen im Beton. Hierzu wird ein gerader Stahl in ein zylindrisches Stück Beton eingegossen, dann herausgezogen. Dabei verteilen sich die Schubspannungen in gänzlich unbekannter Weise längs des Stahls. Für die Beurteilung der Versuche ist aber eine genauere Kenntnis dieser Verteilung erwünscht. Das Problem ist strenggenommen räumlich. Doch können auch ebene spannungsoptische Versuche wenigstens einen qualitativen Einblick in den im Ausziehkörper sich ausbildenden Spannungszustand vermitteln. Die Abb. 6.11.9a und b zeigen die Isochromaten solcher ebener Versuche mit Modellen verschiedener Höhe. Als Armierung diente ein Duralumindraht, auf den zwecks Erzielung größtmöglicher Haftung ein Gewinde aufgeschnitten war. Schon aus dem Isochromatenbild ist erkennbar, daß bei großer Höhe des Probekörpers (Abb. 6.11.9a) sich die Kraftübertragung hauptsächlich im unteren Teil abspielt, während sich in Abb. 6.11.9b der ganze Probekörper daran beteiligt. Die vollständige Auswertung bestätigte, daß die Schubspannungen beim niedrigen Modell erheblich gleichmäßiger verte·˙; waren.

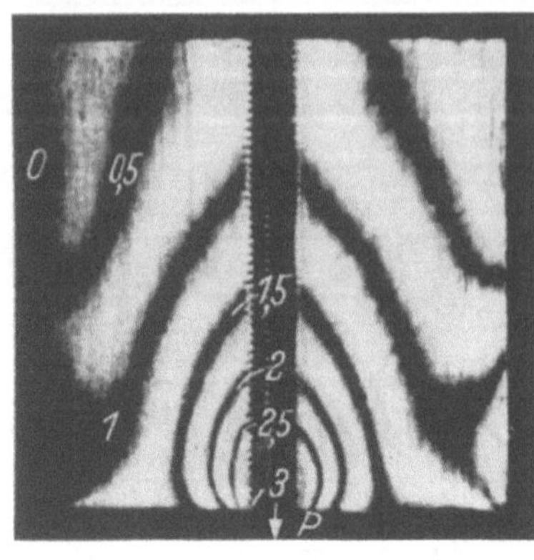
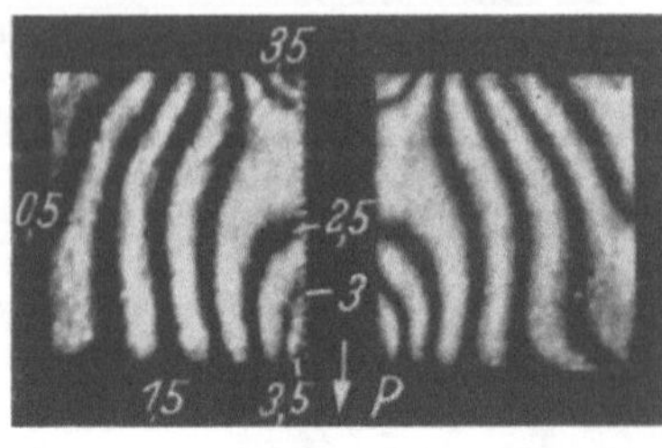

b

a

Abb. 6.11.9 a und b Isochromatenbilde⁻ ebener Versuche, die den Spannungszustand bei Ausziehversuchen mit Probekörpern verschiedener Höhe nachahmen sollen. Dunkelfeld im Reflexionspolariskop. Gleiche Last P in beiden Fällen

Versuche mit armierten Modellen wurden auch von BOITEN [17] und von RACKÉ [158] durchgeführt. Neuerdings untersuchte TAYA [179] eine große Anzahl armierter Bauelemente spannungsoptisch, insbesondere auch solche mit Vorspannankern.

6.12 Nachprüfung des St. Venantschen Prinzips mit Hilfe der Spannungsoptik

Nach dem St. Venantschen Prinzip, das die elastische Gleichwertigkeit statisch gleichwertiger Belastungen ausdrückt, ändert sich der Spannungszustand in einem elastischen Körper beim Ersetzen der Lasten durch eine statisch gleichwertige Belastung nur in der unmittelbaren Nachbarschaft der angreifenden Lasten, während der Spannungszustand in größerer Entfernung vom Angriffsgebiet der Lasten davon unberührt bleibt. Dieser von ST. VENANT aufgestellte Satz läßt sich mit Hilfe der Spannungsoptik an Beispielen leicht nachweisen (vgl. auch S. 30). Aus der Münchener Dissertation WICK [191] sind einige Beispiele hierzu wiedergegeben. Sie beziehen sich auf ebene Spannungszustände. Abb. 6.12.1a zeigt das Isochromatenbild in einem langen Flachstab, der durch eine in der Längsachse des Stabes angreifende Einzellast P auf Druck beansprucht wird. Das Bild läßt erkennen, daß sich der Druck mit zunehmendem Abstand von der Lastangriffsstelle rasch über den

Stabquerschnitt verbreitet. Am unteren Bildrand zeigt sich bereits eine gleichmäßig verteilte Isochromatenordnung von etwa 2,8. Dies bedeutet, daß sich die vertikalen Druckspannungen gleichmäßig über den Querschnitt verteilen. In einem Abstand von der Staboberkante, der gleich der Stabbreite ist, und der durch eine horizontale Linie gekennzeichnet wurde, ist die Verteilung noch nicht ganz gleichmäßig, jedoch sind die Unterschiede gering; in der Mitte hat man die Ordnung 3, seitlich etwa 2,5. Ersetzt man die Einzellast P durch zwei symmetrisch angreifende Einzellasten $P/2$ mit verschiedenen Abständen, so erhält man die Serie von Isochromatenbildern der Abb. 6.12.1 b. Dabei gibt der in den Bildern verwendete Parameter k den Abstand b/k der beiden Lasten $P/2$ von der Stabmitte an, mit $2b$ als Stabbreite. In den beiden linken Bildern dieser Serie ist die Lage der 3. Isochromatenordnung noch ungefähr die gleiche wie in Abb. 6.12.1 a. Dies ist ein Zeichen dafür, daß in dem vorher betrachteten, wieder durch eine horizontale Linie bezeichneten Querschnitt kein Einfluß des geänderten Lastensystems spürbar ist und rührt daher, daß der Lastangriffsbereich noch klein gegenüber dem Abstand ist, in dem sich der betrachtete Querschnitt befindet. Wenn man den Abstand der beiden Einzellasten $P/2$ dagegen noch weiter vergrößert, macht sich dies in stärkerem Maße im Spannungszustand bemerkbar, wie es die beiden rechten Bilder der Serie von Abb. 6.12.1 b beweisen. Bei $k = 2$ ist die Isochromatenordnung fast gleichmäßig über den betrachteten Querschnitt verteilt, während bei $k = 1{,}5$ die Ordnung den Wert 3 an den Rändern erreicht, in der Mitte hingegen jetzt niedriger ist.

Wird die Last P gleichmäßig verteilt über eine Breite $2b/k$ mit k als Parameter aufgebracht, so entstehen die Isochromatenbilder der Serie Abb. 6.12.1 c. Auch hier erkennt man, daß sich die durch die Isochromatenordnung angezeigte Spannungsverteilung in dem durch die horizontale Linie bezeichneten Querschnitt bei Verbreiterung des Belastungsstreifens geringfügig ändert. Am unteren Bildrand ist jedoch auch bei dieser Serie die Verteilung schon gleichförmig. (Kleine Unstimmigkeiten rühren daher, daß die Last teilweise nicht ganz symmetrisch war. Es ist im Versuch sehr schwierig, Stäbe völlig exakt konzentrisch auf Druck zu beanspruchen.)

Die Isochromatenaufnahmen der Abb. 6.12.1 bestätigen das eingangs formulierte St. Venantsche Prinzip, wonach sich der elastische Spannungszustand in einem Körper durch Änderung der Einleitung der Belastung bei gleichbleibender resultierender Last nur in der nächsten Umgebung des Lastbereiches ändert.

Bei allen Bildern war festzustellen, daß in dem Querschnitt, dessen Abstand von der Staboberkante, d. h. vom Lastangriffsbereich, gleich der Stabbreite ist, sich der Spannungszustand nur mehr unwesentlich ändert, wenn die Lasteinleitung geändert wird.

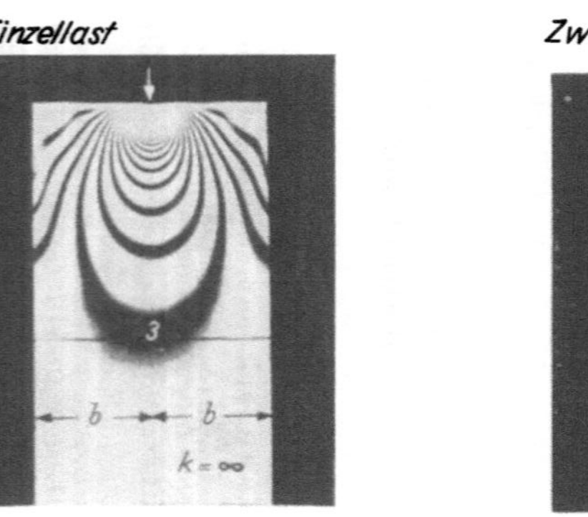

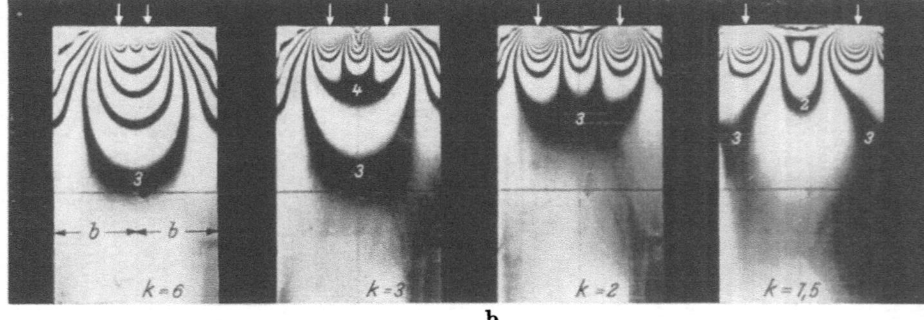

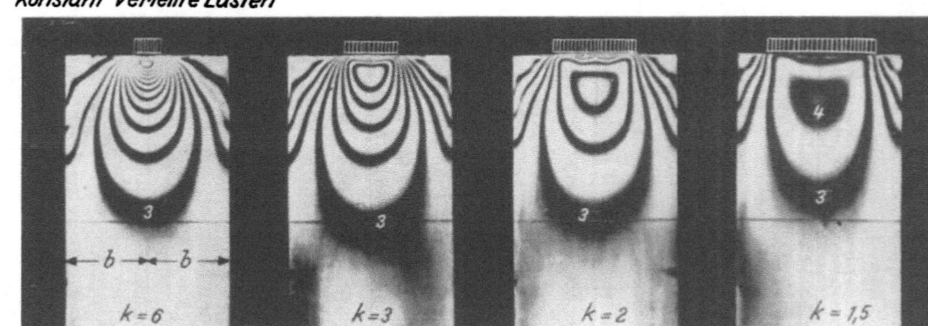

Abb. 6.12.1 a−c Beanspruchung einer unendlich langen Rechteckscheibe

a) durch eine Einzellast P, b) durch zwei Einzellasten $P/2$ im Abstand b/k von der Mittellinie, c) durch symmetrisch liegende rechteckförmige Belastungsstreifen von der Ausdehnung $2b/k$ und der Gesamtlast P

Damit bestätigt sich eine oft für das St. Venantsche Prinzip bei Stäben gebrauchte Faustregel, die annimmt, daß der Einflußbereich der Art der Lasteinleitung in einem Querschnitt sich bis zu einer Entfernung erstreckt, die etwa gleich der Stabbreite ist.

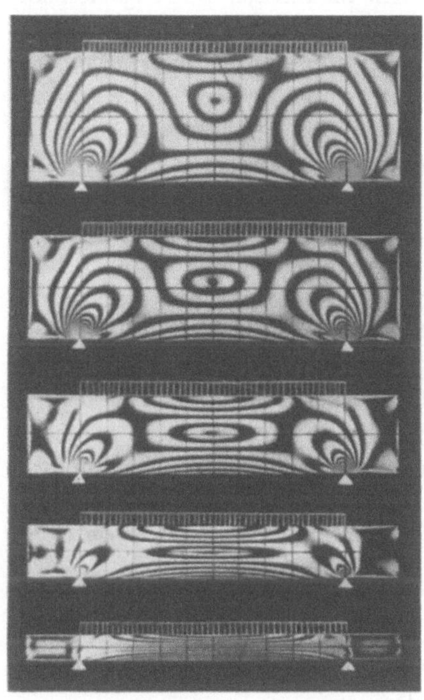

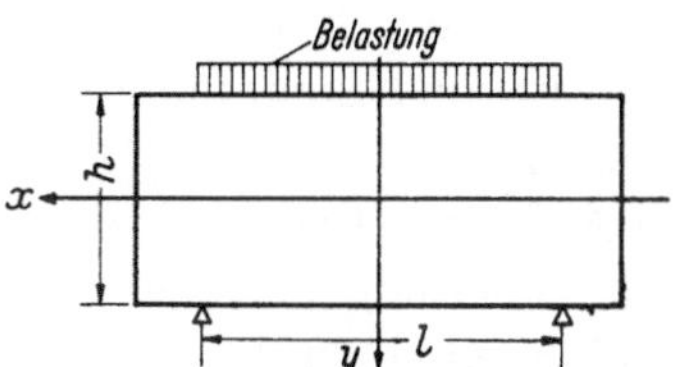

Abb. 6.12.2 Belastungsschema der Rechteckscheiben

Abb. 6.12.3 Auf Biegung beanspruchte Rechteckscheiben. Belastungen konstant verteilt. Verschiedene Seitenverhältnisse l/h

Als weiteres Beispiel wurden auf Biegung beanspruchte Rechteckscheiben spannungsoptisch untersucht. Abb. 6.12.2 zeigt die Scheibe mit ihren beiden Auflagern und ihrer Belastung schematisch. Für fünf verschiedene Verhältnisse l/h bei gleichbleibender Belastung sind in Abb. 6.12.3 die zugehörigen Isochromatenbilder dargestellt.

Für den Spannungszustand in den Scheiben gibt es eine theoretische Lösung (siehe z. B. L. Föppl [56], S. 18), die in allen Fällen der Abb. 6.12.3 den Spannungsverlauf im Symmetriequerschnitt praktisch exakt wiedergibt. Nach dieser Theorie wurde bei allen Scheiben die Belastung so bemessen, daß in der Mitte der Unterkante jeweils die gleiche Spannung auftrat.

Nun wird aber in der genannten Theorie, genauso wie in der einfachen Balkentheorie, in welche die genauere Theorie für große l/h übergeht, angenommen, daß sich die von den Querkräften herrührenden Schubspannungen über die Auflagerquerschnitte parabolisch verteilen.

Da aber die Auflagerkräfte tatsächlich nicht in dieser Weise eingeleitet werden, sondern als Einzelkräfte, die an den unteren Begrenzungen der Scheiben angreifen, ändert sich der Spannungszustand in der Umgebung dieser Auflagerstellen gegenüber dem theoretischen Spannungsverlauf: Im Falle $l/h = 10$ liegt im mittleren Teil des Stabes das typische Isochromatenbild der Biegung vor mit dem maximalen Biegungsmoment im mittleren Querschnitt, dem die größte Anzahl von Isochromaten über die Querschnittshöhe entspricht. Je weiter die Querschnitte gegen die Auflager zu gelegen sind, desto geringer wird das übertragene Biegemoment, und damit nimmt auch die Anzahl der Isochromaten über die Balkenhöhe ab. Dieses typische Isochromatenbild ändert sich in der Nähe der Auflager. Hier ähnelt das Isochromatenbild wegen der punktförmigen Krafteinleitung dem der Abb. 1.6.7. Wie das zu $l/h = 10$ gehörende Isochromatenbild der Abb. 6.12.3 zeigt, macht sich dieser störende Einfluß der Auflager auf einer Strecke bemerkbar, die etwa gleich der Stabhöhe ist. Auch an den Isochromatenbildern mit kleineren Verhältnissen l/h in Abb. 6.12.3 läßt sich der Störungsbereich der Auflager als ungefähr gleich der Balkenhöhe ablesen. Es gilt also auch für dieses Beispiel die auf S. 279, oben, ausgesprochene Faustregel für das St. Venantsche Prinzip bei Stäben. Man darf diese Regel jedoch nicht auf alle Spannungszustände verallgemeinern. Um im Einzelfall die Reichweite des Störungsbereichs zu bestimmen, hat man in der Spannungsoptik ein ausgezeichnetes Hilfsmittel.

6.13 Elastische Spannungszustände in Körpern mit ebenen Schnitten
[61, 23]

Wird ein beliebig belasteter elastischer Körper durch ebene Schnitte unterteilt, so ändert sich sein Spannungszustand im allgemeinen erheblich. Gebirge mit schichtenförmigem Gesteinsaufbau sind häufig vorkommende Beispiele solcher Körper. Zur Untersuchung des elastischen Spannungszustandes geschnittener Körper ist die Spannungsoptik besonders geeignet. Aus den zahlreichen Versuchen über Spannungen an Körpern mit geschichtetem Aufbau, die am Münchener spannungsoptischen Laboratorium angestellt worden sind, haben sich zwei charakteristische Merkmale herausgeschält. Das eine betrifft den Sprung der Normalspannungen parallel zum Schnitt beim Überschreiten des Schnittes. Die Größe dieses Sprunges ist mitunter sehr beträchtlich und ist häufig mit einem Vorzeichenwechsel dieser Normalspannungen verbunden. Das zweite Merkmal für den Spannungszustand in Körpern mit Schnitten ist seine Vieldeutigkeit, so daß es unter Umständen schwerfällt, einen elastischen Spannungszustand in geschnittenen Körpern bei gleicher Belastung zu reproduzieren. Die Eindeutigkeit des elastischen Spannungszustandes, die die Elastizitätstheorie für nicht geschnittene Körper bei gegebener Belastung lehrt, gilt nicht mehr für Körper mit schichtenförmigem Aufbau. Im Gegenteil gibt es für solche Körper unendlich viele elastische Spannungszustände bei gegebenen Lasten. Es rührt dies daher, daß man im Schnitt Schubspannungen und Normal-

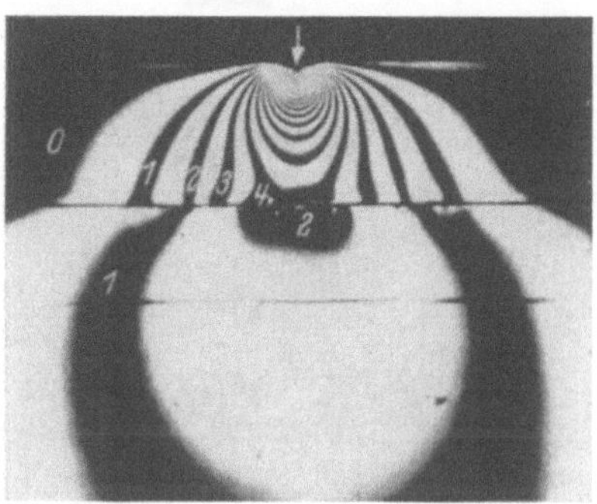

a

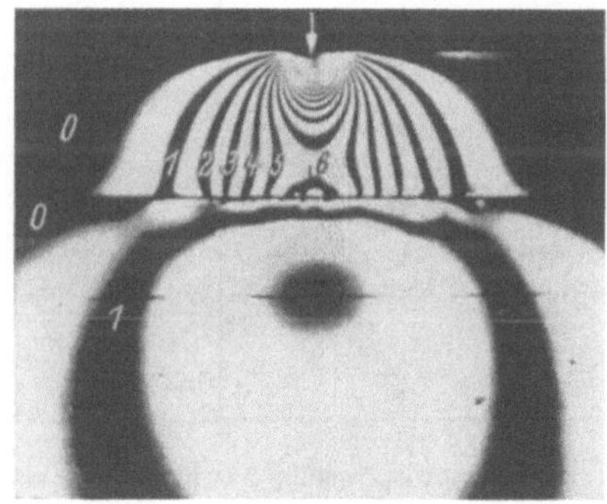

b   c

Abb. 6.13.1 a–c Isochromaten an der senkrecht zum Rand mit einer Einzellast belasteten, unendlich ausgedehnten Halbebene.

a) Belastungsfall ohne Schnitt, b) Belastungsfall mit Schnitt und Schubspannungen in der Schnittebene, c) Belastungsfall mit Schnitt ohne Schubspannungen in der Schnittebene

spannungen, die für sich Gleichgewicht halten, beliebig hinzufügen kann. Man kann diese Spannungen als Eigenspannungen des geschnittenen Körpers bezeichnen, die von der Art, wie die Schichten des Körpers aufeinandergesetzt werden, abhängen. Wenn man einen Belastungsversuch mit einem geschnittenen Körper wiederholt, so wird im allgemeinen im Schnitt ein anderer Eigenspannungszustand auftreten als beim ersten Versuch. Man kann aber, wie die Modellversuche gezeigt haben, durch vorsichtiges Klopfen am Modell einen eindeutigen, reproduzierbaren

Spannungszustand herstellen. Dem Klopfen am Modell entspricht im Gebirge die Erschütterung, die z. B. eine Sprengung oder ein Erdbeben hervorruft, so daß sich auch dort im allgemeinen ein eindeutiger Spannungszustand entsprechend dem im Modell beobachteten einstellen dürfte. Unter diesen Voraussetzungen ist es zulässig, den am geklopften Modell ermittelten Spannungszustand maßstabsgerecht auf die Wirklichkeit zu übertragen.

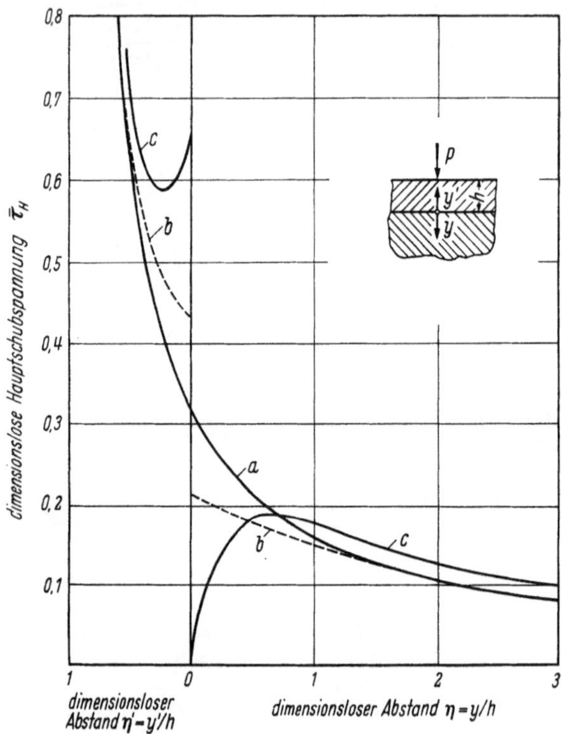

Abb. 6.13.2 Aus den Isochromaten nach Abb. 6.13.1 a–c berechneter Verlauf der dimensionslosen Hauptschubspannung $\bar{\tau}_H = h\tau_H/P$ längs der Lastlinie[1]

Als einfaches Beispiel für einen geschnittenen Körper diene die unendliche Halbebene mit einem unendlich langen Schnitt parallel zum Rand. Die Belastung erfolgt durch eine Einzellast P[1] senkrecht zum Rand. In Abb. 6.13.1 a ist das Isochromatenbild der nicht geschnittenen Ebene mit den bekannten durch den Angriffspunkt der Last laufenden Kreisen als Isochromaten dargestellt. Die Gerade parallel zum Rand ist kein Schnitt, sondern soll nur andeuten, wo in den beiden folgenden Versuchen, die zu Abb. 6.13.1 b und c gehören, der Schnitt zu liegen

---

[1] P ist auf die Modelldicke bezogen

kommt. Abb. 6.13.1b zeigt das Isochromatenbild der geschnittenen, aber ebenso belasteten Halbscheibe. Der Vergleich mit Abb. 6.13.1a läßt den großen Unterschied zwischen beiden elastischen Spannungszuständen deutlich erkennen. Durch vorsichtiges Klopfen am gleichbleibend belasteten Modell geht das Isochromatenbild Abb. 6.13.1b in das von Abb. 6.13.1c über. Durch das Klopfen kommen die im Falle b im Schnitt noch vorhandenen Schubspannungen, die für sich im Gleichgewicht stehen, zum Verschwinden. Die in die Abbildungen eingetragenen Zahlen geben die Isochromatenordnungen an. Die Auswertung der Isochromatenbilder Abb. 6.13.1a bis c führt auf die Verteilung der Hauptschubspannung längs der Lastlinie nach Abb. 6.13.2. In der dimensionslosen Darstellung dieser Abbildung hängt die als Ordinate aufgetragene dimensionslose Hauptschubspannung $\bar{\tau}_H$ mit der Hauptschubspannung τ_H folgendermaßen zusammen:

$$\bar{\tau}_H = \frac{h}{P}\,\tau_H,$$

wobei h die Höhe des Streifens, d. h. den Abstand des Schnittes vom Rand der Halbscheibe bedeutet.

Die Kurven a, b und c der Hauptschubspannung in Abb. 6.13.2 entsprechen den Isochromaten der Fälle a, b und c in Abb. 6.13.1. Besonders bemerkenswert ist der große Sprung in den Hauptschubspannungen der Kurve c.

Wegen weiterer Beispiele über den Spannungszustand in geschnittenen Körpern sei auf die Literatur verwiesen [61, 23].

Literatur

Bücher über Spannungsoptik

a Coker, E. G., Filon, L. N. G.: A treatise on photoelasticity, Cambridge 1931.
b — 2. Aufl. Cambridge 1957, herausgeg. von H. T. Jessop.
c Föppl, L., Neuber, H.: Festigkeitslehre mittels Spannungsoptik, München u. Berlin 1935.
d Filon, L. N. G.: A Manual of Photoelasticity for Engineers. Cambridge 1936.
e Mesmer, G.: Spannungsoptik, Berlin 1939.
f Le Boiteux, H., Boussard, R.: Elasticité et photoélasticimétrie, Paris 1940.
g Frocht, M. M.: Photoelasticity, New York, Bd. I: 1941, Bd. II: 1948.
h Villena, L.: Fotoelasticidad, Madrid 1943.
i Pirard, A.: La photoélasticité, Paris 1947.
k Jessop, H. T., Harris, F. C.: Photoelasticity, London 1949.
l Mondina, A.: La Fotoelasticità. Milano 1958.
m Kuske, A.: Einführung in die Spannungsoptik. Stuttgart 1959.
n Wolf, H.: Spannungsoptik. Berlin 1961.
o Durelli, A. J., Riley, W. F.: Introduction to Photomechanics. Englewood Cliffs/N.J. 1965.
p Hendry, A. W.: Photoelastic Analysis. Oxford 1966.
q Heywood, R. B.: Photoelasticity for Designers. Oxford 1969 (Neuauflage von: Designing by Photoelasticity, London 1952).

Bücher über Spannungsanalyse, insbesondere experimentelle, mit Abschnitten über Spannungsoptik

r Handbook of experimental stress analysis, herausgeg. von M. Hetenyi, New York 1950. 149 Seiten über Spannungsoptik von T. J. Dolan, W. M. Murray u. D. C. Drucker.
s Handbuch der Werkstoffprüfung, herausgeg. von E. Siebel, 2. Aufl., Bd. I, Berlin/Göttingen/Heidelberg 1958. 29 Seiten über Spannungsoptik von L. Föppl u. E. Mönch.
t Handbuch der Spannungs- und Dehnungsmessung, herausgeg. von K. Fink u. C. Rohrbach, Düsseldorf 1958. 48 Seiten über Spannungsoptik von R. Hiltscher.
u Hendry, A. W.: The Elements of Experimental Stress Analysis. Oxford 1964.
v Dally, J. W., Riley, W. R.: Experimental Stress Analysis. New York 1965.
w Stress Analysis. Recent Developments in Numerical and Experimental Methods. Herausgegeben von O. C. Zienkiewicz und G. S. Holister. London 1965.
x Holister, G. S.: Experimental Stress Analysis. Principles and Methods. Cambridge 1967.

Kongreßberichte, Übersichtsartikel, Sammelbände u. ä.
über Spannungsoptik

y MACEK, O.: Fortschritte der Spannungsoptik. Arch. f. techn. Messen (1957) 189/192 (V 1371—2).

z GAYMANN, TH.: Die Spannungsoptik, ein wichtiges Verfahren zur Messung der Beanspruchung in Konstruktionen und Bauteilen. Arch. f. techn. Messen (ATM) V 1371—3, 4, 5 (1966) und V 1371—6, 7, 8, 9 (1967).

aa Internationales Spannungsoptisches Symposium Berlin 1961. Abh. Dt. Akademie d. Wiss. Berlin, Kl. Math. Phys. Techn. 4 (1962).

ab Photoelasticity. Proceedings of the International Symposium Chicago 1961. Herausgeg. von M. M. FROCHT. Oxford 1963.

ac Experimental Stress Analysis and Its Influence on Design. Proceedings of the 4th International Conference on Experimental Stress Analysis, Cambridge 1970, erschienen London 1971.

ad Poljarisazionno-Optitscheskij Metod Issledowanija Naprjaschenij (Polarisationsoptische Methode der Spannungsbestimmung). Sammelband von Arbeiten aus dem Inst. f. Maschinenwesen der Akadem. d. Wiss. d. UdSSR, herausgeg. v. N. I. PRIGOROWSKIJ, Moskau 1956.

ae Poljarisazionno-Optitscheskij Metod Issledowanija Naprjaschenij (Polarisationsoptische Methode der Spannungsbestimmung). Arbeiten der gesamtsowjetischen Konferenzen Leningrad 1958 (erschienen Leningrad 1960), Leningrad 1964 (erschienen Leningrad 1966), Tallinn 1971.

Einzelhinweise

1 ABEN, H. K.: Optical Phenomena in Photoelastic Models by the Rotation of Principal Axes. Experim. Mech. 6 (1966) 1, S. 13/22.

2 —: Optical Theory of the Multilayer-reflection Technique for Three-dimensional Photoelastic Studies. Experim. Mech. 9 (1969) 1, S. 25/30.

3 ACLOQUE, P.: Methoden zur örtlichen Bestimmung der beiden Hauptspannungen in einer Platte. Internat. Spannungsopt. Symp. Berlin 1961. Abh. Dt. Akad. d. Wiss. Berlin, Kl. Math. Phys. Techn. 4 (1962) 25/36.

4 ADERHOLDT, R. W., MCKINNEY, J. M., RANSON, W. F., SWINSON, W. F.: Effect of Rotating Secondary Principal Axes in Scattered Light Photoelasticity. Experim. Mech. 10 (1970) 4, S. 160/165.

5 —, RANSON, W. F., SWINSON, W. F.: Scattered-light Photoelastic Stress Analysis of a Solid-propellant Rocket Motor. Experim. Mech. 10 (1970) 11, S. 481/485.

6 —, —, —: Stress Distributions in Thin Wall Pressure Vessels by Scattered Light Photoelasticity. [ac] 318/23.

7 AHIMAZ, F. J.: Birefringent-fluid Tests Using Scattered-light Technique. Experim. Mech. 10 (1970) 3, S. 133/134.

8 ALBRECHT, R.: Neue Modellstoffe für spannungsoptische Versuche. Bauwelt 44 (1953) 47, S. 934.

9 BAES, L.: Le poutre sans diagonales à assemblages rigides (Poutre Vierendeel). Trav. Sci. et Ind. 1937.

10 BAILEY, R., HICKS, R.: Behaviour of Perforated Plates under Plane Stress. Journ. Mech. Eng. Science 2 (1960) 2, S. 143/161.

11 BALLET, M., MALLET, G.: Sur l'utilisation d'une résine éthoxiline en photoélasticité à trois dimensions selon la technique du figeage. C. R. Acad. Sci., 233 (Paris 1951) 846/847.

12 BAUD, R. V., RACKÉ, H. H.: Die elastischen und spannungsoptischen Eigenschaften vonAraldit-Gießharz B bei 20 °C und 150 °C in Abhängigkeit von der Härtermenge. Schweizer Arch. angew. Wiss. Techn. 21 (1955) 257/264.

13 BAUD, R. V., TANK, F.: Ermittlung von zweidimensionalen Potentialfeldern bei beliebigen Randbedingungen. Schweiz. Bauztg. 111 (1938) 176.

14 BETSER, A. A., FLYNN, P. D., FROCHT, M. M.: The stressoptic law under impact loading. Actes IXᵉ Congr. Intern. Mécanique Appl. Bd. 8 (Bruxelles 1957) 367.

15 BHONSLE, S. R., WORK, C. E.: Evaluation of Three-dimensional Stresses in Shrink-fit Problems by Scattered-light Photoelasticity. Experim. Mech. 10 (1970) 3, S. 19N/28N.

16 BLANJEAN, L., TEMMERMANN, F.: Étude de la région voisine du point d'inflexion d'une pièce droite prismatique en flexion plane. Bulletin de la Société Royale Belge des Ingénieurs et des Industriels. Année 1937 Nr. 9.

17 BOITEN, R. G.: Photo-elastic investigation of armoured models with an application to bending bars with cracks on the tensile side. Appl. sci. Res. (A) 5 (1955) 359/73.

18 BOKSTEIN, M. F.: Issledowanie Naprjaschenij s Ispolsowaniem Rassjejannowo swjeta (Spannungsbestimmung mittels Streulicht). Ustanowka Imasch dlja Issledowanija Naprjaschenij na Prosratschnich Modeljach w Rassjejannom Swjetje (Die Apparatur des Instituts f. Maschinenwesen für die Spannungsbestimmung in durchsichtigen Modellen im Streulicht. In [ad] (1956) 138/213.

19 —: Raswitie Metoda Issledowanija Naprjaschenij na Prosratschnich Modeljach w Rassjejannom Swjetje (Verschiedene Methoden der Spannungsbestimmung in durchsichtigen Modellen im Streulicht). Geometritscheskij Analis Powedenija Poljarisowannowo Swjeta pri jewo Prochoschdjenii tscheres Objomnuju Naprjaschjonnuju Model (Geometrische Analyse des Verhaltens des polarisierten Lichts bei seinem Durchgang durch ein räumlich beanspruchtes Modell). In [ae] (1958) 94/107. — Ferner mehrere Arbeiten in den Konferenzberichten Tallinn 1971 [ae].

20 BORN, M.: Optik. 2. Aufl., Berlin 1933, Neudruck 1965.

21 BRADLEY, W. B., KOBAYASHI, A. S.: An Investigation of Propagating Cracks by Dynamic Photoelasticity. Experim. Mech. 10 (1970) 3, S. 106/113.

22 BRILLHART, L. V., DALLY, J. W.: A Dynamic Photoelastic Investigation of Stress-wave Propagation in Cones. Experim. Mech. 8 (1968) 4, S. 145/153.

23 BUFLER, H.: Über Spannungsänderungen, die durch Schnitte entstehen. Diss. TH München 1955.

24 BUFLER, H.: Eine neue Auswertungsmethode der ebenen Spannungsoptik. Z. angew. Phys. 8 (1956) 139/141.

25 BUSCH, M.: Einige Methoden zur vollständigen Auswertung des ebenen Spannungszustandes in der Photoplastizität. Beiträge zur Spannungs- und Dehnungsanalyse IV Berlin 1967, S. 1/45.

26 CARTER, A. L.: Obtaining Stress Maps from Photoelastic Data Using a Digital Computer. Experim. Mech. 8 (1968) 3, S. 122/127.

27 CHENG, Y. F.: An Automatic System for Scattered-light Photoelasticity Experim. Mech. 9 (1969) 9, S. 407/412.

28 CHESIN (KHESIN), G. L., SACHAROW (SAKHAROV), W. N.: Methods of Strain Measurement on the Surface of Concrete and Reinforced Concrete Constructions by Means of Photo-elastic Coatings. [ac] S. 47/57.

29 CLARK, A. B. J.: Static and dynamic calibration of a photoelastic model material, CR-39. Proc. Soc. Exp. Stress Anal. 14 (1956) 1, S. 195.

30 CLARK, I. A., DURELLI, A. I.: A Simple Holographic Interferometer for Static and Dynamic Photomechanics. Experim. Mech. 10 (1970) 12, S. 497/505.

31 Coker, E. G.: The determination of stresses at a point in a plate. Engineering 116 (1923) 512.

32 Cranz, C., Schardin, H.: Kinematographie auf ruhendem Film und mit extrem hoher Bildfrequenz. Z. Phys. 56 (1929) 147.

33 Crisp, J. D. C.: The use of gelatin models in structural analysis. Proc. Instn. mech. Engrs. (B) Bd. 1 B (1952), 3 S. 580. 20 Literaturhinweise.

34 Daffner, E.: Über Spannungen an zentrisch-schräggebohrten Voll- und Hohlzylindern bei Belastung mit reinem Biegemoment. Diss. TH München 1967. — Konstruktion 20 (1968) 1, S. 28/34.

35 D'Agostino, J., Drucker, D. C., Liu, C. K., Mylonas, C.: An analysis of plastic behavior of metals with bonded birefringent plastic. Proc. Soc. Exp. Stress Anal. 12 (1955) 2, S. 115.

36 —, —, —, —: Epoxy adhesives and casting resins as photoelastic plastics. Proc. Soc. Exp. Stress Anal. 12 (1955) 2, S. 123.

37 Dally, J. W.: Data Analysis in Dynamic Photoelasticity. Experim. Mech. 7 (1967) 8, S. 332/338.

38 —, Henzi, A., Lewis, D.: On the Fidelity of High-speed Photographic Systems for Dynamic Photoelasticity. Experim. Mech. 9 (1969) 9, S. 394/400.

39 Dantu, P.: Vortrag im G. A. M. A. C. 22. Febr. 1954. Analyses des Contraintes 2 (1954) 2, S. 12/17.

40 De Lamotte, F.: Théorie Complête du Phénomène de Biréfringence Accidentelle; Son Exploitation en Photoélasticité Interférentielle. Dissertation Univ. Liège 1969. Veröffentlicht in den Bull. Soc. Royale des Sciences de Liège: 37 (1968) 1—2, S. 64/75, 3—4, S. 186/205, 38 (1969) 9—10, S. 523/32, 39 (1970) 3—4, S. 143/156.

41 Dietrich, P.: Untersuchung des Spannungszustandes vor einer Drehstahlschneide im polarisierten Licht. Diss. TH Hannover 1938.

42 Drucker, D. C.: Photoelastic Separation of Principal Stresses by Oblique Incidence. J. appl. Mech. (1943) S. A 156/160.

43 —, Frocht, M. M.: Equivalence of photoelastic scattering patterns and membrane contours for torsion. Proc. Soc. Exp. Stress Anal. 5 (1947) 2, 34/41.

44 Duffy, J.: Effects of the Thickness of Birefringent Coatings. Experim. Mech. 1 (1961) 3, S. 74/82.

45 —, Mylonas, C.: An Experimental Study on the Effects of the Thickness of Birefringent Coatings. [ab] 27/42.

46 Durelli, A. J., Riley, W. F.: Experiments for the determination of transient stress and strain distribution in two-dimensional problems. J. appl. Mech. 24 (1957) 69.

47 Edmunds, H. G.: Stress concentrations at holes in rotating discs. Engineer, Lond. 198 (1954) 618.

48 Emschermann, H. H., Rühl, K.: Beanspruchungen eines Biegeträgers bei schlagartiger Querbelastung. VDI-Forsch.-Heft 443, Düsseldorf 1954.

49 Fabry, C.: Sur une nouvelle méthode pour l'étude expérimental des tensions élastiques. Comptes Rendus 190 (1930) 457.

50 Farquharson, F. B., Hennes, R. G.: Gelatin models for photoelastic analysis in earth masses. Civ. Engng. 10 (1940) 211.

51 Favre, H.: Méthode purement optique de détermination des tensions intérieurs se produisant dans les constructions. Schweiz. Bauztg. 90 (1927) 291 u. 307; ferner Diss. E.T.H. Zürich 1929.

52 —, Sur une méthode optique de détermination des tensions intérieures dans les solides à trois dimensions. Comptes Rendus, Paris 190 (1930) 1182.

53 FAVRE, H, GILG, B.: Sur une méthode purement optique pour la mesure directe des moments dans les plaques minces fléchies. Schweiz. Bauztg. 68 (1950) 253 u. 265.

54 FICKER, E.: Der Einfluß des Modellmaterials in der Spannungsoptik. Diss. TU München 1971.

55 FÖPPL, A. u. L.: Drang und Zwang, Bd. I, 3. Aufl. (1941), Bd. II, 3. Aufl. (1944), München u. Berlin.

56 FÖPPL, L.: Drang und Zwang, Bd. III, München 1947.

57 —: Der Spannungszustand und die Anstrengung des Werkstoffs bei der Berührung zweier Körper. Forsch. Ing. Wes. 7 (1936) 209.

58 —: Slow-motion pictures of impact tests by means of photoelasticity. J. appl. Mech. 16 (1949) 173/177.

59 —: Beispiele zur Anwendung der Spannungsoptik. Z. VDI 93 (1951) 105/112.

60 —: Ein neues Auswerteverfahren der ebenen Spannungsoptik. Z. angew. Math. Mech. 34 (1954) 454/459.

61 —: Elastische Spannungszustände in Körpern mit ebenen Schnitten. Forsch. Ing.-Wes. 22 (1956) 63/69.

62 —, HILTSCHER, R.: Die neue spannungsoptische Apparatur des Mechanisch-technischen Laboratoriums der Technischen Hochschule München. Bauingenieur 20 (1939) 17/18, S. 231.

63 —, MÜLLER-LUFFT, E.: Spannungsoptische Einrichtung mit Polarisationsfiltern. Arch. techn. Messen V 137−1, Lieferung 100, Okt. 1939.

64 FOURNEY, M. E.: Application of Holography to Photoelasticity. Experim. Mech. 8 (1968) 1, S. 33/38.

65 —, MATE, K. V.: Further Applications of Holography to Photoelasticity. Experim. Mech. 10 (1970) 5, S. 177/86.

66 FROCHT, M. M., CHENG, Y. F.: An Experimental Study of the Laws of Double Refraction in the Plastic State in Cellulose Nitrate — Foundations for Three-dimensional Photoplasticity. In [ab], 195/216.

67 —, FLYNN, P. D., LANDSBERG, D.: Dynamic photoelasticity by means of streak photography. Proc. Soc. Exp. Stress Anal. Bd. 14 (1957) Nr. 2, S. 81.

68 —, GUERNSEY jr., R.: Further work on the general three-dimensional photoelastic problem. J. appl. Mech. 22 (1955) 183.

69 —, HUI PIH: A new cementable material for two- and three-dimensional photoelastic research. Proc. Soc. Exp. Stress Anal. 12 (1954) 1, S. 55.

70 —, SRINATH, L. S.: A non-destructive method for three-dimensional photoelasticity. Off. of Ordn. Res. U.S. Army, Ordn. Proj. Nr. T B 2−0001 (1283), Techn. Rep. Nr. 6. 1957.

71 —, THOMSON, R. A.: Studies in photoplasticity. Off. of Ordn. Res. U.S. Army, Ordn. Proj. No. TB 2−0001 (1283), Techn. Rep. Nr. 5. 1957.

72 FRÜNGEL, F.: Mikroskopie der Zeit. VDI-Zeitschr. 109 (1967) 12, S. 518/522; 13, S. 595/599; 18, S. 801/806.

73 GALSTER, D.: Spannungsoptische Bestimmung von Dehnungen mit profilierten Oberflächenschichten. Beiträge zur Spannungs- u. Dehnungsanalyse IV. Berlin 1967, S. 47/92.

74 GAYMANN, TH.: Spannungsuntersuchungen an Schalen durch das spannungsoptische Einfrierverfahren. Diss. TH München 1957, VDI-Forsch.-Heft Nr. 471, Düsseldorf 1959.

75 GERLACH, H.-D.: Elektronische Hilfsmittel zur Automatisierung spannungsoptischer Messungen. Diss. Univ. Karlsruhe 1968.

76 GOODIER, J. N., LEE, G. H.: An extension of the photoelastic method of stress measurement to plates in transverse bending. J. appl. Mech. 8 (1941) A-27.

77 GUBKIN, S. I., DOBROWOLSKIJ, S. I. BOIKO, B. B.: Fotoplastitschnost (Photoplastizität). Minsk 1957.

78 HAASE, J.: Das Kriechverhalten weichgemachter Epoxidharze unter Berücksichtigung ihrer Verwendung als spannungsoptisches Modellmaterial. Schriftenreihe des Otto-Graf-Instituts, H. 33, Stuttgart 1967.

79 HABERLAND, G.: Die Auswertung spannungsoptischer Plattenversuche unter Berücksichtigung der Theorie von E. REISSNER. Monatsber. Dt. Akadem. d. Wiss. 6 (1964) 6, S. 401/407.

80 HETENYI, M.: The application of the hardening resins in three-dimensional photoelastic studies. J. appl. Phys. 10 (1939) 295.

81 HILTSCHER, R.: Polarisationsoptische Untersuchung des räumlichen Spannungszustandes im konvergenten Licht. Forsch. Ing.-Wes. 9 (1938) 2, S. 91/103; Diss. TH München.

82 —: Ein praktisches Lateralextensometer zur Bestimmung der Spannungssumme. Kungl. tekn. Högskol. Handl. Nr. 42, Stockholm 1950.

83 —: Gütebeurteilung spannungsoptischer Modellwerkstoffe. Forsch. Ing.-Wes. 20 (1954) 66.

84 —: Theorie und Anwendung der Spannungsoptik im elastoplastischen Gebiet. Z. VDI 97 (1955) 2, S. 49/58.

85 —: Spannungsoptische Untersuchung der Momentenverteilung in dünnen Platten unter Verwendung eines Lateralextensometers. Forsch. Ing.-Wes. 23 (1957) 1/2, S. 55/60.

86 —: Development of the Lateral Extensometer Method in two-dimensional Photoelasticity [ab], 43/56.

87 HIRSCHFELD, K.: Spannungsoptische Untersuchung von Platten. Bauingenieur 25 (1950) 455.

88 HOSP, E., WUTZKE, G.: Die Anwendung der Holographie in der ebenen Spannungsoptik. Materialprüfung 11 (1969) 12, S. 409/415.

89 HOVANESIAN, J. D.: New Applications of Holography to Thermoelastic Studies. [ac], 428/35.

90 —, BRCIC, V., POWELL, R. L.: A New Experimental Stress-Optic Method: Stress-Holo-Interferometry. Experim. Mech. 8 (1968) 8, S. 362/68.

91 ITO, K.: Studies on photoelasto-plastic mechanics (I): On the yielding and strain figure of ductile linear polymer solids. J. Sci. Res. Inst., Tokio 50 (1956) 19/28.

92 —: New Model Materials for Photoelasticity and Photoplasticity. Experim. Mech. 2 (1962) 12, S. 373/376.

93 JAVORNICKÝ, J.: Evaluation of Stresses and Strains in Two-dimensional Photoplasticity. Plastic Stress and Strain Concentration Factors in a Strip with a Hole or Notches under Tension. J. of Strain Analysis 3 (1968) 1, S. 33/49.

94 JENKINS, D. R.: Analysis of Behaviour Near a Cylindrical Glass Inclusion by Scattered-light Photoelasticity. Experim. Mech. 8 (1968) 10, S. 467/473.

95 JESSOP, H. T.: The scattered light method of exploration of stresses in two- and three-dimensional models. Brit. J. Appl. Phys. 2 (1951) 249.

96 —: A tilting stage method for three-dimensional photoelastic investigations. Brit. Journ. Appl. Phys. 8 (1957) 1, S. 30/32.

97 JIRA, R.: Das mechanische und spannungsoptische Verhalten von Zelluloid bei zweiachsiger Beanspruchung und der Nachweis seiner Eignung für ein photoplastisches Verfahren. Konstruktion 9 (1957) 11, S. 438/449.

98 KAWATA, K.: Elasto-plastic Stress Analysis and Determination of Flow Limit by Means of Photoelastic Coating Method. In [ab] 219/230.

99 KAYSER, R.: Spannungsoptische Untersuchung allgemeiner Flächentragwerke unter direkter Beobachtung. Diss. T.H. Stuttgart 1964.

100 KNORR, E.: Spannungsoptische Untersuchung von Biegeplatten mit Hilfe von schiefer Durchstrahlung. Diss. TH München 1963. — Die Bautechnik 41 (1964) 10, S. 333/337, 11, S. 387/391, 12, S. 407/413.

101 KUFNER, M.: Die spannungsoptische Untersuchung elastischer Platten. Schweiz. Bauztg. 70 (1952) 38, S. 545/566.

102 —: Über den Randeffekt bei ebenen spannungsoptischen Modellen aus Epoxyharzen. Z. angew. Phys. 16 (1963) 4, S. 247/251.

103 —: Spannungsoptische Modellversuche und Dehnungsmessungen am Bauwerk. Bauingenieur-Praxis, Heft 24. Berlin 1968.

104 KUHN, R.: Experimentelle Untersuchung elastischer Platten mit Hilfe der Spannungsoptik. Diss. TH München 1948; Forsch. Ing.-Wes. 18 (1952) 72.

105 KUSKE, A.: Die Auswertung von ebenen spannungsoptischen Versuchen. Forsch. Ing.-Wes. 18 (1952) 113.

106 —: Spannungsoptische Untersuchungen von Stoßvorgängen. VDI-Berichte 135 (1969).39/42.

107 —: The j-Circle Method. Experimental Mech. 6 (1966) 4, S. 218/224.

108 —: Dynamische Spannungszustände und ihre Darstellung durch spannungsoptische Versuche. Konstruktion 17 (1965) 6, S. 213/220.

109 LAMBLE, J. H., BAYOUMI, S. E. A.: A room temperature technique for three-dimensional problems. Proc. Instn. mech. Engrs. (B) 1 B (1952—53) 575.

110 LANDWEHR, R., DOSE, A.: Zur Bestimmung der Isopachen in der Spannungsoptik. Naturwiss. 36 (1949) 342.

111 DOSE, A., LANDWEHR, R.: Bestimmung der Linien gleicher Hauptspannungssumme mittels Interferenzen gleicher Dicke. Ing.-Arch. 21 (1953) 73.

112 LEIST, K.: Experimentelle Ermittlung von Meßgrößenfeldern an hochtourigen Turbinenläufern. Z. Flugwiss. 4 (1956) 128.

113 —, WEBER, J.: Spannungsoptische Untersuchungen von rotierenden Scheiben mit exzentrischen Bohrungen. Forsch.-Ber. d. Wirtsch.- u. Verk.-Min. Nordrhein-Westf. Nr. 424. Köln u. Opladen 1958.

114 LEVEN, M. M.: A new material for three-dimensional photoelasticity. Proc. Soc. Exp. Stress Anal. 6 (1948) 1, S. 19.

115 —, SAMPSON, R. C.: Large epoxy resin castings for three-dimensional photoelastic tests. Westinghouse Research Laboratories, Research Rep. 60—94459—2—R3 (1956).

116 LIGTENBERG, F. K.: The moiré method — a new experimental method for the determination of moments in small slab models. Proc. Soc. Exp. Stress Anal. 12 (1955) 2, S. 83.

117 LOISEAU, H.: Progrès Récents réalisés en Photoélasticimétrie: Séparation des Contraintes Principales et Automatisation des Mesures. [ac] 183/188.

118 MANZELLA, G.: Fattori di Concentrazione delle Tensioni e Coefficienti di Forma per Aste Forate Soggette ad Urto Transversale. Tecnica Italiana 29 (1964) 4, S. 165/173.

119 MENGES, H. J.: Die experimentelle Ermittelung räumlicher Spannungszustände an durchsichtigen Modellen mit Hilfe des Tyndalleffektes. Z. angew. Math. Mech. 20 (1940) 210.

120 MESNAGER, A.: Mésures des efforts intérieurs dans les solides et applications, Budapest, Int. Ass. for Testing of Materials, 1901.

121 —: Sur la détermination optique des tensions intérieures dans des solides à trois dimensions. Comptes Rendus, Paris 190 (1930) 1249.

122 MICHELL, J. H.: Proc. Lond. math. Soc. 31 (1899) 100.

123 MÖNCH, E.: Räumliche Spannungsoptik mit Phenol-Kunstharz bei Anwendung einer Schutzhülle. Kunststoffe 37 (1947) 181 (Habilitationsschrift TH München).

124 Mönch, E.: Praxis des spannungsoptischen Versuchs mit Dekorit als Modellwerkstoff. Ing.-Arch. 16 (1948) 3/4, S. 267/286.

125 —: Die Ähnlichkeits- und Modellgesetze bei spannungsoptischen Versuchen. Z. angew. Phys. 1 (1949) 7, S. 306/316.

126 —: Die Dispersion der Doppelbrechung als Maß für die Plastizität bei spannungsoptischen Versuchen. Forschung 20 (1955) 1, 20/25.

127 —: Photoelastic investigation of shells by means of a model in whose middle surface a semi-transparent mirror layer is embedded. Actes IXe Congr. Intern. Mécanique Appl. 8 (Bruxelles 1957) 384/394.

128 —: Einige neue Ergebnisse und Erfahrungen bei spannungsoptischen Versuchen mit Araldit B. Konstruktion 13 (1961) 8, S. 289/298.

129 —: Photoelastic Investigations on Shells at the Technische Hochschule München. Theory of Plates and Shells. Conference on the Theory of Two- and Threedimensional Structures held at Smolenice (Slovakia) Oct. 1963, S. 371/386.

130 —: Die vollständige Bestimmung des Dehnungszustandes auf Oberflächen durch photoelastische Streifenschichten. Schweiz. Bauzeitg. 84 (1966) 48, S. 840/843.

131 Mönch, E., Ficker, E.: Ein Polariskop von großem Gesichtsfeld für die Spannungsoptik mit einigen technischen Neuerungen. Forsch. Ing.-Wes. 23 (1957) 1/2, S. 61/64.

132 —, Ficker, E.: Festigkeitsuntersuchung am Ventilkopf eines Hochdruck-Kompressors durch das spannungsoptische Einfrierverfahren. Konstruktion 11 (1959) 5, S. 168/171.

133 —, Jira, R.: Studie zur Photoplastizität von Celluloid am Rohr unter Innendruck. Z. angew. Phys. 7 (1955) 9, S. 450/453.

134 —, Loreck, R.: A Study of the Accuracy and Limits of Application of Plane Photoplastic Experiments. In [ab] 169/184.

135 —, Roy, A. K.: Spannungsoptische Untersuchung eines schrägverzahnten Stirnrades. Konstruktion 9 (1957) 11, S. 429/438.

136 —, Trepte, H.: Estudio sobre la Aplicación de la Capa Superficial Perfilada a la Investigación de las Deformaciones Heterogéneas en el Hormigón. La Ingeniería 72 (1969) No 1006, S. 171/178.

137 Müller, R. K., Weber, K. H.: Ein elektrisches Lateralextensometer zur Messung der Hauptspannungssumme beim ebenen spannungsoptischen Modellversuch. Die Bautechnik 42 (1965) 9, S. 3/8.

138 Neumann, F.: Gesammelte Werke, Bd. 3, Leipzig 1912.

139 Niemann, G., Glaubitz, H.: Zahnfußfestigkeit geradverzahnter Stirnräder aus Stahl. Z. VDI 92 (1950) 923/32.

140 Nisida, M., Saito, H.: A New Interferometric Method of Two-dimensional Stress Analysis. Experimental Mech. 4 (1964) 12, S. 366/376.

141 —, Hondo, M., Hasunuma, T.: Studies of plastic deformation by photoplastic method. Proc. 6th, Japan nat. Congr. appl. Mech., Okt. 1956, S. 137/140.

142 Norris, C. B., Voss, A. W.: An improved photoelastic method for determining plane stresses. N.A.C.A. Techn. Note Nr. 1410, Jan. 1948.

143 Ohashi, Y., Nishikiori, K.: Photoelastic Investigation of Plane Wedge-shaped Drawing-Die. Experim. Mech. 6 (1966) 3, S. 171/176.

144 —, Nishitani, T., Tokuda, M.: Time-dependent Variation of the Stress Distribution in a Long Strip Compressed Oppositely with Elastic Flat Punches. Int. J. mech. Sci. 11 (1969) 1015/1025.

145 Okada, A., Cunningham, D. M., Goldsmith, W.: Stress Waves in Pyramids by Photoelasticity. Experim. Mech. 8 (1968) 7, S. 289/299.

146 OPPEL, G.: Polarisationsoptische Untersuchung räumlicher Spannungs- und Dehnungszustände. Forsch. Ing.-Wes. 7 (1936) 240; Diss. TH München.

147 —: Das polarisationsoptische Schichtverfahren zur Messung der Oberflächenspannung am beanspruchten Bauteil ohne Modell. Z. VDI 81 (1937) 803.

148 PAPIRNO, R., BECKER, H.: A Bonded Polariscope for Three-dimensional Photoviscoelastic Studies. Experim. Mech. 6 (1966) 12, S. 609/616.

149 —, BECKER, H.: A Multilayer-reflection Technique for Three-dimensional Photoelastic Studies of Perforated Plates in Bending. Experim. Mech. 7 (1967) 9, S. 361/371.

150 PERKINS, H. C.: Movies of stress waves in photoelastic rubber. J. Appl. Mech. 20 (1953) 140.

151 PERLA, M.: Epoxydharze für Schichtenmodelle. Beitr. z. Spannungs- u. Dehnungsanalyse II, D. Akadem. d. Wiss. Berlin 1966, S. 55/66.

152 POCKELS, F.: Lehrbuch der Kristalloptik. Leipzig und Berlin 1906.

153 POINCARÉ, H.: Théorie Mathematique de la Lumière. II, Paris 1892.

154 POST, D.: A new photoelastic interferometer suitable for static and dynamic measurements. Proc. Soc. Exp. Stress Anal. 12 (1954) 1, S. 191.

155 —: Isochromatic fringe sharpening and fringe multiplication in photo-elasticity. Proc. Soc. Exp. Stress Anal. 12 (1955) 2, S. 143.

156 —: Photoelastic evaluation of individual principal stresses by large field absolute retardation measurements. Proc. Soc. Exp. Stress Anal. 13 (1956) 2, S. 119.

157 —: The Generic Nature of the Absolute-retardation Method of Photoelasticity. Experimental Mech. 7 (1967) 6, S. 233/241.

158 RACKÉ, H. H.: Photoelastische Spannbeton-Modelle. Schweizer Arch. Nr. 5 u. 6. 1956.

159 RICHARDS, R., MARK, R.: Gelatin Models for Photoelastic Analysis of Gravity Structures. Experimental Mech. 6 (1966) 1, S. 30/38. 23 Literaturhinweise.

160 RIERA, J. D., MARK, R.: The Optical-rotation Effect in Photoelastic Shell Analysis. Experim. Mech. 9 (1969) 1, S. 9/16.

161 RILEY, W. F., DALLY, J. W.: Recording Dynamic Fringe Patterns with a CRANZ-SCHARDIN Camera. Experim. Mech. 9 (1969) 8, S. 27N/33N.

162 ROBERT, A. J.: New Methods in Photoelasticity. Experim. Mech. 7 (1967) 5, S. 224/232.

163 ROWLANDS, R. E., TAYLOR, C. E., DANIEL, I. M.: A Multiple-pulse Rubylaser System for Dynamic Photomechanics: Applications to Transmitted- and Scattered-light Photoelasticity. Experim. Mech. 9 (1969) 9, S. 385/93.

164 SCHARDIN, H.: Untersuchung von Zerreißvorgängen bei Kunststoffen. Kunststoffe 44 (1954) 48.

165 SCHITNIKOW (ŽHITNIKOV), R. A.: Schurn. Techn. Fis. 28 (1958) 9; engl. Übers.: Soviet Phys. Techn. Phys. 3 (1958) 9, S. 1846/1853.

166 SCHMID, E.: Berechnung der Spannungen aus den Meßdaten der spannungsoptischen Analyse mit Hilfe einer programmgesteuerten Rechenmaschine. Konstruktion 20 (1968) 10, S. 407/411.

167 SCHMID, W.: Die Erneuerung der Trisannabrücke. Österr. Ing.-Ztschr. 8 (1965) 5, S. 149/164.

168 SCHWIEGER, H.: Spannungsoptische Methoden zur Untersuchung dynamischer Spannungszustände. Exp. Techn. d. Phys. 4 (1956) 70.

169 SCHWIEGER, H.: Graphical Methods for Determining the Resulting Photoelastic Effect of Compound States of Stress. Experimental Mechanics 9 (1969) 2, S. 67/74.

170 SCHWIEGER, H., HABERLAND, G.: Bestimmung des Biegezustandes elastischer, quadratischer Platten. Bauplanung u. Bautechn. 8 (1954) 358.

171 SCHWIEGER, H., REIMANN, V.: Spannungsoptische Untersuchung des Querstoßes auf eine Kreisplatte. Z. angew. Math. Mech. 39 (1959) 5/6, S. 198/213.

172 SCHWIEGER, H., TRÄGER, J.: Kinematographische Auflösung der Biegewellenausbreitung beim Balkenquerstoß. Exp. Techn. d. Phys. 5 (1957) 221.

173 SENIOR, D. A., WELLS, A. A.: A photoelastic study of stress waves. Phil. Mag. Series 7, 37 (1946) 463.

174 SRINATH, L. S.: Analysis of Scattered-light Methods in Photoelasticity. Experim. Mech. 9 (1969) 10, S. 463/468.

175 STAHL, W.: Ein Verfahren der Photoplastizität zur vollständigen Auswertung ebener Spannungszustände mittels der Dispersion der Doppelbrechung. Beiträge zur Spannungs- und Dehnungsanalyse IV, Berlin 1967, S. 89/145.

176 STOKEY, W. F., HUGHES, W. F.: Tests of the conducting paper analogy for determining isopachic lines. Proc. Soc. Exp. Stress Anal. 12 (1955) 2, S. 77.

177 SUTTON, G. W.: A photoelastic study of strain waves caused by cavitation. J. appl. Mech. 24 (1957) 340.

178 SWINSON, W. F., BOWMAN, C. E.: Application of Scattered-light Photoelasticity to Doubly Connected Tapered Torsion Bars. Experim. Mech. 6 (1966) 6, S. 297/305.

179 TAYA, T.: Photoelastic Investigation on the Stress Concentrations in Reinforced Concrete and Prestressed Concrete Structures. Technology Reports Tohoku Univ. 34 (1969) No. 2, Dec., S. 247/300.

180 TAYLOR, C. E., BOWMAN, C. E., NORTH, W. P., SWINSON, W. F.: Application of Lasers to Photoelasticity. Experim. Mech. 6 (1966) 6, S. 289/296.

181 —, STITZ, E. O., BELSHEIM, R. O.: A casting material for three-dimensional photoelasticity. Proc. Soc. Exp. Stress Anal. 7 (1950) 2, S. 155.

182 TESAR, V.: Méthode purement optique pour déterminer les déformations d'épaisseur des modèles. Rev. Opt. 2 (1932) 97.

183 THOMSON, R. A., FROCHT, M. M.: Further Work on Plane Elasto-plastic Stress Distributions. In [ab], 185/193.

184 TUZI, Z.: Photographic and cinematographic Study of photoelasticity. Sci. Pap. Inst. phys. chem. Res., Tokio 8 (1928) 247.

185 —: Recent Activity in Photoelasticity in Japan. [ab] 59/74.

186 —, NISIDA, M.: Photoelastic study of stresses due to impact. Phil. Mag. Series 7, 21 (1936) 448.

187 VASCONCELOS, A. C. DE: Spannungsoptische Untersuchung von Stahlbetonbauteilen. Diss. TH München 1955.

188 VASCONCELOS, A. C.: Edifício com Fundações no Décimo Andar. Arquitetura e Construção Vol. I No. 4. 2.⁰ Trimestre 1967, April–Juni, S. 31/36.

189 WELLER, R.: A new method for photoelasticity in three dimensions. J. appl. Phys. 10 (1939) 266.

190 WELLS, A. A., POST, D.: The dynamic stress distribution surrounding a running crack. Naval Res. Lab. Rep. Nr. 4935, Washington 1957.

191 WICK, R.: Über das St.-Venantsche Prinzip und das Abklingen von Spannungen mit der Entfernung vom Lastangriff. Diss. TH München 1951.

192 WORONZOW, W. K., POLUCHIN, P. I.: Fotoplastitschnost (Photoplastizität). Moskau 1969.

193 YEW, C. H., BLACKBURN, B. R.: On Reinforcing Effect of Birefringent Coatings on Plate Structures. Experim. Mech. 8 (1968) 2, S. 91/93.

194 ZANDMAN, F.: Mésures photoélastiques des déformations élastiques et plastiques et des fragmentations cristallines dans les métaux. Rev. Métall. 53 (1956) 638.

Hochschulunterrichtsfilme über Spannungsoptik

Verleih und Verkauf durch das Institut für den wissenschaftlichen Film, Göttingen:
C 558/1949: FÖPPL, L., MÖNCH, E.: Spannungsoptik.
C 785/1958: MÖNCH, E.: Räumliche Spannungsoptik (Einfrierverfahren).

Bildquellen

Für dieses Buch haben in dankenswerter Weise Originalbilder zur Verfügung gestellt:
Herr Prof. Dr. M. NISIDA, Tokio, Abb. 5.3.7 und 5.3.8;
Herr Dr. W. N. SACHAROW, Moskau, Abb. 5.3.6;
Fa. Vishay Micro-Measurements Meßtechnik GmbH, Lochham-München, Abb.5.1.4;
Fa. Dr. Heinrich Schneider Optotechnische Fabrik, Bad Kreuznach, Abb. 5.2.1.

Namenverzeichnis

Sachverzeichnis